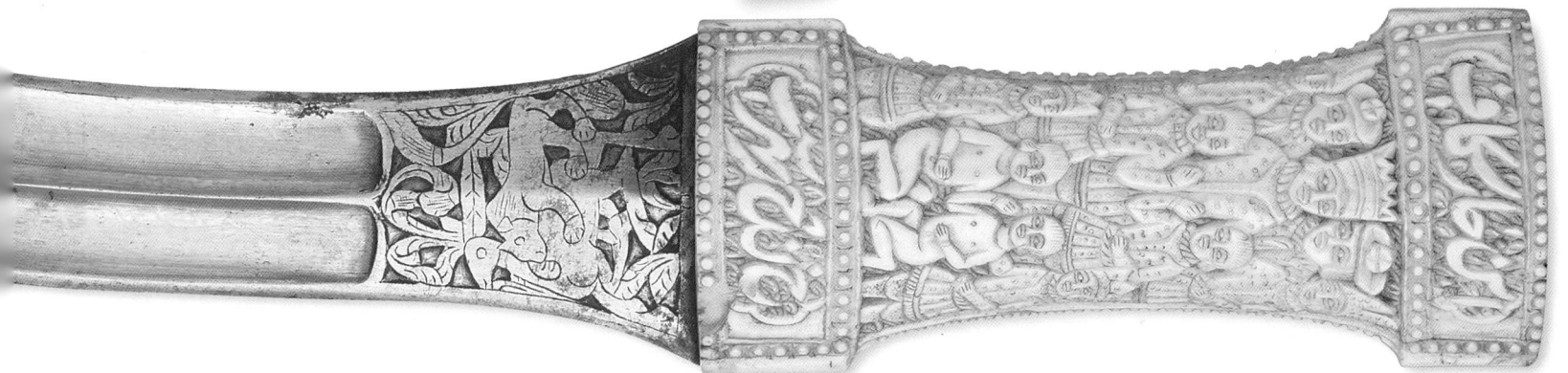

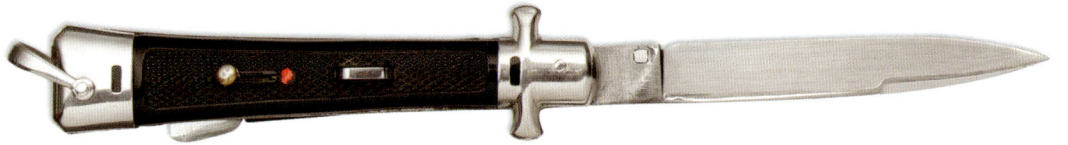

THE ILLUSTRATED ENCYCLOPEDIA OF
KNIVES
DAGGERS & BAYONETS
全球军刀与匕首百科全书

〔英〕托拜厄斯·卡普韦尔　著

刘巍　译

北京航空航天大学出版社
BEIHANG UNIVERSITY PRESS

图书在版编目（CIP）数据

全球军刀与匕首百科全书/(英)托拜厄斯·卡普韦尔著；刘巍译. -- 北京：北京航空航天大学出版社，2020.10

书名原文: The Illustrated Encyclopedia of Knives Daggers & Bayonets

ISBN 978-7-5124-3281-9

Ⅰ. ①全… Ⅱ. ①托… ②刘… Ⅲ. ①冷兵器－世界－普及读物 Ⅳ. ①E922.8-49

中国版本图书馆CIP数据核字（2020）第047916号

Original Title: *The Illustrated Encyclopedia of Knives, Daggers & Bayonets*

Copyright in design, text and images © Anness Publishing Limited, U.K, 2014

Copyright © SIMPLE CHINESE translation, Portico Inc, Beijing, China 2019

全球军刀与匕首百科全书

出版统筹： 邓永标
责任编辑： 邓　彤　李　帆
责任印制： 刘　斌
出版发行： 北京航空航天大学出版社
地　　址： 北京市海淀区学院路37号（100191）
电　　话： 010-82317023（编辑部）　010-82317024（发行部）　010-82316936（邮购部）
网　　址： http://www.buaapress.com.cn
读者信箱： bhxszx@163.com
印　　刷： 天津画中画印刷有限公司
开　　本： 787mm×1092mm　1/8
印　　张： 36
字　　数： 646千字
版　　次： 2020年10月第1版
印　　次： 2020年10月第1次印刷
定　　价： 258.00元

如有印装质量问题，请与本社发行部联系调换
联系电话：010-82317024

CONTENTS目录

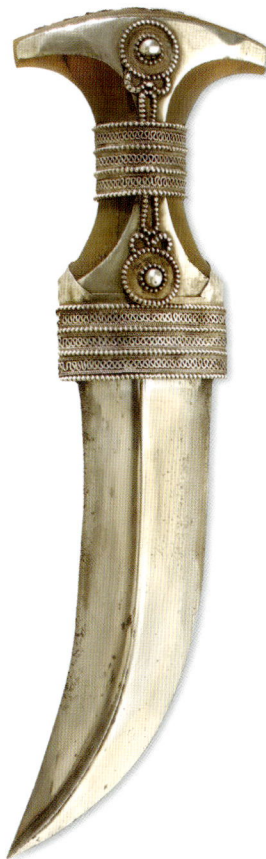

CONTENTS 目录

CONTENTS目录

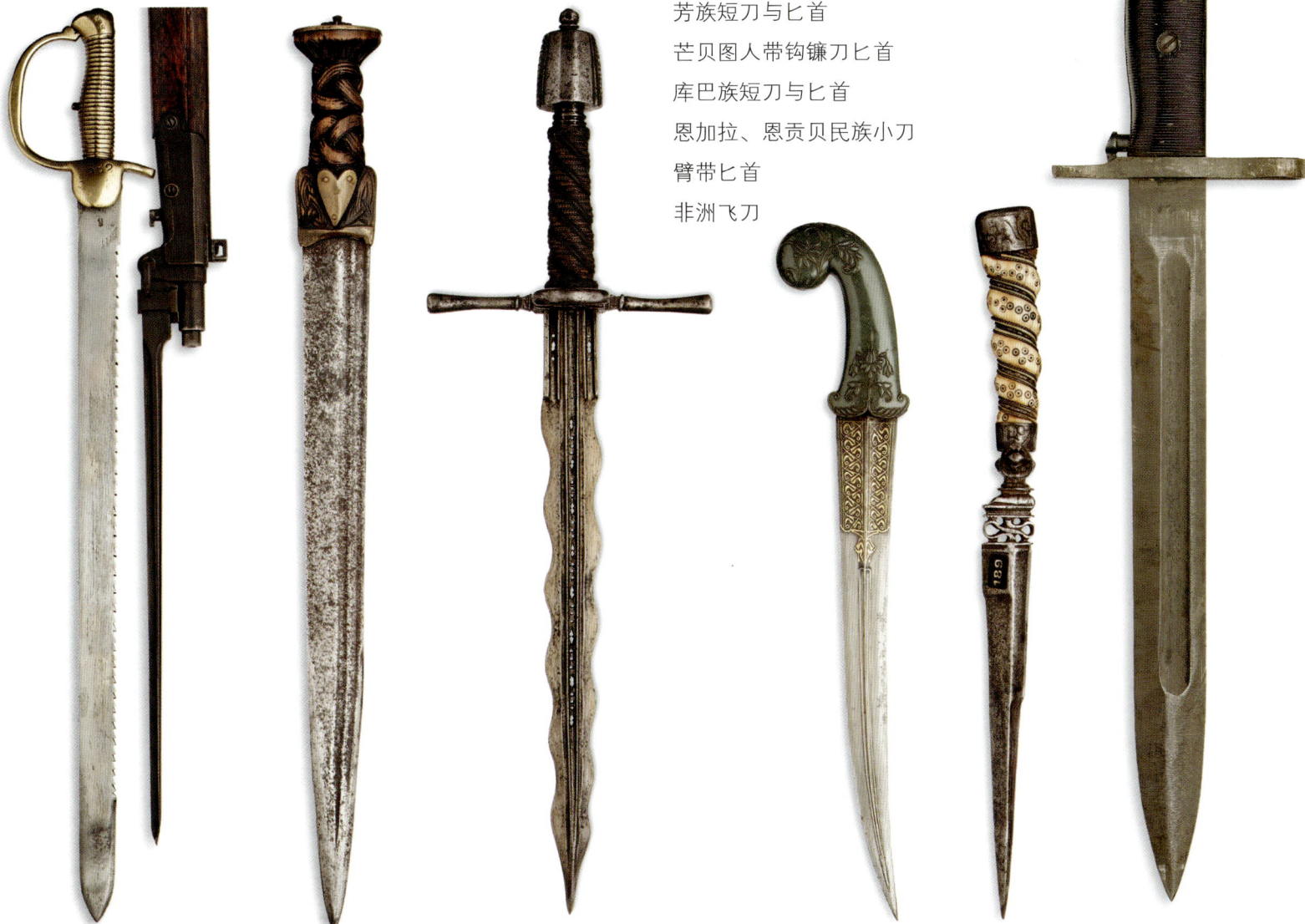

CONTENTS目录

CONTENTS目录

短刀、匕首、刺刀大全
A DIRECTORY OF KNIVES, DAGGERS AND BAYONETS

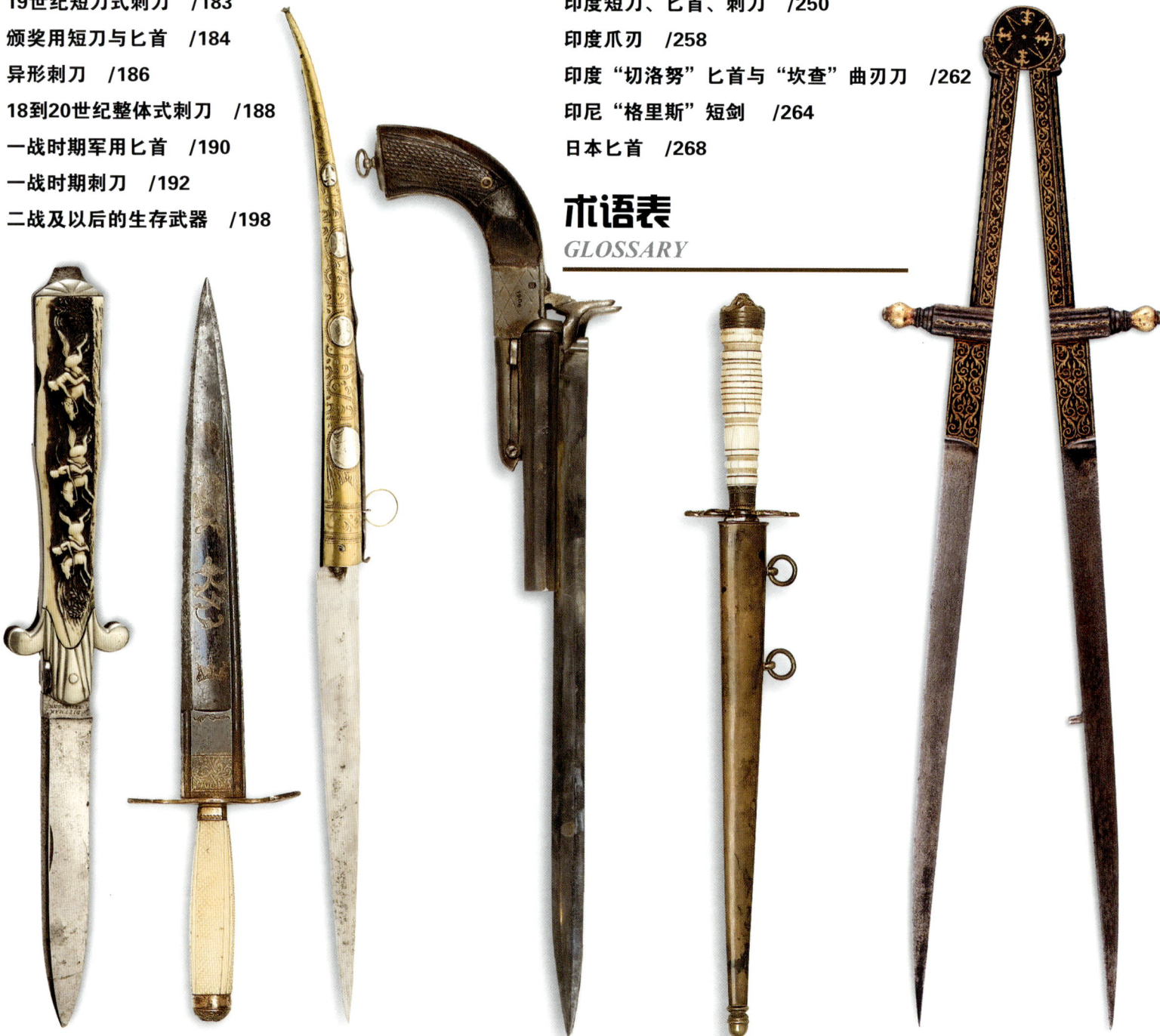

CONTENTS目录

术语表
GLOSSARY

▲ 苏格兰高地装束配备的短剑，约1868年。短剑原名"德克"（dirk），一般指苏格兰高地人的一种较长战斗用刀（图中是这类短剑较晚期的一个例子），也指某些军官配备的礼仪性匕首

引言
INTRODUCTION

从原始人用于防身的锋利燧石，到现代士兵携带的碳钢刺刀，短刀的历史极为复杂，充满了技术革新、艺术追求、残忍的暴力。短刀和长剑这一对难兄难弟，展现了主人的财富与品位，同时也是最后一搏的关键武器：便于携带，拔出迅速，形影不离。

▶ 19世纪30年代的巴西士兵。图中士兵携带的套筒式刺刀，18世纪出现，很快普及全球的现代军队

▼ 奥斯曼土耳其小刀，17世纪。最名贵的波斯、土耳其匕首一般是波纹钢（又称花纹钢）铸造的，让刀身同时拥有刚度和韧性；刀柄由玉石、象牙、水晶制成

波斯或印度钢刃，由波纹钢制成

早期的匕首和战刀

我们的故事，从几百万年前开始。老祖宗把燧石敲碎，产生锋利的边缘，造出最早一批锋刃工具。大约8000年前，亚洲人第一次造出铜器。4000年以后，造出合金。青铜成为主流金属，2000年后被铁器所取代。罗马帝国时期，铁器已经大规模应用，军队装备的普吉欧匕首（pugio dagger）与"格拉迪乌斯"罗马短剑（gladius sword），成为罗马的象征；而中欧各族的象征，则是单刃撒克逊匕首（scramasax）。

中世纪和文艺复兴时期的匕首

中世纪早期骑士携带的匕首，类似维京人、撒克逊人的小型手斧。这些匕首和骑士佩剑一样，也有十字形剑柄，通常也有双刃。后来，盔甲性能逐渐加强，中世纪的匕首也更加有针对性，用于刺穿盔甲。手柄经过改良，握持更牢固。刀刃缩窄，变成三棱或四棱锥。

11世纪前到16世纪之后这一段时间，匕首是野战必备的武器。平民也会携带匕首防身，因为长剑直到16世纪才成为日常佩剑。平民使用的西洋剑兴起，剑身较长，剑刃较重；匕首就成了西洋剑的辅助防御武器。到17世纪前期，西洋剑的剑刃变轻，用于快速进攻或防御。防御用的匕首被淘汰，匕首一族的作用也退化成了时髦的装饰品。只有一些农村地区的居民才继续在日常生活中佩带传统造型的匕首（例如苏格兰高地、地中海西部的长匕首）。

17—21世纪的匕首

匕首退居二线的同时，找到一个新角色，变成刺刀。最早用作刺刀的匕首，可能并不是刺刀，而是法国西南部的普通匕首。为了把火枪变为长矛，适应近战，士兵们开始把匕首塞进枪口，于是产生了插入式刺刀

土耳其玉制刀柄[1]

（plug bayonet）。这种刺刀很快被淘汰，因为只要枪口塞着刺刀，就不能射击。取而代之的是套筒式刺刀（socket bayonet），成为战士们的标准配置。

19世纪的机械化战争，让兵种更加多样化。结果之一就是，刺刀也变得多样化，其中有一类笨重的长剑形刺刀，尽管不实用，却一直用到19世纪前10年。20世纪的刺刀更接近匕首的原始形态，大部分士兵都会携带某种匕首形刺刀，不仅当作武器，还当作多功能的工具。

亚非匕首

非洲战刀和匕首，形制更加独特，更有异国风情。除了武器功能，有些匕首还标志着社会地位，能够当作货币流通。中东有一种匕首文化，阿拉伯双刃弯刀是男子服饰的必要部分，也是典礼的礼器。继续往东，来到波斯，波斯刀匠技术精湛，会制作波纹钢（watered steel），又名"乌兹钢"（wootz steel）。波斯匕首也常常装饰有各种精美的宝石，精致程度只有印度北部莫卧儿王朝（the Mughals）的匕首才能比肩。

远东地区，日本也生产了高质量的短刀（tanto）与合口匕首（aikuchi），相当于武士携带的日本刀（katana）的小弟。最后我们来到南太平洋，见到印尼短剑"格里斯"（the Indonesian kris），17世纪开始，欧洲的收藏家就十分喜爱印尼短剑。据说它拥有魔力，象征所在地区的神灵。

短刀目录

本目录展示了短刀这种致命小武器的发展史，从最早的磨尖石头，到最新的硬化钢（hardened steel）刀刃。本目录可作为相对全面的配图列表，收录所有长度短于长剑的锋刃武器的主要类型（有时长剑和短刀很难精确划分）。各种示例武器都有详细讨论，展示了它们不同寻常的特征，并全都附有国家、年代、形制。

---

[1] 原文如此，但指示线接触的不是刀柄，而是刀柄上的宝石，这样的图例不够准确。译文保持原状。——译者注

短刀、匕首、刺刀的历史

A HISTORY OF KNIVES, DAGGERS AND BAYONETS

本书这一节追溯21世纪前实战匕首的精彩历史。

从史前时代经过打磨的燧石，到现代战争中的求生刀与硬化钢（hardened steel）刺刀，这些锋刃武器造就了人类历史。古代武士、中世纪的骑士、美国南北战争的士兵、两次世界大战的士兵都用过匕首与刺刀，这些武器象征着权力、生存、进步。

▼ 英国"埃尔科"（Elcho）长剑刺刀，约1872年

▼ 美国手刺（push dagger），约1870年

▲ 巴尔干的奥斯曼土耳其"比什"刀，19世纪中期

▲ 印度"切洛努"（chilanum，又译切洛弩、曲拉扭）匕首，18世纪后期

短刀的起源

人类发明的最早的武器，材料要么从地上捡起，要么来自猎杀的动物身上。古人会加工木材、兽角、兽骨，将这些材料做出锋刃，派上各种各样的用场。古人会投掷石块，造成敌人（动物）致命的伤害。特定种类的石头还能加工成非常锋利的切割工具。

◀ 新石器时代燧石刀，约公元前2000年。出土于丹麦的日德兰（Jutland）半岛。燧石小片从原材料上被仔细而精确地剥离，形成锋利的刀刃和收窄的握柄

与最为古老的锋刃武器相比，战斗用的小刀和匕首是相当晚近的发明。

大约100万年前，磨尖的石头在现代人类的祖先当中最早风行起来。不过这些早期的切割工具是为了很多目的而生产的。一旦有了战斗的需要，也可能被用作武器，但没有证据表明这些工具的主要功能就是搏斗，而是主要用于打磨木制工具、屠宰动物、裁割兽皮制成衣服。

最早的武器

最早的石制工具不太适合作战，因为尺寸太小，不能扩大攻击范围；此外，大多没有明显的尖头，也不能用来突刺。直到35000年前，人类所用的手斧大致是水滴形，有一个原始尖头，但还不能作为突刺武器。这些手斧并不比其他自然磨尖的石头更适合作战。

手持工具要想充当战斗用的小刀或匕首，必须增加使用者的攻击范围，让使用者具有明显优势，而且必须能够突刺。很多情况下，还有另外一个有用的功能——劈砍，但对于20厘米以下的武器来说劈砍只是次要功能。岩石作为材料，太脆也太沉重，无法制造出较长的劈砍锋刃。若是果真用岩石做出一把长剑，必然太重，而且劈砍则必然断裂。尽管如此，"中石器时代"末尾（约5万年前），早期人类有了高超的工艺，还是能够造出一些有尖头的石制短刀，用于突刺。

驼鹿角，经过打磨

▼ 北美印第安人的鹿角刀，形制在4000年间变化很小

骨制刀身弯曲[1]

腕带

▲ 青铜时代短刀，用兽骨刻成，模仿同时期的青铜短刀形制

[1] 原文如此，图中并未看到明显弯曲，只是形状不太对称。译文保持原状。——译者注

岩石与金属兵器

大约公元前3500年，人类发现了金属，但石刀并没有因此而立即被淘汰。相反，目前留存下来的一些这一时期的石制小刀和匕首，相当精致，制作时间最近的是自青铜时代（约公元前3500年—公元前700年）后的2000年。某些地方，石刀的形状似乎受到金属小刀影响。例如，北欧斯堪的纳维亚半岛出土的石刀，年代约公元前1600年，似乎就是直接仿制金属版本的。这可能是因为地中海沿岸开始冶金之后很久，这技术才传到北欧；因此南方的金属匕首就在北方用本地材料仿制了。这一技术传播的高峰，大约在公元前1800年—公元前1500年，其间小刀和匕首非常流行，这一时期被称为"匕首时代"。

▲ 这一组燧石小刀，来自石器时代晚期、青铜时代早期；各有特色，但也有相同的关键特征。刀身必须粗短，否则容易断裂

燧石的敲击制造

敲击制造，是指将一些较硬的岩石，例如燧石（flint）、石英岩（quartzite）、黑曜石（obsidian）（玻璃状的酸性火山岩）尺寸缩小到一种特定形状，作为工具或武器。除了用火之外，敲击制造也是史前人类最早的技术飞跃之一。最简单的敲击制造法叫"直接打击"（direct percussion）。用一个石块或木块敲击原料，让小块石片掉落，逐渐打造成预期的形状。

这种技术很适合加工简单的棍棒和手斧，却不够精确，不能加工像刀刃这样精细的工具。为了敲击制造过程中不让原料断裂，古人发明了一种更为精确的加工法，名叫"加压剥离"（pressure flaking，又译"压制刮削"）。石匠用鹿角的尖头，对粗加工的石材小心地加压，让细小的碎片脱离，逐渐把原料加工成想要的形状。用加压剥离法精加工而成的石刀，是非常精美的艺术品。

加压剥离造成的痕迹，有时还会用巧妙的创意将其排列起来，形成流畅的曲线。另一些样品，石刀的主体部分还会被打磨、抛光，锋刃且保留带有凹槽的锯齿状表面。

在欧洲、中东都发现了各种颜色的，适合敲击制造的石块，特别受到石器时代石匠的喜爱。燧石颜色很多，有浅黄色、琥珀色、暗褐色、黑色。石英岩一般为黑色，也有红色、绿色、白色。

▶ 这块燧石受敲击就会断裂，于是小心地采用加压方法，一次除去一小块碎片

"匕首时代"（公元前1800年—公元前1500年）

北欧考古的成绩让我们清楚地知道最优良的石制小刀和匕首是如何发展出来的。"匕首时代"最早的样品，刀身窄长，侧面略呈菱形。菱形的一半当作握柄（手柄），另一半当作刀身，比握柄加工得更精细，加压剥离制成的锋刃十分整齐，尖头也还凑合。

后期样品的手柄一侧不再像前期那样收窄，而是更为均匀，横截面也更圆，方便握持。最后，手柄的尽头张大，握持更加舒服。

这一时期匕首的发展已经很成熟。手柄和手柄尽头的造型合理，刀身形状优雅，呈树叶形，只在需要加宽加厚的地方加宽加厚，成功提高了强度。

古埃及的燧石小刀

古埃及人自青铜时代始，继续生产燧石小刀。早在刀剑发明以前，这种小刀就成为埃及士兵挂在腰间的武器（约公元前1567年—公元前1085年）。到这时候，金属匕首已经广为人知。

▲ 丹麦"辛德斯加尔"地区（Hindsgarl）发现的燧石匕首，为"匕首时代"燧石加工的典型样品。握柄高度模仿同时期金属匕首包裹皮革的手柄

▼ 埃及卢克索地区（Luxor）阿蒙神庙（the Amun Temple）法老巨像，约公元前1260年；一把雕刻有装饰的匕首别在带子上。握柄由两个雕刻的头部造型组成，代表埃及太阳神"拉"（Ra）

最早的埃及燧石小刀，来自"早王朝时期"（Early Dynastic Period，约公元前3100年—公元前2780年），刀身宽阔而弯曲，很好辨认。一些样品整个刀身表面都有加压剥离痕迹，另一些样品则被打磨光滑。握柄有木制、骨制、兽角制，粘贴在刀身上，很坚固。高级样品的手柄有些贴有金箔，或刻有战斗场面。较短的石刀短于30厘米，可用于实战；但较长的石刀在38厘米或以上，质地很脆弱，只能用于礼仪场合。

多数埃及"后王朝"（Later Dynastic，约公元前715年—公元前332年）与新王国时期的匕首形制都较短，双刃，用于突刺；刀柄（手柄）简朴，由有机材料制成。新王国匕首通常比旧版本更为窄长，有时候握柄还有中脊（中间膨大部位）。

美洲原住民的燧石匕首

美洲的原住民几乎没有使用过金属工具和武器，直到15—16世纪与欧洲人开始接触以后。这以前，尽管有些地区掌握冶金技术（主要是黄金），甚至还很先进，但他们使用的工具和武器还完全是非金属的。今天的西印度群岛（West Indies）上居住的古代部落，利用热带低地生长的硬度极高的木材制作棍棒、刀剑、匕首；墨西哥的阿兹特克人（the Aztecs of Mexico）则利用黑曜石制作小刀、匕首，还有一种模样凶狠的阿兹特克黑曜石锯剑"马克胡特"（macuauhuitl，原拼写有误，应为macuahuitl）。一名编年史家写道，西班牙征服墨西哥战争（Spanish Conquest of Mexico，1519—1521年）期间，原住民有一种燧石刀，切割的效果"有如托莱多（Toledo）小刀一般"。这是指西班牙古城托莱多出产的刀剑，质量上乘而广为人知。

石器时代的终结

史前人类能获得的最佳武器原料就是岩石。岩石硬度高，密度大，能够做出极锋利的刃部。今天，眼科医生依然在使用黑曜石手术刀，就是因为其锋利程度远远超过钢制手术刀。不过，岩石的加工实在太过困难，能加工成的形状太少。石刀一旦破损就没有办法修复、回收。这些局限，让制作武器的人最终使用一种新的材料——金属。

▲ 这把奇异的燧石小刀刀身嵌有很多色彩相异的石头。出土自墨西哥的阿兹特克首都——特诺奇蒂特兰城（Tenochtitlan），时间为后古典时期（the Postclassic Period，约1325—1521年）

◀ 这种礼仪用埃及小刀是燧石兵器中最大型的。这件样品手柄已经丢失，年代约为公元前3000年

纯铜、青铜、铁

冶金的发明，极大提高了古人类制造锋刃武器的能力。金属很柔韧，远不像岩石那么脆，而且比岩石的功用多。金属可以熔化，铸成各种各样的形状，即使断裂，也能再次熔化，重新成型。到青铜时代（约公元前3500年—公元前700年），人类已经能够造出更加实用的金属战刀和匕首。

纯铜是第一种用来制造工具和武器的金属。美索不达米亚平原、印度、埃及、北美都发现了小型的纯铜矿，不需熔炼（矿石提取的步骤）就可以加工。早在公元前6500年，中东就开始制造纯铜武器，印度也在公元前6000年开始制造。北美可能在公元前5500年开始制造，但确凿的证据指向的年代可能更晚一些。

公元前3000年—公元前500年间，北美五大湖地区（美国密歇根州、威斯康星州；加拿大安大略省）有一类被称为"古代炼铜作坊"（Old Copper Complex）的民族，利用这一地区发现的自然铜矿生产短刀和矛头。这些活动，还有后来北美西北海岸一些原住民的铜器文物，就是北美印第安人仅存的土著炼铜实践，直到15世纪欧洲殖民者到达美洲。

熔炼法的发明

世界范围内，自然界的金属单质储量非常少，熔炼法的发明推动了冶金的进步。地球上的金属，绝大部分以金属矿石的形式存在于岩石中。熔炼是这样一种过程：用精确控制的加热造成一种化学反应，把金属从材料中分离出来。古代人一旦掌握这个办法，获得的金属资源就大大增多了。

▼ 某些美洲印第安人部落生产纯铜武器已有数千年历史。这把19世纪的匕首，由阿拉斯加西南部与加拿大西部的"特林吉特"（Tlingit）族人制成，刀身为纯铜制成

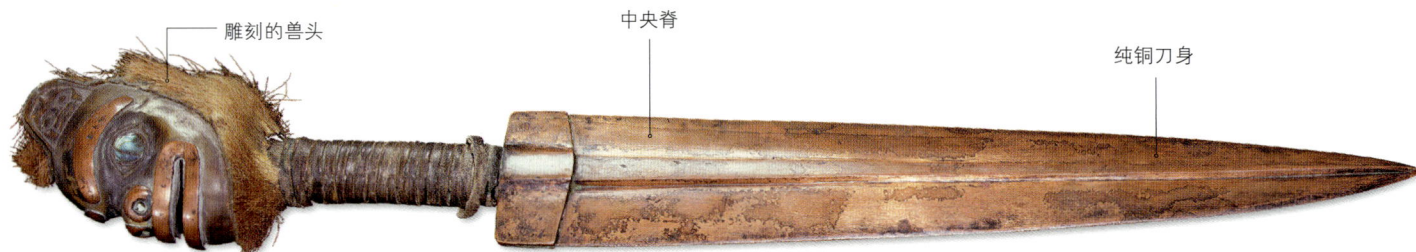

▲ 这幅19世纪的插画，模仿古埃及浅浮雕，显示一名金属工匠铸造长矛。熔炼法让古埃及人与其他古代民族发现了青铜

纯铜武器

纯铜这种金属，耐用但质地很软。古人制造的纯铜武器，形状必须适合这种材料的质地，否则这种武器就会在打击时发生折弯、皱缩或者碎裂。毫无疑问，匕首是人类最早用于搏斗的金属锋刃武器。因为纯铜的柔性导致纯铜武器必须做成短而宽阔的形状；纯铜刀身还必须很厚才能有一定的刚度[1]。但是，厚度一旦增加，重量就不是成比例而是呈指数增加，因此无法制造长剑这样的武器。

雕刻的兽头　　　中央脊　　　纯铜刀身

---

[1] stiffness，材料或结构在受力时抵抗弹性变形的能力。——译者注

中央脊

握柄有脊

柄头较重

▲ 最新式的金属兵器形制，用其他材料仿造出来。这把波斯匕首的时期是公元前1300年—公元前1200年，并非青铜，而是木制

最早的纯铜匕首刀身都很短，很粗壮，轮廓呈长方形，一定程度上弥补了纯铜太软的劣势。生产方式主要有两种：一种是用模具铸造；一种是先将纯铜切割出大致形状，然后用锤子敲成匕首的形状。

早期纯铜匕首，刀身和刀柄一般是分别加工的，刀柄用某种硬质有机材料制成。美索不达米亚地区很多"早期王朝时期"（the Early Dynastic Period，约公元前2900年—公元前2330年）的墓葬中，出土了这一类型的纯铜匕首。刀柄一般用铆钉固定在刀身宽阔的基部，但某些保存至今的样品没有铆钉，可能是粘合起来的。还有另一种更先进的组装方式，就是柄舌（tang，又叫柄芯）。刀身的基部继续延伸，变成一根又短又窄的杆子，插入刀柄，连成一体。

早期锋刃武器的设计还有一个重要改进，就是中央脊（medial ridge）或"肋"（rib）。这是用一种由两部分组成的模具在刀身两侧铸造出来的突起部位。刀身中央有"脊梁"，其余部分就可以做得更加轻薄，长度和宽度也可以继续增加，让突刺更有杀伤力。这种有着硬质中央脊的匕首，在整个中东都很流行。中央脊是刀身发展的里程碑，从青铜时代开始成为设计的核心之一，直到今天。

青铜的出现

纯铜刀身，是在史前燧石工具基础上的一次飞跃。青铜的发明，又让纯铜武器被淘汰。青铜是纯铜和锡的合金，优质武器的青铜材料是九成纯铜和一成锡，不过具体的比例要在具体生产中才能掌握。青铜比纯铜坚硬，于是就使武器更为强韧，能够使得刃部更加锋利。青铜刀身可以做得比纯铜刀身更窄、更长。

青铜流到模具中，流动性好于纯铜，于是增加了可能性，能做出更加精致、繁复的设计样式。这时刀柄开始与刀身一体成型，所以先前刀柄和刀身之间的连接点（脆弱之处）也就不存在了。

最早的青铜匕首，大约是公元前2500年在美索不达米亚平原苏美尔人的城市"乌尔"（Ur）制造出来。这些青铜匕首，刀身坚硬，有棱纹，柄舌较厚。今伊朗西

▲ 这把常用的青铜短刀从伦敦泰晤士河中打捞出来。刀身打磨了很多次，磨损到只有一小块残余部分

▼ 青铜匕首一般在刀柄处短而粗，以确保有足够的强度。这件样品的时期是公元前2300年—公元前1800年，在德国纽海灵根（Neuheilingen）被发现，依然保有金属刀柄

圆柱形握柄

刀身的脊很密集

▲ 古波斯城市卢里斯坦遗址出土了大量早期青铜时代武器。这一组包括：宽刃短刀用于劈砍，较窄的匕首用于突刺

部的卢里斯坦（英文拼写Luristan或Lorestan，又译洛雷斯坦）地区，出土了早期青铜匕首（约公元前3200年—公元前2800年）。这些匕首一体成型，握柄有多处凹陷，里面填有木制或骨制的小板块，这是已知最早的握柄"柄片"（scales）。后来，全世界短刀和匕首的生产中都会采用这些工艺。

迈锡尼青铜匕首

　　青铜和青铜加工的技巧，从中东地区逐渐向西延展，越过地中海，向北进入欧洲。到公元前1600年左右，中欧、北欧大多数民族都熟悉了这种技巧。希腊有一种十分重要的匕首，是迈锡尼青

铜匕首（约公元前1600年—公元前1100年）。这种匕首的基本结构是用金头铆钉把精细的锥形刀身与牛角或象牙手柄组装在一起，需要非常高的技巧；匕首还带有精细的金银装饰。有些匕首带有海洋生物的图案，学界十分关注；另外的匕首则有狩猎、战争场面的图案。迈锡尼人经常争战、航海，很喜爱这些图案。公元前1400年左右，他们用武力控制了爱琴海地区，正是米诺斯（Minoan）文明末期和之后发生的事情（约公元前3400年—公元前1100年）。公元前1180年左右，他们可能还毁掉了著名古城特洛伊（Troy），形成后来希腊神话的基础。

◀ 这把精美的匕首刀柄，约公元前1600年在迈锡尼制造。内嵌有青金石、水晶、黄金。护手是两个龙头造型

"狮子攻击猎人"的装饰

▼ 现存的很多迈锡尼匕首都有精美的嵌饰，材质有金银与黑金（niello，一种黑色合金）

刀身磨快用于突刺

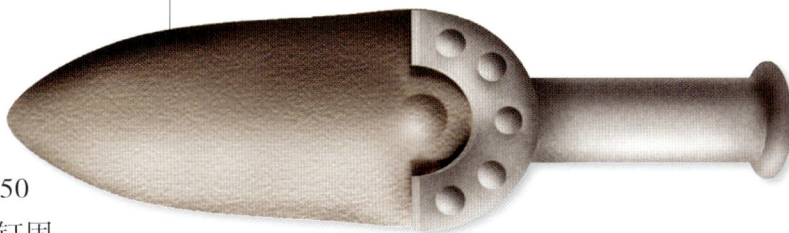

没有磨快的刀身用于劈砍

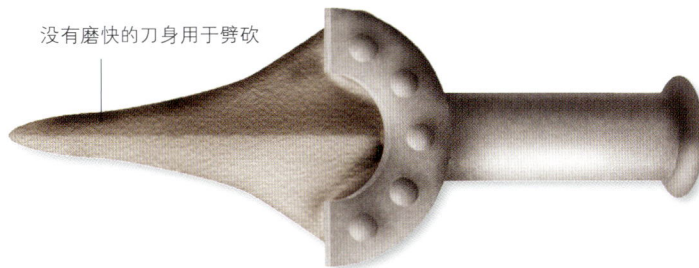

▲ 用于劈砍的阔刃匕首经过多次打磨，可以变成一根粗壮的青铜针，非常锋利，适于突刺

短刀变成匕首

到公元前1600年，出现典型的北欧青铜匕首。一种早期形制匕首发现于高卢（今法国）罗讷河谷（the Rhône Valley），约公元前1500年—公元前1450年。刀身呈三角形，较短，基部加工成圆形，用铆钉固定在刀柄上。刀柄有半环形护手（保护用的小板），握柄呈圆柱形，末端呈圆形，扁平。这一类刀柄是由金属制造，一体铸成，很快走出法国，传播到意大利和中欧其他地区。

青铜时代中期（约公元前2800年—公元前1100年）的匕首和其他一切种类的小刀并没有显著区别。但人们对青铜的加工越来越熟练，能够区分不同武器的风格与特殊作用。如此一来，就出现各种显著区别。青铜时代中期，西欧典型的青铜匕首形制简单，刀身宽阔，适合劈砍。尖端一般呈圆形，属于多用途工具，但青铜匕首的锋刃必须磨快。

尽管青铜比纯铜坚硬，但青铜锋刃还是只能维持比较短的时间就会变钝，必须用磨刀石磨快。反复打磨会让刀身变得越来越窄，多次打磨之后，尺寸就缩小得很厉害，形状也发生巨变——成了一根锥形的尖刺。

于是，小刀作为劈砍工具的作用，经年下来也就可以忽略不计了。但人类很快发现这样的工具依然可以单纯作为突刺的武器。没多久，新武器就被专门铸造成这种尖锐的形状。这一时期，小刀与匕首分了家。匕首变成专用的杀人武器，只用于正手上刺和反手下刺；小刀则继续保持着多功能。当然，二者的区分并不是那么严格，有较大的灰色地带；直到现在这种区分也只是有个一般原则而已。

哈尔施塔特后铜器文化（约公元前1200年—公元前500年）

奥地利萨尔茨堡市（Salzburg）东南有一个临湖的

小镇，名叫哈尔施塔特（Hallstatt）。1846年，这里出土了一片巨大的墓葬群，19世纪下半叶被陆续发掘，发现墓葬1000多座。随葬品十分多样，造型是现代人通称的"凯尔特"风格：常与动植物有关，多用流畅的曲线，说明这一文化与大自然十分亲近，对自然有着宗教般的虔诚。这种风格的制品，在全欧洲均有发现，统称"哈尔施塔特文化"的一部分。

哈尔施塔特文化占据欧洲大部分地区，东面占据今天的奥地利、捷克共和国、斯洛文尼亚、克罗地亚、罗马尼亚、匈牙利；西面包含整个瑞士，还有意大利、法国、德国的一部分。影响还扩展到西班牙、英伦三岛。这个文化还有一点十分重要的意义，那就是连接了青铜时代晚期（约公元前1100年—公元前800年）和公元前800年左右欧洲铁器时代的开端。

作为艺术品的匕首

直到公元前800年左右，哈尔施塔特匕首的刀身都

中央脊

向上弯曲的柄头分支，
也叫"触角"

▲ 一把典型的哈尔施塔特匕首，铁制，约公元前750年—公元前450年。匕首的刀身形状合理，劈砍突刺两用

◀ 两把匕首刀柄，来自奥地利北部，代表哈尔施塔特工艺最高水平。柄头伸出分支，向上翘起，分别有复杂的装饰造型

刀身铁制

轮状柄头

刀鞘

球状鞘镖

▶ 这把精美的哈尔施塔特匕首出土自公元前6世纪的一处古墓，柄头的"触角"在两边盘曲成完整的轮形。与贴有金箔的刀鞘被同时发现

是由青铜制造的；全欧洲都十分熟悉铁器之后，青铜依然应用了很长时间。很多哈尔施塔特匕首是精美的艺术品，刀身较长，双刃，有多个脊。刀柄一般是青铜的，但有时用黄金包裹，设计的精美程度在历史上是空前的。握柄不是简单的圆柱体，而是中央突出，两端做了精细的收窄加工，催生了后来的西班牙、罗马匕首。柄头（Pommels，刀柄末端的配重块）也风格多样。有些是扁平的卵圆形，一般有刺孔，刺孔有各种图案。其他柄头在中央部分两边各有一个花样繁复的轮状结构。最有名的哈尔施塔特匕首大概是"触角型"（antennae），柄头由两个向上弯曲的分支组成。

哈尔施塔特匕首还是欧洲第一种用新材料制成的匕首：这种材料叫作"铁"（iron），从亚洲传入。

铁的兴起

墓葬发掘显示，公元前1000年开始，哈尔施塔特诸民族开始与小亚细亚半岛（Asia Minor）居民接触；小亚细亚半岛是最早发现铁制武器的地方。目前一般认为，公元前1500年左右，今土耳其东部的安纳托利亚（Anatolia）地区（又称小亚细亚半岛）最早开始铁的熔炼。赫梯人（the Hitties）从约公元前1900年—公元前700年统治这一地区，非常注意保密，因为这种技术实在是太先进了，但没过多久还是扩散了出去。公元前1000年左右，武力征服、航海贸易把炼铁术传到《圣经》提到的中东地区。《圣经》里说，巨人歌利亚（Goliath）带着铁制的匕首作战。[1]公元前700年，商人穿过地中海，将铁带到希腊和意大利。哈尔施塔特文化与小亚细亚联系密切，与希腊、意大利的联系也同样密切，因而有了多个可以使用的铁矿来源，而且文化后期很快将铁普及欧

洲。这一点也不足为奇。

拉泰恩文化（约公元前500年—0年）

大约到公元前400年，之前的哈尔施塔特文化地区，大部分都被另一种凯尔特文化取代。因为最早的实物在瑞士的纳沙泰尔湖（Lake Neuchâtel）最东侧的拉泰恩（La Tène）地区被发现，所以现代考古学将其命名为拉泰恩文化。拉泰恩文化构成现代人称之为"凯尔特"文化的主要内容。拉泰恩诸民族使用的武器展现了出众的想象力与技术水平，其设计来自对自然界的观察，但高度抽象化，有大量弯曲、扭曲的造型。

大多数拉泰恩小刀、匕首都是铁刃或钢刃，不过刀柄依然有很多青铜。哈尔施塔特匕首一般是双刃的，这时候被宽阔单刃刀身取代了。拉泰恩匕首也有少数双刃的，这些匕首多数有着哈尔施塔特"触角"状刀柄的改进型，柄头的分支与护手更粗，尖端呈球形；柄头两个分支中间的握柄基部还有另一个球形，这就让刀柄呈现清楚的拟人造型，好像一个人四肢伸开的样子，头部有时还做出写实的五官。

◀ 经典的拉泰恩文化刀柄，拟人化造型，显示一个风格化的人体。匕首与刀剑均有这一类握柄

---

[1] 此说似有误。和合本《旧约圣经·撒母耳记上》17段描述歌利亚的装备，只说"枪杆粗如织布的机轴，铁枪头重六百舍客勒"，说明那件铁制武器应当是矛而不是匕首。——译者注

铁器时代的匕首

　　铁器时代（约公元前1400年—公元前500年），匕首的使用要少于之前的青铜时代。米诺斯、迈锡尼文化经常用匕首作战，但他们的后代古希腊人（公元前510年—公元前323年）似乎从来不将匕首作为制式武器，只用矛和剑。不过，意大利三个繁荣的民族——维勒诺瓦人（the Villanovans）、伊特鲁里亚人（the Etruscans）、罗马人，都发展了自己的匕首体系。

　　铁器时代的大部分时间，青铜都被人继续用来制造武器和铠甲。优质青铜实际上比早期炼出来的铁还要坚硬，作为武器的主要原料又被使用了很久。铁资源比铜资源丰富，所以比制造青铜的纯铜更便宜，而且有潜力成为更加锋利的武器，锋刃也更结实。但是，最早的炼铁却十分困难，也不太成功。

早期炼铁

　　古代铁匠炼铜的时候，熔炉温度一般会升到700～900摄氏度。虽然700～800摄氏度可以足够发生把铁从矿石中分离出来的化学反应，但这种情况下炼出来的铁都是玻璃一样的物质，名叫铁矿渣。铁矿渣必须液化，才能进一步让铁和其他物质分离，但这一步需要1200度的高温，当时还没有这样的技术。铁如果含有大量矿渣，就会很脆，不具备柔韧性，因此不如青铜。直到后来铁匠发明更先进的熔炼技术，达到更高的温度，才终于淘汰了青铜，让铁成为武器的主要原料。

维勒诺瓦人（Villanovans）（约公元前1100年—公元前700年）和伊特鲁里亚人（Etruscans）（约公元前800年—公元前100年）

　　由于这些技术难题的存在，即使在铁器出现之后，大多数匕首依然是用青铜制造。古罗马之前的维勒诺瓦人是意大利半岛上最早冶铁的民族，他们把冶铁技术传给伊特鲁里亚人。到公元前8世纪，伊特鲁里亚人占据统治地位，他们又把冶铁技术传给敌人——早期的罗马人。不过，直到罗马帝国兴起之后，铁器才开始被普遍应用。

　　维拉诺瓦匕首和伊特鲁里亚匕首，各自分成三大类。大多数刀身为树叶形，但有些刀身笔直，最后三分

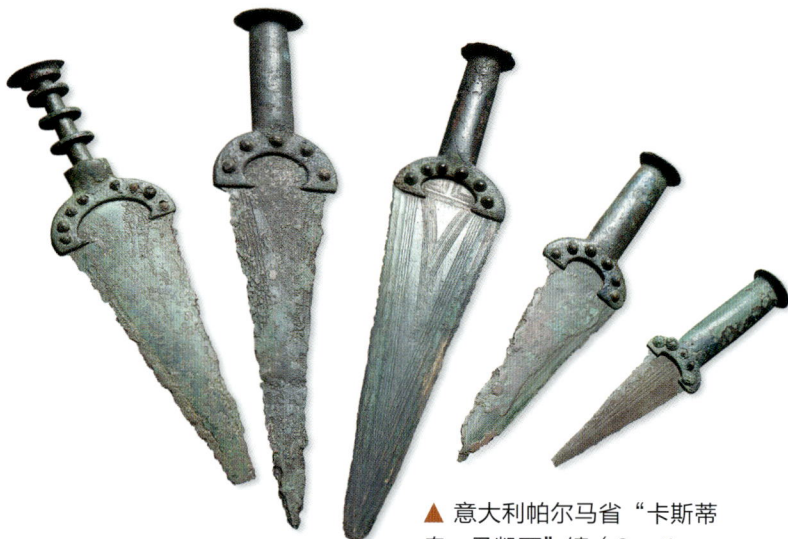

▲ 意大利帕尔马省"卡斯蒂奥·马凯西"镇（Castione Marchesi）发现一组伊特鲁里亚青铜匕首，都有典型的锥形刀身，急剧收窄；护手呈半个环形，握柄呈圆柱状，都是这一文化中常见的

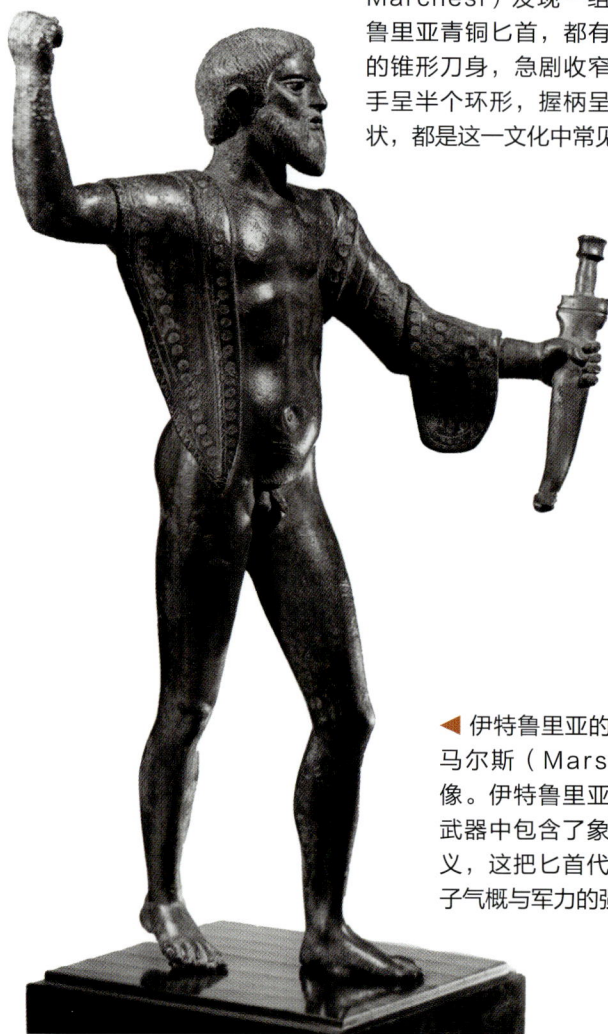

◀ 伊特鲁里亚的战神马尔斯（Mars）雕像。伊特鲁里亚人在武器中包含了象征意义，这把匕首代表男子气概与军力的强大

轮形鞘镖

柄头有三个纽子

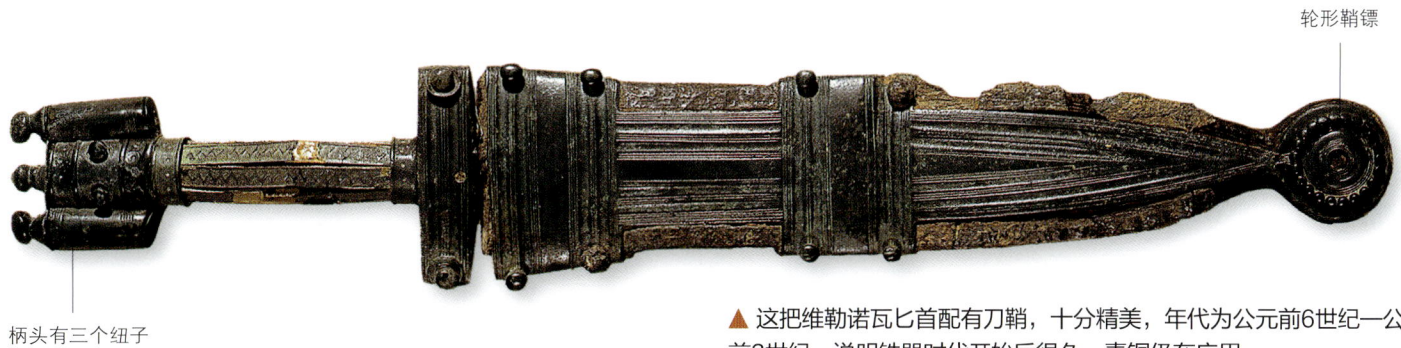

▲ 这把维勒诺瓦匕首配有刀鞘，十分精美，年代为公元前6世纪—公元前3世纪。说明铁器时代开始后很久，青铜仍在应用

之一处开始急剧收窄，末端的尖头加厚，用于突刺。其余匕首则是三角形，从刀柄到刀尖一直收窄，角度前后一致。这三类匕首的整个刀身都有多道加强肋。

刀身在基部一般延伸出一个柄舌的部分，柄舌装入由石头、木料或兽骨制成的握柄。有些握柄有"触角式柄头"，这是因为受到凯尔特文化的影响。其他握柄的柄头比较简单，是T形或者碟形。

到公元前7世纪下半叶，伊特鲁里亚人已经发展为意大利半岛上最强的军事力量，向南越过台伯河（the River Tiber），占领很多城镇，包括罗马在内。直到公元前509年，伊特鲁里亚人控制南意大利。这一年罗马人发动起义，宣告罗马共和国成立。

罗马人（公元前800年—公元410年）

罗马人建立的战争机器，一千多年间一直是全世界最凶猛、最有纪律、最有组织水平的。罗马军队能够很快适应敌人的军备和战术，还经常能够拿来应用。

罗马人借鉴的外国发明包括：锁子甲（mail armour）、装甲骑兵、著名的"格拉迪乌斯"短剑、"普吉欧"匕首。

罗马匕首的起源可能是西班牙。今西班牙中北部的努曼

▶ 古罗马使用"普吉欧"（pugio）匕首，最早的物证大多数来自伊比利亚半岛（the Iberian Peninsula）。这是一块公元前3世纪的伊比利亚浮雕，显示一名男子携带一把"普吉欧"类型的匕首

西亚（Numantia）遗址出土了多件公元前4—3世纪的匕首样品，与罗马共和国（公元前509年—公元前27年）晚期的匕首几乎完全相同。不过，罗马军队似乎并没有马上应用这种匕首。古希腊历史学家波里比阿（Polybius，又译波利比奥斯，约公元前200年—约公元前118年）曾详细描述罗马共和国的军队，完全没有提到这种匕首。一开始，罗马人似乎把这种匕首作为战利品，认为佩带它能够让男子增添军人的勇武气概，显示自己曾在外国为罗马共和国而战。

罗马军团的"普吉欧"匕首

大约在公元前后，匕首成为罗马军团的制式武器。作用是长剑的补充，佩在腰带左侧；腰带上还悬挂武装腰带（cingulum/girdle）。长剑佩在右侧，专门有一根带子悬挂。墓碑、纪念碑与其他雕塑上的罗马士兵常常是这副装扮。

"普吉欧"匕首较宽，中间收窄，长约15～35厘米。刀尖很多做成细长形状，增加突刺效果；刀身从头到尾有中脊，增加强度和刚度。护手造型简朴，用铆钉固定在刀身基部，护手的锷叉有时向刀锋两侧延伸较短的一段，但很多样品也和刀锋基部齐平。"普吉欧"匕首的手柄独具特色，中间有一个环形的突起。早期匕首的柄头一般是圆形，后期的基部扁平甚至呈新月形。

◀ 这把经典树叶形罗马"普吉欧"匕首有突起的中脊，年代是公元1世纪。设计合理，适于切削与突刺

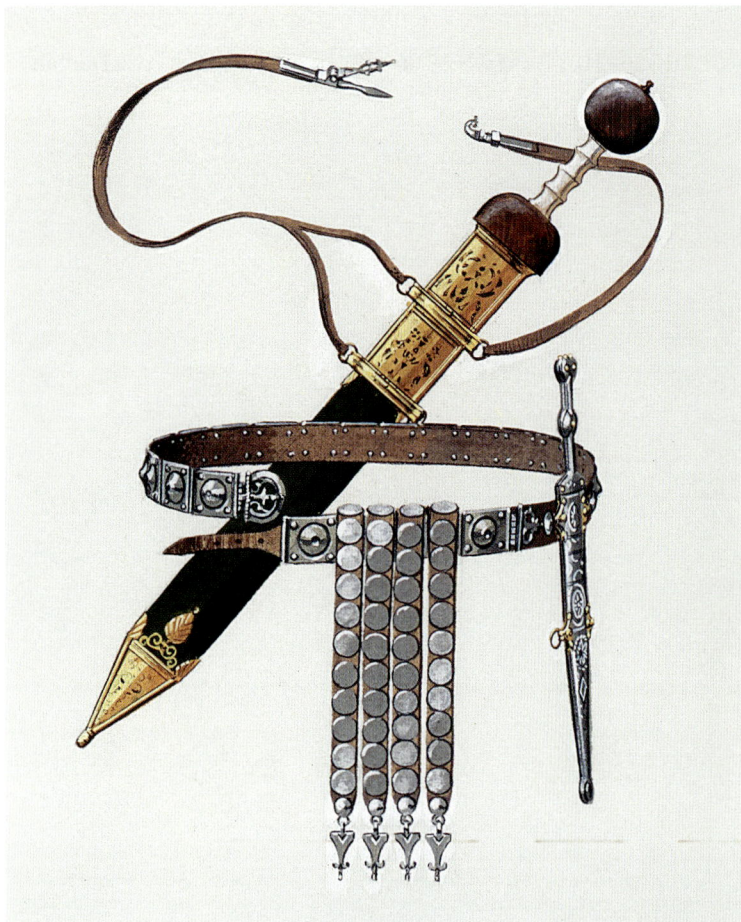

◀ 到1世纪，"普吉欧"匕首已经成为军团的制式武器，佩在腰带左侧。腰带上还挂着有镀层的武装腰带

▶ 这把"普吉欧"匕首产自1世纪的南欧，还保留着握柄上的铁饰片，上面有刻出的凹槽作为装饰，用铆钉固定在刀身的柄舌上面

▼ "普吉欧"匕首用于作战、防身，也用于角斗士的竞技。这块马赛克壁画年代约为320年，一名角斗士把另一名角斗士按在地上，准备用匕首刺杀

一般情况下，"普吉欧"匕首刀柄分成两半，这两半的材料多数是青铜或铁，少数是兽骨或象牙。两片刀柄将柄舌夹在中间，用多根铆钉穿过护手，穿过握柄上的突出部分，穿过柄头，把两片刀柄固定在一起。虽然大多数"普吉欧"刀柄没有装饰，但也有一些权贵佩带的匕首镶有贵重金属。

"普吉欧"匕首的衰落

著名的"普吉欧"匕首大概从公元200年开始，不再被罗马军团当作制式武器。罗马皇帝图拉真的"图拉真纪功柱"（Trajan's Column）于公元113年完工，用来纪念101—102年、104—106年的历次"达西亚"（Dacian，今大部分地区在罗马尼亚）战役。这是对2世纪早期罗马军团最重要的记录之一，但其中没有一把匕首。

不论因为什么原因，这传奇性的匕首被弃之不用了。罗马帝国各处边疆领土的辅助部队依然在使用这种较为粗糙的匕首。今德国巴伐利亚州（Bavaria）库恩辛市（Künzing）曾出土一座遗址，发现3世纪兵工厂的库存，有59件匕首刀身，29件刀鞘。说明罗马军团不再使用之后，还继续作为制式武器存在了很久。

公元前44年盖乌斯·尤利乌斯·凯撒遇刺

公元前44年，罗马权势最大的人物是盖乌斯·尤利乌斯·凯撒。凯撒是一位名将，被任命为独裁官，尽管当时的罗马还不是帝国。尤利乌斯·凯撒获得绝对权力，标志着罗马从共和国到帝国的转变。罗马元老院有些人反对国体变为独裁制，于是密谋刺杀凯撒。

公元前44年3月15日，凯撒应元老院请求出席会议，阅读一封陈情书。但陈情书只不过是刺客集团的计谋，集团自称"解放者"（Liberators），要吸引凯撒上钩。凯撒看陈情书的时候，一名刺客拔出匕首，刺向凯撒脖颈，但他只受了轻伤。余下的人一拥而上（有文献说达60人之多），猛刺凯撒面部、胸部、肩部、胁下。凯撒想要逃跑，却绊了一跤摔倒在地。刺客们继续疯狂进攻，混乱中甚至互相刺伤了。凯撒最后死于非命，被刺35刀。

罗马为了纪念凯撒遇刺而铸造了硬币，一面是刺客布鲁图斯（Brutus）的头像，另一面是刺客用的匕首——普吉欧。这种匕首很快成为罗马军团必不可少的武器。

▲ 德国历史画家海因里希·费格尔（Heinrich Füger，1751—1818年）所作的元老院刺杀场景再现

▲ 约公元前42年的罗马硬币。硬币一面有阴谋集团领袖马尔库斯·尤利乌斯·布鲁图斯（Marcus Junius Brutus）的侧面像；另一面有普吉欧匕首

撒克逊军用短刀

公元5世纪，罗马帝国分裂，但并没有影响武器的设计制造。帝国的各个部分还想留住旧日权力带来的排场，但这不可能永远继续。先前的军事体制瓦解，取而代之的是各个氏族更加多样的军事文化，这些文化建立在个人忠心和单人勇武之上。社会结构变化也经由武器的设计反映出来。

▲ 这把精美的撒克逊小刀发现于泰晤士河，有一套完整的盎格鲁–撒克逊"如尼"字母表，很有特色；还有制造商或主人的名字

罗马统治的瓦解，让4—8世纪很多欧洲民族背井离乡，寻找新的繁荣、新的肥沃土地，史称"欧洲民族大迁徙时期"（Migration Period）。日耳曼诸民族从中欧向北，斯堪的纳维亚诸民族往西，进入英国、冰岛、格陵兰、北美。[1]

撒克逊小刀

罗马势力撤出不列颠之后，很多日耳曼部落乘虚而入。尽管这些部落在410年罗马势力撤走之前已经开始入

侵不列颠，但罗马撤走之后，入侵者数量猛增。这些入侵者来源各异，但当时统称"撒克逊人"（Saxons）。有些民族用武力侵占不列颠东部，其他一些民族与当地罗马–不列颠人（Romano-British）结盟。撒克逊士兵最重视的武器是长剑，但也善于制造一种极有特色的小刀，即撒克逊格斗短刀，音译"撒克逊"；原文称作scramasax、seax、sax。

很久以来，人们都认为"撒克逊"这个名字表示这个民族十分喜好"撒克逊"小刀，但撒克逊小刀的使用范围超越了不列颠。目前已知最早的斯堪的纳维亚制造的撒克逊小刀年代约为公元前300年；此外，丹麦的"菲英"岛（Funen）上有一地区维莫斯（Vimose），这里的沼泽出土了一些匕首，年代要比公元前300年晚上六百多年，形状却几乎一样。中世纪早期（约500年—1100年），撒克逊人、法兰克人（Franks）、维京人（Vikings）都把撒克逊小刀作为最常用的辅助武器。挪威、瑞典、丹麦、欧洲大陆都有发现撒克逊小刀的后世样品。

撒克逊小刀的各种类型及用途

撒克逊小刀用于实战，刀身宽阔，单刃；刀背坚固，横截面呈楔形。长短差异很大。小型的尺寸相当于

◀ 法国一处墓葬，年代约450年—475年"梅罗文加"（Merovingian）王朝时期，出土多件武器。其中有这把早期撒克逊小刀，铁制，刀柄装饰华丽

---

[1] 维京探险家莱夫·埃里克松（Leif Erikson，约970年—约1020年）曾在公元1000年左右从格陵兰出发，率领少数人到达加拿大北部，今加拿大纽芬兰岛北端，后来与当地人发生冲突而返回，没有像哥伦布那样产生太大的社会影响。——译者注

刀身有装饰　　　　　　　　　　　　　　　　　　木柄（已丢失）

▲ 一把撒克逊小刀刀身，发现于英格兰的锡廷伯恩镇（Sitting-bourne），有华丽的铜合金与银装饰。一面有铭文"西格贝赫特（Sigebereht）之财产"；另一面有铭文"比奥特尔姆（Biorhtelm）制造"

现代的"小折刀"，刀身最短只有7.5厘米，而最长可达76厘米。最长的版本，维京长矛兵称之为"加长版撒克逊剑"（langseax）。一般样品刀身长度大约15厘米，叫"双刃撒克逊短剑"（handseax）。刀身末端三分之一处显著收窄，其余部分则宽窄均匀；刀背一侧只有锋刃笔直或略弯。

撒克逊小刀没有护手，握柄简朴，木制或骨制。有些刀身十分华丽，内嵌有纯铜、青铜、银制的装饰。有些还嵌入主人或制造商的名字，表明撒克逊小刀既是名贵的兵器，又是精美的艺术品。

撒克逊小刀的模样很像民用的多功能刀，但主要还是用于近身搏斗。中世纪早期文献认为最重要的武器是长剑，但撒克逊小刀也在重要场合出现了几次。

约在700年，瑞典的老王，外号"战牙"的哈尔德（Harald War-Tooth）与侄子西格德（Sigurd）争夺王位，爆发了布拉沃尔战役（the Battle of Bravol）。其间有过几次非常激烈的战斗，有一篇《"棍击"索尔斯坦之传奇》（"The Tale of Thorstein Rod-Stroke"）的文章记述了其中一场战斗，两人用撒克逊小刀互搏，结果都受了致命伤。

中世纪早期，尽管撒克逊小刀受到重视，但文献对其使用的记载，比起长剑和长矛只是个零头。就连维京人也对那些较小的撒克逊小刀有些微词。冰岛有一篇《武器峡湾萨迦》（"Saga of Weapon's Fjord"）的文章，文中，勇士格雷惕尔（Geitir）评论："那用撒克逊小刀的人，必得反复尝试才行。"

撒克逊小刀和匕首的联系

欧洲移民大迁徙时期、中世纪早期，个人身份的武士虽然青睐战斗短刀，但只是个人选择而已。战斗短刀自从被罗马军队弃用以后，就再也没有被用作制式兵器。不过，查理曼大帝统治下的法兰克民族却重新采用很多罗马传统和规约，其中包括管理严格的装甲骑兵。800年，查理曼加冕为罗马皇帝（Emperor of the Romans）；5年后的805年，他发布敕令要求全部骑兵都披上锁子甲，携带长剑、长矛、盾牌、匕首。

11世纪后期的撒克逊短刀发展到13—14世纪的"骑士"匕首，其脉络还不清楚。1066年，诺曼底公爵威廉入侵英格兰，发生了著名的黑斯廷斯战役（the Battle of Hastings）。很多英格兰的盎格鲁-撒克逊人可能使用了加长版的撒克逊小刀，诺曼人是维京人的后代，除了长剑、长矛以外也可能携带较小的类似撒克逊小刀的短刀。实际上，撒克逊小刀可能从来没有真正失宠。15世纪，英格兰依然在生产十分类似撒克逊小刀的刀具。

▼ 这两把出土的撒克逊小刀刀身代表了更加典型的比例。出土地点是中欧，推测年代为6—8世纪

中世纪匕首

中世纪（约1100年—1450年）是骑士、骑兵称霸的时代。骑兵体系改变了战争的形态，也让人们重新思考武器的使用方法。一开始，骑士认为匕首无关紧要，但到了14世纪，匕首已经变成军备的必要成分。匕首的类型也不断革新，种类增多。这一重要变化，影响了军事和平民生活。

公元2世纪，罗马军团不再使用匕首之后，个人依然喜欢使用；士兵会携带各种小刀，但没有特别的规定，也没有普遍的使用方法。神圣罗马帝国皇帝——查理曼大帝（the Holy Roman Emperor Charlemagne）在805年发布敕令，规定帝国所有骑兵必须携带匕首，但过了700年，这一命令才真正得到执行。

无用的匕首

12至13世纪，军界普遍认为匕首没有什么作用。

古罗马时代伊始，精英战士的主要武器就是剑和长矛。很长一段时间，骑士墓葬的纪念碑图案都没有匕首，艺术作品里也没有匕首作战的场面，直到1250年左右这种情况才有所变化。可能是因为只有在其他武器都损坏或丢失以后，匕首才派上用场，用作最后一搏的武器，所以直到13世纪中期匕首才受到艺术家的重视。

12世纪的匕首，有时候甚至带有贬损的含义。当时匕首一般名为cultellus或coustel，通常与犯罪联系在一起。Coustiller、cultellarius这两个词，含义都是盗贼、土匪、强盗。1152年法国图卢兹伯爵（Count of Toulouse）有一项法令，提到"有些恶人名为Coustiller，入夜后以匕首作乱"。

劈砍匕首与突刺匕首

匕首尽管名声不好，却依然在13—14世纪快速改进。1300年时，已经成为骑士的标配；此外的标配武器还有冲锋骑枪、剑、斧（或狼牙棒）。有些匕首依然很像一般的多功能小刀。但其他匕首则不再类似多功能刀，而

▼ 13世纪《旧约圣经》抄本局部，士兵们在用当时流行的武器作战。中央一人在用短匕首猛刺敌人

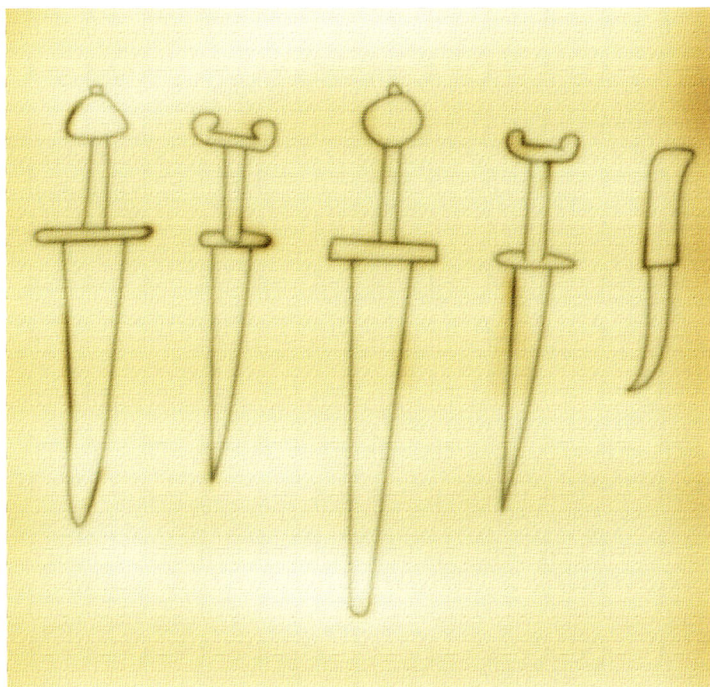

▲ 模仿11世纪意大利抄本的插画，显示中世纪主要有两种匕首：阔刃用于劈砍，窄刃用于突刺

是专门用于杀人。

14世纪初期，这种区分变得很明显。法国骑士统帅拉乌尔·德·内塞尔（Raoul de Nesle）于1302年被杀，人们统计他的武器，列了一份清单，其中为两种匕首使用了专门的术语。一种是阔刃匕首，类似民用多功能刀，名叫coutiaus à tailler（劈砍匕首）；另一种则是coutiaus à pointe（突刺匕首）。

这一时期有大量匕首保存至今，明显分为以上两类。劈砍匕首大多是单刃，刀背强度很高，刀尖只在锋刃一边收窄，类似厨房用的刀具；突刺匕首则要长得多、窄得多，锥形的收窄十分明显。到1375年，有些种类的突刺匕首已经很难归类为"锋刃武器"，因为刀身已经没有锋刃，成了高硬度钢制成的强化的尖刺，专门用于刺穿肌肉与骨骼。

这些匕首就像大型的锥子，只要力量足够，很可能会穿透有护垫的衣服、锁子甲、轻型板甲。

匕首类型多样化了，刀柄类型也多样化了。中世纪刀柄主要分成四大类。

慈悲短剑

miséricorde意为慈悲或怜悯，13世纪中期开始特指一种骑士匕首。一般认为，这个名字是因为匕首在战场上用来杀掉伤兵，以避免更大痛苦。实际上，更可能是因为匕首能有效逼迫被打下马来的骑士投降，避免在一对一的战斗中被杀。

▶ 15世纪抄本局部，一名披甲武士准备接受敌人投降或准备用匕首杀死对手而结束战斗

轮状柄头有沟槽　　　　十字护手　　　　　　　　　刀身单刃

▲ 很多中世纪匕首，十字护手没有装饰，但柄头与护手都有雕刻。这把15世纪的十字护手匕首，柄头与护手为铜合金制成，铸有华丽的造型

"触角"　　　　　　　护手向下弯曲　　　　　　　刀身双刃

▲ 有些中世纪匕首，如这把14世纪的英格兰十字护手样品，比较类似早期的哈尔施塔特类型，柄头有一对"触角"形分支

十字护手匕首

12—13世纪最早被大规模应用的匕首，有着简朴的十字护手，类似长剑的缩小版，经常被称作"锷叉匕首"，尽管这是中世纪以后才用的名词（锷叉指十字护手伸出的防护条，与刀柄垂直）。

很多十字刀柄的匕首十字护手较短，向刀身下垂，柄头呈新月形。有些柄头很像一对兽角，类似前文提到的哈尔施塔特文化、拉坦诺文化中青铜时代的"触角匕首"或"拟人匕首"。

中世纪带有"触角"柄头的十字护手匕首，大约在1350年衰落。新月形柄头则一直流行到15世纪。有一类相关匕首，新月形的"兽角"连接起来，形成一个闭环。在1350年后十字护手版本的柄头，也做成星形、盾形、蘑菇形，此外还常见多边形和轮形。有些高级匕首会有主人的纹章，用涂漆、珐琅、金银装饰。

十字护手匕首在艺术作品中有两种持用法：朝上持用（拳头下面伸出刀身）；朝下持用（拳头上面伸出刀身）。但随着14世纪的发展，格斗术的主流变成了上手持用，为了适应这种做法，刀柄发生了变化。有些匕首只能让刀身朝下持用，否则握起来会十分困难。

高质量的武器经常会展示出设计师所期望的使用方法。中世纪很多匕首，刀身向下会觉得自然而舒适，刀身向上就会很别扭。

巴塞拉剑

这种匕首于13世纪后期出现，民用和军用两可。巴塞拉剑在意大利最为流行，但在14世纪的英格兰绘画中也有出现。起源可能在瑞士的巴塞尔市（Basel）。15世纪早期有一首英语歌曲，直截了当地叙述巴塞拉剑有多么流行：

> 但凡吃五谷的人，
> 不论是强是弱，
> 都会佩带巴塞拉剑。

巴塞拉剑的剑柄独具特色，也是模仿哈尔施塔特文化。一般形状类似大写的英语字母"I"或者颠倒的"H"，末端的横条一般比顶端横条（护手）更宽一些。剑身的柄舌贯穿整个剑柄，夹在两块板之间。板子一般是木制。然后再把所有部件用铆钉固定在一起。

巴塞拉剑剑身有单刃和双刃两种，而且一般很宽。剑身还可能很长，类似短剑。但那些较长的版本不太常见，而且一般只在瑞士国内使用。

士兵佩带巴塞拉剑，是挂在右侧胯部，但平民一般挂在腰部下方正中，这个位置可以快速拔剑。这么一来，男性的下身一旦勃起，就不可避免要和匕首相碰。这种裆部上方的佩带风尚，催生了最有名的欧洲匕首之一。

睾丸匕首

中世纪文化有大量男性生殖器的图像，当时对这种图像的态度是彰显，而不是掩盖。睾丸匕首大约在1300年出现，是"武器挎在上身中间"这一风尚自然演化的

正握下刺

人类与多种类人猿都有一种本能的"击打动作"，把拳头举过肩膀，用拳头的基部向下击打。这一本能的攻击动作常见于幼儿，幼儿如果愤怒了，总是会弯曲手肘，举过肩膀，用拳头或张开的手用力向下砸，攻击惹怒自己的对象。

正握匕首，让刀身向下，进行正握下刺，威力要比反握上刺大得多。中世纪用匕首作战也采用了这种本能的防御动作[1]，还加上一种非常适合这一动作的武器。受过专门搏斗训练的人（如骑士），从小练武，有多年经验，这一招式的威力能够大到可怕的程度。近距离用匕首作战几乎总会导致重伤或死亡。一名15世纪的德国武师在武术指南中写道："现在讲到匕首，上帝保佑我们大家！"

▲ 这幅法国中世纪插画，显示争吵双方拔出了匕首。插画选自作家雅克·勒·格兰（Jacques le Grant）著作《美德之书》（*The Book of Good Morals*，法语*Le Livre des bonnes meurs*）中"争吵"（The Argument）一节。

▼ 这些巴塞拉剑样品，可清楚看到"I"形的剑柄。左侧英格兰类型剑身较长，突刺与劈砍两用。欧洲匕首阔刃，属于更早的类型

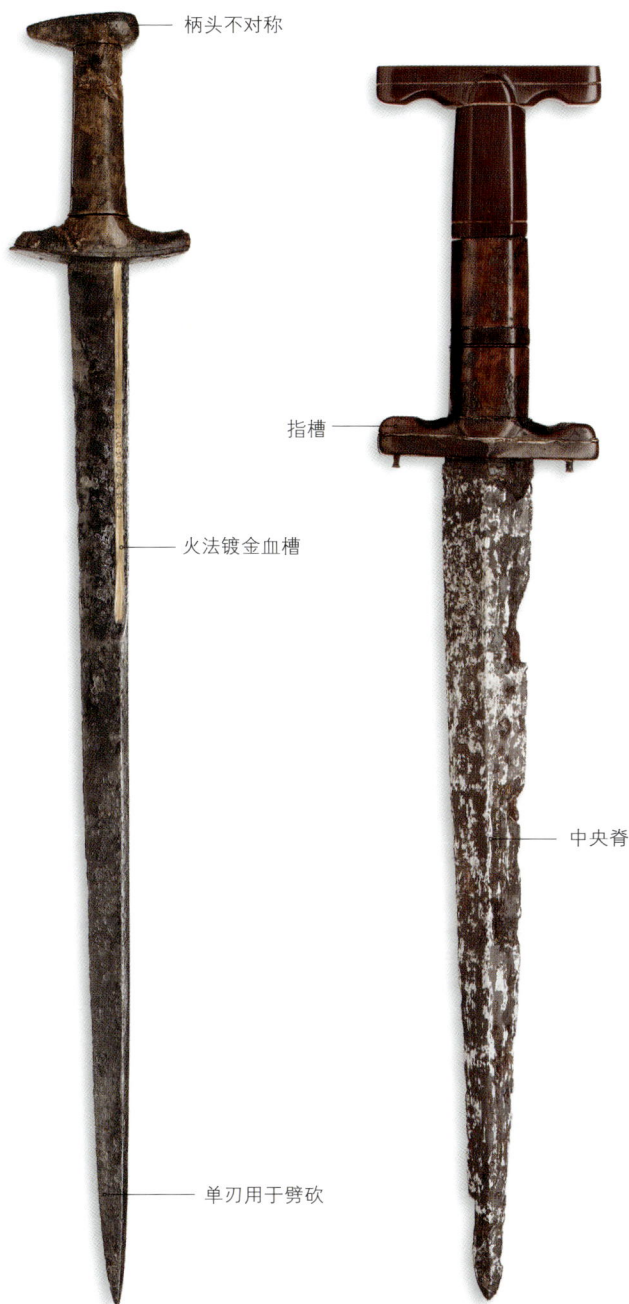

柄头不对称

指槽

火法镀金血槽

中央脊

单刃用于劈砍

结果。刀柄为单块木材刻成，形状类似勃起的阴茎和两个睾丸，柄头呈圆球形，在刀身的护手位置两侧还分别有一个小圆球。有些样品非常写实，其他样品则相对风格化。

19世纪，英国处于维多利亚时期，尽管这种匕首的形状独特，创意来源显然无法否定，但当时的英国人还是用自己的偏好解读中世纪文化，欲盖弥彰地把这些武器说成"肾脏"匕首。这种掩盖荒唐得很，但这个名字还是影响了很长时间，一直保留到不久之前才被淘汰。

15世纪，经典的睾丸刀柄出现一次重要革新。握柄不再有睾丸式头部，而是张大，形状类似喇叭。张大的尽头是一个平面，一般会覆盖金属的碟形小板，常刻有几何图案或植物造型。这一新造型没有代替经典造型，而是两种并存，一直到16世纪较晚的时候。

[1] 原文如此，表达不太确切。这一动作显然主要用于攻击而不是防御。译文保持不变。——译者注

刀身单刃

▲ 这把英格兰睾丸匕首产于15世纪，属于略微隐晦一点的生殖崇拜类型"喇叭"型，直到16世纪初还相当流行

喇叭形握柄

圆盘形护手

尖端缩窄，用于突刺

▲ 早期圆盘匕首（rondel dagger），如这把14世纪的英格兰匕首，环形多半具有一定厚度，通常由金属圆盘中间夹上木材制成

◀ 古代瑞典法律文献《马格努斯·埃里克松法典》（*The National Law Codes of Magnus Eriksson*，约1450年）插画细部，显示一个暴力犯罪场面。受害者的胸部可见一把刺入的睾丸匕首

这些刀柄上安装的刀身形态差异很大。最常见的是横截面呈三角形的刀身，从基部到尖端持续收窄。到14世纪下半叶，出现其他一些变种，顶端有的做成四棱形，以提高强度，方便突刺。还有双刃刀身，但这种刀身基部一概不如巴塞拉剑刀身基部那么宽。睾丸式刀柄需要的刀身较窄。

圆盘匕首

中世纪第四种匕首——圆盘匕首（又名圆头、环形匕首），出现的时间不太清楚；不过到1350年已经很流行，估计是1300年左右出现的。刀柄包含一个握柄，位于两个碟形的"圆盘"之间，能有效防护手部，此外还能在下刺的时候防止手部从握柄滑脱。

圆盘匕首的应用范围非常广，包括西欧、中欧、北欧的全部地区，东至波兰，用到16世纪中期。

早期的圆盘匕首只有护手是碟形，柄头则是多边形或球形。但柄头也很快变成第二个圆盘，这种真正的圆盘匕首很快就受到所有骑士和披甲步兵的喜爱，流传很广。一般圆盘是正圆形，有些也有刻面、凹槽或尖头。刀身一开始是双刃，横截面呈扁平的菱形；有时还有中央的血槽（fuller，较浅的沟槽，用于减重）。

1400年之后，圆盘匕首又有大幅改进。圆盘的材料多种多样，有些是木制核心覆盖金属，但更多情况下是纯钢、纯铁或铜合金。到15世纪中期，有些较为华丽的匕首，圆盘是由很多不同材质的圆片叠加而成，有白色、黄色的金属，也有兽角、兽骨、木材。这些圆盘的边缘经过打磨抛光之后，显出彩色分层，十分美观。有时这种分层还搭配六角形、八角形的边缘，显得更为华丽。

圆盘匕首握柄的构造有两种：第一种柄舌做得很窄，这样就可以穿过整个握柄的中心，从柄头穿出，方

▲ 德国画家阿尔布雷特·杜勒（Albrecht Dürer，又译丢勒）所作的素描练习，显示一只手抓住一把圆盘匕首，正要插入自己胸膛。这幅素描是为了准备1518年的油画《卢克蕾提亚之自杀》（*The Suicide of Lucretia*）[1]

便使用锤子加工；第二种柄舌较宽，锉成理想的握柄形状，握柄分成两半，在两侧用铆钉固定在柄舌上。

握柄的基本形状是圆柱形，往往中间变得略宽，两端收窄。很多握柄造型都很简朴，但也有加装饰的。那些华丽的样品，一般有雕刻图案或者饰品。

雕刻的螺旋形花纹最为流行。最上等的样品完全由金属制成，刻有更加繁复的造型。这些"骑士用圆盘匕首"只有残片被保存下来，但在墓地的纪念雕像上也经常见到配有加工精细的刀鞘。这样华丽的武器显然是用作身份的象征。

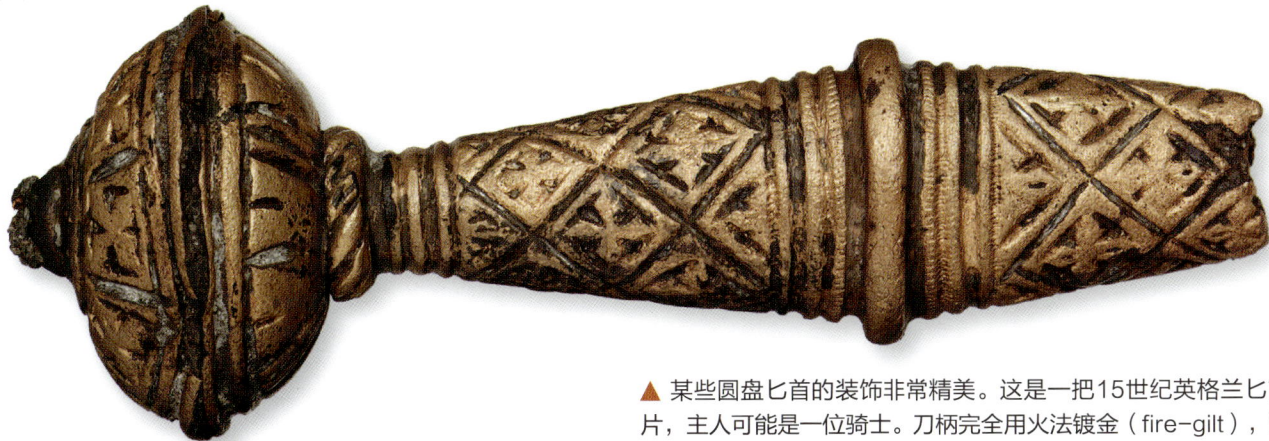

▲ 某些圆盘匕首的装饰非常精美。这是一把15世纪英格兰匕首的残片，主人可能是一位骑士。刀柄完全用火法镀金（fire-gilt），这种办法是加热黄金和水银然后镀在表面。此外还刻有几何图案

---

[1] 卢克蕾提亚，又译卢克丽霞，是古罗马王国的贵族女子，因遭到王子强暴，愤而自杀，引起贵族亲戚们兵变，驱逐了国王一家，将罗马改造为共和国。这件事后来成为西方很多文艺作品的题材，除了杜勒，还有很多画家曾为此作画。——译者注

文艺复兴时期的匕首

整个16世纪，中世纪的各种传统匕首类型依然在使用，一直到17世纪。有些类型基本保持原样，其他类型则因为地区的时尚效应更加受限而发生了变化。16世纪的文艺复兴匕首依然是重要的制式武器，但在平民生活中也逐渐普及，而且不论是王宫、城镇小巷还是战场上，都经常有人拔出匕首。

16世纪可称为匕首在欧洲的黄金时代，贵族的服装和言行都变得越发奢侈和颓废。贵族大量使用珠宝和宝石，服装极为奢华，用很多种不同材料制成。个人主义空前盛行，富户非常想要通过炫富来彰显自己的身份。服装奢侈，武器也奢侈起来。匕首无处不在，不仅作为工具和武器，还作为必备的流行物品用来炫耀。

刺客之选

从远古开始，刺客一直青睐匕首，因为尺寸较小，容易隐藏；一旦被发现，也能够很容易辩解，因为大多数人平时都佩带匕首。文艺复兴时期，暗杀十分常见，特别是在斗争你死我活的政界。很多国家元首、贵族都倒在匕首的猛刺之下。

1537年意大利发生了一次著名的暗杀。被杀的是佛罗伦萨公爵亚历山大·德·美第奇，杀人的是他远房堂弟罗朗索·德·美第奇。罗朗索外号"邪恶的罗朗索"（Bad Lorenzino）。公爵被罗朗索漂亮的妹妹引诱，离开卫兵想要跟她幽会；罗朗索趁公爵孤身一人时突然袭击，用匕首将公爵刺死。事后，罗朗索声称是为了佛罗伦萨共和政府才杀了公爵，将这次暗杀比作古罗马布鲁图斯杀掉朱利乌斯·恺撒。一年后，罗朗索在威尼斯被人刺死。[1]

▼ 文艺复兴时期贵族一直佩带匕首。英王亨利八世（Henry VIII）的宫廷有一位法国使者夏尔·德·索利埃（Charles de Solier），这是画家汉斯·霍尔拜因（Hans Holbein）在1534年为使者画的肖像。使者佩带一柄华丽的镀金匕首

▲ 很多文艺复兴时期的匕首是流行的精美饰品。这把十字护手匕首产于德国南部，刀身弯曲，刀柄装饰有黄金、宝石、浮雕宝石

平民佣兵匕首

现代术语"平民佣兵匕首"有三种不同形态，因此这一统称有些误导人。"平民佣兵"主要是德国人、瑞士人、佛兰德人（Flemish，比利时的荷兰民族）。这些佣兵差不多参加了16世纪的所有战争，还因为艳丽的蓬

[1] 罗朗索名声不好，"邪恶的罗朗索"意大利语原文"罗朗萨丘"（Lorenzaccio）。他虽然声称自己杀兄是代表正义，却受到舆论谴责，罗朗索因此失势而逃到威尼斯。这件事非常轰动，被19世纪法国剧作家阿尔弗雷德·德·缪塞（Alfred de Musset）写成悲剧《罗朗萨丘》，至今被视为经典。——译者注

松开领服饰（puffed and slashed clothing）而远近闻名。

　　平民佣兵匕首有各种类型，只有最早的一种类型跟这些职业军人直接相关。佣兵的武器主要有两种：其一是双手长剑；其二是较短的"佩剑"（arming sword），也叫德式斗剑（katzbalger，直译"剥猫皮者"或"争斗的猫"）。这两把剑，护手造型都具有佣兵特色，长长的锷叉弯成接近环形的S形。匕首造型，与这两把剑类

▲ 文艺复兴时期很多国王都倒在匕首刺杀之下。1589年，法王亨利三世（King Henry III of France）被一名天主教多明我会（Dominican）修士刺死，修士接着死于卫兵之手

似。匕首护手就是这个样子，柄头也张大，类似现存的德式斗剑。刀身一般为双刃，从护手到尖端均匀收窄。

　　第一种匕首和其他佣兵武器造型类似；然而从图画

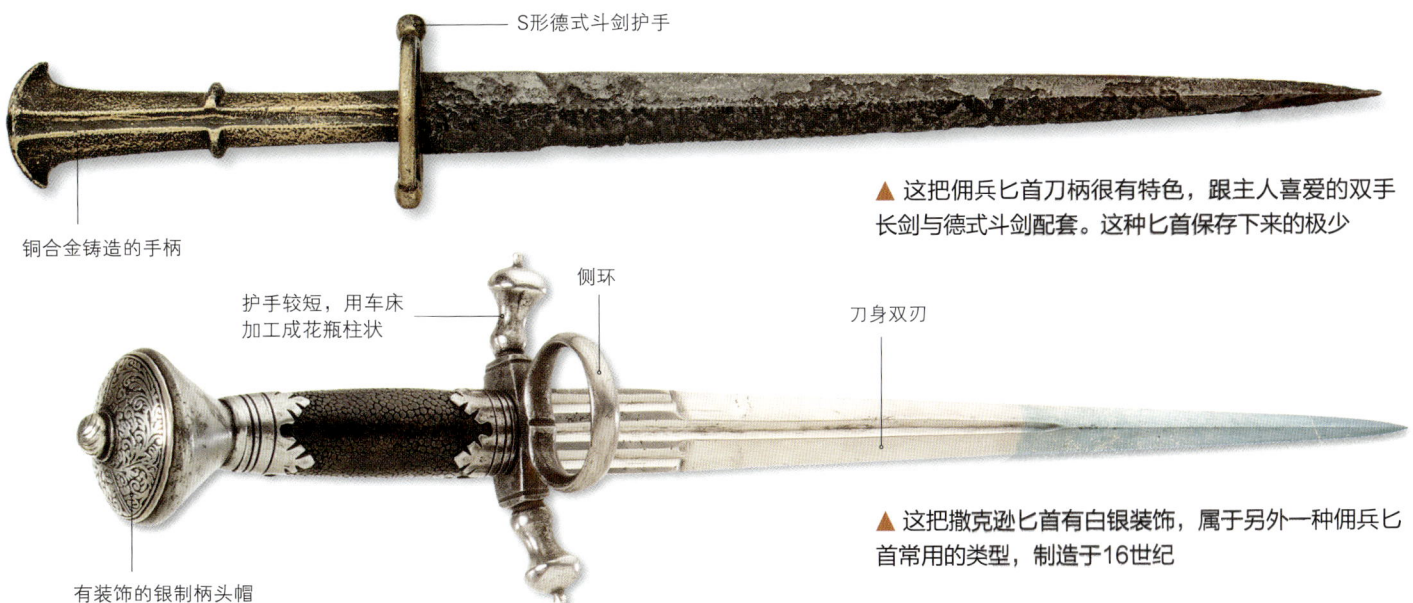

S形德式斗剑护手

铜合金铸造的手柄

▲ 这把佣兵匕首刀柄很有特色，跟主人喜爱的双手长剑与德式斗剑配套。这种匕首保存下来的极少

护手较短，用车床加工成花瓶柱状

侧环

刀身双刃

有装饰的银制柄头帽

▲ 这把撒克逊匕首有白银装饰，属于另外一种佣兵匕首常用的类型，制造于16世纪

象牙握柄

剑身强度高，有血槽

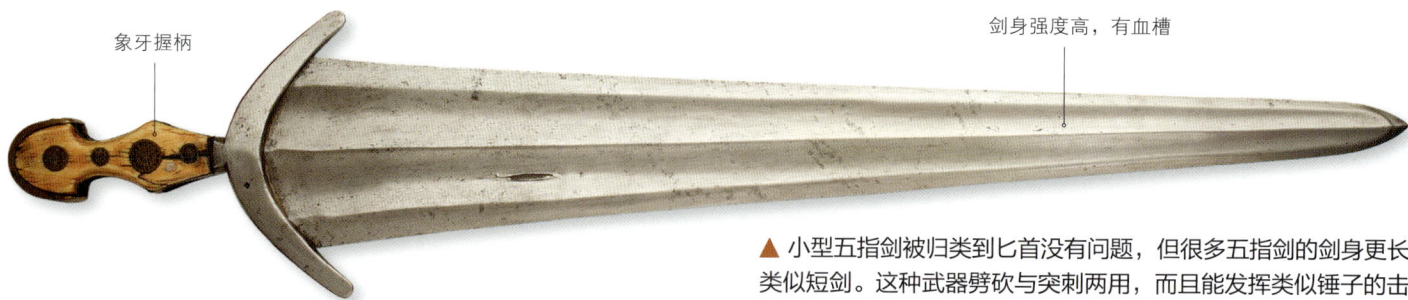

▲ 小型五指剑被归类到匕首没有问题，但很多五指剑的剑身更长，类似短剑。这种武器劈砍与突刺两用，而且能发挥类似锤子的击打作用，这一点跟其他匕首都有所不同

19世纪的手柄

战戟刃部

西洋剑柄头被重新利用

19世纪的护手

▲ 五指剑与文艺复兴关系密切，因此19世纪经常有人仿制。这是一把仿制品，用了长杆武器的刀刃，还有其他一些刀柄部件组合而成

上分析，第二种匕首和其他有特色的佣兵武器之间就没有类似之处了，而可能是圆盘匕首的分支。第二种匕首主要特征是握柄向柄头方向张大，类似喇叭，尽头覆盖扁平的金属圆盘或穹顶状的小板。护手通常是将一块小板切成三块小圆球形突起，像垂下的树叶，向刀身方向弯曲。刀鞘用两个或是三个圆环分节，圆环宽度大于刀鞘本身的宽度。一些高级样品上，这些圆环还在垂直方向被反复锯断，让刀鞘呈现出类似佣兵衣服的华美特色。

第三种匕首属于十字护手匕首，也是最早带侧环的匕首。侧环位于护手外侧中央，更有效地保护指关节。这一类型也叫"撒克逊匕首"，很多此类匕首在日耳曼帝国东部生产。这些撒克逊匕首的柄头一般是梨形或圆锥形，顶端常覆盖一块银制小板。这些小板跟护手都经常雕刻有花卉图案，握柄用优质绞线缠绕。撒克逊匕首刀鞘常有银制底托，雕刻图案配合柄头帽（用于装饰）的图案与护手的图案。

五指剑

这是一种大型意大利匕首，一般认为护手处刀身很宽，相当于人的一只手，因此

得名。"五指"的意大利语是cinque diti，所以这个猜测也有些道理，但可能并不准确。17世纪早期的五指剑说的是一种威尼斯匕首，"五指"是长度，不是宽度；cinquedea这个词直到16世纪后期才出现，这时候那种五指宽度的剑已经不流行了。尽管五指剑这个名称跟历史语境（大约1450—1520年）可能不符，但这个名字如今已经通用了。

五指剑相当名贵，剑身双刃，护手处很宽，至尖端急剧收窄，形成一个等腰三角形；中间有多道脊，贯穿整个剑身。尖端一般有两条平行脊，中部变为三条，基部又增加到四条。到1500年，五指剑的剑身被加上繁复的装饰，蚀刻新古典主义花纹，或是古希腊罗马神话图案，还有火法镀金，甚至烤蓝（heat blueing）处理。这是一种控制温度的药液加工法，目的是美观和防锈。

五指剑的剑柄造型与剑身一样有特色。护手形成一个优雅的圆弧，锷叉向剑身弯曲，经常指向剑身中央的某一点。剑身基部很宽，所以锷叉只有尖端伸到剑身基部之外。护手也经常蚀刻扭曲的藤蔓或叶形卷

◀ 五指剑的原型可能是古代的一些武器，例如青铜时代的伊特鲁里亚匕首。文艺复兴时期的艺术家从古代希腊罗马艺术中吸收了很多经验

饰。握柄符合人手形状，一般贴有兽骨或象牙片，两侧均有挖出的凹槽，方便手指握持；握柄的中央变宽。有铆钉将兽骨或象牙片固定在柄舌上，一般装有几何形状的嵌饰。柄头被加工成圆形，与握柄一体成型，一般覆盖有镀金的金属。

文艺复兴时期，人们狂热地追求古典艺术和文化，制造了很多产品，五指剑很可能是其中之一，形状类似某些青铜时代的宽刃匕首。也许是意大利的铁匠直接模仿了古代设计。

耳型匕首

耳型匕首可能在14世纪就开始出现了，但最流行要到16世纪上半叶。起源可能是西班牙，当时伊比利亚贵族的品位受到伊斯兰设计的影响，从而产生了这种匕首。耳型匕首的原型早在青铜时代就在波斯制造出来，整个中东都十分流行这样的长剑剑柄和匕首刀柄。文艺复兴时期欧洲把中东称为"黎凡特"（Levant），意大利把耳型匕首称为alla（冠词，相当于英语的the）Levantina，说明意大利人清楚地意识到耳型匕首是从中东传来的。

刀柄的"耳朵"一般形成柄舌的延伸部分，相当厚，用锤子加工而成；耳朵呈圆盘状，从握柄底端以大角度张开。表面一般贴有象牙、兽角、兽骨的小片。

握柄一般很窄，中部略膨大。最早的耳型匕首，其护手好像与圆盘匕首相同。到16世纪，护手缩小，形状类似小型铁砧或"格挡块"形垫圈，与握柄、双耳一样贴有同样生物材料小片。

耳型匕首刀身一概为双刃，一边刀刃经常比另一边开得更低，更接近刀根（ricasso），就是刀身接近护手的

扁平方块部位。这样就带来一种不对称的美感。有些匕首的尖头还被特别加厚。

刀根、柄舌暴露的各边、双耳中间的地方，有时镶嵌有金银。耳型匕首最著名的刀匠之一，名叫迭戈·德·恰亚斯（Diego de Çaias），西班牙人，1530年代—1540年代制造了一些质量极高的武器。法王弗朗西

▲ 耳型匕首出现在几幅文艺复兴时期的画像中，如这幅英王爱德华六世（King Edward VI of England，1537—1553年）的肖像[1]

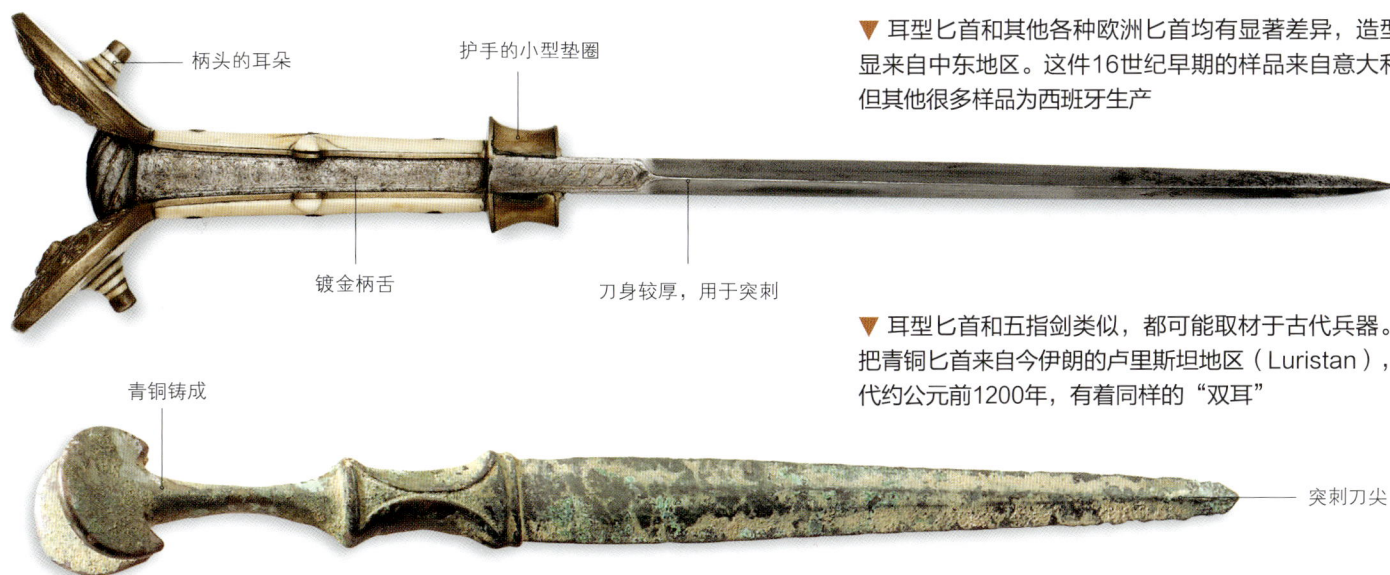

▼ 耳型匕首和其他各种欧洲匕首均有显著差异，造型明显来自中东地区。这件16世纪早期的样品来自意大利，但其他很多样品为西班牙生产

柄头的耳朵

护手的小型垫圈

镀金柄舌

刀身较厚，用于突刺

▼ 耳型匕首和五指剑类似，都可能取材于古代兵器。这把青铜匕首来自今伊朗的卢里斯坦地区（Luristan），年代约公元前1200年，有着同样的"双耳"

青铜铸成

突刺刀尖

---

[1] 爱德华六世体弱多病，16岁就去世了。——译者注

金属柄头贴片

木制圆盘护手

▲ 1500年之后，圆盘匕首的生产迅速减少，但更老式的武器，例如这件中世纪晚期的样品，还会使用很长时间

斯一世（Francis I of France）、英王亨利八世（Henry VIII of England）都曾经资助过他。

16世纪的中世纪匕首

除了耳型匕首之外，还有很多其他类型的匕首源自中世纪，16世纪继续生产。风靡全欧洲的一类就是十字护手匕首。不论是披甲武士还是平民，在遇到巨大威胁的时候，都会用较小的十字护手匕首进行最后一搏。那些较大的匕首，到16世纪中叶，开始用于最新的击剑运动。睾丸匕首的两种形制也继续生产。握柄主要是木制，也有由象牙甚至玛瑙制成的。后来，睾丸匕首的刀身一般很窄，双刃，但有时会很接近四棱锥。

圆盘匕首在14—15世纪非常流行，但在16世纪迅速没落，有些改成了平民佣兵的新造型，有些则彻底消失。

"瑞士"与"霍尔拜因"（Holbein）匕首

另一类中世纪匕首发展成新的大类，就是巴塞拉剑。16世纪所谓"瑞士"匕首的基本型，在15世纪最后20年出现；巴塞拉剑的I形剑柄在这一时期发展成向内弯曲的手臂形状，握柄两端用金属外皮加强。短剑类的"瑞士"巴塞拉剑的剑身缩短到匕首长度，但一般保留较宽的宽度，接近

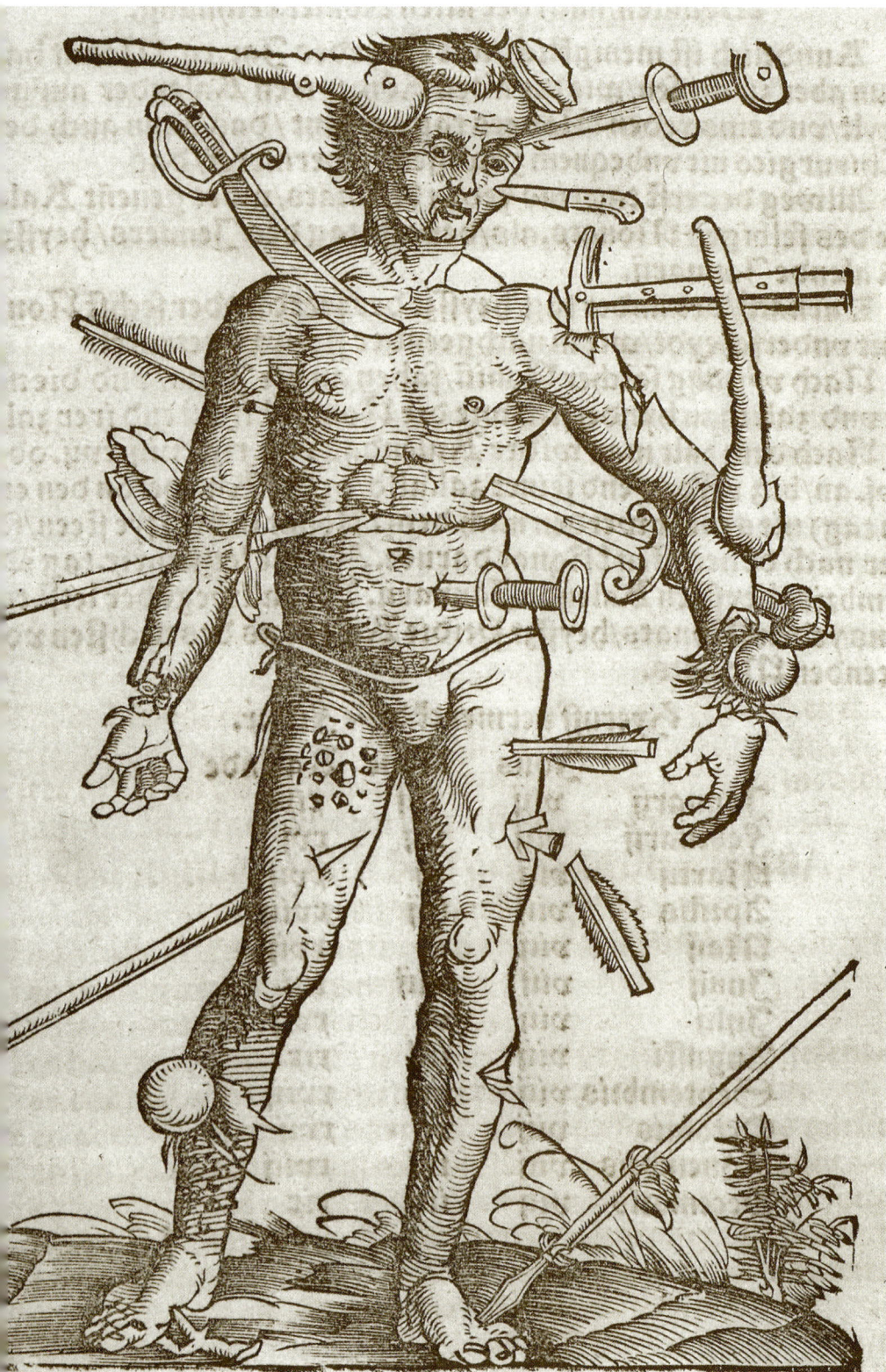

◀ 文艺复兴时期外科医学文献里的"伤员"图像，显示出一些常见的损伤。这幅图是1528年德国版，腹部、面部、头部有圆盘匕首和小刀的刺伤

树叶形。

　　"瑞士"匕首刀身完全没有装饰，只有一道单血槽。早期巴塞拉剑的剑柄"手臂"是柄舌伸出的部分，覆盖有木片。但16世纪的"瑞士"匕首则不同，它用一整块硬木刻成。握柄各个表面均做成多面体，中央钻孔，用于插入狭窄的柄舌。

　　"瑞士"匕首出名的原因，或许是因为它极端华丽的刀鞘。最早的样品，刀鞘为木制，覆盖皮革，配有简单的金属鞘口（locket）和鞘镖（chape）。鞘口是刀鞘入口处的金属部件，鞘镖是刀鞘尖端的金属部件。但在1510年之后，这些金属底托被快速改进，最后刀鞘整个前面都覆盖白银或镀金。这装饰性的金属套子，铸造有繁复的浮雕设计，有刺孔；此外还经常专门雕刻，提高了细节的精度。

　　瑞士有很多著名艺术家设计了这些匕首刀鞘的装饰造型，如：乌尔斯·格拉夫（Urs Graf）、海因里希·阿尔德格雷弗（Heinrich Aldegrever）、小汉斯·霍尔拜因（Hans Holbein the Younger），题材一般来自《圣经》或神话。霍尔拜因的设计之一《死神之舞》（the Dance of Death），保存了原始的绘画草图，这是当时很流行的寓言，表示死亡无处不在。死神在画面上展现为一具会动的骷髅，与所有社会层级的人跳舞。

备用小刀

木柄

叶饰鞘镖

双刃刀身

▲ 典型"瑞士"匕首还有一把备用小刀，一把锥子，装饰与刀鞘风格相同，装在刀鞘外侧的特制套子里面

▲▼ 文艺复兴时期很多艺术家都设计过精美的武器。这本书于1843年出版，收录历史上各种服饰与装饰，其中也有16世纪汉斯·霍尔拜因设计的各种装饰性武器

文艺复兴时期比武用匕首

匕首的形制在14—15世纪分化出很多，但是搏斗方法在16世纪却没有多大改变；圆盘、睾丸、十字护手的匕首依然在战场上、日常生活中被作为最后一搏的武器。不过，文艺复兴时期出现平民刀手的新风尚，也让匕首进一步特化，专门用于"防身"。

文艺复兴时期的社会受到一个新兴的平民阶层的巨大影响。这个阶层虽没有贵族身份，却十分富有，往上高攀就是中产阶级。现在，不是只有贵族才能买得起高档服装和武器了。中产阶级追逐时尚的热情，一点也不亚于贵族，甚至有过之而无不及，他们也的确有条件这么做。过去贵族专属的一些身份标志，很快被中产阶级拿来享用。

刀剑进入平民生活

暴发户拥有的这些社会身份的标志中，最重要的标志之一就是刀剑。中世纪刀剑一直是骑士专用的武器，十分昂贵，需要刻苦训练很多年方可熟练应用。更重要的是，用剑复仇的行动（决斗）是贵族专有的特权。而到16世纪中期，很多非贵族的绅士也拥有刀剑，象征自己"经济贵族"的身份。更重要的是，这些绅士还在各种场合都佩剑。这是社会的新变化，16世纪之前，人们身穿平民服装是从来不佩剑的，只有在旅行的时候才佩剑。16世纪法国编年史家克劳德·阿东（Claude Haton）在1555年的历史中记载了这一变化，表示平民社会对武器的认可："这一时期，只要是父母所生的儿子，没有不携带长剑或匕首的。"

决斗

伴随着这些新出现的平民刀剑，随之而来的是一种新兴的权利，那就是人人都可以用暴力复仇，解决个人争端。手边有了武器，一发怒便可拔出，匕首也很快由"最后一搏"变成"第一反应"。但是，自行解决争端而决斗的权利，在当时还是贵族专有的，这就使得决斗

▲ 西洋剑和匕首的综合格斗术刚一流行起来，铸剑师就开始生产奢华的套装。这出众的套装为意大利所造，约生产于1600年，有奢华的嵌饰与浮雕

▲ 比利时画家尼古拉斯·内弗齐阿特（Nicolas Neufchatel）所作肖像，画的是当时的名士希罗尼穆斯·科勒（Hieronimus Koler，1528—1573年）。绅士的华服中，少不了装饰精美的西洋剑和匕首套装

▲ 司法承认的决斗，使用的武器一般是剑和盾。1547年巴黎这次决斗就是这样。但还有很多决斗是即兴的、非法的；这种情况下，盾显然不太方便，就换成了匕首

◀ 德国刀匠、德累斯顿的托比亚斯·赖歇尔（Tobias Reichel of Dresden）制作了这一套西洋剑和匕首的组合，柄头内装有多个微型钟表装置

成为一种奢侈品，让中产阶级十分向往。司法主持下的决斗，被追逐时尚的人们拿来作为一种个人对决，随时随地都可发生，而且理由往往微不足道。

决斗迅速变为一种狂热。16世纪下半叶，每年死于决斗的人先是数百，后来到了数千，全都是为了追求"荣耀的事业"。这些争端的起因，或是言语上的轻慢，或是身体的冲突，甚至是蔑视的一瞥。英国伊丽莎白时期有一位著名探险家，名叫瓦尔特·雷利爵士（Sir Walter Raleigh），曾在今美国北卡罗来纳州罗阿诺克岛（Roanoke Island）建起北美最早的殖民地之一。他充满热情地写道："惩罚说谎的人，至少也要用刀刺才行！"这种残忍的亚文化使得锋刃武器的设计和使用出现多种关键革新。

使用西洋剑和匕首的战斗

刀剑一旦出现在这种新的平民争斗的环境中，就开

▲ 法国画家雅克·卡洛（Jacques Callot，约1592—1635年）所作，17世纪的格斗指南插图。西洋剑、匕首作战的主要目标是面部和咽喉。训练有素的剑士能够同时完成攻防两个动作

▶ 有些格挡匕首造型特殊，例如这把撒克逊匕首，年代约为1610年，护手较长，向下弯曲

更加通行的说法称作"西洋剑"。

今天，人们觉得西洋剑好像羽毛一样轻，银幕上那些虚张声势的主角挥舞起来"快如闪电"。实际可并非如此。西洋剑很长，很多超过1米，而且中脊被大大加厚，所以重心往往偏于剑身，一只手握持有些不便。西洋剑用于攻击的杀伤力极强，但决斗者刺出后就很难及时收回来，很难用格挡的招数保护自身。

为了同时做到快速攻防，民间决斗者需要配套的武器。最常用的配套武器是盾牌，剑士左手持盾防护，右手持剑攻击。但平民生活往往不方便携带盾牌，于是就转而启用平时带在身上的武器：匕首。

到16世纪中期，匕首已经成为不可或缺的防身（格挡）武器，而西洋剑与匕首配合作战的格斗术也产生了。左手拿匕首用于格挡对方进攻，西洋剑专门用来突刺对方面部、咽喉、身体。最熟练的剑士一个动作就能够完成匕首的防御和西洋剑的攻击。如果对方靠得太近，匕首也能发挥突刺作用。

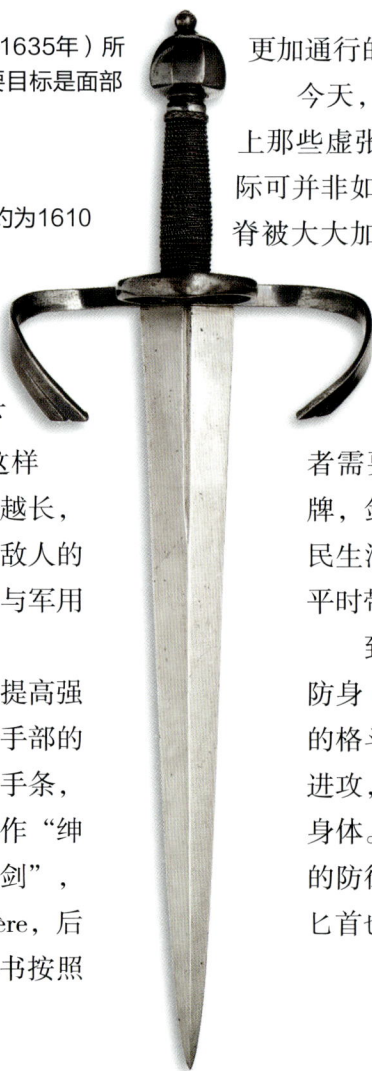

始有了变化。平民生活是不穿板甲的，这种情况下，人的动作会加快，但防护力则大大下降。于是，刀剑的设计目的就专门用于对付这样的敌人。突刺的重要性显著提高，刃部也越来越长，因为平民搏斗最重要的是控制距离和杀伤较远敌人的能力。到16世纪下半叶，平民刀剑已经发展得与军用刀剑完全不同。

剑身大大加长，缩窄，中脊加厚，尽可能提高强度；如今手部没有铠甲，剑柄就必须担起防护手部的职责，出现很多附加的"花式"（包围式）护手条，以及环状护手。这种非军事用剑，西班牙语称作"绅士的武器"（espada ropera），直译"长袍之剑"，因为要配合平民服装佩带。法语称作 épée rapière，后来英语称作rapier，汉语名为"迅捷剑"，本书按照

宠臣之决斗（Duel des Mignons）——匕首的好处

1578年4月27日，法王亨利三世（Henry III，1574—1589年在位）执政期间，巴黎发生了一次非常有名的决斗。法王周围有一群谄媚的年轻贵族，法语叫mignon，大致对应汉语的"宠臣"。这些人穿着艳丽，举止轻柔，留长发，生活方式颓废浅薄，法国平民非常厌恶他们。决斗发生的时候，法国宫廷分为不同派系，一派支持国王，一派支持国王的死敌——吉斯公爵（the Duc de Guise）；吉斯声望很高。决斗据说是因为某些贵族女人而起，但可能只是托词。

决斗一方是拥护国王的雅克·德·盖路思（Jacques de Quélus）；另一方是拥护公爵的昂特哈格斯（又译恩泰奎斯）男爵查尔斯·德·巴尔扎克（Charles de Balzac, Baron d'Entragues）。两个人各自带了两个同伴（也叫伴当），三对三的血战开始。两边各有一个伴当立即被杀。昂特哈格斯的另一个伴当第二天伤重不治；盖路思的另一个伴当头部重伤，活了下来。两个主要对手都受了重伤。昂特哈格斯或可称为赢家，因为他没有死掉。盖路思受伤十九处，在痛苦中挨过三十三天，方才一命呜呼。

盖路思在死前抱怨决斗不公平，因为自己只有西洋剑，昂特哈格斯却既有西洋剑又有匕首。据说，昂特哈格斯回答："这可算他晦气。竟把匕首丢在家里，他本不应愚蠢到如此地步！" [1]

▲ 1578年4月27日，法王亨利三世在位期间，巴黎发生的"宠臣之决斗"。这是历史题材画家切萨雷·奥古斯特·戴迪（Cesare-Auguste Detti）的想象之作，约作于1847年

---

[1] 盖路思死后，法王因为宠臣之死而非常愤怒，下令全国禁止决斗，违者一律死刑。——译者注

护手笔直，有侧环

刀身呈波浪形（火焰形）

十字护手较长

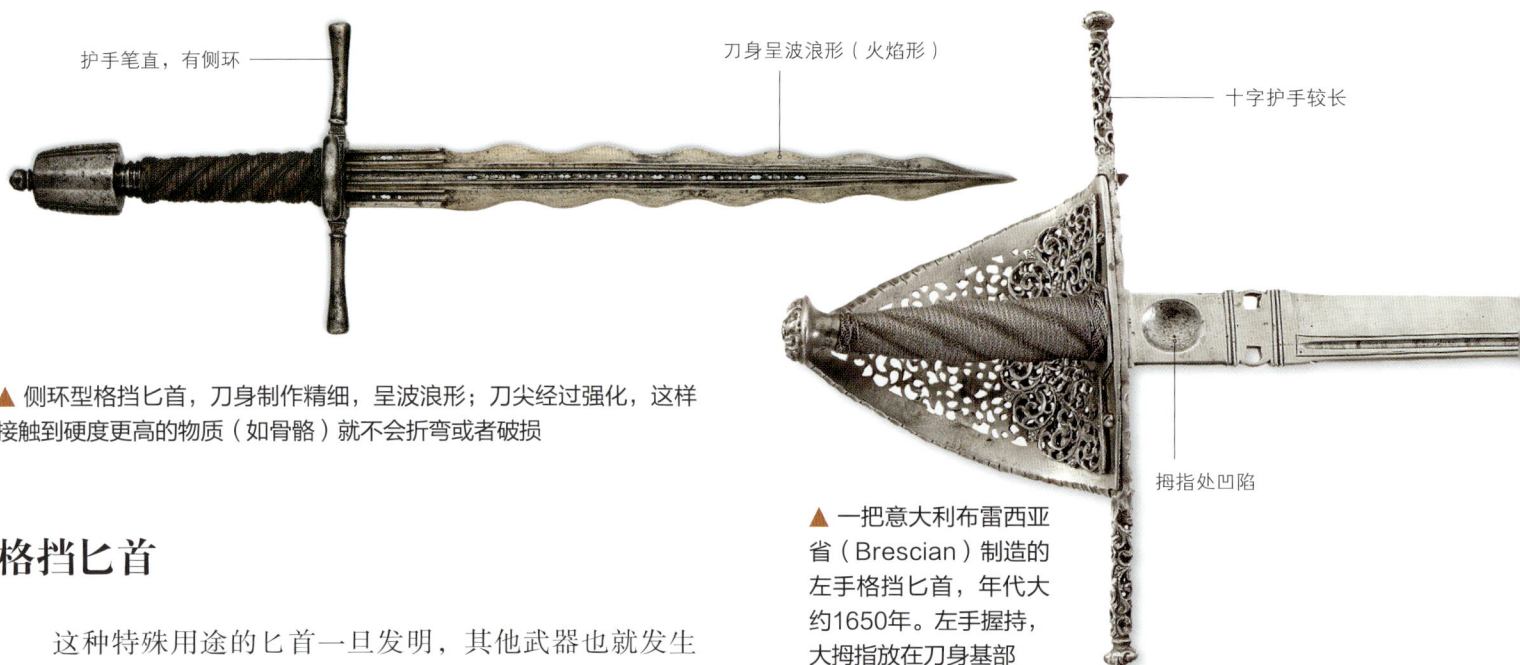

▲ 侧环型格挡匕首，刀身制作精细，呈波浪形；刀尖经过强化，这样接触到硬度更高的物质（如骨骼）就不会折弯或者破损

拇指处凹陷

▲ 一把意大利布雷西亚省（Brescian）制造的左手格挡匕首，年代大约1650年。左手握持，大拇指放在刀身基部

格挡匕首

这种特殊用途的匕首一旦发明，其他武器也就发生变化，以更好地适应格挡匕首。十字护手型匕首最适于格挡，因为护手的"双臂"能够防护剑士的手。此外，护手外侧还增加了一个简朴的金属环，进一步提供防护。护手的双臂加长，而且经常向刀身弯曲。这就使决斗者有机会困住对手的刀身。决斗者如果用刀身的下半部分挡开一次攻击并快速翻转手腕，则对手的刀身就可

能会被别在决斗者的刀身与护手一臂之间。当然，这种受困状态可能很快就会解除，但这一瞬间足以让决斗者找到空隙，一击而杀死对手。

今天，格挡匕首因其与西洋剑的合用方式而得名"左手匕首"。还有一些精美的套装，一把匕首，一把

▲ 19世纪绘画，显示用西洋剑与匕首进行的战斗。绘画全名很长：《至死方休——使用剑与匕首的作战，一手将死神拨开，一手将死神送回》（*To the Death: A Sword and Dagger Fight Wherein One Hand Beats Cold Death Aside While The Other Sends It Back*）

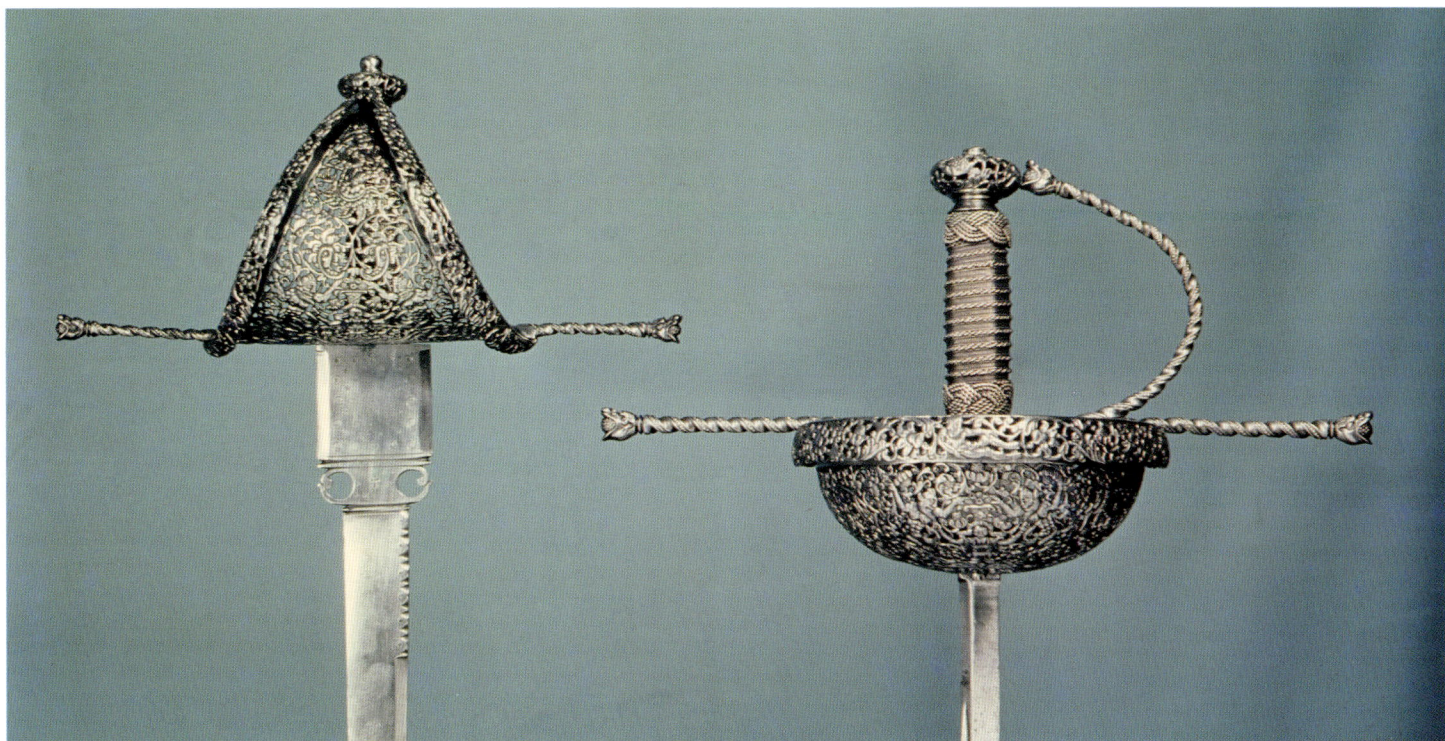

▲ 后期的西洋剑与左手匕首也经常做成套装。这一套精美的武器，剑柄有精细的凿子加工装饰，为那不勒斯（Neapolitan）刀匠安东尼奥·奇伦托（Antonio Cilenta）在17世纪中期所造

西洋剑成套生产，有时候剑鞘带子上的底托和装饰也成套制作。

　　格挡匕首的刀身一般比同时期别的匕首都长，长度30～45厘米；双刃，刀根加厚，用于抵抗敌人刀剑反复碰撞带来的冲击。横截面一般为菱形，从护手到刀尖呈锥形，规则地收窄。刀根后侧一般有卵圆形凹陷处。决斗者握住匕首，侧环保护指节的时候，一般会将大拇指放在刀根，这样握得更紧，用来格挡；这一凹陷处方便握持。到16世纪末，格挡匕首刀身更加华丽，也更多被做成火焰形。刀身从头到尾，经常被锉出很深的脊和沟槽。两个脊之间的沟槽经常有刺孔，有成组的圆形、方形、菱形小洞。

　　刀身做出深深的沟槽，冲压出大量小洞，明显减轻了重量；此外还能够用来微调匕首的平衡，而不会损害强度（刚度）。有些刀身边缘呈波浪形，这样更加美观，可能也有威慑作用。

左手剑（Main-gauche daggers）

　　Main-gauche法语意为"左手"。19世纪以来，那些说英语的收藏家用这个词特指17世纪一种特定的格挡匕首，出现在西班牙、意大利，还有低地国家（the Low Countries，指荷兰，比利时，卢森堡）的西班牙控制区。左手剑的最大特色是弯曲的指节护手，延伸超过剑柄，一般呈三角形。一头宽阔，与护手本体相连，一头较窄，与柄头相连。护手的锷叉一般很长，比其他形式的匕首长得多，尖端一般做成小圆球状。左手剑的柄头一般是扁平的球形，少数呈梨形。

　　剑身和剑柄一样独具特色。有些剑身窄长，双刃；有些剑身较宽，单刃。不过，最常见的形制剑根很宽，顶端一般有两个大型刺孔（用来挂住对方刀刃的凹槽），然后变化成一段锥形的窄长条，形成剑身的主要部分。多数情况，从剑根到剑身中央为单刃，从剑身中央到尖端为双刃。靠下（接近尖端）的部分经常沿着背部有火法镀金（file-work）装饰；剑根部分的两侧也常有类似装饰。

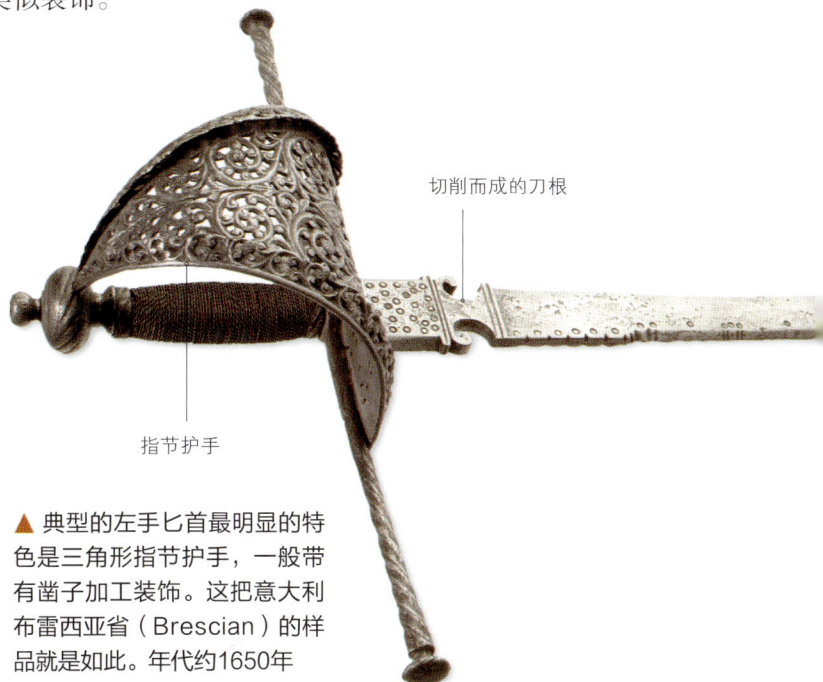

切削而成的刀根

指节护手

▲ 典型的左手匕首最明显的特色是三角形指节护手，一般带有凿子加工装饰。这把意大利布雷西亚省（Brescian）的样品就是如此。年代约1650年

17、18世纪的匕首

　　1600年后，西洋剑与格挡匕首的组合战斗方式在西班牙、意大利还继续流行，但在欧洲其他地方的使用却大大减少了。长剑重量减轻，尺寸变小，更适合快速出手；单独使用长剑的战斗方式成为主流，匕首很快没有人使用了。于是，佩带匕首的风尚在大多数地区也销声匿迹。

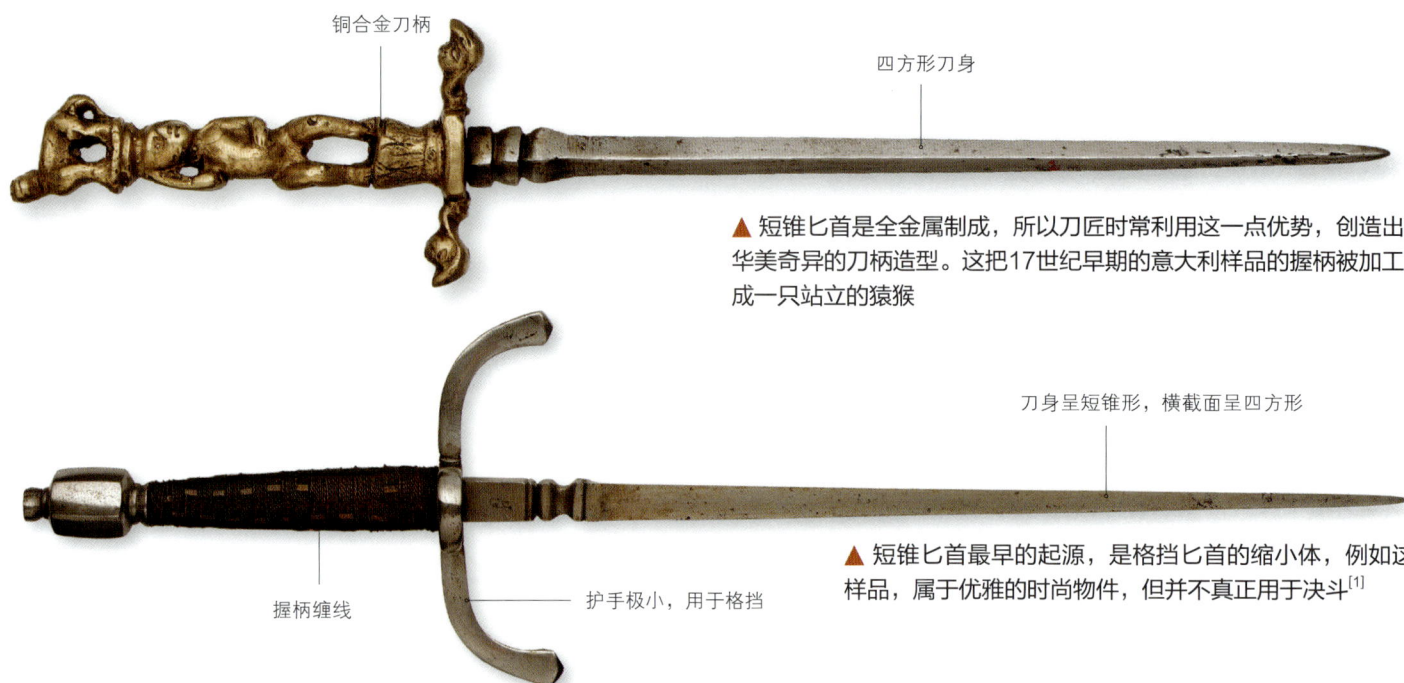

铜合金刀柄

四方形刀身

▲ 短锥匕首是全金属制成，所以刀匠时常利用这一点优势，创造出华美奇异的刀柄造型。这把17世纪早期的意大利样品的握柄被加工成一只站立的猿猴

刀身呈短锥形，横截面呈四方形

握柄缠线

护手极小，用于格挡

▲ 短锥匕首最早的起源，是格挡匕首的缩小体，例如这件样品，属于优雅的时尚物件，但并不真正用于决斗[1]

　　优雅的轻剑，一出现就风靡全欧。作为决斗武器，杀伤力很大；尺寸小，方便携带；造型也非常符合当时艺术、服装、言行举止那矫揉造作的奢侈风格。当时的人如果继续佩带匕首，就会被视为落伍，甚至是缺乏文明的表现。到17世纪后期，匕首显得极为过时，只有在某些强调传统的地区才继续使用。

短锥匕首（stiletto）

　　17世纪早期，一种刀柄带环的微型格挡匕首出现了。它的功能设计与先前尺寸较大的近亲相同，十字护手笔直或下垂，旁边有一个侧环；但这种微型武器实在太小，不能用于真正的决斗。刀身缩减成三棱或四棱形的钢针，这就是"短锥"匕首，英文名为stiletto或stylet[2]。典型的17世纪短锥匕首尺寸很小，全部由金属制成，一般只有20～23厘米。刀身横截面呈三角形或长方形，很窄，没有锋刃，末端收窄成极为锋利的尖头。现存大多数样品为意大利制造，显示了切削钢与凿子加

工的高超技巧。刀柄体现了当时建筑学的风尚，护手锷叉、握柄、柄头一般用车床加工成底粗上细的波浪形花瓶状或圆球状，末端加工成圆盘状、球状、卵圆形，或装有这些形状的部件。各个部件之间的空间有时加工成多面体、收窄，或装饰有叶饰浮雕。少数样品，握柄和/或柄头雕刻成人形或动物形。

　　短锥匕首还有一种大型变体，供炮兵使用。这是一种军用武器，刀身加长，一般30～50厘米。握柄一般由兽角制成，钢制护手和柄头经常烤蓝或烤黑（一种防锈处理）。炮兵用短锥匕首最显著的特色是刀身刻有一系列数字，其递增顺序各有差异，但一般是这样的排列：1、3、6、9、12、14、16、20、30、40、50、60、90、100、120。每两个数字之间刻有一道线，这样，刀身看起来就像一把尺子。

　　这些数字代表当时意大利最常用的火炮口径，因此可以推测，这些匕首原先可能让炮兵用来测量火炮的炮膛直径或炮弹直径；最接近直径的那一道线旁边的数字就显示炮弹的准确重量。但现存的样品所刻直线的排列

[1] 市民经常携带它用于防身或刺伤他人。——译者注
[2] stylet来自当时在蜡版上刻写用的一种锥形工具。——译者注

▲ 1628年，英格兰陆军统帅、第一代白金汉公爵乔治·维利尔斯（George Villiers, 1st Duke of Buckingham），被心怀不满的士兵约翰·费尔顿（John Felton）刺杀。这幅画像显示费尔顿拿着一把小型匕首[1]

[1] 背景是17世纪前期，基督教新教胡格诺派在法国传播，形成势力，与天主教势力敌对。1627年，信奉天主教的法国王室出兵进攻胡格诺派的据点，法国西部的海港拉罗谢尔（La Rochelle），英国白金汉公爵率领海军支援胡格诺派，但最后失败，拉罗谢尔被占。当时费尔顿也参加了这次远征，挂了彩。此后，白金汉在英国国内声望一落千丈。费尔顿认为白金汉对自己待遇不公，也十分憎恶白金汉，将其刺杀。最后费尔顿被判绞刑，但舆论支持他，创作了很多作品纪念他。——译者注

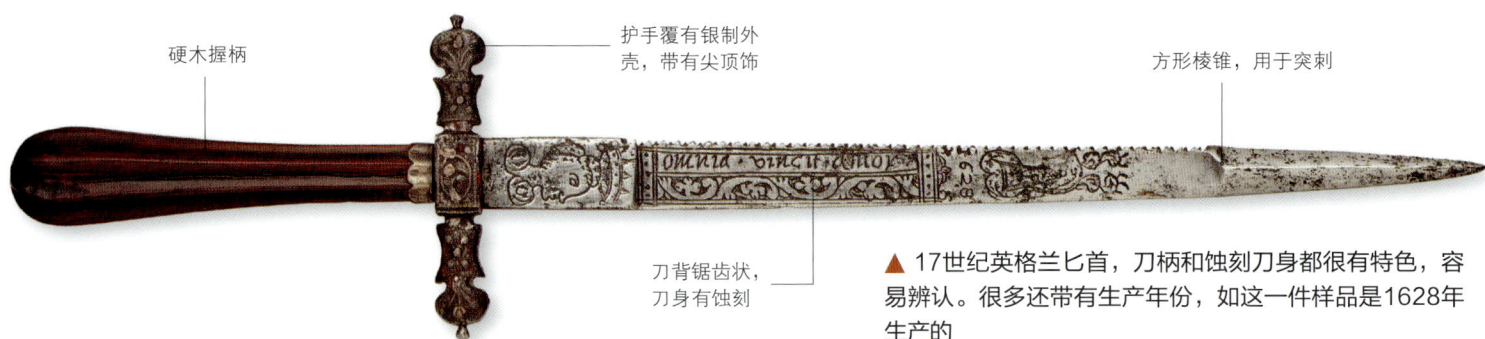

硬木握柄

护手覆有银制外壳，带有尖顶饰

方形棱锥，用于突刺

刀背锯齿状，刀身有蚀刻

▲ 17世纪英格兰匕首，刀柄和蚀刻刀身都很有特色，容易辨认。很多还带有生产年份，如这一件样品是1628年生产的

法（从数字角度说）各不相同，因此大部分实际上无法用于称重。这说明这种设计不过是一种传统行为，显示炮兵的身份或者地位，表示他们精通科学。在当时这种象征意义显然大于实际意义。

英格兰十字护手匕首

17世纪还有一种主要匕首，世纪初就在英格兰出现了，一直流行到1675年以后。护手为十字护手，有一个长方形刀格（block，护手的基部），上面伸出两个花瓶柱状锷叉，一般显示典型的英格兰品位（喜欢叶饰浮雕）。还有一些更精美的样品，包裹白银。这一类匕首没有柄头，握柄由硬木制成，一般有凹槽；末端膨大，形制类似早期的睾丸匕首。

17世纪的英格兰匕首刀身很窄，分为三个部分：第一是较短而不锋利的刀根，呈长方形；第二是用于切削的中部，呈长方形，单刃，刀背一般有锯齿；第三是强化的尖头，横切面呈菱形。刀根和中部经常蚀刻有侧面人像、涡卷状的植物和铭文，很多样品还刻有生产年份。

地中海"德克"匕首

17世纪，还有第三大类匕首在地中海北部沿岸出现。

这一大类统称地中海"德克"匕首，但尺寸差异很大，装饰也各自不同。

手柄一体成型，为木材、象牙、兽角制成，中央钻孔以容纳刀身的狭窄柄舌；末端包以金属（一般是白银），柄舌末端则用锤子加工，以固定刀身。手柄大多也会在略微离开刀身的地方膨胀。地中海"德克"匕首基本没有护手，手柄顶端一般覆盖有金属套，或刀柄底部有一个金属套子，也称为保护性带子（protective band），名叫金属包头（ferrule），通过一根短杆向上连接刀身，这短杆名叫"刀身的根部"（the root of the blade）。这部分一般用车床加工成圆形或有小刻面，其风格类似同时期短锥匕首的花瓶柱状（balustered）造型，但更短更粗一些。

地中海"德克"匕首刀身有单刃也有双刃。单刃类一般在刀身的根部有一个深深的凹槽，没有磨快，其形状类似大多数厨房刀具，名叫指槽（choil，又称刀梗）。指槽多数各边笔直，但少数也有着优美的反曲的曲线。双刃版则类似宽阔的矛头，刀根的边缘处加工成圆形。这两种"德克"的锋刃都不是均匀收窄，而是让收窄的曲线向外突出，类似一个弯曲度很小的圆弧。大多数单刃版本在刀背离刀尖几厘米的地方也会磨快。

大多数上等样品，刀身基部都有浮雕、雕刻、刺孔装饰。

美洲"屠宰"小刀与"头皮"小刀

美国边疆地区使用的战刀，与欧洲华丽的匕首差

▶ 这把18世纪典型的地中海"德克"匕首，生产于18世纪下半叶意大利西北部的利古利亚区（Liguria），刀身基部很宽，柄舌很窄

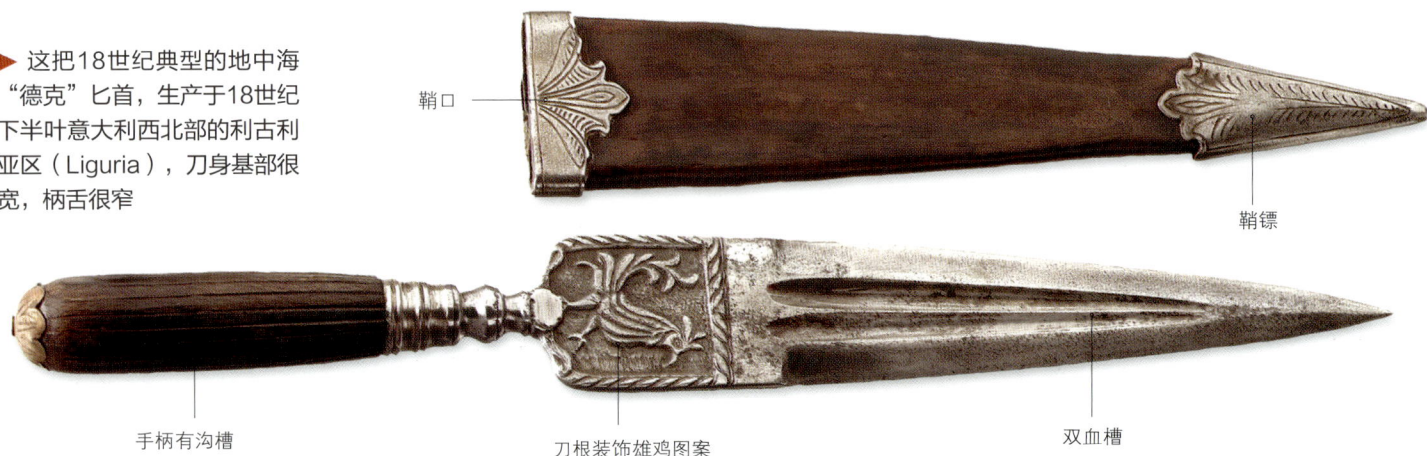

鞘口

鞘镖

手柄有沟槽

刀根装饰雄鸡图案

双血槽

剥头皮

17—19世纪北美边疆地区有一种行为，与社会的黑暗面关系密切——剥头皮。这种残忍的刑罚，受害者胸口朝下被压在地上，刽子手一只膝盖或者一只脚顶在受害者两个肩胛骨中间，揪住头发把头拉起来，用较长的战刀沿着发际线深深割一圈，快速一拽，头皮就像染血的破布一样从头骨上被拉下来。欧洲人到达北美之前，印第安原住民有些部落，在战斗中会从杀死的敌人身上剥头皮，相当于一种少见的获取战利品的方式。欧洲数千年来也断断续续用过这种方式。但在欧洲殖民者到达北美之后，剥头皮变得空前流行，白人和原住民都这么做过，受害者有死人也有活人。17世纪后期，现今的美国和加拿大地区，都正式批准剥头皮的行为。英法在这一带的冲突持续了将近一百年。17世纪80年代，法国人开始出钱购买英国人的头皮；17世纪90年代，英国人以牙还牙，悬赏100英镑（约合今天8000英镑）购买法国人和印第安人的头皮。

▶ 法国18世纪平版印刷品（lithograph），显示一名易洛魁（Iroquois）士兵正在剥一名被捆绑的俘虏的头皮，用右脚蹬着他要把头皮拉下来

异甚大。美国战刀更加朴实、粗糙，功能也更加多样；能够同敌人、猛兽搏斗，也能用于森林、山区的生活。这些战刀尺寸较大，可以从1775年加入美国陆军的士兵的描述推断而出。现在的资料显示，这些士兵带着"屠宰"小刀与"头皮"（scalping）小刀。这些刀具是当地工匠出于个人喜好而生产的，因此几乎完全无法明确生产的年份，其他确切资料也极少。

尽管有这些困难，但还是能确定，18世纪的美国人一般会使用两种小刀。第一种属于十字护手匕首，刀身粗短，双刃，护手较短，握柄木制，敲入柄舌四周。第二种是单刃，一般刀背略弯，握柄上方有较浅的指槽。与同时期的地中海德克匕首类似，这些美国小刀也非常类似多功能刀，而且必然与屠宰用刀很像，才得了这个名字。北美历次战争，各方都很残忍，这名字也恰如其分。

刀鞘皮制，有饰带

爪形手柄

刀鞘穗子

▲ 这把美国印第安原住民战刀，使用了欧洲"屠宰"（butcher）小刀刀身，产于18—19世纪早期，刀背笔直，没有磨快；锋刃弯曲

苏格兰德克匕首

17世纪，传统匕首的改进和使用，在欧洲很多地方大大减少。不过在少数几个孤立区域，佩有匕首用于作战的风气还在继续。在欧洲北部，研发这类"中世纪"武器最有名的地方是苏格兰；17世纪，这里出现了一种从古至今最有特色的匕首。

▲ 17世纪早期的愤怒匕首，清楚地显示从15—16世纪的睾丸匕首发展而来，保留了睾丸匕首的锋刃，但中脊很厚，仍主要用于突刺

中世纪的四大类匕首，后来的发展历史相当不同。最基本的十字护手匕首，在16—17世纪发展出很多特化类型，其中有和其他武器配套使用的格挡匕首、短锥匕首、英格兰匕首。巴塞拉剑演化成经典的"瑞士"匕首，17世纪初被淘汰。圆盘匕首曾是披甲士兵的必备品，但随着战事的现代化，因近距离肉搏的减少而变少。最后一类中世纪匕首——睾丸匕首，在全欧消亡，只在苏格兰保存下来，而且演化出两种新造型。

黄杨木柄匕首/愤怒匕首

17世纪前25年，中世纪睾丸匕首在苏格兰变成两种，其中一种是"愤怒匕首"，英语是dudgeon。17世纪这个词表示作为刀柄的硬木一体成型；一般是黄杨木（boxwood），但也可能是黑檀木、常春藤树根等，被雕刻成睾丸匕首的独特造型。但刀身基部下面的两个球形很小，也不像中世纪原型那么圆，而且经常在顶端有花结（rosettes）装饰，材料是铜合金或白银。这些花结实际上是一种垫圈（washers），支持一组铆钉，铆钉固定一个新月形的钢（或铁）的垫圈，垫圈位于刀身基部

和刀柄顶部之间。握柄接近顶部尽头的地方膨大，但程度也小于睾丸匕首的早期类型。握柄一般加工成多个小面，中间有钻孔，容纳柄舌。柄舌从握柄顶部穿出，一般有金属帽覆盖。

刀身窄长，这是愤怒匕首最明显的特色。现存样品每件形制都不同，但刀身都属同一类。从基部到尖端均匀收窄，横截面绝大多数为强韧的菱形，接近正方形。各边有很深的凹面。有时这种造型达到一个极端，刀身几乎扁平，但有一个很厚的中脊。有时横截面在基部和尖端有所不同。其中一件样品，刀根横截面是典型的长方形，但向尖端延伸几厘米后变成凹面菱形，然后再变形以适应一个单刃区域，最后在尖端成为横截面为正方形的突刺尖头。

愤怒匕首的刀身都蚀刻有涡卷形藤蔓和树叶图案。有些还有铭文、咒语。有些有年份，全都在1600—1625年

▼ 愤怒匕首的刀身有非常精美的蚀刻装饰，常有涡卷形叶饰

刀身蚀刻，镀金

金属鞘镖

硬木木柄

透雕式（Open-work）鞘口

▲ 这把愤怒匕首的质量很好，来自一组私人藏品，可能属于刺客弗朗索瓦·拉瓦莱克。显然是苏格兰生产的，刀鞘则是后来由欧洲制造的

之间，但匕首流行的时期要长于这一阶段。

　　1635年，英国政治家、作家威廉·布里尔顿爵士（Sir William Brereton）写道，他曾访问爱丁堡，买了一把"硬木柄的愤怒匕首……表面镀金"。目前已知的所有愤怒匕首整个刀身都有火法镀金，黄金配上蚀刻图案，使匕首显得十分精美。

　　还有一些17世纪的名人拥有愤怒匕首。其中一把匕首的主人据传是著名刺客弗朗索瓦·拉瓦莱克（1578—1610年），狂热的天主教徒，刺杀了法王亨利四世（Henry IV，1553—1610年）[1]。此外，1671年，托马斯·布拉德上校（Colonel Thomas Blood）曾因试图盗取英格兰权杖和王冠（the Crown Jewels

▶ 弗朗索瓦·拉瓦莱克（François Ravaillac）画像，他刺杀了法王亨利四世（Henry IV）。画中拉瓦莱克拿着一把愤怒匕首，刀身呈波浪形（wavy），也叫火焰形（flamboyant）

▼ 苏格兰德克匕首，年代约1740年；刀柄是由泥炭树木制成，装饰有黄铜饰板。有些匕首整个刀柄都是由实心黄铜制造

刀身双血槽

象牙刀柄

刀身为长刀截短而成

▲ 18世纪德克匕首，刀柄为象牙刻成，较为少见。也有少数刀柄用兽骨刻成。一整块象牙被切削、锉成十分美观的螺旋状

[1] 暗杀发生在5月14日。拉瓦莱克刺杀用的是一把损坏的民用餐刀，不是匕首。具体原因至今不明。较为通行的说法是亨利四世信仰天主教，努力调和天主教与新教胡格诺派的矛盾，惹恼了拉瓦莱克。另一说是亨利四世当时要与西班牙开战，西班牙策划了这次暗杀。亨利四世对法国贡献很大，民众极为憎恶拉瓦莱克。最后刺客被四马分尸，尸体被愤怒的民众撕碎。画面中拉丁语大意为"刺杀法王亨利四世之歹徒弗朗索瓦·拉瓦莱克"。——译者注

of England）被捕，从他身上搜出一把愤怒匕首。[1]

高地德克匕首

愤怒匕首的流行，使得睾丸匕首在欧洲其他地区消失后，单单在苏格兰活了下来。愤怒匕首主要在苏格兰低地（the Lowlands）流行，但苏格兰西北说盖尔语（Gaelic）的高地人（Highlanders）也会使用。[2]高地人作战的方式，总体上还是中世纪的，会使用刀剑、圆盾、棍棒。推测没过多久，一些愤怒匕首就落入比较有钱的高地部族士兵手中。仿制的版本更大更长，更适合作战。到1650年，出现高地德克匕首。

高地德克匕首同早期的愤怒匕首有几点相同。高地工匠一般使用自己的硬木材料——老式愤怒匕首是黄杨木，而高地德克匕首是泥炭树木（bogwood），也叫沼木。这是在当地泥炭沼泽（peat bog）里面浸泡数千年的古树，大部分是橡树。这种木材已经有一部分石化，变得十分坚固，很适合制造武器，而且很容易获得。

德克匕首的刀柄也会使用实心黄铜铸造，很少一部分还用兽骨雕刻而成。德克匕首的刀身和刀柄之间也经常会出现老式愤怒匕首上的垫圈，但比睾丸匕首的刀柄更加风格化。作为"睾丸"的圆球不那么突出，有些还更加扁平，贴近握柄的边缘。这种新刀柄只保留了一点原始设计的风格，而且带有繁复的编织工艺（knotwork）的装饰。柄头被加工成扁平，变宽，类似碟形，显然是

为了在战斗中能握得更紧；顶端一般有金属帽。

高地德克匕首有单刃、双刃两种。单刃样品一般在刀根处很宽，均匀收窄，形成尖头。单刃德克匕首的刀背厚实，一般用锉刀加工成缺刻或者锯齿，挨着刀背的地方还有一道平行的血槽，用于突出刀背造型。刀背一般只延伸至刀身三分之二处，剩下的三分之一至刀尖部分为双刃。其他德克匕首的刀身则完全双刃。而且经常利用更加古老（或损坏）的刀剑刃部重新加工而成。

德克匕首一般很长，可达46厘米以上。跟中世纪的祖先一样上手持用，刀身在拳头下面。高地士兵全副武装时，右手持剑，左臂佩带塔吉圆盾，有时左手还拿着德克匕首。如果匕首刀身一部分露在塔吉圆盾外面，就能以这个姿势进攻；如果长剑脱手，还能把匕首交到右手继续作战。

1750年之后，高地德克匕首再次发生变化，从传统的武器变成有些俗气艳丽的奢侈品，用于标志高地英军各团的身份，而且造型变得很夸张。握柄上出现一组小圆头钉子，握柄中间部分凸出得更厉害，类似夸张的"蓟花"（thistle）造型。19世纪，英国掀起苏格兰文化热，把苏格兰匕首变成滑稽的仿制品；握柄的雕刻工艺退化成二流的枝条编织图案，刀鞘有粗陋的银制或镀金底托，还装饰有大颗黄色水晶，名叫烟水晶，又叫茶晶（cairngorms），但更多的是玻璃仿品。这种现代版本的匕首同原始版本相去甚远，如今依然是高地人礼服装饰的一部分。

▼ 19世纪生产了很多礼仪德克匕首，装饰华丽。这把德克匕首有白银底托（silver-mounted），约1900年产于爱丁堡（Edinburgh），配有一把辅助小刀，装在专门的刀鞘套子里

分岔

辅助小刀　　银制鞘口

木条编织篮造型的雕刻

---

[1] 最后王室宽恕了布拉德，还给了他一些土地。——译者注
[2] 低地大致为苏格兰东南部分，高地大致为苏格兰西北部分，分属两个行政区。——译者注

苏格兰隐蔽刀

另有一种苏格兰小刀值得一提。虽然这一部分说的是17—18世纪的匕首，但这种小刀其实是产于19世纪，那就是"隐蔽刀"〔盖尔语：sgian（刀）dubh（黑色的、隐蔽的），或skean dhu〕。这种刀尺寸极小，跟后期的高地德克匕首一样，也是高地人礼服的一部分。隐蔽刀可能是高地士兵小刀的改造型，但目前没有发现19世纪之前的实物，因此学界一般认为隐蔽刀属于19世纪高地服装复兴运动的一种浪漫化的做法。

银制垫圈

▶ 著名的隐蔽刀可能是从袖子里藏匿的小刀改造而来，但主要的形态完全现代化，而且被用于装饰。这是一把20世纪早期的隐蔽刀，在爱丁堡生产

◀ 英国齐斯霍姆家族（the Clan Chisholm）一名要人约翰·齐斯霍姆（John Chisholm）的画像，约作于1870年。1746年的卡洛登战役（the Battle of Culloden）中，双方都有齐斯霍姆家族的人参战。画像显示，高地服装必备两把匕首，一把是较长的德克匕首，佩在右侧；一把是隐蔽刀，佩在右腿袜子下面

银制鞘镖

17、18世纪的刺刀

　　早期的远距离火枪都只能发射一次就必须重新装子弹。这期间，敌人就可能冲到枪手跟前，近距离发动进攻。枪手可以用空枪像棍棒一般挥舞，以防御敌人，但这样做必须有空间，而在激烈的战斗中经常没有空间。刺刀使得火枪能够变化成一支短矛，非常适于近战。

兽骨/象牙手柄　　　　　　　　　装饰性十字护手尖顶饰　　　　　　　　　匕首型刀身

▲ 17世纪后期英格兰插入式刺刀，手柄精美，有内嵌装饰。装有华丽的柄头帽、加工精细的十字护手

　　手持的火器是科技的一大突破。此后不久，人们又开始忙着研究将这火器变回长矛——人类最古老的兵器之一。这实在是很有趣的事。直到17世纪中期，长矛跟火枪还都在一起使用。一支军队的火枪手必须由成排的长矛（长柄枪）兵保护，不让敌人趁着火枪手装子弹的工夫冲到火枪手跟前。然而这就意味着，长矛兵只能完全采取守势，这样就会浪费人力。军事理论家努力想找出一种办法，让火枪手既能进攻又能保护自己。最早的一些尝试不太成功，比如让火枪手将火枪支架（musket-rest）的头部拧下来，再把长杆插入枪筒做成长矛。但很快发现这种方法太慢也太费事。

刺刀的发明

　　将小刀装在火枪尽头的方法，是谁在什么时候想出来的，已经不可考了。但是，很多人认为这一发明出现在西班牙西北部巴斯克（Basque）自治区吉普斯夸省（Guipúzcoa）埃瓦尔市（Eibar）的市区或附近。埃瓦尔在16世纪后期是重要的武器生产中心，这一产业还养活了附近很多城镇。有可能早在16世纪80年代，就设计出一种匕首专门用于插入长枪的枪口，可能是为猎人制造的。猎人就如同当时的士兵一样，也装备了单发火器，也会有打伤猎物后被猎物反扑的危险；因此必须有另外一名长矛手保护。如能在长枪枪筒内插入一把小刀，就能让猎人独自行猎。没过多久，人们就发现这一发明能

够派上军事用场。

巴荣纳（Bayonne）匕首，即刺刀

　　这种特化的匕首，后来有了一个全世界通用的英语名字"巴荣纳特"（bayonet）；汉语翻译成"刺刀"。最初指的是法国西南角距离埃瓦尔市不远的巴荣纳（又译巴约讷）市生产的一切匕首。可能最早在法国宗教战争（the French Wars of Religion，1562—1629年）期间被用于实战。1590年伊夫里战役（The Battle of Ivry）期间，据说法王亨利四世曾为自己的部队装备刺刀。亨利来自西班牙的巴斯克地区，刺刀很可能就诞生在这里；当时部队的长矛兵人数不够，而故乡的火枪匕首可能帮他解了燃眉之急。法国著名剧作家、讽刺作家伏尔泰（Voltaire，1694—1778年）显然认定亨利的手下在伊夫里战役时装备了刺刀。1723年，伏尔泰写叙事诗描述亨利大获全胜的战役，栩栩如生地描绘了这种新式武器：

> 染血的短刀，与火枪结合，
> 已为双方带来了双重的死亡。
> 这兵器生来为大地减轻重负，
> 在巴荣纳为战争的魔鬼所发明，
> 同时召集了无数地狱的果实，
> 钢与火的并存，万物中最为恐怖。[1]

[1] 选自《亨利亚特》（*Le Henriade*）第八歌。原文为法语诗的英译文，译者请法语专家参照原文校订。——译者注

16世纪，巴荣纳市也生产其他锋刃武器。最早使用bayonet这个术语，是描述"一种镀金匕首，以Bayoneet命名"。1611年一本法英词典对这个词的解释是："一种小型扁平袋装匕首……或一种较长的小刀，挂于腰带上。"其他多种文献也提到"巴荣纳"的匕首。似乎这些武器与当时其他种类的匕首没有很大不同。然而，一旦专门的刺刀（现代含义）出现，巴荣纳就成了最先大规模制造这种武器的地方。于是，Bayonet这个词原先带有歧义，但随着这种新式武器被实际应用开来，也就专指新式武器，而不指其他匕首了。

插入式刺刀

法国司令官雅克·德·沙特内（Jacques de Chastenet，1600—1682年）是巴荣纳当地人。他做过一次关于军用刺刀的重要论述。1647年，德·沙特内介绍手下士兵时写道：

> ……他们装备刺刀，手柄长一英尺，刺刀之刀身长度与手柄相同；手柄尽头专用于插入火枪之枪筒，而在射击之后遭到攻击时防卫自身。

这段话意义很大。第一，这是迄今为止发现的最早的刺刀在军事文献中的可靠记录；第二，这是那种插入火器枪筒的锋刃武器第一

▲ 油画《伊夫里战役》（*The Battle of Ivry*），作者是佛兰德斯画家彼得·保罗·鲁本斯（Peter Paul Rubens），约创作于1628-1630年。1590年3月14日，法王亨利四世进行伊夫里战役，击败法国天主教联盟（the Catholic League）。据说这是刺刀第一次被用于野战

▼ 滑膛枪在重新装填的时候，枪手无法作战，必须让别人保护。因此在这里滑膛枪手与戟兵（halberdiers）一起行军，但在实战中保护滑膛枪手的一般是长柄枪手（pikemen），直到刺刀出现

黄铜柄头帽

十字护手缩短

刀身弯曲

▲ 英格兰铸剑师最初曾试用弯曲的刺刀刀身，例如这把1680年的刺刀，但很快被淘汰

硬木手柄

铭文，年月

刀身较宽，类似长矛

▲ 稍后的英格兰刺刀样品，1686年制造。样式更为典型，刀身很像先前几个世纪的宽阔矛头

▼ 法国军事科学家、沃邦领主塞巴斯蒂安·勒·普雷斯特（Sébastien Le Prestre, Seigneur de Vauban）发明套筒式刺刀，以克服插入式刺刀的严重缺陷——装上后不能发射。他的发明让早期现代军事有了革命性的发展

LE MARÉCHAL
DE VAUBAN.

次被正式命名为bayonet——刺刀。德·沙特内谈论的刺刀，我们现在称之为"插入式刺刀"（又译塞式刺刀、填塞式刺刀），也就是一把匕首，握柄收窄，能够被牢牢插入火枪的发射端（枪口）。

尽管插入式刺刀是重要的发明，却有明显的缺点。一旦刺入敌人体内就难以收回，除非使刺刀从枪管里脱出；这样，就很难使用刺刀再次进攻。这一缺陷带来严重后果。1689年，英军与詹姆斯党人（Jacobites）爆发基利克兰克之战（the Battle of Killiecrankie）[1]。詹姆斯党人多数是苏格兰高地人，击败了英军；因为英军的火枪手必须停下来安装刺刀。詹姆斯党人原先在山上，火器不多；发射火器之后，拿着剑和盾从山上冲下来，冲进英军的阵线。这一战术让詹姆斯党人遭遇火枪的排枪连续射击，但幸存者在敌人能够装上刺刀之前，已经冲到敌人当中。这么近的距离，詹姆斯党人的剑和盾，杀伤力远胜于英国红衣大兵（redcoats）那些装好的刺刀。于是英军被打散，伤亡2000多人。

套筒式刺刀

此外，插上后不能射击也是一个致命问题。人们发明了很多插入式刺刀的改进方法，想克服这种问题。很多人认为，附环刺刀（ring bayonet，又译环式刺刀）是

---

[1] 背景是前任英王詹姆斯二世在政变中被迫退位，联合苏格兰等地支持他的势力发动叛乱，英王威廉三世出兵平乱。虽然有本书正文提到詹姆斯党人的这次胜利，但最后失败。——译者注

改进方法之一，使用两只圆环将刺刀固定在火枪枪管一侧。但目前发现的资料全部是绘图板上的设计，没有证据证明在绘图板之外真正生产了附环刺刀。另外有一种改进法，名叫折叠式刺刀（folding bayonet），这是一根类似长矛的突出物，用铰链永久固定在枪管上，这个方法也同样很短命。

插入式刺刀在套筒式刺刀（socket bayonet，又译插座式刺刀）发明之后最终被淘汰。这种新发明，是一只管状套筒，装在火枪枪管尽头之外，套筒侧面焊上一把刺刀刀身。法国军事科学家、沃邦领主塞巴斯蒂安·勒·普雷斯特（Sébastien Le Prestre, Seigneur de Vauban，1633—1707年）是早期研发套筒式刺刀最重要的人物之一，也有人认为是他发明了套筒式刺刀。1687年，他记录了套筒式刺刀的应用效果：

▲ 普鲁士国王腓特烈二世（King Frederick II of Prussia，1712—1786年），名为"大帝"，是古往今来最杰出的军事统帅之一。这张19世纪的平板印刷图像，显示他率领军队，士兵们都拿着刺刀

　　……士兵有了这一样武器，即是有了世上最强的两样武器；不需除下刺刀，便可迅速射击而后装填。如此一来，一营士兵这样武装……其作用便抵得上目前最强的两个营了，而且能够傲视任一国的长矛兵与马队……

普雷斯特认为，横截面呈三角形的刀身最好，其中一个平面对着枪管。最早的套筒式刺刀刀身直接被焊在套筒上，但这样只要刺刀稍稍一弯就会阻挡子弹的路

径，还会让重装子弹变得困难，因为当时的火枪必须从枪口装弹。火枪手在把子弹塞入枪膛的时候，还可能会刺伤自己的手。后来有了改进，刺刀被装在一个短臂上，短臂突出在枪口前面，并且向外延伸，以远离子弹路径，并使刺刀刀身与枪管平行。

后来，这种刺刀设计还会有很多细微调整，但基本理念十分成功，让这种刺刀标准持续了将近200年。17世纪后期的技术，直到一战时还在应用，甚至在二战时还被英军重新使用。

榫接（Mortise）

壳手

▼ 有些早期套筒式刺刀，例如这把18世纪的样品，刀身很宽，类似先前的插入式刺刀，但有L形托架（L-shaped bracket）和套筒支撑

19世纪的锋刃武器

工业革命开启了武器大规模生产的时代。传统的手工业还在继续生产小刀、匕首，但传统铸剑师地位下降。欧洲市民的生活中，用小刀防身的需求明显减少，但美国这方面的需求还比较多。大规模生产使得刺刀标准化，世界主要国家的军队全都装备了制式刺刀，产量以百万计。

内嵌白银的手柄

刀身较窄，用于突刺

▲ 纳瓦亚折刀可能作为一种西班牙街头搏斗武器而变得最为有名。意大利、科西嘉也有制造，这件样品形制类似缝衣针

▶ 其他更为简朴的纳瓦亚折刀很难确定具体制造地点，如这件样品，手柄为鹿角制成

鹿角手柄

19世纪上半叶，多数欧洲国家已经建立现代警察队伍，负责维护治安。法律和秩序成为平民生活的一部分，民众之间的暴力仇杀变得越来越不可接受。人们携带小刀、匕首的风尚很快不再是一种常态；公共礼仪和文明的需求，被遵纪守法的平民所重视。这种社会大趋势有一个明显的例外，就是建国不久的美利坚合众国。

美国小刀

19世纪上半叶，多数美国男人都佩带小刀。19世纪20年代到30年代，佩刀人数一度猛增，与欧洲的发展恰好形成对比。这可能是因为美国社会矛盾的激化，这种矛盾最终导致1861—1865年的南北战争。在这混乱的几十年间出现了几类主要的小刀。

纳瓦亚折刀

折刀被发明的确切时间还不清楚。大型用于作战的折刀，西班牙语名叫纳瓦亚（navaja），可能是18世纪在伊比利亚半岛（the Iberian Peninsula）发现的。纳瓦亚折

刀为单刃，与后来的多刀身通用小刀（multi-bladed utility knives）不同；刀身为背剪式刀尖（clipped point），一般长15～20厘米，有些可达30厘米或以上。刀身通过弹簧销弹出来，一般的打开方式是拉动一个圆环或链条，打开弹簧销而释放刀身，然后还可以再合上。握柄较窄，少数笔直，多数弯曲。一般材料是铁制衬里（iron lining），装饰有鹿角或牛角。高级样品有象牙甚至黄金的装饰。

纳瓦亚折刀一般由工人、罪犯、海员使用，除了西班牙之外，在法国、意大利、科西嘉也有生产。1849年，马德里出版了一本纳瓦亚折刀搏斗手册，还包括一些其他用小刀、剪刀搏斗的说明。

北美的纳瓦亚折刀也是一种经典的搏斗用刀，特别是在加州。这类特别的武器毫无疑问是先前西班牙殖民统治留下的诸多遗产之一。当年旧金山的街道上，纳瓦亚折刀一定十分常见，19世纪中期，旧金山应当有很多暴力事件发生。有文献记载，一名法官曾用刀刺伤一名执法人员，但没有提到是否是纳瓦亚折刀。

手刺

手刺（push dagger）是19世纪早期的另一种经典美国武器。这种致命的小刀，刀身粗短，双刃，柄舌较短，横截面呈圆形；尽头是一个横向握柄，材料可能是兽骨、兽角、木制；整个匕首呈现T形。使用时，握紧手刺，刀身从食指、中指间突出，刀身基部位于指关节上方略少于2.5厘米处。刀手会用快速的出拳动作进攻，旁

观者可能完全不会意识到那人用了刀子，甚至受害者都不会意识到，只有看到自己流血才知道被刺伤。

手刺刀鞘一般被设计成佩带时刀鞘尖端向上的形式，放在外衣或短上衣里面，有一个弹簧夹固定武器，鞘镖尽头有挂钩用于悬挂。这样，刀手就能很容易藏匿手刺，在需要进攻时飞快拔出。目前似乎所有保存的样品全部是在1860年左右制造的，之后曾长期不用，20世纪才复兴。

博伊刀

1827年，美国阿肯色州一家种植园主莱辛·普莱曾特·博伊（Rezin Pleasant Bowie）遭到一头公牛袭击。莱辛想用小刀刺公牛头部，但那把刀无法穿透颅骨。莱辛侥幸不死，事后想办法研制了一种更可靠的小刀。刀身长度超过23厘米，宽4厘米，装有十字护手和一个简单木柄。莱辛将这样一把小刀送给弟弟詹姆斯。这一年的晚些时候，在路易斯安那州维达利亚市（Vidalia）密西西比河上，詹姆斯卷入一场著名的"森巴之战"（sandbar

▲ 1853年，奥地利皇帝弗朗茨·约瑟夫一世（Franz Joseph I）与侍从走在维也纳市区，突然被一名匈牙利民族主义者刺中脖颈。皇帝活了下来，刺客被处决

◀ 19世纪的经典手刺很小，可以藏在刀手的衣服里。这件样品很典型，握柄为鹿角制成，保留着刀鞘，佩带刀鞘的位置上下颠倒，以方便取用

▲ 1836年，墨西哥军队突袭阿拉莫。詹姆斯·博伊阵亡，据说他死前在病床上用枪和小刀防御敌人

▶ 詹姆斯·博伊（1793—1836年）画像，推测创作于19世纪20年代后期。当时他和弟弟詹姆斯正在改进著名的博伊刀

fight），受了枪伤和刀伤，但仍用哥哥送的小刀把一名对手开了膛，刺伤第二人，赶走了第三人。当地报纸报道了这场搏斗，还详细报道了詹姆斯所用的加长小刀，由此开始了一段传奇。[1]

1829年，"吉姆·博伊"（又译金暴威，吉姆是詹姆斯的简称）的名声更大了。这一年他与另一名男子持刀对刺，刺伤了对方，但饶了对方一命。没多久，那落败的对手有三个相熟的朋友来报复，其一被吉姆斩首，其二被开膛，第三个落荒而逃。

1829年吉姆所用的小刀，是他在哥哥莱辛的小刀的基础上改进的。改进型刀身更长，背剪形刀尖，两面都开刃。这一设计打下传统博伊刀的基础，也是我们今天熟悉的形制。

1830年，吉姆搬到得克萨斯州居住，当时德克萨

护手尖顶饰呈圆球状

背剪式刀尖

鹿角握柄

▲ 美国南北战争开始之前几年，英格兰制造商詹姆斯·罗杰斯公司（James Rodgers & Co）为美国客户生产了多种不同的博伊刀。这把"中等尺寸"的罗杰斯刀有鹿角握柄

---

[1] sandbar意为沙洲，决斗在河中的一片沙洲进行，因为这里属于"三不管"地带，比较不容易受到法律干预。——译者注

银制手柄，德国造

谢菲尔德刀身

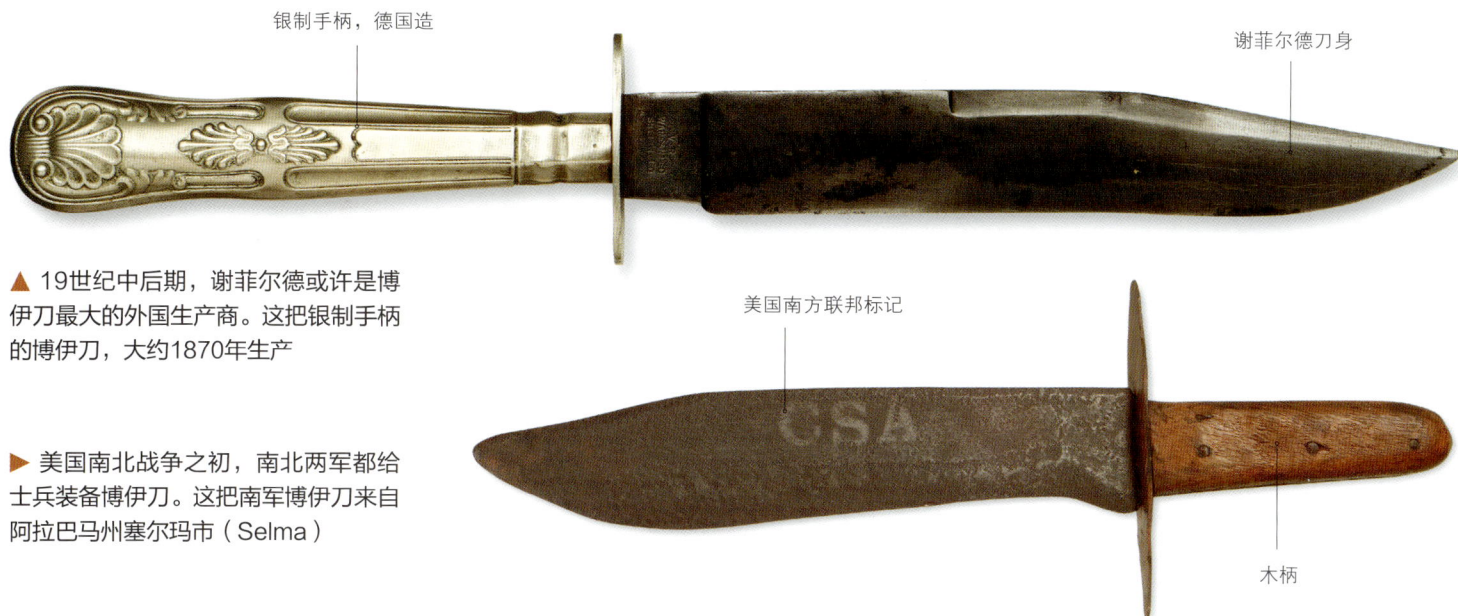

▲ 19世纪中后期，谢菲尔德或许是博伊刀最大的外国生产商。这把银制手柄的博伊刀，大约1870年生产

美国南方联邦标记

▶ 美国南北战争之初，南北两军都给士兵装备博伊刀。这把南军博伊刀来自阿拉巴马州塞尔玛市（Selma）

木柄

斯属于墨西哥领土，当地居民起来反抗墨西哥的统治。吉姆参加起义军，经过多次战役，1836年在阿拉莫（Alamo）被围。得克萨斯守军只有188人，固守在这个小教区（mission complex），面对人数远远超过自己的墨西哥军队。最后，建筑群被敌人攻陷，守军至少杀敌200人、杀伤400人后，才被全部消灭。在最后的进攻时吉姆已卧病在床，但据说仍用手枪、一把损坏的步枪，还有

著名的博伊刀作战到死。[1]

决战过后，博伊刀名声大噪，人人都想拥有一把；但似乎对于什么刀才算博伊刀，人们从来没有达成共识。其主要特征只有两个：刀身较大，单刃。很快，只要符合这两个条件的小刀，全都叫作博伊刀。密西西比州、路易斯安那州、阿肯色州、德州、田纳西州、密苏里州开始生产博伊刀。刀身长23～38厘米，宽4～5厘米。护手笔直或S形，握柄一般为木制或鹿角制。还有很多博伊刀是定制的，带有主人喜好的独特风格。

英国刀具公司也很快发现这种产品走销，开始大规模出口，卖给猎人、陷阱猎人、士兵，以及美国边疆地区严酷条件下的其他居民。博伊刀越来越多，各家公司开始互相竞争，制造得越来越精美，价格水涨船高。例如，刀柄换成银制，握柄换成珍珠母与龟壳；刀身用酸蚀刻，甚至带有蓝地描金（blued and gilt）装饰。英国制造商还在上面加上了极端爱国主义的标语，认为会受到当时美国人的欢迎，例如"消灭叛徒"（Death to Traitors，针对当时即将内战的紧张局势），"消灭废奴主义"（Death to Abolition，当时南方奴隶主想要保留奴隶制），"权利正义面前人人平等"（Equal Rights and Justice for All，代表美国北方立场，反对奴隶制）。

南北战争开始初期，双方都很青睐博伊刀。南军尤其喜爱一种装有D形护手的博伊刀。南北两军都渴望战争，因此爱屋及乌地喜欢博伊刀，但随着战事越来越

◀ 号称西部第一枪手的"狂野比尔"詹姆斯·巴特勒·希科克（又译西考克）（James Butler "Wild Bill" Hickok，1837—1876年）照片，带着两支左轮手枪，一把大号博伊刀。当时的陷阱猎人、山区居民、牛仔多用博伊刀

[1] 同一年，得克萨斯起义军击败墨西哥政府军，1845年并入美国。——译者注

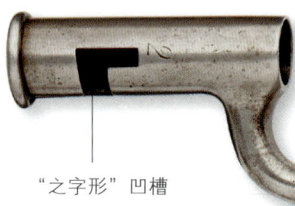

▼ 奥斯本（Osborn）套筒式刺刀，年代约1840年，代表经典套筒式设计

"之字形"凹槽

▲ 19世纪，军队平定地方动乱期间，常用刺刀。这是1861年美国南北战争期间列克星敦团（the Lexington Regiment）镇压骚乱

长，死的人越来越多，这种热情减退了。到战争末期，两军都扔掉了军用短刀。战争结束之后，佩刀更是不再流行。到1880年，正宗的博伊刀也消失了。

套筒式刺刀

19世纪大部分时间，这类刺刀都是发给普通士兵的主流刺刀。刀身形状彼此有些不同，但19世纪的主要改进不在刀身形状上，而在于装在枪管上的方式。18世纪，最常用的方法是在套筒上做出一个"之字形"凹槽，上面装上准星（forward sight），用一个U形部件锁紧。这种办法存在缺陷。1843年，英国武力吞

并印度信德（Sind）地区。战争期间有一场密尼战役（Meeanee），英军士兵发现敌人可以将自己的刺刀从枪管上拽下来，不得不用线绳缠紧。与此同时，英国兵工厂正在实验，想研制新的弹簧结构，让刺刀更稳固地装在枪管上。

弹簧式刺刀

1843年，汉诺威（Hanoverian）弹簧销投入使用。这是一个小型的S形弹簧销，装在枪管上，连接着刺刀上的一个轴环（collar），使刺刀难以从枪管脱离。还有一种性能更好的方案，就是锁定环/扣环（locking ring），法国与其他欧洲国家很快采用这一方案。扣环使得准星能够通过凹口（notch）而沉入套筒的槽中，然后旋转，固定在准星后面。英国1853年开始采用扣环，装在恩菲尔德

▼ 约翰·吉尔（John Gill）制造的英国试验用套筒式刺刀，有一个弹簧销（spring catch）

弹簧销

刀身中空

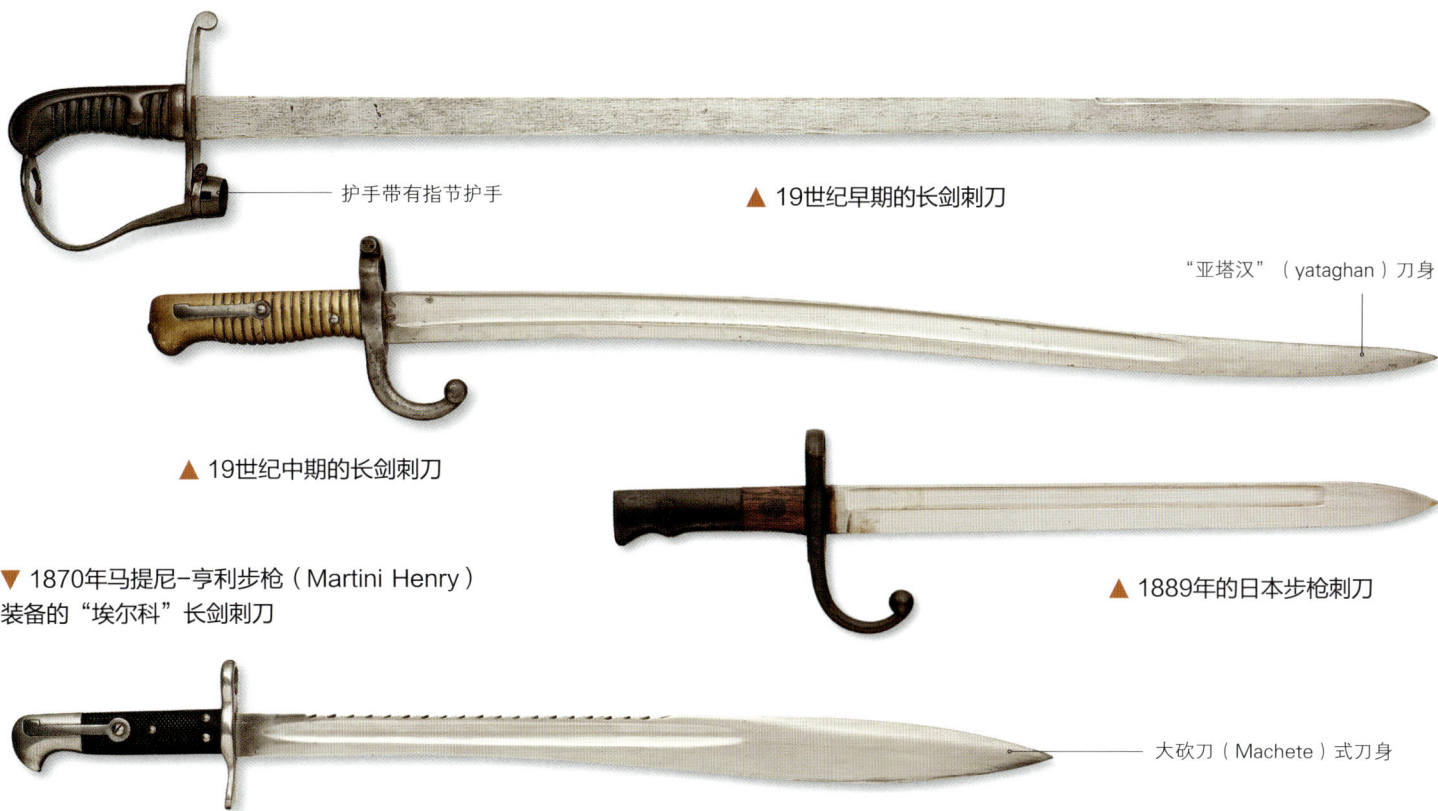

护手带有指节护手

▲ 19世纪早期的长剑刺刀

"亚塔汉"（yataghan）刀身

▲ 19世纪中期的长剑刺刀

▼ 1870年马提尼-亨利步枪（Martini Henry）装备的"埃尔科"长剑刺刀

▲ 1889年的日本步枪刺刀

大砍刀（Machete）式刀身

步枪刺刀上。

长剑式刺刀

18世纪后期，丹麦人多次试图将骑兵军刀与刺刀相结合。1791式骑兵军刀的刀身缩短，装在侧面的连接机构上，成了一种刺刀。英国也将类似的长剑刺刀装在1800式贝克（Baker）步枪、1837式不伦瑞克（Brunswick）步枪上面。1842年，法国采用的或许是最著名的长剑刺刀样式。刀柄由黄铜制成，有简单的十字护手，反曲的"亚塔汉"（yataghan，又译耶塔冈）刀身取自著名的土耳其弯刀。这种刺刀大受欢迎，北欧诸国、奥地利、英国、美国等很多国家都开始装备。英国1853式、1856式、炮兵用刺刀，直接仿造法国1842式刺刀，材料换成碳钢；美国也出现很多种亚塔汉刀身刺刀，有1855式、1861式海军刺刀。

长剑刺刀虽然较重，不太方便，但仍然流行到19世纪后期；1850年之后，又出现很多种长剑刺刀的设计。英国一马当先，设计了很多种多用武器，但最终都没有实用价值。海军发放水手用刺刀（Cutlass bayonets），炮兵发放指节护手型刺刀。最奇怪的当属埃尔科勋爵的"1870式实验用长剑刺刀"，是军刀、锯子、大砍刀的组合。所有混合型武器都有同样的内在问题，这种刺刀也不例外——那就是只要设计成多功能，各种功能就一定会互相妨害。这种刺刀制造成本极高，而且太重，

使得射击非常困难。虽然一开始没有被采用，但1895年被采用，小规模参与了1895—1896年的非洲阿散蒂（Ashanti）（又译阿善提）战争。

长剑刺刀经历了漫长而复杂的研发过程，最终证明完全无用，在快速现代化的战场上并不合适。现代战争的关键在于炮兵和火器的全面优势，刺刀主要在最后一搏的时候来防御。长剑因此被淘汰，让位于较短的小刀类型。200年间，刺刀起源于插入枪管的小刀，最后又回到了自己的原点。

▲ 埃尔科勋爵弗朗西斯·理查德·查特里斯（Francis Richard Charteris），第十代威姆斯伯爵（10th Earl of Wemyss），是著名辉格党政治家，伦敦苏格兰军团（London Scottish Regiment）指挥官，埃尔科刺刀发明人。1914年去世，享年96岁

20世纪的锋刃武器

　　20世纪早期，火药武器的研发突飞猛进，单兵火力也因为世纪初采用弹匣式栓动步枪（bolt-action magazine rifles）而增强，因此与敌人短兵相接的可能性也下降了。然而，刺刀和军用短刀依然在单兵装备中占据一席之地，既是礼仪用具，也是实战的武器。

　　20世纪初，现代战争经历了从火器发明以来最剧烈的转变。海上，舰船火力增强，原先战舰交火的距离以米计算，现在则以千米计算。甲板上水手用军刀、战斧进行的混战，早已变成遥远的记忆；此外，潜艇的出现，又增加了一个偷袭的途径。战事蔓延到空中，一开始只有尝试性的交战，然后变得激烈起来，于是死神也从空中袭来，而且战争从原先的战场蔓延到敌人的城镇。陆战也出现戏剧性的改变：新型火炮的发明，让火炮地位超过了战场上的其他武器；火炮又有了机枪做伴，二者都给战争带来了翻天覆地的变化。1914—1918年

的第一次世界大战，第一次出现胶着性质的壕堑战；而当火炮和机枪装备在拥有装甲、快速移动的车辆上，壕堑战又变成二战时的闪电战（Blitzkrieg）。

然而，科技的发展速度，超过士兵把科技应用到战略战术上的能力，尤其在士兵已经接受老式战法训练的时候，这一不平衡就更加明显。尽管在19世纪后期，长剑刺刀和战场上的莽撞行为（骑兵、刺刀冲锋等）已经不见成效，但是这些装备和这些做法真正让位于适合情况的设备和战术经历了相当长的时间，令人感到不可思议。

第一次世界大战

19世纪后期，人们已经发现长剑刺刀太过笨重而不方便，难以发挥作用。但是大多数国家参加一战时，依然保留了长剑刺刀，因为人们依然保留着"作战距离"的想法，也就是让刺刀的长度胜过敌人刺刀的长度，从而保有作战的优势。奥匈帝国步兵依然拿到了1895式曼利夏（Mannlicher）8毫米步枪，装有长剑刺刀。

土耳其士兵装备有毛瑟·格韦尔（Mauser Gewehr）1898式7.65毫米步枪，他们也喜欢长剑形刺刀，配有十字护手，护手上有钩形锷叉。作用可能有两个：第一是让三支步枪整齐地支成一个三脚架形状；第二是困住敌人的刺刀刀身，可以折断刺刀或格挡敌人突刺。然而，虽然有这些作用，这些刺刀依然比不带锷叉的刺刀更容易钩挂在无关紧要的东西上，从而在生死攸关的瞬间耽误大事。19世纪后期，意大利还为曼利夏–卡尔卡诺步

▼ 俄国近卫军（Russian Guards）第9营第10连的黑白照片，十分珍贵，摄于1917年。俄军士兵携带老式套筒式刺刀

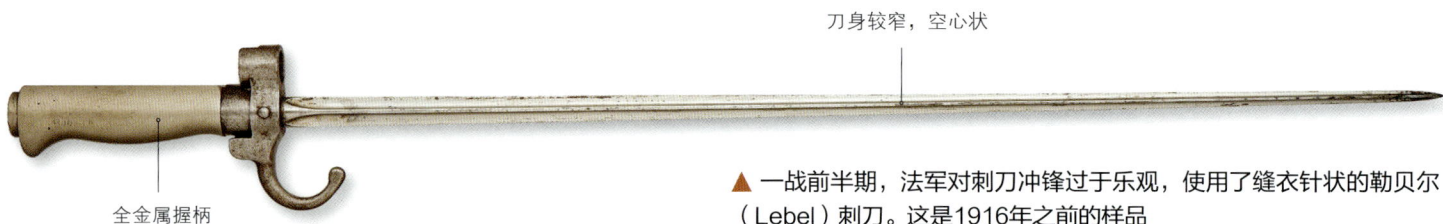

刀身较窄，空心状

全金属握柄

▲ 一战前半期，法军对刺刀冲锋过于乐观，使用了缝衣针状的勒贝尔（Lebel）刺刀。这是1916年之前的样品

枪（Mannlicher-Carcano）与维泰利（又译维特里、维塔利）-卡尔卡诺步枪（Vetterli-Carcano）生产了刺刀，类似英国1907式刺刀。这些意大利刺刀被用于一战。

英国人先前已经抛弃了各种长剑刺刀，转而使用1888式、1903式的较短刺刀。然而，他们参加一战用的依然是1907式长剑刺刀，代替了1903式，用于"李-恩菲尔德弹匣式短步枪"（英文Short, Magazine, Lee-Enfield, 缩写SMLE）[1]。1907式刺刀刀身长达43厘米，最初有一个十字护手，护手上有"钩"形锷叉，模仿19世纪流行的样式。这一设计十分成功，基本仿制日本1897型"有阪"（Arisaka）刺刀。英国生产的数量超过250万把。然而，士兵们却发现钩形锷叉带来很大麻烦，于是军方在1913年决定放弃这种钩形设计，当时这种刺刀还没有被大规模投入使用。美国的1917型刺刀是仿制英国1914式的，英国1914式又是1907式的改良，但十字护手更长而笔直。

长剑刺刀的重量也让它很不方便使用。有些国家想既保留长剑刺刀的长度，又减轻其重量。法国制造出一种"刺剑"（epee）刺刀，用于1886式"勒贝尔"（Lebel）步枪，刀身很窄，让横截面变成十字架形，用以进一步减轻重量，同时又保持强度。一战的主要参战国当中，俄国大概是军备最差的。俄国为更进一步减重而取消了常规的刀柄，制造了一种横截面呈十字形的套筒式刺刀，用于1891式莫辛纳甘（Moisin Nagant）7.62毫

米步枪。这种刺刀是传统刺刀的继续，与之前俄国1871型伯丹（Berdan）步枪几乎完全一样。同时期的英国1895型长剑套筒式刺刀，是为新式恩菲尔德步枪生产的。

一战时期德国刺刀的形制

德国在一战前已经使用一种短刀式刺刀，用于1884型毛瑟步枪；这种刺刀继续用于毛瑟·格韦尔1898型步枪。主要参战国当中，德国用于实战的刺刀比其他大多数国家的都短。尽管如此，有一种seitengewehr（德语：

▶ 1792年法国革命战争期间的瓦尔密战役（又译瓦尔米战役，Valmy）中，法军的一幅刺刀冲锋图。登在1915年的法国报纸头版

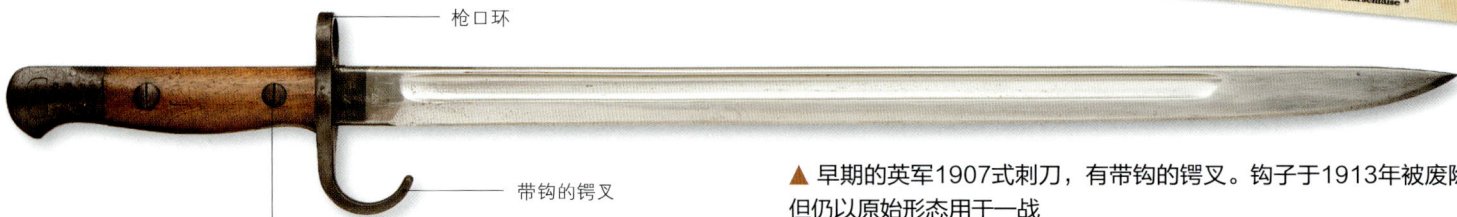

枪口环

带钩的锷叉

朴实的硬木握柄，用螺栓固定

▲ 早期的英军1907式刺刀，有带钩的锷叉。钩子于1913年被废除，但仍以原始形态用于一战

手柄金属制，有沟槽

▼ 仿品刺刀，约1916年，经过改装以适应德国M88/98毛瑟步枪

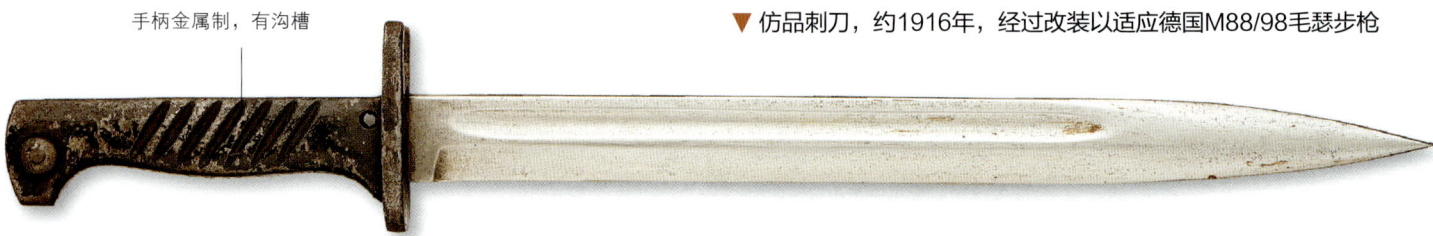

[1] 英国军工部门命名习惯从右到左。——译者注

◄ 1941年，英国在北非战争中占领利比亚昔兰尼加地区(Cyrenaica)之后，装备标准配置刺刀的英军士兵，取笑意大利独裁者墨索里尼"领袖像"（Il Duce）的傲慢姿势

OUR FIGHTERS
DESERVE OUR BEST

► 很多类似这样的宣传海报（这一张是美国的）都无一例外地显示理想化的士兵，戏剧性地挥起上着刺刀的步枪。刺刀象征着坚忍而不屈不挠的"好人"形象[1]

备用武器）刺刀，原先用于格韦尔1898型步枪，刀身比英国1907式还要长，也投入使用。1905年，德国采用所谓"屠宰短刀"或"屠宰刀身"刺刀，为长短两类刺刀做了折中处理。这个名字可能是协约国发明的，作为反德国的政治宣传；但这种刺刀刀身确实不太寻常：到刀尖逐渐加宽，类似英国1871年的"埃尔科"刺刀。这种新式德国刺刀具体型号很多，可能是一战期间应用最广泛的。到1916年，受到协约国海军封锁的影响，德国经济形势江河日下，原材料短缺。为了确保军事物资供应，德国开发了更简单的设计和制造技术。甚至旧军刀的刀

身也经过修改，插入毛瑟步枪的插座。

德国也开始重新利用从敌人手中缴获的武器，很多比利时、法国、俄国刺刀都被改装，以适用于德国步枪。这两大类武器（本国旧军刀、外国刺刀）一般称为ersatz刺刀（德语：代用品、紧急补充物），数量很多。

二战时期的刺刀

一战之后，人们经常质疑刺刀在现代战争中的作用。一战期间，刺刀致伤的数目似乎小到忽略不计。比如，一

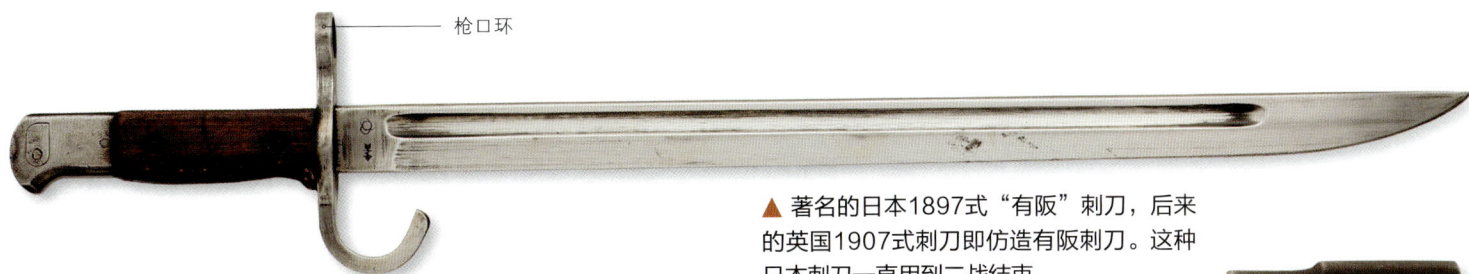

枪口环

▲ 著名的日本1897式"有阪"刺刀，后来的英国1907式刺刀即仿造有阪刺刀。这种日本刺刀一直用到二战结束

▼ 现代刺刀多数设计为多功能武器。这把1940年的英国"野猪猎刀"（pig-sticker）却回归套筒式刺刀之前的极端简约设计，只具有刺刀功能

尖刺

枪口环

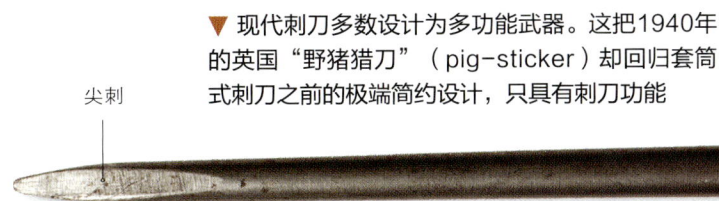

[1] 图上文字意为"我们的战士值得我们全力付出"。——译者注

项研究显示，英军士兵20万处损伤中，只有600处是刺刀造成的；美军则估计，美军士兵的刺刀致伤只有全部损伤的0.024%。尽管如此，二战时双方依然把刺刀列为步兵的基本装备。有些一战时常见的类型，二战时依然被使用，例如日本"有阪"刺刀。不过，二战刺刀总体上比一战刺刀短一些。

英军开始用一系列短刀形刺刀代替1907式长剑刺刀。有些短刀形刺刀的刀柄与1907式刺刀有几分相似，例如为丛林卡宾枪（Jungle Carbine）[1]生产的5号刺刀。5号刺刀刀身非常与众不同，不仅比1907式刺刀刀身大为缩短，而且更加类似上文提到的充满传奇色彩的美国博伊刀。不过这一新系列标志着回归套筒式刺刀的开始。4号步枪配套的4号刺刀刀身横截面呈十字形，非常类似法国1886"勒贝尔"刺刀，但长度则缩短到只有20厘米，用一个闭锁装置装在相对简约的套件上，整体再装在步枪枪管上。步枪枪管有两个凸耳销（lugs），与刺刀的枪口环（套筒）内部的沟槽装在一起。这种Mk I型刺刀有些实验性质，很快，在1940年被Mk II型刺刀替代。Mk II型刺刀刀身简约，横截面呈圆形，"尖刺"状，也叫"野猪猎刀"状，制造更加容易，成本也更低。

这一趋势延伸到7号刺刀。7号刺刀刀身也是博伊刀型，刀柄较为复杂，可以握在手中作为短刀使用。柄头还能够旋转180度，可以变成套筒装在步枪上面。5号、7号刺刀的特色都是有巨大的枪口环。5号刺刀的枪口环使刺刀可以适应消焰器（flash hider）的入口，消焰器也就是挡住开枪时火焰的装置。7号刺刀的枪口环则没有这一功能。9号刺刀供应皇家海军，同时具有4号、5号刺刀的特征，为博伊刀式刀身装在套筒上。

1941年，美国刚刚参加二战的时候，多数美国步兵都使用一战前的41厘米M1905式刺刀，后来改名M1942式刺刀。但美国也像其他国家一样，很快发现必须使用短刀式刺刀，这样刺刀也可以作为战刀单独使用。1943年应用了M1刺刀，刀身大幅缩短，为25厘米。

实战刺刀

刺刀不仅是肉搏武器，还是心理上的武器。1945年2月，雷赫瓦尔德森林战役（Battle of the Reichswald Forest）中，这一点体现得十分明显。英军与德军士兵一度藏在水沟和单人掩体中作战，十

▲ 一战时期，德军士兵时刻警戒西线（the Western Front）。沿着西线挖掘很多战壕，里面排列着刺刀

分艰苦，双方距离不超过200米。英军决定对德军阵线发起冲锋，上了刺刀，冲了过去。英军一开始冲锋，德军就停火举手投降了。这些现代士兵接受的训练全都是远程杀敌，而且连续作战很久，士气低落；在这种情况下，根本无法承受"冰冷钢铁"的威胁。这也是二战最后一场刺刀冲锋。

握柄钢制，用于猛击

刀身较短，用于突刺

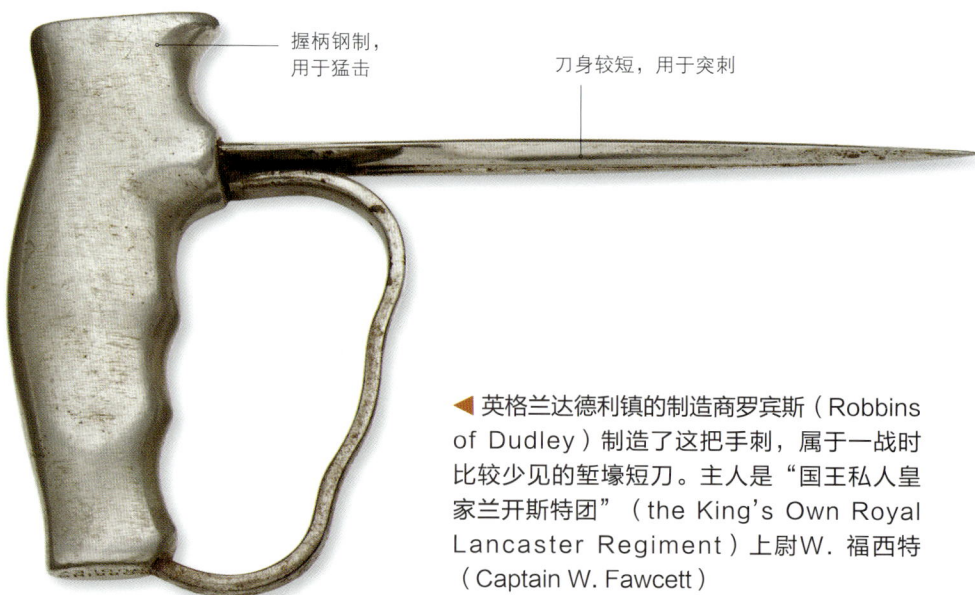

◀ 英格兰达德利镇的制造商罗宾斯（Robbins of Dudley）制造了这把手刺，属于一战时比较少见的堑壕短刀。主人是"国王私人皇家兰开斯特团"（the King's Own Royal Lancaster Regiment）上尉W. 福西特（Captain W. Fawcett）

[1] 李·恩菲尔德步枪缩短型。——译者注

刀柄由黄铜铸成

刀身较短，双刃

U.S.1918
L.F&C-1918

▲ 1918年Mark I堑壕匕首，刀柄由黄铜制成，士兵可以用多种方式进攻，平衡都处理得很好：突刺、切削、拳击（punching）、连续猛击（pummelling）

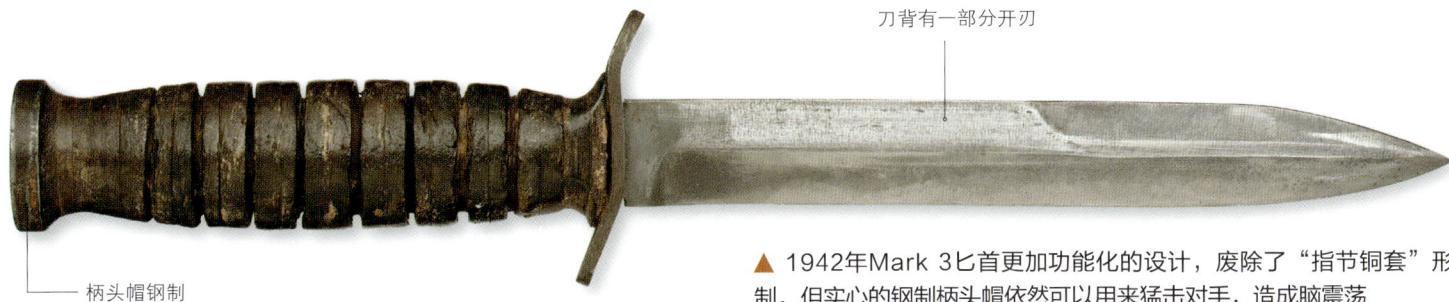

刀背有一部分开刃

柄头帽钢制

▲ 1942年Mark 3匕首更加功能化的设计，废除了"指节铜套"形制，但实心的钢制柄头帽依然可以用来猛击对手，造成脑震荡

两次世界大战的军用短刀

一战最主要的特色是堑壕战。德军一开始进攻比利时和法国北部，然后就被协约国挡住了。两军都挖了堑壕，用堑壕体系巩固自己的阵地，绵延数百公里。这种胶着状态使得肉搏战规模十分有限。如果一方试图全面进攻，大部队冲过对方地雷阵和铁丝网构成的"无人区"，那些躲过机枪的幸运儿就必须准备在敌方堑壕十分狭窄的空间作战。因此，长剑式刺刀基本没有用处，没有空间施展。堑壕战使得军方重新启用了匕首（军用短刀）。

有些早期的堑壕匕首直接由刺刀截短而成，但也有很多其他来源，甚至有用来支撑铁丝网的金属杆。堑壕匕首除了近距离作战之外，还可以供小规模突袭部队渗入敌人阵地，抓俘虏或收集情报；因为这种情况下最重要的是能够无声无息地杀死敌人。

匕首在久违战场200年后，被一战正式请了回来。这一时期，人们认识到匕首在现代战争中的作用，战争之间的和平年月，人们不断在研发军用匕首。

美军制式Mark I/M1918堑壕匕首

一战最后的5个月，美国大规模研究当时服役的所有堑壕匕首，在几个方面给出评分：刀身重量、长度、形状、匍匐前进时适合携带的程度，从手中被打落的可能

CACCIALI VIA!

SOTTOSCRIVETE AL PRESTITO

▲ 一战时期意大利的爱国主义海报，显示一名勇敢的士兵保卫家园和亲人[1]

[1] 咨询意大利朋友得知，意大利语大字为"赶走他们！"小字意为"捐出资金，支援国家"。——译者注

握柄有交叉平行线

▼ 费尔班-赛克斯（Fairbairn-Sykes）突击队匕首，约1942年。设计是明显的中世纪样式，握柄较长，十字护手较短，刀身横截面呈菱形，劈砍突刺两用

刀身扁平，横截面呈菱形

性大小，等等。在此基础上，研发出制式Mark I堑壕匕首，集合了一切研究中发现的优点。Mark I匕首刀身长17厘米，双刃，劈砍突刺两用；刀柄为青铜铸成，有适应手指的圆圈，构成一套指节铜环；柄头还有一个突出的柄头帽，将刀柄、刀身固定在一起，如果击打力度足够大，能打破敌人的颅骨。

1918年美国、法国生产了12万把Mark I匕首，之后不再生产，但与其他更新式的战刀同时服役，一直到1945年1月才正式弃用。

Mark 3堑壕匕首

美国于1941年参加二战，陆军装备只有一种战刀，

就是Mark I。当时有人提议重新生产，但没有被批准。铸造刀柄需要青铜，而青铜是重要的战略物资；而且人们感觉设计还需要被改进。经过几次研究，设计出Mark 3匕首。《美国陆军标准军械目录》（*the US Army's Catalog of Standard Ordnance Items*）说明："M3战壕刀的开发旨在满足现代战争中近身肉搏的需求……亦特别适用于降落伞部队与游骑兵等类别的突袭部队。"[1]刀身较短，笔直，长17厘米，有一处7厘米的"假刃"，用皮革垫圈叠加形成瓦楞状的握柄。Mark 3一共生产了约590247把，1942年8月停产。[2]

费尔班-赛克斯"突击队"匕首

1940年，英国陆军组建了第一支特种部队"突击队"，突袭法国诺曼底（Normandy）海岸的各处要地。这支精英小队的训练任务，委托给威廉·费尔班上尉（Captain William Fairbairn）和埃里克·赛克斯上尉（Captain Eric Sykes）。这两人曾经在中国上海当过警官[3]，服役期间学过武术，还掌握其他徒手、持械格斗技巧，其中包括使用任何就地取材的东西当作武器；还学了怎样无声无息地杀人。

两人接到新任务，走马上任，发现突击队员的武器是一种指节铜套匕首，型号是BC41。两人对匕首有自己的看法，就找到英国最有名的锋刃武器制造商威尔金森·斯沃德公司（Wilkinson Sword Company）设计新型匕首，名为费尔班-赛克斯（英语缩写FS）军用短刀。第一批订购的成品于1941年1月交货。FS匕首刀身双刃，逐渐收窄，长18厘米；十字护手形制简朴，呈卵圆形；手柄为金属制，较长，略呈圆柱形。第一版有精细的十字交叉线（cross-hatching），确保手在被雨水、海水或血液浸湿

◀ 费尔班-赛克斯（Fairbairn-Sykes）突击队匕首佩带方式很多。这名英国突击队员参加了对法国港市迪耶普（Dieppe）的突袭，一把匕首用带子绑在脚踝上。照片摄于1942年8月20日

[1] 译文选自维基百科"M3格斗刀"条目。——译者注
[2] 英文版维基百科"M3格斗刀"条目中声称，生产总数为2,590,247把，1944年8月停产，与本书原文不符。——译者注
[3] 1842年《南京条约》规定上海开埠通商。各国在上海租界的利益关系十分复杂，治安形势也很严峻。从1854年到1943年，租界治安由"上海公共租界巡捕房"维持，这是一个多国联合警察机构。因为有许多来自各国的人员，所以执法人员能够接触各种武术和武器，为自己所用。——译者注

的情况下依然能牢固握持。后来的型号则在握柄上开出多道沟槽。刀身磨出的一个锋刃可以用来裁纸，十字护手并非用于阻止敌人的短刀沿着刀身滑下来，而是为了阻止自己的手在突刺时滑到自己的刀身上而受伤。匕首设计的重心放在刀柄上，挨着十字护手的后方。

通常佩带匕首的办法，是将刀鞘缝在左侧裤袋内部，匕首入鞘。右侧裤袋则携带一把手枪。此外还有多种佩带方式，例如腰带上、靴子里面、袖中等。还可以用士兵偏好的方式缝在制服的任何部位。FS匕首生产了很多版，这一设计也被其他国家特种部队仿制。1943年，3420把匕首交付给美国陆军，这一版名为V-42。驻英国的美军也购买了更多的英国造FS匕首，后来又将其分配到欧洲大陆、北非。美国海军陆战队也短期采用过这种匕首。

美国海军Mark 2匕首与美国海军陆战队卡巴刀（KA-BAR）

二战期间，美国陆军也开发了自己的军用短刀，主要是为了前线附近的海岸驻军和水下战斗员（蛙人）。美国海军Mark 2多功能匕首是陆军Mark 3的改进型，Mark 2也有用压紧皮制垫圈制成的手柄。刀身类似小型博伊刀，长度接近18厘米，背剪式刀尖。第一种专为美国海军陆战队生产的匕首，与海军Mark 2相同，只有刀身标记不同。其正式名称为"格斗及多用途刀"（fighting-utility knife），但陆战队员很快将其称为"卡巴刀"（KA-BAR），这是用了联合刀具公司（the Union Cultery Company）的商标；最早几个版本就是由联合刀具公司生产的。到1943年，这些匕首已经被普遍使用，成为美国陆战队很多行动中最可靠的伙伴。

20世纪的礼仪匕首

从过去到现在，刀剑在平民生活与军旅生活中，都一直是等级的主要象征，在阅兵和其他礼仪场合也都

▲ 童子军身穿制服，配有较为少见的带鞘匕首：握柄材料是木制厚板，而不是一般情况下的人造鹿角或者压紧的皮制垫圈

有着一席之地。某些情况下，各种匕首也能派上类似的用场。

海军见习生佩带的德克匕首，一开始被用来表明自己的身份是初级军官；这种经典武器一直被拿来授奖。此外，苏格兰近卫军（the Scots Guards）装饰华丽的德克匕首也曾被用于实战，现在只被用于阅兵了。德克匕首不仅是一种军旅传统，还是高地服装的一部分，迄今为止依然在婚礼、其他典礼上使用。英军廓尔喀（Gurkha）

压紧的皮制握柄　　　　　　　　　　　　　　　　　　　背剪式刀尖

▲ 美国海军Mark 2匕首（其中最有名的可能是这把美国海军陆战队卡巴刀），与费尔班-赛克斯（Fairbairn-Sykes）突击队匕首都是全世界最受欢迎的现代战斗刀

鹿角握柄

铭文Arbeit adelt（德
语：劳动使人光荣）

▲ 德国劳动军（The Labour Corps）匕
首，给劳工使用；设计形状类似短柄斧刀的
砍刀，刀身宽阔用于劈砍，装有鹿角握柄

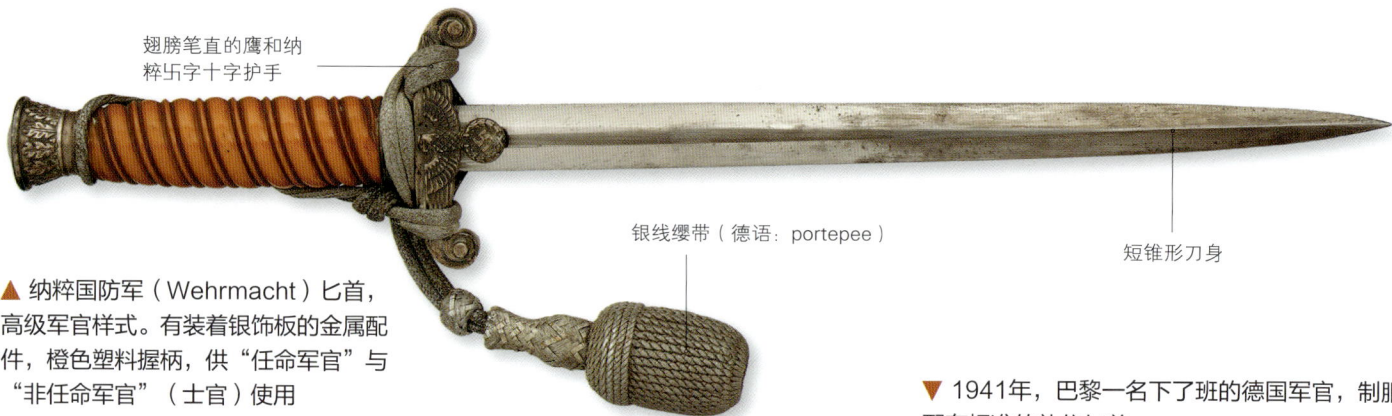

翅膀笔直的鹰和纳
粹卐字十字护手

银线缨带（德语：portepee）

短锥形刀身

▲ 纳粹国防军（Wehrmacht）匕首，
高级军官样式。有装着银饰板的金属配
件，橙色塑料握柄，供"任命军官"与
"非任命军官"（士官）使用

▼ 1941年，巴黎一名下了班的德国军官，制服
配有标准的礼仪匕首

团的礼服也经常包括有名的廓尔喀弯刀（kukri）。
这些匕首的出现，给人一种传奇、勇武的感觉，让人
联想到，若战时遇到携带这种匕首的敌人，必然感到
恐惧。

　　还有另一个完全不同的层面：有一个时期，英国
童子军制服也必须配有带鞘的小刀。当然不是为了作
战，而是为了在野外执行任务时使用。

第三帝国匕首

　　"礼服"匕首的概念在第三帝国时期流行起来，
几乎每一个兵种、准军事机构，甚至很多非军事机
构，都创造了各种各样的匕首。1933年，索林根市派
出一个代表团，去见德国的新领导人阿道夫·希特
勒，递交了一份请愿书，请求纳粹党采用各种军刀、
匕首作为党员身份等级的象征。中世纪以来，索林根
一直是高级锋刃武器的制造中心，全球闻名；德国一
战战败以后，索林根制造业受到严重影响，很多工匠
失业。希特勒和一些同僚为了纳粹的意识形态，采用
（甚至复兴）了中世纪某些方面的德国文化，当即批
准了这个建议。

　　纳粹生产了很多类匕首，第一种1934年启用，
发给纳粹党私人警察武装"冲锋队"。索林根的铸
剑师模仿了16世纪具有典型德国风格的"瑞士"与
"霍尔拜因"匕首。设计有一些简化，但主要特征保

留不变——I形刀柄，握柄呈棕色，由胡桃木或类似的木材制成。刀身宽阔，刀尖呈矛头状，蚀刻有铭文Alles für Deutschland（德语：一切属于德意志）。不久，又出现一种十分类似的匕首，供纳粹的精英卫队——党卫军使用。

党卫军匕首和冲锋队匕首几乎一样，但刀柄为黑色，刀身铭文也不同：Meine Ehre heißt Treue（德语：我的荣誉是忠诚）。陆海空三军的匕首各自不同，最有特色的可能是第1式空军匕首，典型的"霍尔拜因"风格，柄头呈圆形，较大，十字护手有翅膀造型。

纳粹党所有机构都逐渐获得自己的礼仪匕首，如摩托化运输队（Motor Transport Corps）、国家政治教育中心（the National Political Education Institute），还有Hitler Jugend（德语：希特勒青年团），类似英国的童子军，但其建立的主要目的在于向青少年灌输纳粹思想。此外，还有邮政保护部（Postal Protection Service）、水上治安警察（Waterways Protection Polic）、外交官部（Diplomatic Service）、红十字会、国家林业部（National Forestry Service）。就连消防部（the Fire Service）都给消防员发了仪式用斧头，给军官发了匕首。

最有特色的民用匕首，是Reicharbeitsdienst（德语：帝国劳动服务团）的匕首，设计上故意追求粗糙，像是工匠的工具，一般被称作"hewer"（直译"伐木刀"或"煤矿刀"）。刀身宽阔，用于劈砍；握柄由鹿角制成，还有一句相称的铭文：Arbeit adelt（德语：劳动使人光荣）。很多种匕首还有特别版，专门供军官及典礼场合使用。

最少见的礼仪匕首之一，是海军元帅埃里希·雷德尔（Grand Admiral Erich Raeder）负责颁发的海军礼仪匕首，目前认为存世的只有六把。刀鞘装饰极为华丽，刀身由大马士革波纹钢制造，柄头上有一纳粹卍字标志，由17块钻石组成。

第三帝国对匕首设计有一种近乎迷恋的狂热，其他国家都没有。不过，很多国家确实使用了礼仪匕首，只是规模远没有第三帝国这么大。20世纪50年代之前，苏

▲ 希特勒的左膀右臂：约瑟夫·戈培尔（左）与赫尔曼·戈林。戈林携带一把纳粹"霍尔拜因"型礼仪匕首，这种礼仪匕首形制很多。1937年摄于纽伦堡

俄与其他很多受到其影响的国家为陆海空军官发放了匕首。有些南美国家也采用军官匕首。日本也在军界采用了礼服匕首。但如今这一传统基本被废弃，只有收藏家才会保存这些匕首。

▼ 纳粹冲锋队（德语Sturmabteilung，简称SA）匕首，1934-1945年造。可能是纳粹诸多"霍尔拜因"型匕首中最有名的一种

有冲锋队标志的圆盘

铭文Alles für Deutschland（德语：一切为了德意志）

纳粹鹰徽

非洲短刀匕首

　　世界各地的部落文化中，传统武器都有弓箭和长矛，非洲也不例外。不过非洲大陆的原住民也生产了大量其他武器，其中就有让人眼花缭乱的匕首和短刀。虽然非洲人的技术相对原始一些，但非洲铸剑师的产品也同样优质、独特、实用，设计良好。

　　非洲全境都会冶炼纯铜和青铜，但铁矿石自古以来一直是武器的主要材料。非洲大多数地区都出产铁矿石，有些是地下的矿藏，但在河流旁边地表附近，或干涸的河床上也有发现。到公元前4—3世纪，今坦桑尼亚西北部、尼日利亚北部、苏丹地区已经开始炼铁。努比亚（Nubian）古城麦罗埃（Meroe）位于尼罗河东岸，今苏丹首都喀土穆（Khartoum）北部。这里挖掘发现200多座金字塔，还有庞大的熔渣堆，证实这里曾有相当大规模的炼铁活动。推测最晚在公元前1世纪，炼铁规模已达到产业水平。

　　理论上，非洲锋刃武器的设计应该体现设计师所在民族的典型特征。然而，优质的武器总是价格很高，是有价值的流通商品，或者干脆能够直接当作货币使用；于是，某一部落生产的武器，相邻很多部落都拥有，也就是天经地义的事了。此外，因为环境或地缘因素而发生的迁徙、移民，也将独具特色的武器散布到广大地区。

　　因此想要追溯特定非洲武器的生产年代，确定生产地点，也就成为十分困难的事。早期欧洲探险家来到非洲，曾经研究一些当地武器，一般这些武器是在哪里发现的，就用那个地方命名；但这个地点可能并不是生产武器的部落居住的地方。而且，部落名字可能来源很多，例如地形特征等。此外一个部落又可能有多个名字，这就让局面更为复杂。不过，对于特征明显的匕首形制，还是有可能确定一个大概的区域范围或者文化范围，说明是哪些地区、哪些部落最有可能制造了这种武器。

鲍勒小刀与匕首

　　象牙海岸（the Ivory Coast）的鲍勒（Baule）部落，不光因为木雕和木制面具闻名，还擅长冶炼铁、黄铜、青铜、黄金。鲍勒铁匠是很有水平的铸剑师。鲍勒短

◀19世纪旅行家在非洲收集了很多小刀和其他锋刃武器。这幅插画是1898年德国地理学家弗里德里希·拉采尔教授（Professor Friedrich Ratzel）在上刚果地区（Upper Congo）收集的一些物品，大部分是恩加拉（Ngala）、恩贡贝（又译恩哥姆布）（Ngombe）、库巴（Kuba）部落的武器

▲ 这张珍贵的19世纪画像，显示传统的冶金行业在非洲已有数百年历史，其中包括在锻铁炉（bloomery）中熔炼铁矿石，击打炼铁块，也叫方坯（bloom）

▼ 小刀和其他锋刃武器往往除了用于战斗之外还有其他功能。这些精美的刚果飞刀为铜制，是阿赞德首领的封臣向首领进贡的贡品

◀芳族"比利"刀，即鸟头刀，是非洲最别致的武器之一。刀身呈三角形，有镂空图案，曲线圆润，毕加索等立体派（Cubist）艺术家十分喜爱它

刀、匕首的刀身各式各样，有些很长很宽，或是在尽头三分之一处急速收窄，或是中部略微变细，形成树叶形。其他匕首较短，笔直，简朴，背剪式刀尖，类似日本匕首（短刀）。另一种鲍勒小刀专用于典礼场合，刀身很宽，弯曲，类似镰刀。刀柄一般为木制，刀鞘常为皮制，刻有几何图案，或覆盖鲜艳的贝壳。

阿赞德部落的小刀和匕首，大概是非洲部落中最偏重军事性的。阿赞德部落居住的地方，是今天的刚果民主共和国一些地区，苏丹西南，中非共和国东南。尽管用传统标准来看，阿赞德部落非常军事化，但在实际生活中他们小心从事，避免战事过于暴力；因此，战争很大程度上是象征性的。一场战役，只要杀死甚至打伤一名敌人就可以决定胜负了。我方将敌方包围并困住后，放敌人逃跑，敌人就相当于战败。

阿赞德族的小刀和匕首做工优良，装饰精美。有些礼仪武器刀身为铜制，多数更加实用的武器刀身为铁制。长长的树叶形刀身，劈砍和突刺两用，一般装饰有用锉刀加工的高密度线条/沟槽。有些刀身还有刺孔，呈现圆洞或沟槽的样子。很多刀柄覆有多条纯铜或青铜带子，较窄，或绕在刀柄周围，或编成发辫状。非常贵重的小刀，刀柄有些由象牙制造，雕刻有各种几何图案。

阿赞德人传统上用小刀作为货币。有些阿赞德女人的嫁妆是特定数目（一般是40把）的匕首刀身。

芳族短刀与匕首

芳族人（the Fang）居住在喀麦隆（Cameroon）南部、加蓬共和国（the Gabonese Republic）、赤道几内亚（Equatorial Guinea）。芳族人制造了著名的"比利"（bieri）雕刻，即圣物箱（reliquary）雕刻，[1]可能大大影响了欧洲早期的立体派艺术。此外，还有所谓的"鸟头"小刀，造型奇特，仿佛是神界的产物。这种小刀的灵感或许来自一种非洲渡鸦，即红脸地犀鸟（原文Bucorvus caver，拼写错误，应为Bucorvus cafer）。很多人觉得鸟头刀是投掷用的飞刀，但这一点有争议。

芳族人还使用另一类较长的匕首，有些近似罗马"格拉迪乌斯"短剑，刀身宽阔笔直。这些匕首用于实

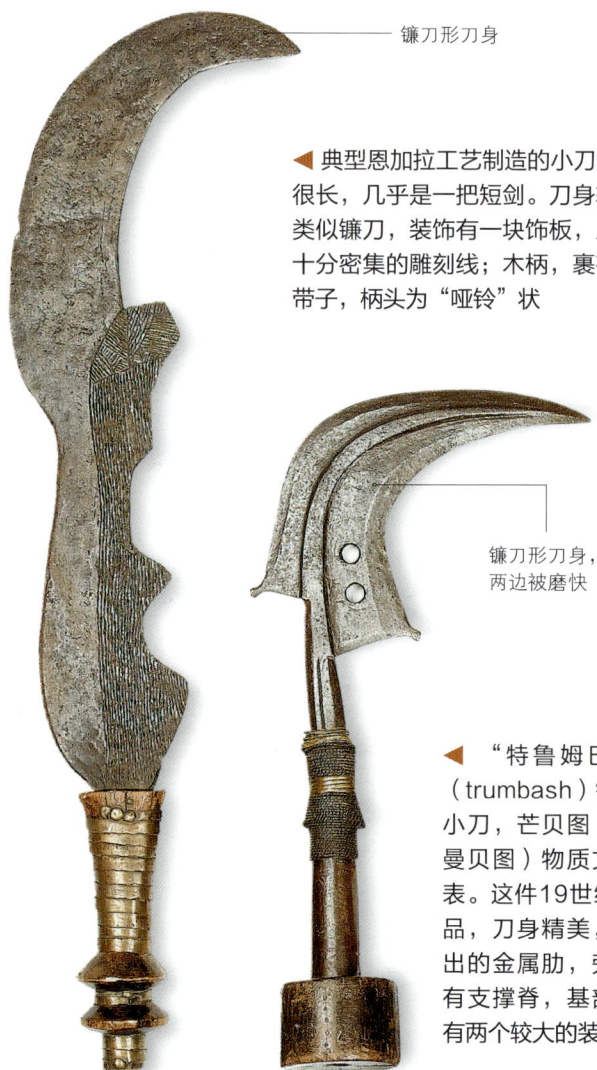

镰刀形刀身

◀典型恩加拉工艺制造的小刀，刀身很长，几乎是一把短剑。刀身较大，类似镰刀，装饰有一块饰板，上面有十分密集的雕刻线；木柄，裹有黄铜带子，柄头为"哑铃"状

镰刀形刀身，两边被磨快

◀"特鲁姆巴什"（trumbash）镰刀形小刀，芒贝图（又译曼贝图）物质文化代表。这件19世纪的样品，刀身精美，有突出的金属肋，旁边还有支撑脊，基部附近有两个较大的装饰孔

[1] 这是一种用于祖先崇拜的雕刻艺术，是一种守护神的神像，连接一个圆筒状的树皮容器，存放着祖先的颅骨。圣物箱又称圣骨匣，是天主教的宗教用品，存放天主教圣人或名人的遗骨、衣服或者其他遗物。——译者注

▶ 库巴族"伊库"匕首明显是被用于和平祭祀的目的，制作精美，视觉效果华丽，曲线流畅。但制造时就已经故意做得不适合战斗了

◀ 装饰华丽的库巴面具，显示中非诸民族富于文化的艺术。他们制造的武器也同样精巧繁复

树叶形刀身，很宽

战，也同罗马短剑一样配上一只方形大盾使用，近战时能保护士兵大部分身体，同时可用匕首突刺敌人。

芒贝图人带钩镰刀匕首

刚果民主共和国西北边陲的芒贝图（又译曼贝图）人使用一种"特鲁姆巴什"（trumbash）匕首，这是一种带钩的镰刀匕首，很容易辨认。刀身宽阔，中间形成优雅（也可以说突兀）的直角。刀身锋刃与中线形成数种路径，有些有棱角，有些较为圆滑，但全都弯曲。

这些武器的具体形状各异，但造型都充满气势。刀身一般有脊，脊的造型千差万别，有些很尖锐而狭窄，有些较宽，顶部平坦。有些刀身有刺孔，呈圆形而较大；有些刀身在双刃的基部铸有较短的圆球状凸起。这些设计，使得芒贝图镰刀匕首既是武器又是抽象艺术。手柄一般用木材或象牙雕成。很多匕首的柄头造型是圆柱形，较大，块状，其中一些有黄铜钉子作为装饰。"特鲁姆巴什"匕首的柄头十分沉重，甚至有人编出一个说法，士兵会藏在树上，把这样的匕首砸在敌人头上。另一些握柄被雕刻成人类上半身的造型，头颅加长是芒贝图人的特色之一。芒贝图人有一个传统，把婴儿的头包裹起来，让头部长得细长一些，当地人觉得这样十分美观。

库巴族短刀与匕首

殖民时期之前，库巴（Kuba）王国坐落在今中非共和国开赛河（Kasai River）南岸附近，属于很多小部落的混合体，被原来的库巴人，也叫"布舒格"人（Buschoog）统治。"布舒格"意为"扔飞刀的人"。库巴艺术家迷恋华丽的表面装饰，生产了出众的类似头盔的面具，材质有丰富的花纹；此外还有各种精美的武器。最为怪异的是"伊库"（ikul）匕首，刀身呈树叶形，很宽，据说是约1600年的库巴王国创始人锡安·安布·安古国王（King Shyaam aMbul aNgoong）发明的。伊库匕首象征和平，经常在库巴国王雕像上看到，雕像名为"恩多普"（ndop）。国王左手拿着伊库匕首，右手拿着"伊尔汶"（ilwoon）战刀，表示双重身份，既是战争统帅，又是和平缔造者。

伊库匕首刀身为铁制或铜制，握柄为木制，一般内嵌黄铜或纯铜。有些伊库匕首完全是由木材刻成，进一步突出"和平"象征。

恩加拉、恩贡贝民族小刀

刚果恩加拉（Ngala）小刀主要分三种。第一种刀身很长，双刃，弯曲成浅弧形，造型优雅。第二种较短较宽，刀身多为泪珠形，有一条或两条中脊。第三种近似

▼ 这把臂带匕首（罗伊博伊匕首）由乍得制造，推测时间为19世纪。与多数臂带匕首一样，刀身简朴，刀柄木制，加工精细，中间有凸起

檀木手柄

刀身扁平，一些有铭文

▼ 这把苏丹匕首约1900年制造，刀身弯曲，不太寻常；刀柄符合人手形状，类似欧洲巴塞拉剑或印度"切洛努"匕首（chilanum）

刻有多道凹槽

刀柄由檀木制成

刀身横截面为扁平的菱形

▼ 非洲西北的图拉雷格士兵使用各种兵器，但最有名的辅助武器是"十字柄"匕首（telek），也是一种臂带匕首

砍刀造型，刀身宽而长，装饰有中脊、大量锉刀加工出的线条、交叉影线（cross-hatching）。刀身前缘（leading edge）反曲，后缘（trailing edge）被切削成一组尖头（cuspings），刀尖形成一个粗短的钩子。人们经常认为这些小刀用于斩首，但更可能是用于典礼。恩加拉小刀有一种近亲——恩贡贝民族小刀，长度类似，但一部分刀身笔直，一部分则分为两个长尖头，以新月形向内弯曲。

臂带匕首

有一类匕首佩带在手臂上，名为"罗伊博伊"（loiboi）匕首，只见于非洲大陆，很多部落都流行这类武器。一般佩带法是将匕首放在刀鞘里，刀鞘用皮圈固定在左前臂内侧，刀身指向手肘内部，手柄贴近手腕内侧。这样，一旦需要，就可以快速抽出匕首。少数也佩带在上臂外侧，刀身指向下方。

撒哈拉地区、萨赫尔（Sahel）地区很多民族都使用臂带匕首。萨赫尔地区指苏丹北部沙漠和南部热带地区之间的过渡地带。北方的样品很多装有欧洲小刀或刺刀刀身，或由长刀刀身截短而成。

非洲西北部使用臂带匕首最有名的部落是图阿雷格族，他们使用的叫"十字柄"匕首（telek）。尼日利亚北部各部落，特别是"努比"（Nube）、"贝热姆"（Berom）部落，也生产了图阿雷格风格的臂带匕首。

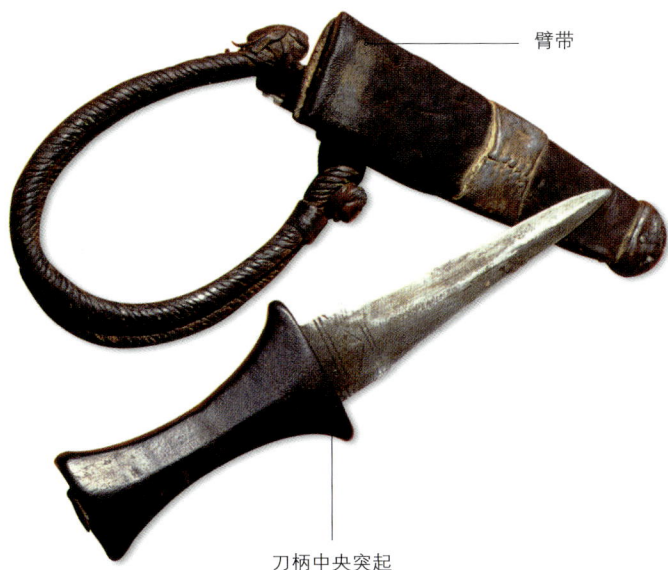

臂带

刀柄中央突起

▲ 臂带匕首是北非很多地区的传统武器。这把苏丹样品属于典型的臂带匕首，刀柄简朴，中间有凸起；刀鞘上有臂带

喀麦隆（Cameroon）的豪萨（Hausa）族人也多用臂带匕首。名贵的匕首象征豪萨主人的财富和社会地位。豪萨匕首类似15—16世纪的瑞士匕首，刀柄大致呈英文字母"I"形，刀身较宽，侧边笔直，末三分之一处突然收窄，刀尖十分锋利，用于突刺。

非洲飞刀

人种志学者把非洲一大类拥有多个刀身的武器总称为"飞刀"，这类武器在世界其他任何地方都见不到。实际上很多种类看起来不像用于投掷的，其他种类，如芳族"鸟头刀"，偶尔可能用于投掷，但投掷不是其主要的使用方式。

但还有一些种类，确实是为投掷杀敌而设计的。这些飞刀旋转着飞过空中，宛如锋利而多刃的飞去来器。

远古人类投掷棍棒以猎取禽兽，这些不寻常的飞刀可能也是从投掷棍棒演化而来的。20世纪早期，匈牙利旅行家、收藏家、博物馆馆长埃米尔·托迪（Emil Torday）用艺术化的语言描绘了库巴士兵投掷飞刀的情景：

······突然间，有些东西映着阳光，有如雷霆一般，发着怪声，旋转着破空而来。敌方士兵举起盾牌，那闪亮的谜团击在盾牌上，反弹到空中，却继续进攻，残忍的锋刃砍伤了盾牌后面的士兵。能够越过盾牌而进攻的武器，引发恐慌是必然的······

非洲飞刀总体分为两类：一种是环形，一种是F形。环形飞刀的各个刀身从中心辐射状伸出，一般是三个方向；F形飞刀多少有些类似英语字母F。

除了库巴匕首，还有很多部落也声称飞刀是自己的传统武器：苏丹塔比山（Tabi Hills）地区有阿赞德族、英杰萨那族（又译因吉散那族）；卢旺达和布隆迪有胡图族（Hutu）；中非共和国有巴卡族（Bwaka）；刚果西北部有恩巴卡族（Ngbaka）；苏丹达尔富尔地区有马萨利特族（Masalit）；乍得有萨拉族（Sara）；刚果东北部有恩萨卡拉族（Nsakara）。据说恩萨卡拉族的飞刀效果是最好的，刀身与其平面略呈角度，将旋转力变为升力，创造一种稳定的"推进器"效应，增大武器的攻击范围和准确性。

▼ 这把索马里飞刀应该被用过很多次，不论是不是被用于作战。有三根刀身似乎曾经折断，又重新焊了起来

刀身经过修复

握柄包裹皮革

波斯中东匕首

15世纪之前的波斯匕首，存世太少，难以确定年代。但从15世纪中期之后，有很多优雅精致的样品被保存下来。15—17世纪最精美的样品有标记或某些关键特征，能够更加准确地测定其年代和来源。有些包含鲜明的波斯风格，其余则代表整个中东地区的一般特征。

▼ 极为精美的波斯匕首，年代为17世纪，有昂贵的白玉刀柄，内嵌黄金

金银镶花法（damascening）

无色水晶刀柄

▼ 这把匕首刀柄制造于17世纪的波斯。由一块几乎没有瑕疵的完整的无色水晶雕刻而成。很少有刀柄是水晶石的，这需要十分高超的技艺

几个世纪以来，波斯一直是伊斯兰世界的中心。波斯的西面是土耳其和阿拉伯半岛，东面是阿富汗斯坦和印度。波斯在地理上、文化上、军事上都是各种文明的交叉路口。1037年到13世纪早期，塞尔柱王朝的土耳其人（Seljuk Turks）统治波斯，后来被花剌子模人（the Khwarezmids）赶走。花剌子模人是土耳其人的另一分支，是埃及马木留克人的后裔。花剌子模帝国的统治者"沙"（Shah）要保护波斯免遭成吉思汗的入侵。1219年，成吉思汗占领了丝绸之路上的一些重镇，如撒马尔罕市（Samarkand，今乌兹别克斯坦境内）、奥塔尔市（Otar，今哈撒克逊坦境内）。之后，波斯大部分领土被划归蒙古帝国（Mongol Empire）。直到1292年，蒙古大领主合赞汗（Ghazan Khan，1271—1304年）改宗伊斯兰教。

合赞统治蒙古帝国之后多年，很多股势力入侵，他们反复争夺，边界变动不停。最著名的是蒙古人（Turco-Mongol）帖木儿（Timur the Lame，1336—1405年）在14世纪末征服波斯，建立了帖木儿帝国（Muslim Timurid Dynasty）。帖木儿帝国的埃米尔（君主）统治波斯将近百年，最后在1500年被萨法维王朝（又译萨非王朝）

（the Safavid Dynasty）代替。在萨法维王朝统治下，波斯文化得到了7世纪以来第一次被伊斯兰征服之后最大的发展。

波斯生产的武器

自古以来，波斯武器在整个中东都十分有名。撒马尔罕市和伊斯法罕市（Isfahan）是生产最优质刀剑、匕首的中心。波斯境内，铁和金银储量丰富，生产高质量武器的条件得天独厚。伊斯兰世界对金属进行了长时间的科学研究，从而研制出"波纹钢"（watered steel）。这是高碳钢与中碳钢的融合，显示出高质量刀身必备的两个重要特征：坚硬和韧性。花纹钢表面用酸液蚀刻，有着丝绸一般的花纹，标志着极高的质量。

鉴定问题

今天，鉴定匕首、刀身年代来源的工作，总体上十分困难，特别是波斯匕首；因为保存下来的实在太少，还有一个主要原因就是武器贸易的范围远远超过波斯本

▲ 伊斯兰世界制造匕首已有数百年历史。这是也门铸剑作坊的情景，这一情景数百年来基本没有变化

麒麟的线索

　　中东、远东地区的艺术品上经常见到一种神秘动物——麒麟的图案。麒麟的具体形态有所差异，但总体上模样有些像龙，有蹄子，身体有鳞，角类似成年雄鹿的角，身体周围经常环绕着火焰。人们普遍相信，麒麟可以保护善人免遭恶人的侵害，可以惩罚罪人；此外，麒麟有时还充当神仙的坐骑。15世纪的一些早期波斯匕首上就出现了麒麟（此外还有龙和鸟）。15世纪波斯手稿的装订皮条上也有类似的装饰。这一时期手稿的准确年代难以确定，但没有迹象表明是1500年以后的产物。因此波斯匕首刀柄上一旦出现这样的动物，就说明是早期产品。

▶ 麒麟是东方文化的标志之一，如同西方中世纪和文艺复兴时期的艺术中经常出现龙一般。中国麒麟头上有角，身上有鳞，尾巴冒火，十分接近西方的龙

▲ 有些波斯匕首表面有绚丽的彩色装饰。这件样品刀柄有凸圆宝石，抛光的红宝石，刀鞘装饰有黄金和珐琅

▼ 波斯贵族的匕首虽然装饰华美，但也被用来解决纷争。这是14世纪波斯历史著作《史集》（*Jami al-tawarikh*）的插图，显示一名贵族被杀。《史集》叙述了波斯13世纪的历史

身。波斯进口印度刀身，在波斯由本地工匠加以装饰，组装成完整的匕首。与此同时，波斯匕首也出口到印度、阿拉伯、土耳其等地。

还有一个复杂因素：学界直到20世纪70年代才开始正式研究15—19世纪的波斯匕首，因此大量基础研究依然缺失，特别是确定匕首年代的方法；今天这些办法虽然有很大发展，但依然十分粗略。直到20世纪晚期，很多匕首年代铭文才实现了解读。

为波斯匕首测定年份

中东全境，传统上更青睐曲刃刀。然而，最好的波斯匕首有很多都是笔直双刃的。15—17世纪的高级匕首刀身一般有诗歌铭文。通过仔细检查铭文的文字和字体，能够确定年代。突厥（土耳其）语诗歌就说明这匕首可能是突厥人制造的；不过，萨法维宫廷（the Safavid Court）也说突厥语。

这种情况下最重要的线索就不是铭文，而是铭文字体。突厥语诗歌有时用流畅的"悬楷体"（nasta 'liq）书写，这是源于波斯的一种字体。

还有一个因素可以确定年代，那就是铭文所在的背景。例如，15世纪的刀身铭文一般有纯色背景；16—17世纪的铭文背景一般有花卉、叶饰、藤蔓图案；似乎年代越晚，图案越繁复。

装饰与铭文

波斯和土耳其制造的质量最高的匕首样品，刀柄一般用无色水晶、玉石、象牙刻成，或者用波纹钢铸成。刀柄和刀鞘还会镶嵌宝石，一般是凸圆形宝石，可能是因为这种宝石形状类似血滴或水滴。目前幸存的几件样品刻有鲁拜体（ruba'i）诗歌铭文，栩栩如生地描绘了这样的装饰：

> 你的匕首每次说起复仇，
> 便能用鲜血让时间变得模糊。
> 制成它的材料，那样优雅而纯洁，
> 宛似一片柳叶洒满了朝露。[1]

波斯刀身的铭文通常直接描述匕首功能、特点，或者至少跟这种功能、特点相契合，既有武器功能，又是

[1] 译者查找发现，这几首诗选自罗伯特·埃尔伍德（Robert Elgood）著作《伊斯兰武器和盔甲》（*Islamic Arms And Armour*）一书里的铭文英译文，附有古波斯语原文。本书的中译文从埃尔伍德著作的英译文转译，英译文的准确性经过研究波斯古诗的伊朗朋友检查。原英译文直译为"它的宝石的优雅和纯洁"。根据研究波斯古诗的伊朗朋友检查，"宝石"英译文stone，波斯语原文ﺳﻨﮒ，有多重含义，如"神""存在""材料"。朋友认为，"材料"最符合语境。——译者注

一种象征：

> 闪光的匕首，让我无比渴慕；
> 变化成匕首的，曾是我的肋骨。
> 用一把匕首，刀刀刺进我胸脯，
> 心儿便打开了，几扇快乐的门户！

还有另外一些铭文，用女人和爱情比喻匕首和匕首导致的损伤：

> 那嘲笑人的压迫者，将复仇的匕首紧握，
> 为了流出男人的鲜血，手中还需要什么？
> 拔刀吧，从我胸中，剜出这颗心来，
> 你便能看到，许多情人中，一颗真心的颜色！[1]

此外，还有很多铭文简单明了：

> 要快乐！

▲ "嘉比亚"双刃弯刀至今依然在阿拉伯很多地区流行。这个也门小伙子将匕首佩在腰间，腰带很宽，匕首别在里面。这是当地典型的佩带法

阿拉伯"嘉比亚"双刃弯刀

"嘉比亚"（jambiya）双刃弯刀是阿拉伯世界最常见的匕首形制。名字来自波斯语jamb（نوتس），意为"侧面"。另一种常见的"坎嘉尔"（khanjar）匕首经常与"嘉比亚"匕首混淆，因为这两个名字指代都十分宽泛，在中东、北非、印度以及其他地区的各个部分指代的意思不同，所以截然分清是不可能的。尽管如此，英语作家有时依然想用某些一般的外国术语称呼某些特定种类的匕首，虽然这些术语从来不是为了称呼这些匕首的。"坎嘉尔"和"嘉比亚"本身都是"匕首"的意思。但本书为了分类，还是用"坎嘉尔"指代相对窄刃的印度-波斯匕首，这在伊斯兰地区东部很流行；"嘉比亚"则泛指经典的"阿拉伯"匕首，刀身较宽，弯曲度很大，刀鞘经常装饰华美，有夸张的弯曲造型。

"嘉比亚"刀身

"嘉比亚"刀身的弧线，一般是从刀柄开始逐渐弯曲，但接近刀尖时弯度突然加大。刀身通常很宽，用很突出的中脊加强。刀鞘一般会将这种弧线进一步拉长，很多刀鞘的鞘镖与鞘口形成直角，甚至朝握柄弯回来。

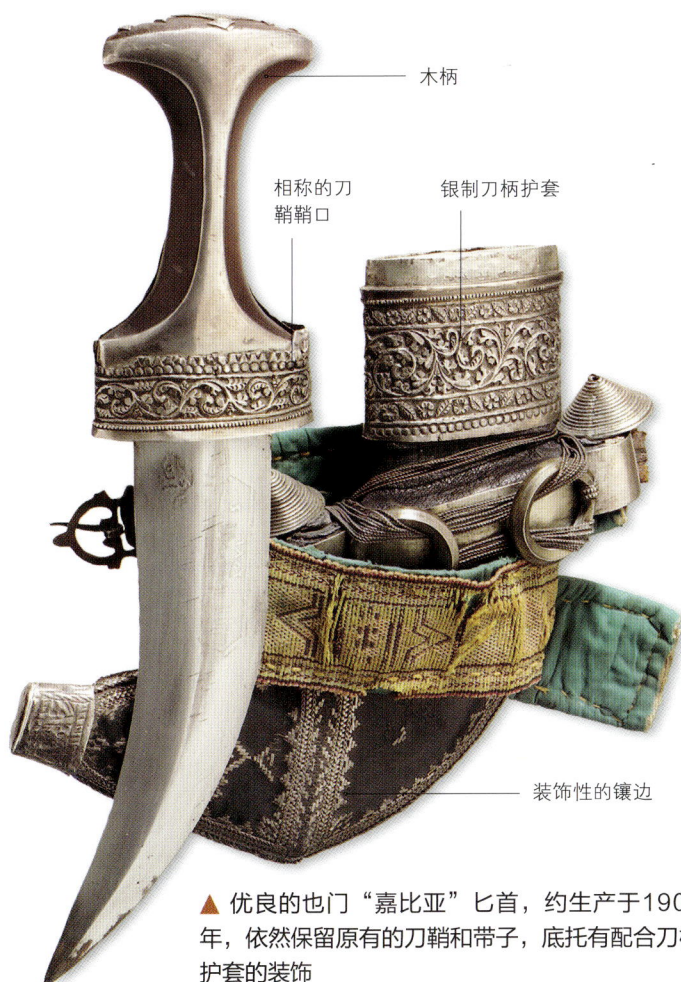

木柄

相称的刀鞘鞘口

银制刀柄护套

装饰性的镶边

▲ 优良的也门"嘉比亚"匕首，约生产于1900年，依然保留原有的刀鞘和带子，底托有配合刀柄护套的装饰

---

[1] 根据《伊斯兰武器和盔甲》说明，从"拔刀吧"开始是另一首诗，刻在另一把匕首上。但因为意义相连，说得过去，本书译文保持了原状。此外，"拔刀吧"开始的两句，伊朗朋友对波斯语原文的解说与英译文含义相差很大，大意为："你已经杀掉了很多情人，因为你身边有一排他们的肝脏！"——译者注

"嘉比亚"刀身的双刃都被磨快，但内刃形状类似截肢手术刀，特别锋利。据说能够劈开极厚的衣服，一直劈到骨头。

内刃用来划断敌人的喉咙，弯曲设计使得刀手能够绕过敌人身体，刺到后背或肾脏部位。1877年，英国人约翰·弗里尔·基恩（John Fryer Keane）访问麦加古城，说"嘉比亚"非常适合劈开皮肤与毛发。还说，一张卷起来的羊皮，"嘉比亚"只要一划就能完全切断。[1]

刀柄一般形制简朴，中间有凸起，柄头末端扁平，没有护手或锷叉；刀柄接近刀身的地方，其形状类似柄头，形状也适应刀鞘的鞘口。刀柄材质有木材、兽骨、象牙、犀角。"嘉比亚"至今是中东传统男性服装的重要部分，特别是也门、阿曼、沙特。一般佩在腰间，显示流行的风尚；而且一旦情况紧急，还可以迅速拔刀。刀柄可能装饰有金银丝细工（filagree）、琥珀、钱币、珊瑚、半宝石（semi-precious stones）。[2]

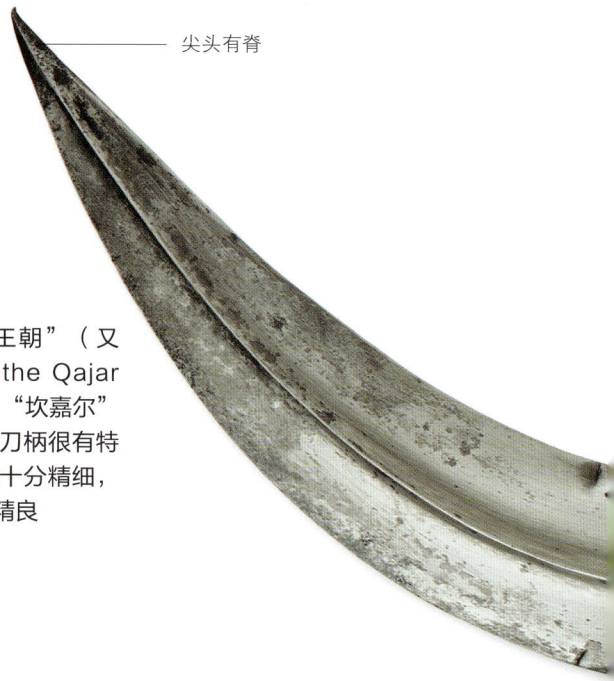

—— 尖头有脊

▶ 波斯"恺加王朝"（又译卡札王朝）（the Qajar Period）时期，"坎嘉尔"匕首的象牙雕刻刀柄很有特色。手柄的浮雕十分精细，刀身一般也制作精良

后期的波斯匕首

目前市场上的很多古代波斯匕首，属于"恺加王

▼ "嘉比亚"匕首今天在中东仍然被大规模生产，各地都有铸剑师和商人销售

[1] 此人是一名探险家，生卒年是1854—1937年，与来华的英国汉学家傅兰雅（John Fryer，1839—1928年）是两个不同的人。——译者注
[2] 绿松石、紫水晶等矿物，比一般岩石珍贵，但不如钻石、红宝石等宝石名贵。——译者注

▲ 这把卡德短剑制造于1800年前后，虽然是简朴的基本型，但装饰华丽，刀身和刀柄都有藤蔓和珠子的涡卷形花纹，内嵌黄金；刀身贴有海象牙的小片

黄金嵌饰

海象牙握柄

刀身两边向外膨胀，相遇在宽阔的刀背刃部

后装的两片合起来的握柄

凿子加工的寓言场景

▲ "比什卡伯兹"匕首，年代约1800年，刀身反曲，横截面类似英文字母"T"形，属于典型特征。刀身由上等波纹钢铸成，用凿子刻上繁复的阿拉伯蔓藤花纹

海象牙握柄，有雕刻

朝"（又译卡札王朝）（the Qajar Period，1781—1925年）时期的"嘉比亚"匕首。多数刀柄类似英文字母"I"，材质是象牙或海象牙；刀身曲线优雅，有些有明显的中脊，有些中央有血槽。一般材质是波纹钢。刀柄一般有波斯的历史、神话图案。恺加王朝还有一种比较少见的"嘉比亚"匕首，刀柄和刀鞘都装饰有彩色瓷釉，十分艳丽。设拉子市（Shiraz）、伊斯法罕市都是瓷釉中心，现代伊朗仍然十分崇敬伊斯法罕市的瓷釉工人。

"卡德"短刀

波斯、土耳其、广大中东地区，除了"坎嘉尔"和"嘉比亚"这样的弯曲匕首，还有刀身笔直的匕首；两种最常见的笔直匕首分别名叫"卡德"（kard）与"比什卡伯兹"（peshkabz）。

"卡德"意为"短刀"，今天依然常被用作一种普通厨房刀具。历史上的武器也很像餐刀，刀身笔直，较长，一般为单刃。这种匕首的功能以作战为主，但肯定也有其他用途。帖木儿时期的细密画作品（miniatures）显示，有些男人会用卡德短刀切割生面团、杀羊。

有些卡德匕首专用于作战，刀尖加厚，形状类似现代的穿甲弹，用于提高强度，改善突刺效果。这些加强的刀尖十分常见，从而有了专门的名称。波斯语名为noke

makhruti，直译"圆锥尖头"。

卡德匕首的握柄一般由海象牙制成，但也有用陆地上的大象牙。17世纪前期，波斯驻印度莫卧儿王朝的使节名叫汗·艾兰（Khan Alam），他送给印度皇帝贾汗季（又译贾汉吉尔）（Emperor Jahangir）一把匕首，手柄是由一种特殊的海象牙制成，镶嵌有黑色水晶；这种材质名叫"花象牙"（piebald ivory）。莫卧儿皇帝非常喜爱，将这种匕首的手柄和波纹钢的涡旋状花纹相提并论。卡德匕首握柄也经常使用牛角，此外还有用钢材加上瓷釉的，或用金箔覆盖。

"比什卡伯兹"匕首

"比什卡伯兹"（peshkabz）一般指波斯男人摔跤时穿在胸前的褡裢。如果用这个词描述匕首，似乎就说明这种匕首佩在身体正中，不像"坎嘉尔"匕首佩在身体右侧、"卡德"匕首佩在身体左侧。当然，这些匕首通常不止佩带一把。

"比什卡伯兹"匕首的刀身很容易辨认，有笔直也有反曲，急剧收窄；刀背很厚。为了保持这样的厚度而同时控制重量，铸剑师会磨蚀掉刀背下方刀身两边，这样刀背可以保持1.5～2毫米的宽度；这种磨蚀就让刀身横截面类似英文字母T形，而不是楔形；楔形会更重。

印度匕首

印度匕首形状千奇百怪，证明伊斯兰教和印度教的传统都十分重视精英武士阶级。16世纪，莫卧儿帝国扩展到印度北部，莫卧儿帝国的武器由波斯武器发展而来，很像波斯武器。另一方面，南印度诸王国信奉印度教，这里的武器在全世界独树一帜。

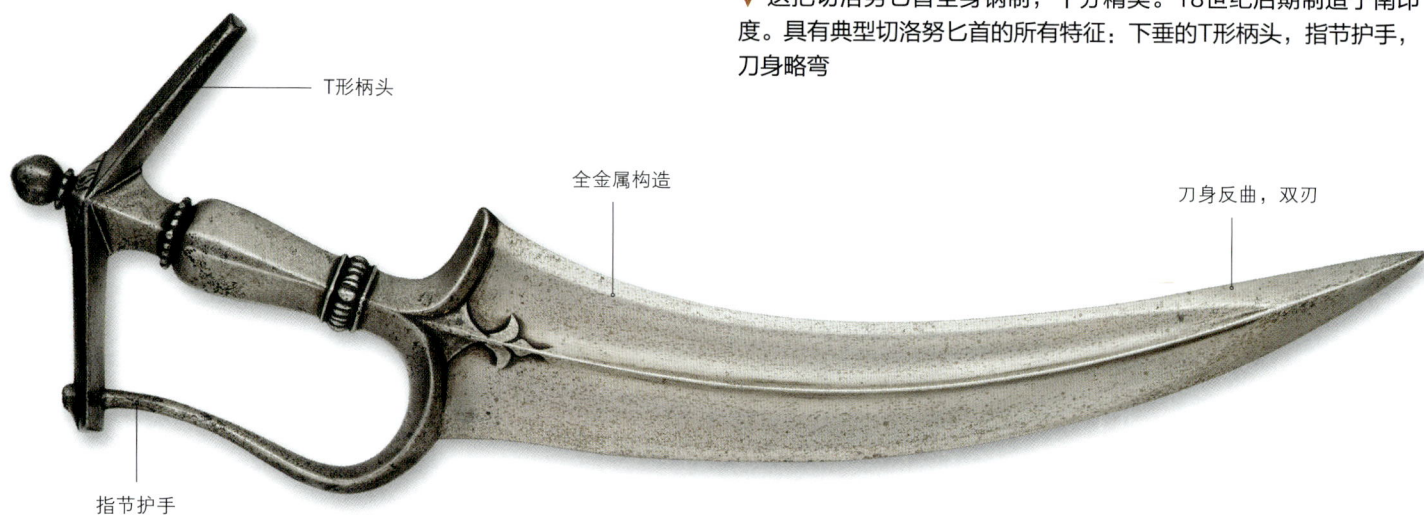

▼ 这把切洛努匕首全身钢制，十分精美。18世纪后期制造于南印度。具有典型切洛努匕首的所有特征：下垂的T形柄头，指节护手，刀身略弯

T形柄头

全金属构造

刀身反曲，双刃

指节护手

印度次大陆幅员辽阔，艺术风格、语言、宗教信仰都极为多样。数千年来，这里一直是文化上的交汇点，各种帝国入侵，相互碰撞；本地各个部落努力捍卫领土，保持自身的风俗习惯。然而，印度很多民族争夺地缘和经济霸权的同时，各自丰富多彩的文化也不可避免地相互影响，有浅有深。莫卧儿贵族是波斯人的后代，但他们在征服印度次大陆北方之后也吸收了很多印度教和当地民族的文化。

"切洛努"匕首

切洛努是一种十分独特的印度匕首，典型特征是刀身反曲，双刃，一般有一条强韧的中脊，两道或两道以上血槽；刀柄形状奇异，柄头伸出两臂，形成一个下垂的英文字母"T"形；两臂也可能是弯曲的，形状类似棕榈叶。护手形状接近柄头，但两臂较短，前方的一臂弯曲，形成指节护手。有人说切洛努匕首起源自尼泊尔，但更可能是印度南方。南印度自16世纪开始，这种匕首便十分流行。有些刀柄用坚硬的岩石刻成，但大部分是金属制，一般是钢制，与刀身一体成型铸造。

莫卧儿王公十分喜爱宝石、珠宝，闻名世界。最高级的莫卧儿切洛努匕首，刀柄由纯金制成，内嵌有贵重的宝石。现在推测，印度军人阶级——拉杰普特（the Rajputs）把切洛努匕首带给了莫卧儿贵族，途径是阿克巴大帝（Emperor Akbar）与拉杰普特公主的联姻。这就使得双方达成了军事联盟，让伊斯兰、印度教文化非常复杂地融合起来。切洛努匕首刀身全都用最上等波纹钢制成，护手的双臂被加工成动植物形象。莫卧儿皇帝沙贾汗（Shah Jahan，1592—1666年）建造了著名的泰姬陵。他在1617年有一幅著名的肖像，显示皇帝在腕带（qamarband）中佩带一把这样的切洛努匕首。

"坎查"曲刃短剑

18世纪，切洛努匕首有一种变体，就是"坎查"（khanjarli）曲刃短剑。典型特征：柄头宽阔，类似蘑菇，取代了切洛努匕首的T形柄头，但功能基本相同，那就是刀手在下刺的时候防止手部从握柄上滑脱。"坎查"匕首的柄头和握柄一般由象牙制成，有两片夹着柄舌，用铆钉固定。"坎查"匕首一般被认为起源于马拉

乌兹钢刀身

有些印度、波斯匕首的刀身呈现出流畅的波浪形花纹，说明刀身材料是一种高级钢材，一般称之为"乌兹钢"（又译伍兹钢、武氏坩埚钢），英文wootz，可能是南印度古词ukku的变音，意思是钢。

推测早在公元前3世纪，南印度、斯里兰卡一些铸造中心就用坩埚熔炼含碳量很高的钢材，把木炭和铁放进坩埚，再用熔炉加热，从而生产出碳铁合金，也就是钢。坩埚内的化学反应使得碳化铁（iron carbide）粒子散布在钢的结晶（crystalline）结构之间。钢材通过加热、冷却的回火加工后，这些粒子变成带状组织。最后在钢材表面用弱酸（例如醋）蚀刻，这些带状组织和周围的钢材与弱酸发生不同的反应而变色，产生了特别的花纹。这花纹不仅让刀身显得有一种魔幻色彩，还是制造工艺的重要指标；因为波纹钢含碳量高，强度高，能够保持刀刃非常锋利。

▲ 乌兹钢刀身有迷人的花纹，必须由弱酸略加蚀刻才能得到。若是抛光过度，就会破坏表面的纹路

塔（Maratha）地区，位于奥里萨邦（Orissa）的维济亚讷格勒姆市（Vizianagaram）。奥里萨邦出产大象和象牙，因此人们推测那些典型的象牙柄匕首主要来自这个地区。[1]马拉塔人在18世纪占领奥里萨邦，后来的军事行动期间，"坎查"匕首的设计扩散到起源地区之外。

"卡挞"匕首

印度匕首中最有名的无疑是"卡挞"匕首（katar），又称"詹达"（jamdhar）[2]。基本形态是刀身粗短，刀身基部伸出两个长吞口，金属制，彼此分开，距离相当于刀手的手部宽度。两个吞口之间，有一对横条，形成握

柄。大多数常规匕首，刀手前臂和匕首成大约90度角，但"卡挞"匕首的刀身和刀手前臂处在同一条直线上，于是用它攻击的时候，动作很像拳击手的直拳。只要动作准确，刀手就能用上全身的力量突刺。因为"卡挞"匕首突刺的力量极大，所以很多样品刀尖被特别加厚，

▼ 切洛努匕首和近亲坎查匕首有时会装有反曲刀身。这把乌兹钢铸成的上乘样品就有反曲刀身

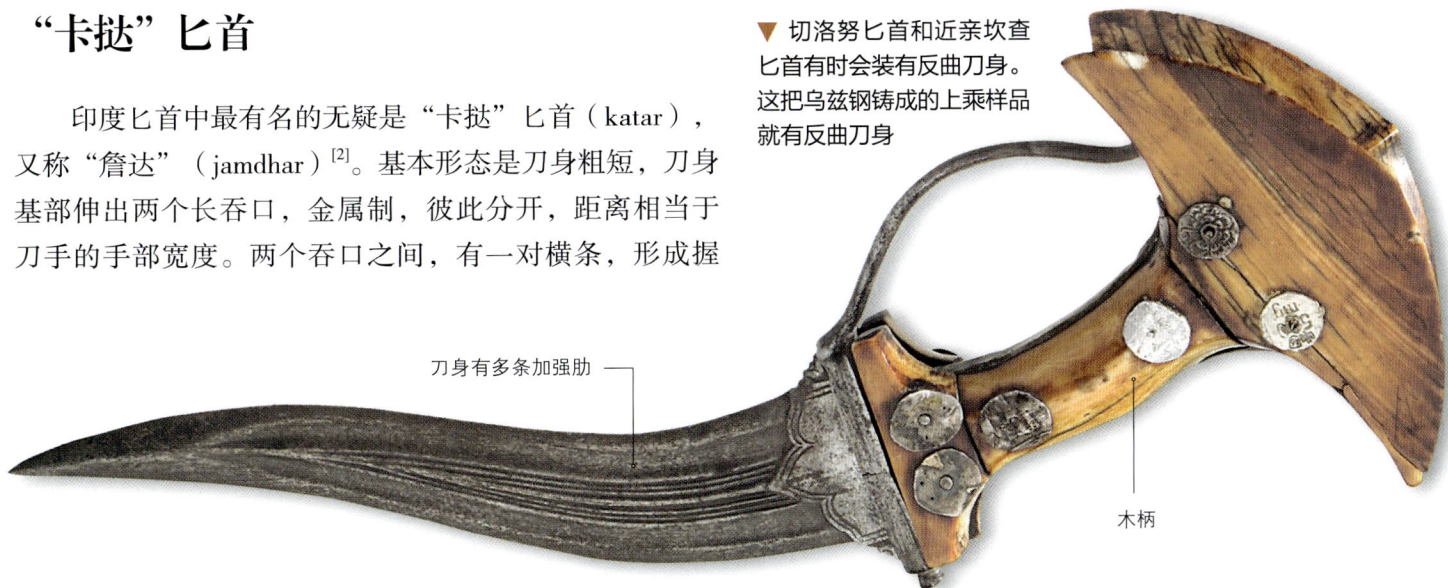

刀身有多条加强肋

木柄

---

[1] 这是历史上的情况，现代人们意识到大象需要保护，全球普遍抵制象牙产品。——译者注

[2] 此说有争议。市川定春《武器事典》认为本书这里所说的匕首实际上只是"詹达"，而"卡挞"是一种树叶形的正常匕首，刀柄和刀身平行，这两者属于不同武器。为了忠实原文，译者对本书内容不做改动，以待研究。——译者注

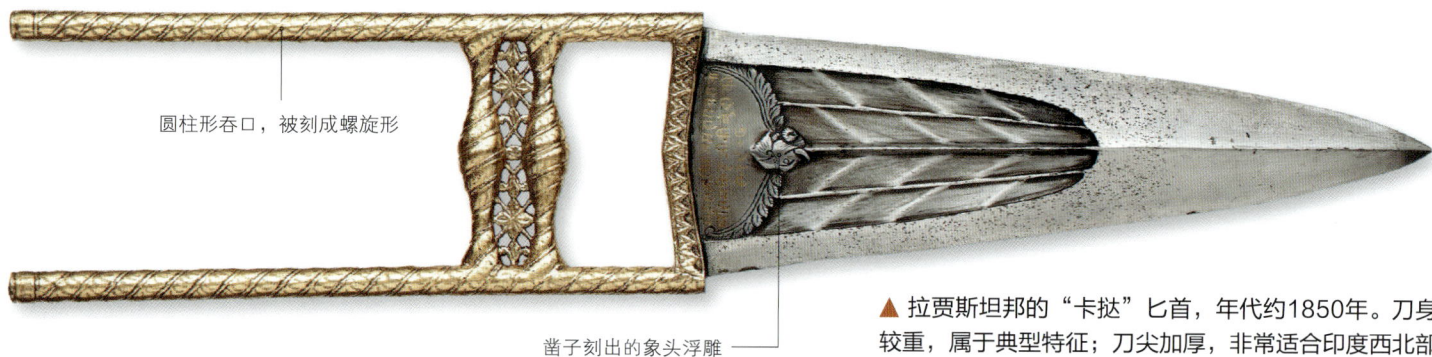

圆柱形吞口，被刻成螺旋形

凿子刻出的象头浮雕

▲ 拉贾斯坦邦的"卡挞"匕首，年代约1850年。刀身较重，属于典型特征；刀尖加厚，非常适合印度西北部士兵普遍穿着的轻甲

防止弯折或断裂。这种刀尖还可能让"卡挞"匕首在实战中得以穿透织物铠甲、锁子甲甚至板甲。

16世纪开始，印度流行一种格斗术，刀手拿着两柄"卡挞"，双手各持一柄，长30厘米以上，钢制，有如剃刀一般锋利。印度士兵格斗的技巧应当类似拳击手，以突然的飞快动作，猛击对手的头部和身躯。

卡挞匕首似乎起源于南印度。最早的一些形制，与当时的毗奢耶那伽罗王朝（the Vijayanagara Kingdom）有密切关系。这是14世纪在德干高原上建立的南印度帝国。这些匕首中最有名的类型之一来自坦贾武尔市（Thanjavur）。19世纪后期，这里的军械库解体，大量匕首散布到各地博物馆。这些早期的卡挞匕首一般有一块树叶形或龟壳形的护手板防护手背，有刺孔和锉刀的繁复装饰。

16世纪末到17世纪初，印度开始大量进口欧洲刀身。很多世纪之交的卡挞匕首也装上了欧洲刀身。这些刀身往往是军刀折断后的废物利用。先前，卡挞匕首的护手多呈包围状；到17世纪下半叶，这种包围状护手逐渐被舍弃，换成了更加简朴的刀柄，就是我们现在熟悉的经典卡挞匕首造型。

有很多卡挞匕首的刀身粗短笔直，但不都是这样。各地审美风格不同，导致卡挞匕首的设计也千差万别。北印度流行直刃匕首，南印度则比较偏爱波浪形或曲刃匕首。还有些匕首拥有两个甚至三个刀身。其他种类还有所谓的"剪刀式"卡挞匕首，设计巧妙，握柄有多个，一旦握紧即让刀身分成三部分，很像欧洲16世纪后期到17世纪的格挡匕首。还有一种最新式的变体，存在于拉贾斯坦邦，刀身两边各有一把燧发枪（碰撞引信的枪），扳机装在握柄内部，可以用食指和小指单独发射，也可以同时发射。另有一种复合式匕首，大匕首相当于一个套筒，套筒内部藏有一两把小匕首。

卡挞匕首是身份的重要象征，传世的样品有很多装饰奇异华美。刀柄可以覆盖瓷釉、宝石、用波纹镶嵌法

嵌入黄金；刀身用凿子雕刻出复杂的人物、图案、抽象装饰；刀鞘用名贵丝绸或天鹅绒包裹。这些都是印度西北拉杰普特武士和其他一些上层人物的宝贵藏品。很多拉杰普特武士、莫卧儿王公贵族在画像上都表现为腰间插着卡挞匕首，一旦需要匕首也是财富和地位的显著象征。莫卧儿贵族甚至还用卡挞狩猎老虎，双手各拿一把。这种狩猎方式当然很威风，但也最危险。

即可拔出；这征。莫卧儿手各拿一把。最危险。

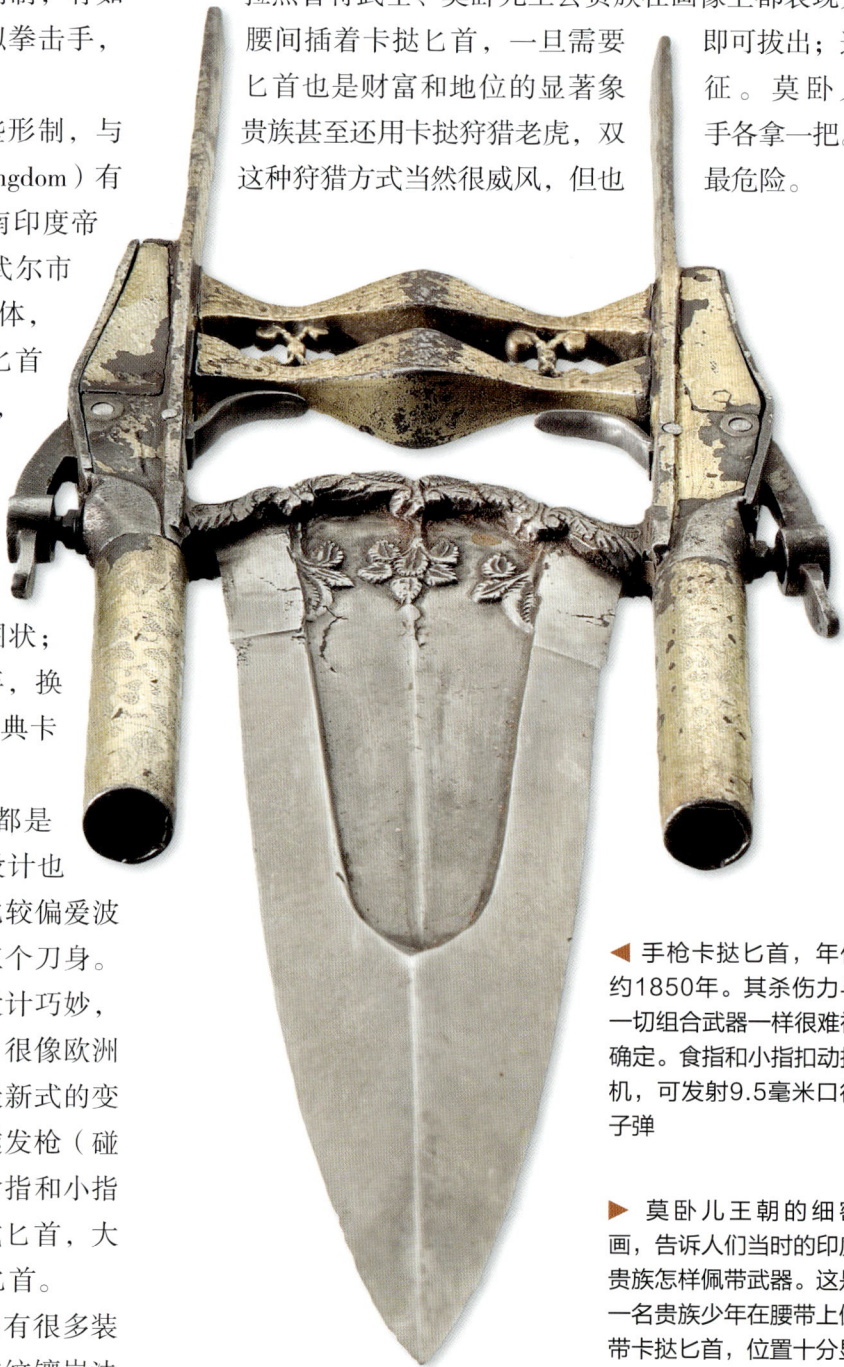

◀ 手枪卡挞匕首，年代约1850年。其杀伤力与一切组合武器一样很难被确定。食指和小指扣动扳机，可发射9.5毫米口径子弹

▶ 莫卧儿王朝的细密画，告诉人们当时的印度贵族怎样佩带武器。这是一名贵族少年在腰带上佩带卡挞匕首，位置十分显眼，紧急时刻能迅速拔出

▲ 早期卡挞匕首，来自德干高原地区（Deccan），约17世纪生产。这类匕首常具备优雅的指节护手，挡在手背上方

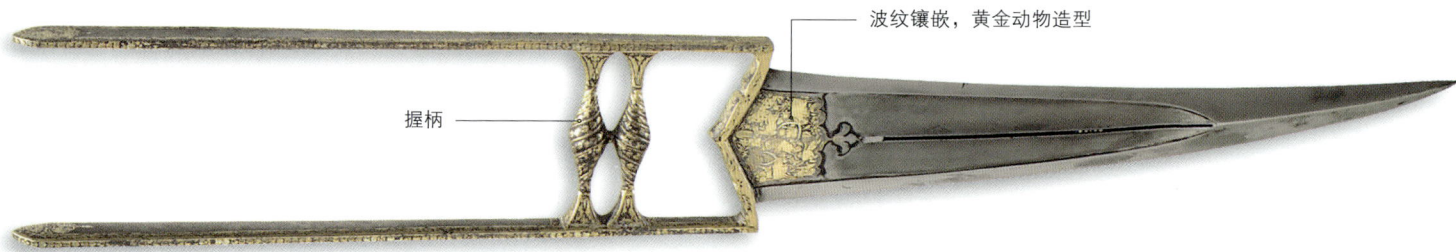

刀身有多条血槽

波纹镶嵌，黄金动物造型

握柄

▲ 卡挞匕首设计千差万别。这件样品刀柄的锷叉向外伸展，刀身曲线平滑

握紧状态的手杆柄

▶ "剪刀式"卡挞匕首。按压向前伸出的手杆柄，即可让刀身分成三个

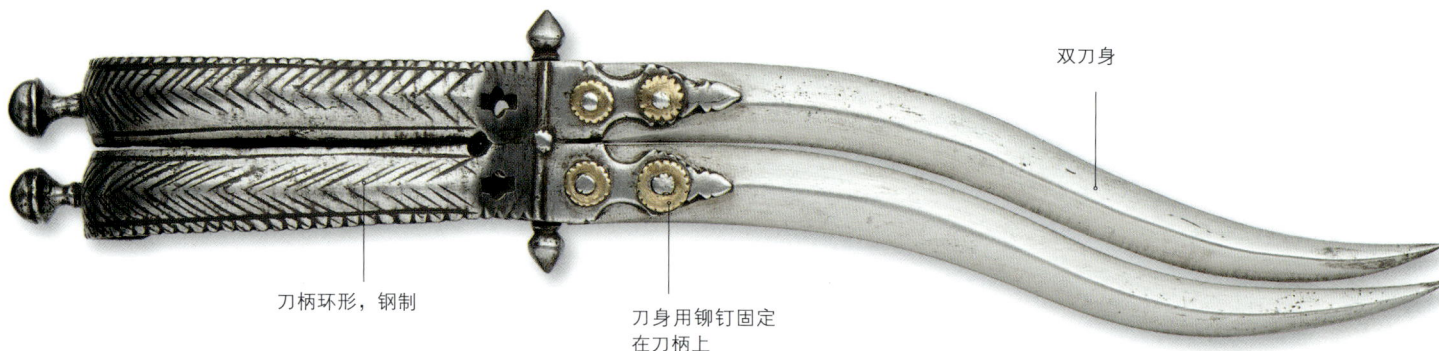

双刀身

刀柄环形，钢制

刀身用铆钉固定在刀柄上

▲ 18世纪的"毕什瓦"蝎尾剑，可能是海德拉巴邦生产，刀身形状流畅，握柄有环。刀身双刃，比较罕见

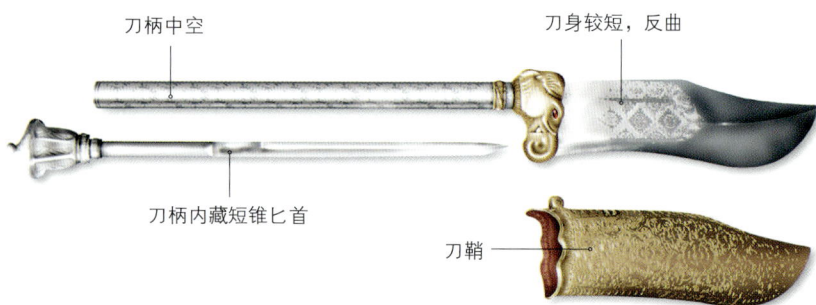

刀柄中空

刀身较短，反曲

刀柄内藏短锥匕首

刀鞘

◀ "普杰"（bhuj）匕首属于最为离经叛道的匕首设计之一。优美的刀身以直角装在较短的金属刀柄上。刀柄一般中空，里面有时藏有一把形状更加传统的匕首，柄头有螺丝穿过，下方装有一根较短的尖刺

▼ 莫卧儿坎嘉尔匕首，刀柄由玉石制成，造型为经典的马头造型，内嵌黄金。刀身可能是波斯制造，因为刀根有棕叶饰（palmette），刀身有嵌入式的贴片

刀身反曲

刀柄由玉石制成，有内嵌装饰

"毕什瓦"蝎尾剑和"普杰"匕首

印度还有两种独特匕首：一种是"毕什瓦"蝎尾剑；一种是"普杰"大象匕首。毕什瓦刀柄简朴，全金属制，有一个指节护手，但其他方面则没有什么独特之处。刀身反曲，但比多数切洛努匕首和坎查匕首都要窄得多。毕什瓦匕首和坎查匕首一样，可能也来自马拉塔地区。毕什瓦匕首尺寸很小，很容易藏在袖子里或者腕带里，很适合偷袭。马拉塔军阀希瓦吉（Shivaji，1630—1680年）是个传奇式的人物，其冒险经历类似欧洲的罗宾汉，有大量故事、诗歌、电影描绘他的经历。希瓦吉就擅长使用毕什瓦匕首。相传他有一件毕什瓦匕首，名叫"巴哈瓦尼"（Bhavani），意为"生命之赐予者"。希瓦吉曾经参加一场鸿门宴性质的宴会，席间，莫卧儿皇帝奥朗则布（Aurangzeb，1618—1707年）手下将军阿夫扎尔汗（Afzal Khan）想要刺杀希瓦吉，被希瓦吉用"巴哈瓦尼"反杀剖腹。不过有些文献说，希瓦吉当时用的是另一种武器——虎爪（bagh-nakh）。[1]

普杰匕首的名字来自印度西部边陲的古吉拉特邦（Gujarat）喀奇县（Kachchh），一般认为普杰匕首是在这里发明的。别名"斧匕"（gandasa），刀身较短，十分沉重；刀柄也较短，类似斧柄。大部分刀身侧面基部有象头装饰，因此又得了一个别名"大象匕首"。有些普杰匕首刀柄中藏有一把类似短锥匕首的小型匕首，拧开刀柄尽头的帽，就可以将小匕首拿出来。

来自波斯的影响

卡挞匕首和切洛努匕首起源于南印度，普杰匕首来自印度西部边陲，坎查匕首来自东部，其他种类的匕首来自北部。坎查匕首大概是印度—波斯一带最常见的种类，不仅在印度莫卧儿帝国、阿富汗流行，在伊斯兰世界其他地区也很流行。坎查匕首很可能源自波斯，15世纪莫卧儿首任皇帝征服印度时将其传入印度。坎查匕首的明显特征是优雅的反曲刀刃，尖头往往被加厚，用于突刺。印度坎查匕首的刀柄与中东匕首的刀柄一样，也没有护手；刀柄一般用整块象牙、玉石、玛瑙、类似的硬质岩石雕成。有些上等样品的刀柄用无色水晶雕成。手柄很多嵌有宝石、半宝石、黄金，并刻有马头、羊头、虎头。莫卧儿贵族的画像中，腰带上往往露出这些匕首精美的手柄。

有些匕首形制流行于印度全境，但其他一些形制只限于出产地。比什卡伯兹匕首和卡德匕首来自波斯，是莫卧儿政权带来的。比什卡伯兹匕首在北印度之外从来没有成批出现。卡德匕首在印度中部有一些，但作为实战武器始终较为少见。它流行在拉贾斯坦邦和南方的印度中部，因为莫卧儿帝国从北方入侵了这些地区。

波纹镶嵌装饰

印度名贵匕首装饰最常用的技法之一，就是波纹镶嵌，这是一种特殊的镶嵌黄金的办法。波纹镶嵌的英语koftgari指代的是这种办法的起源：波斯语koft表示"交织的"，gar表示"金匠"或者"锻打金子的人"。波纹镶嵌法，一开始，用一把特制的粗短刀子，在一块钢材上划出数百条细小的划痕，然后把极细的金线压入这些划痕，让金线与钢材交织在一起。用这一办法创造出各种繁复的设计，有简单的植物形象、几何图案，也有复杂的场景，如花园、建筑、树木、动物等。

◄ 这把印度卡挞匕首时代约为19世纪早期，有非常精美的波纹镶嵌。图案有印度豹、水牛、狮子

► 19世纪的比什卡伯兹匕首，印度北部勒克瑙市（Lucknow）制造。此地制造的匕首一般刀柄为银制，装饰有鲜艳的瓷釉

---

[1] 当时莫卧儿王朝和马拉塔政权相互敌对，莫卧儿是老牌的霸权，马拉塔是新兴政权，因此莫卧儿的将军要刺杀希瓦吉。两个政权关系复杂，多次争战互有胜负，但最终都被英国殖民者消灭。虎爪是一种更加隐蔽的套在手指上的武器，刀部极短，但能瞬间给人致命伤害。——译者注

东南亚波状刃短剑"格里斯"

大多数武器不仅仅用于杀人，还是身份、财富、特权、忠诚的象征。不过，众人相信真正拥有魔力的武器却很少，这些武器的实际外观也很少会让人产生这样的观念。东南亚的"格里斯"匕首神奇的样子，与围绕它而产生的神话信仰体系，却造成了这种武器和周围世界的一种独特关系。

从1世纪开始，印度商旅向东进入今印度阿萨姆邦（Assam）、缅甸、印尼、马来西亚。与之相伴的移民也带来文化、宗教的传播。印度教在马来半岛和马来群岛一些地区变成主要信仰；其他地区则是以伊斯兰教、佛教为主。这些主要宗教与当地很多种族的原始信仰相融合。同样，武器也经历了这样的融合与变异。印度、中国、欧洲的影响与独特的本地风格、设计混合，创造了千百种锋刃武器。

马来波形短剑"格里斯"的起源

这些丰富多彩的民族社会，有多种信仰体系并存；这种情况下，想要让一种单独的代表性武器发展起来，似乎是比较困难的。毕竟，我们在印度已经看到，文化多样性催生了很多种形制与设计。然而，在马来群岛上确实有一种匕首受到最大的欢迎，各地都可以看到。这就是格里斯短剑，英文拼写kris或keris；在匕首的世界史上确立了独树一帜的地位。格里斯推测起源于爪哇岛（Java），然后传播到整个东南亚；或许是这一地区诸多民族通用的唯一武器。

有人认为，格里斯匕首是仿照一种鳐鱼——赤魟（hóng）的尾刺制成的。还有人认为来自古代中国的"戈"（原文威妥玛拼音ko，汉语拼音gē），英语dagger-axe，直译"匕首斧头"。戈类似格里斯匕首，刀身突出，与人抓握的方向成直角。不论起源是什么，格里斯应当在14世纪就已经成为马来人的重要武器了。爪哇岛上有一座苏库寺（Candi Sukuh），14世纪中期建成的印度教寺庙，里面有雕塑，刻的是神仙铸造格里斯匕首的

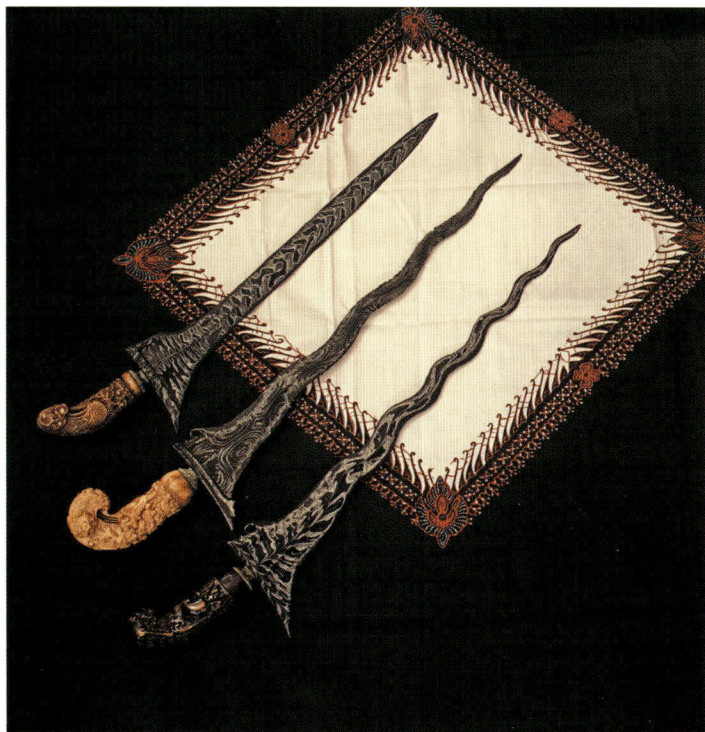

▲ 质量极高的格里斯匕首刀身，如这些爪哇生产的样品，拥有漩涡般艳丽的花纹。看到它们，关于"格里斯匕首有魔力"的信仰也就不难理解了

▲ 上等格里斯匕首的刀身，必须配有上等刀柄。这件样品雕刻繁复，特色明显，材料多样

▶ 格里斯手柄（hulu）的雕刻图案经常出现神仙与魔鬼。这件样品产于苏门答腊，鞘口形制优雅，用打磨光滑的黑檀木制成

魔鬼形状的手柄

黑檀木鞘口

浮雕装饰

神仙头颅形状的柄头

鞘口涂漆

刀身由波纹焊接法制成

◀ 当代工匠仍在生产高品质的格里斯匕首。这件样品于20世纪生产，刀身有华丽的条纹，鞘口（当地语为wrangka）呈棋盘格造型

场面。这是目前发现的艺术品上最早有日期的格里斯匕首，日期对应公元1342年。

格里斯刀身

格里斯刀身窄长，有些刀身笔直，有些刀身是更有名的波浪形。刀身用波纹焊接法制成，十分精美，所用的钢和铁可以达到七种之多，像编辫子一样扭绞在一起熔铸而成。成型之后，被细心打磨、抛光，放入水、硫磺、盐的混合溶剂里蒸煮，再用酸橙汁刷洗。这就产生了表面独特的花纹。不仅有各种金属不同程度地变暗、变色，而且柠檬酸（citric acid）也会不同程度地腐蚀金属，让花纹（马来语：pamor）呈现出惊人的立体形态，如同曲折的峡谷、河流。马来铁匠制造的花纹有大约150种不同形态，每一种都有充满诗意的名字，如"柔软的椰树叶""茉莉花束""老蛇""肉豆蔻盛开""蛇皮""西瓜皮"等。

格里斯匕首形制差异很大，不过大多数刀身都从基部开始扩张，形成一个带有尖头的突出，有人称为"象鼻"。上面装有一个较窄的金属带，形成护手"甘加"（马来语：ganja）。护手伸出一个较细的柄舌，插入雕刻手柄"尤基兰"（ukiran），用黏胶固定。手柄通常也

做了艺术加工，材质有象牙（现代象牙、海象牙、猛犸象）、兽角、木材、兽骨、黄铜、金银。雕刻成印度教神灵、魔鬼、动物、涡卷形叶饰、生殖器形象，以及很多贴合手形的基本形态。

实战中，格里斯一般用于突刺。握柄的位置和形状类似一把手枪，让刀身能够同前臂成一直线。格里斯与印度卡挞匕首类似，也经常以双手握持。有特色的刀鞘也可用于格挡敌人进攻。

充满魔力的关系

格里斯匕首同主人关系十分密切。在一年一度的庆典中，格里斯匕首要清洗、上油，给它摆上供品，类似一些印度教徒祭祀战刀一般。格里斯属于男人的基本财产之一，此外还有房屋、妻子、马匹[1]，用来象征男人的身份和社会关系，包括家庭内部和家庭外部。格里斯还会作为传家宝，象征男人和祖先之间的切实联系。在爪哇岛上，格里斯和主人的关系非常紧密，如果新郎无法参加婚礼，可以托人送来格里斯匕首，代表新郎参加婚礼。

人们还相信格里斯匕首有很多神秘力量：传言匕首可以在夜间飞出刀鞘，杀掉毫无防备的敌人；传言某些

[1] 这是古代重男轻女的观念，现在当然不是这样了。——译者注

匕首能治疗疾病。最有名的说法是只要格里斯指向某人就能用魔力杀掉某人，于是主人握持要十分小心，防止无意中让格里斯指向什么人，避免意外伤害。在印尼的巴厘岛，有一种特别设计的格里斯刀架，制成动物或魔鬼的样子，格里斯放在上面保持垂直，以防止魔力从刀尖射出而误伤别人。还有一种说法，最神奇的格里斯匕首只要刺上某人的脚印、影子、照片，就能将此人杀掉。

外国人的兴趣

西方人最早得知格里斯匕首存在的时候，就充满了迷恋与好奇。著名海盗首领弗朗西斯·德雷克爵士（Sir Francis Drake，约1540—1596年）于1580年从爪哇将一批格里斯匕首带回英格兰；另外有一把于1612年送给了英王詹姆斯一世（King James I，1566—1625年）。16—17世纪，格里斯也深受欧洲艺术家青睐，画家伦勃朗（1606—1669年）的几幅画就出现了格里斯。有一幅雕刻、蚀刻的自画像（Engraved and etched self-portrait），标题错误地写成了《举起军刀的自画像》（Self-Portrait with Raised Sabre），显示伦勃朗拿着一把格里斯匕首。另一幅名作《参孙的失明》显示一名士兵把格里斯匕首刺入大力士参孙的眼中。

▲ 两名男子身着礼服，拔出格里斯短剑的波浪剑身。这件样品来自爪哇岛，是印尼皮影戏"哇扬"（wajang）的象征性道具

◀ 格里斯匕首的刀架形制很多。这个刀架的雕刻、油漆模仿印度神仙"群主"（Ganesh，又译加内什、象头神，是印度的财神）

现代世界的古代武器

印尼士兵直到20世纪还在使用格里斯匕首。1899—1905年，菲律宾和美国爆发了菲美战争（the Philippines Campaign），菲律宾士兵用格里斯匕首对美军进行了很多次偷袭和夜袭。1903年，美军在霍洛岛（Jolo）附近与一群摩洛人（Moros）作战，摩洛人中有4000人带有格里斯匕首。后来摩洛人的首领被俘，但又有一群士兵使用格里斯匕首对看守摩洛首领的美军发起突袭，救出了首领。美军死伤多人，指挥官的一只手也被严重划伤，不得已切掉了几个指头。

20世纪60年代以来，格里斯匕首的文化、宗教影响开始在印尼减退。还有少数铸剑师在生产格里斯匕首，但人数已非常少了。年轻一代日益西化，匕首格斗术的传承也出现了问题。

然而，20世纪90年代以来，人们做出种种努力，一定程度上恢复了格里斯匕首的铸造工艺。2005年，联合国教科文组织将格里斯匕首列入《第三批人类口述和非物质遗产代表作名录》。[1]

▲ 画家伦勃朗（Rembrandt）的《参孙的失明》（*The Blinding of Samson*）（又译《刺瞎参孙》），作于1636年，显示一名士兵将一把格里斯匕首刺入大力士参孙眼中。当时认为这种匕首有异国风情，适合《圣经》主题

▼ 1864年的图画，显示印尼爪哇地区的战团（warband）的大致样子。首领高举一把格里斯匕首，说明他地位很高

---

[1] 2008年起不再公布，改由《人类非物质文化遗产代表作名录》代替。——译者注

日本短刀

亚洲其他地区的匕首形制，随着时间而多有变化；但日本短刀自从出现之后，形制一直保持相当程度的稳定。短刀刀身较短，单刃，刀背较厚；横截面为尖锐的楔形，数百年来一直充当武士的备用武器，与普通军刀配套使用。时间给短刀带来的变化也很小，始终是普通军刀的微缩版。

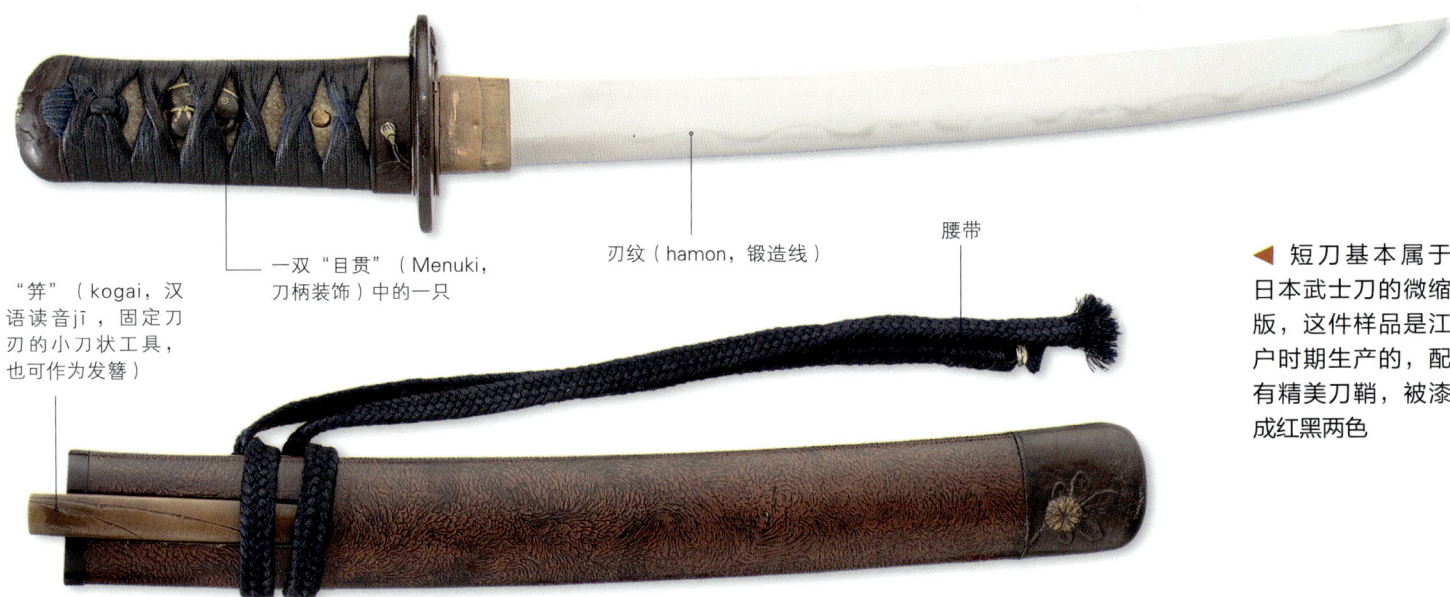

"笄"（kogai，汉语读音 jī，固定刀刃的小刀状工具，也可作为发簪）

一双"目贯"（Menuki，刀柄装饰）中的一只

刃纹（hamon，锻造线）

腰带

◀ 短刀基本属于日本武士刀的微缩版，这件样品是江户时期生产的，配有精美刀鞘，被漆成红黑两色

日本匕首，汉字为"短刀"（tanto），推测最早出现在平安时代（Heian Period，794—1185年），相当于日本的中世纪之前。早期短刀似乎完全为了实用，没有什么艺术价值。

平安时代末期，短刀才声名鹊起，同时具有武器和艺术品的价值。这时爆发了激烈的"源平合战"（Gempei War，1180—1185年），双方是两个武士集团："源氏"（Minamoto）和"平氏"（Taira）。

这时候的武士文化已经发展得很充分，战斗体系也变得仪式化。平安时代后期的士兵主要武器包括：一张弓，一把装有长刃的长柄武器，名叫"薙刀"（naginata），还有较长的军刀"太刀"（tachi）。短刀属于最后一搏的武器。这些武器的使用顺序，在"源平合战"的第一场战役"以仁王の挙兵"（Battle of Uji）（直译：第一次宇治战役，1180年）的文献中有详细描述。历史小说《平家物语》（Tale of the Heike，1371年）中提到一名源氏一边的武士"筒井净妙明秀"（Tsutsui Jomyo Meishu）在宇治桥上迎击平氏大军，阻止他们过桥追击溃逃的源氏部队：

> （净妙明秀）将那二十四支箭，一支接一支地射了过去，对方立即有十二人被射死，十一人受伤。……他忽然将弓扔掉……用长刀（薙刀）砍倒了五个冲上来的敌人，砍第六个人的时候，长刀的柄突然断掉了，于是扔掉长刀，拔出腰刀（太刀）应战……登时砍倒了八人。砍第九个人时，因为用力过猛，砍在那人头盔上，刀身从把手处折断了，掉到了河里，幸好腰间还有一把匕首（短刀），便拼命厮杀。[1]

短刀和切腹仪式

匕首不仅是武士穷途末路时最后一搏的武器，还是武士战败或者蒙受耻辱后自杀的工具。宇治战役后，源氏的指挥官"赖政"（Yorimasa）被平氏打败，在扇子背

---

[1] 这里的译文选自周作人、申非从日语直译的版本。原书中，后来敌人太多，净妙明秀无法继续作战，在同伴的掩护下撤退。——译者注

面飞快写下一首绝命诗，然后用短刀在腹部划了长长两刀。这是目前已知最早的"切腹"仪式。[1]

▲ 镰仓/室町时代"军记物"（gunki-mono，战记）插图，17世纪早期出版。显示僧侣"文觉"（Mongaku）用短刀攻击一名武士

夺命的艺术精品

"源平合战"之后开始的"镰仓时代"（Kamakura Period，1186—1333年）标志着日本中世纪的开始。这一时期，短刀发展成了艺术品，而且得到崇拜。短刀的制造工艺、装饰技术都十分高超，可与任何名贵刀剑媲美。刀身和武士刀形制一样，单刃，刀背厚实，长15～30厘米，刀尖不对称，收窄的线呈对角线的方向连接刀背。

短刀早期的一些样式，日文汉字为"腰刀"（koshigatana），别在盔甲武士的腰带中，日文汉字"上带"（uwa-obi）。最早的短刀刀身弯曲，但到了"室町时代"（the Muromachi Period，1334—1572年），更多刀身变为几乎笔直。与短刀配套的长刀也有些变化，较长的太刀逐渐被较短的武士刀替代。太刀用带子背在肩上，武士刀则与匕首一样别在武装腰带（girdle）上。早期武士刀和匕首的装饰有很多并不配套，后来变得配套了。

没有装饰的木柄和刀鞘（shirasaya，日文汉字"白鞘"）

刀身雕刻花纹（horimono，日文汉字"彫物"）

竹制的销钉（mekugi，日文汉字"目钉"）

▲ "合口"（aikuchi）表示没有护手（tsuba，日文汉字"锷"或"鐔"）的短刀，如这把明治时代的短刀

---

[1] 据《平家物语》第四卷第十二章，周作人、申非译文，这首绝命诗是："叹我如草木，终年土中埋；今生长已矣，花苞尚未开。"——译者注

怀剑

贵族女子自杀用的一种小型短刀，名为"怀剑"（kaiken，日文：懷剣），自杀方式是迅速刺喉；特别是丈夫的城池被敌人攻占的时候。1596年，京都附近发生了著名的"伏见城之战"（the Siege of Fushimi，日文：伏見城の戦い）。激战之后，伏见城被攻陷，城主"鸟居元忠"（Torii Mototada）全家自杀，以免成为俘虏。这场绝望的集体自杀，后来被大肆宣扬，作为武士荣誉和忠诚的榜样。妇女儿童自杀房间染血的地板，被用作附近一家寺庙的天花板。[1]

短刀的衰落

"桃山时代"（Momayama Period，1573—1603年），争战频繁，短刀作为武士刀配件的功用逐渐被代替。随后的"江户时代"（the Edo Period，1603—1867年）开始，德川家康（Tokugawa Ieyasu，1543—1616年）统一日本，开始了250多年的和平发展时期。武器的象征价值上升到与实用价值相等。尽管还在生产武士装备当中更有象征意义的部件（铠甲、武士刀），短刀的生产却大大减少，而且大部分短刀单纯模仿旧时的匕首，不再创新。

1868年发生明治维新（the Meiji Restoration），德川家的将军们不再掌权，日本中世纪正式结束，新一批的帝国统治者诞生。日本皇室采用了将军时期之前的旧礼制，其中就包括太刀和短刀的佩带。二战之前生产了很多匕首，但1945年日本战败，之后发布了武器禁令，不再生产了。

▲ 日本武士与欧洲骑士一样，也拥有各种不同的武器。有强弓，利箭，还有长刀（太刀）和短刀

辅助小刀（shirimono kodzuka）（kodzuka标准罗马字拼写为kozuka，日文汉字"小柄"。Shirimono日文不详。——译者注）

▼ 穿甲匕首（yoroi doshi，日文"鎧通し"）是一种特殊短刀，刀身较窄，专门用于刺穿铠甲。刀鞘有附加的外套，用于容纳发簪"笄"和辅助小刀"小柄"

发簪/固定刀刃的工具"笄"

刀鞘外套

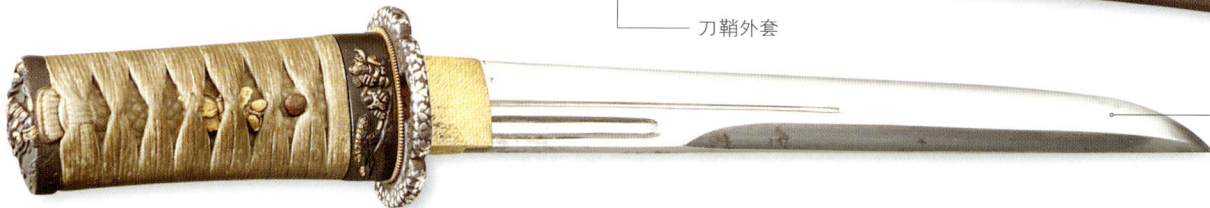

刀身用于穿甲

[1] 据日文维基百科，伏见城之战发生在1600年8月26日–9月8日，不是1596年。原书说法来源不详，这里保留原文。——译者注

切腹

日本武士精神，统称"武士道"，12—13世纪形成之后，切腹仪式很快变成武士道的核心内容之一。欧洲骑士精神讲究善待对方战败被俘的骑士，但武士道却主张蔑视战败的敌人，对俘虏要上刑而后杀死。切腹一开始是为了避免武士战败后被俘，但后来发展成一种战败蒙羞之后恢复甚至增加荣誉的方法；此外，武士如果被判死刑，这也能让武士换一种死法，死得有尊严一些。

匕首在切腹中的用法，大概是日本匕首最广为人知的用法了。武士端坐，拿起短刀，刺入腹部左侧，横着划一刀。不怕死的武士有时还会划第二刀，有横着划的，还有更加痛苦地竖着划的，然后才会在剧痛中死去。

在19世纪60年代，英国驻日本大使阿尔杰农·比特伦·弗里曼–米特福德（Algernon Bertram Freeman–Mitford）的著作《古代日本故事集》（*Tales of Old Japan*），记载了同事目击的一次切腹仪式：[1]

数日前，有一目击者告知我，有一年轻男子切腹。他不过二十岁，是"长州"（Choshiu）人，因为他着实可惊叹的决心而值得在此一提。他不仅划了必要的一刀，又横切三刀，竖切两刀，然后刺喉，匕首从另一侧穿出，锋刃在前；紧咬牙关，双手将短刀前刺，穿过喉咙，倒地而亡。[2]

▲ 约1875年模拟的切腹场景，摆拍照片。两名武士做见证人，第三名武士负责斩首

[1] 据英文维基百科条目，弗里曼是二等秘书，不是大使。译文保留原状。——译者注
[2] 长州藩是历史行政区域，位于日本本州岛最西部，今山口县境内。——译者注

现代

今天的短刀、匕首、刺刀遍布全球各个角落。刺刀作为独立的战刀虽然用处减少了，但各国正规军的步兵依然把刺刀作为制式装备。与此同时，高质量的锋刃武器依然是精美的艺术品。现代铸剑师积累了六千多年的经验，制造出来的这些艺术品既是古老的传统，又是最新的产物。

军事界以外，人们还在为了防身的目的而生产各种特化的格斗短刀，而生存刀、多功能的"猎人"小刀的需求也一如既往地旺盛。此外，全球有很多收藏家会收藏历史上的锋刃武器，以及生产的工艺。创意设计作为短刀设计的目标，与实用价值一样受到当代铸剑师的关注，特别是在美国。

▶ 这把刀身经过蚀刻、热变色（heat-tinted)处理，刀肩（bolsters）为坩埚钢制成，手柄为澳大利亚黑木的树瘤部位（blackwood burl）和猛犸象牙化石制成，制造于2005年。质量上乘，展现了当代铸剑师P. J. 埃恩斯特（P. J. Ernest）的创造力

▼ 理查德·富勒（Richard Furrer）所造的"棕榈叶博伊刀"（Palm-leaf Bowie）有爪哇棕榈叶（当地语言：Blarka Ngirdi）风格的刀身花纹，博伊刀上典型的"西班牙缺口"（Spanish notch），还有模仿木纹的金属护手，日文汉字"木目金"（mokume-gane）。手柄是用3万年前的海象牙制成

短刀之艺术

当代工匠有着巨大的优势，他们不仅能够精确地控制温度和时间，还知道各种金属特性背后的原因，知道

木制刀鞘，抛光

海象牙手柄

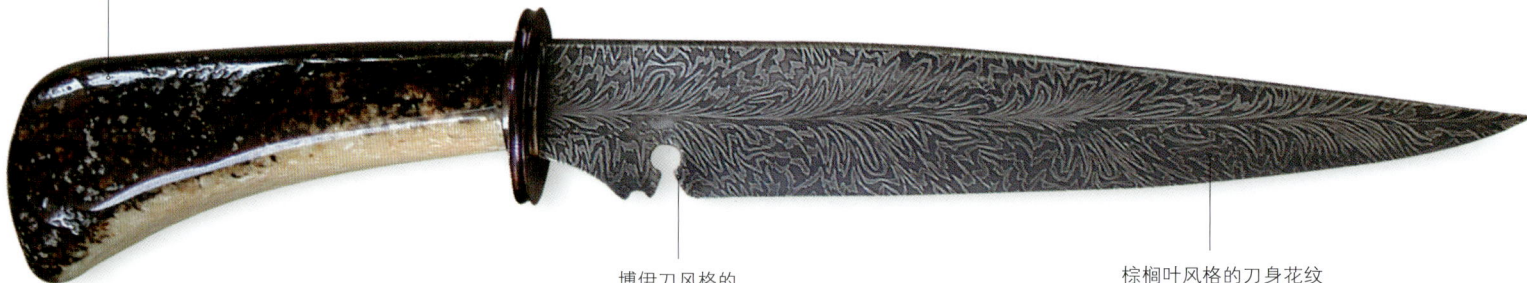

博伊刀风格的"西班牙缺口"

棕榈叶风格的刀身花纹

博伊刀型刀身

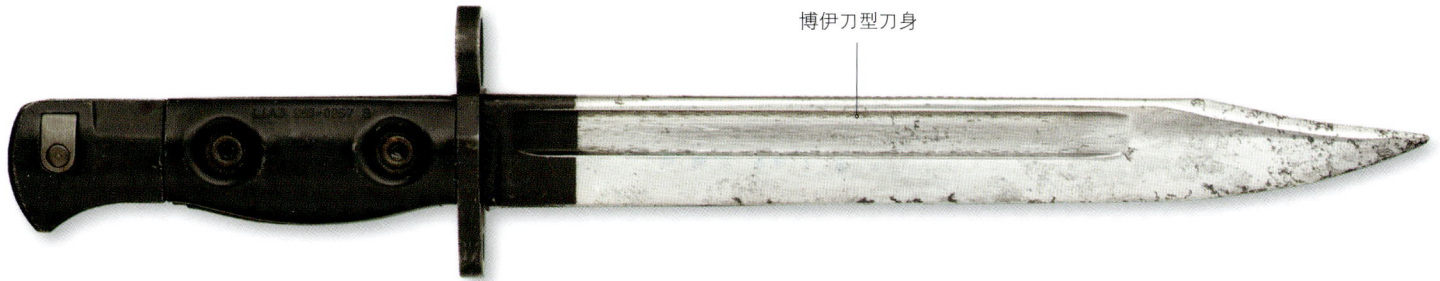

▲ L1A3型刺刀，1959年投入使用，用于英国7.62毫米自动装填步枪（英文简称SLR）。之后服役近30年。在1982年与阿根廷的福克兰海战（Falklands War）中发挥了传奇性的威力[1]

这些特性要怎样操控，以制成千万种不同的形状，达到千万种效果。例如，热处理与化学处理能够创造出千变万化的钢材颜色，让现代小刀拥有前人无法想象的外观。当代工匠能够使用的材料也空前广泛，这些材料不仅有现代的新材料，如钛金属、陨铁、很多种类的异国风情的波纹钢，还有更加不寻常的有机材料、矿物，例如猛犸象牙、乳齿象牙（mastodon ivory）、赤铁矿（hematite）、坦桑石（tanzanite）等。

割铁丝的工具

现代刺刀

随着自动武器的发展，似乎可以很容易地推断出刺刀会迅速被淘汰。然而，大多数现代军队依然给步兵发放刺刀。这有着400多年历史的武器显然早已过时，又为何在当代士兵的武器库里占据一席之地？

当代战争的刺刀发挥着多种用途。尽管近战时火器越来越有效，但刺刀依然是另外重要的选择。越南战争期间，1968年3月30日，美国海军陆战队和越南军队曾在溪生攻防战（Khe Sanh，音译"溪山"）时拼刺刀；1982年6月14日马岛海战期间，马尔维纳斯群岛的塔布唐山（Mount Tumbledown）战役，英军用刺刀夜袭阿根廷阵地，名声大噪。晚近的2003年开始的伊拉克战争（Second Gulf War，又称Iraq War）期间，英军阿盖尔萨瑟兰高地团（Argyll and Sutherland Highlanders regiment）在阿玛拉市（Amara）附近遭到什叶派（Shi'ite）民兵的埋伏袭击，英军对民兵发起刺刀冲锋而获胜。（2004年5月15日报道）[2]

两次海湾战争期间，刺刀都经常被使用。城市战争

刀鞘

▲ 前人希望把刺刀设计成多功能刀，今天人们依然有这个愿望。这把刺刀用于英国SA-80突击步枪，但也可派上其他用场，如用来割断铁丝

环境变幻莫测，特别是清理建筑、地堡的时候，士兵常会遭遇近距离攻击，此时如有刺刀，就能起到防护作用。士兵如果打光子弹，刺刀就更加重要；在敌人装子弹或者其他类似的场合，我方也能够用刺刀发起突袭，决定胜负。不过，刺刀给人带来的心理影响与实际价值或许同等重要，缺乏经验的士兵手持刺刀，便会感到对近距离战斗拥有更多自信。如今的锋刃武器"暴烈"的一面，与历史上毫无二致，能够增强士兵的勇气，恐吓敌人。刺刀还会赋予现代士兵一种意识，让士兵感到自己属于古老的军事传统，掌握一种古老的杀敌技术，能够胜过散漫的敌人。这些优势，无法用科技的进步将其压倒；至少，现在不行。

[1] 这是英国的称呼；中国普遍称为马尔维纳斯（Malvinas）战争或马岛战争。——译者注
[2] 伊拉克战争2011年12月18日正式结束。——译者注

短刀、匕首、刺刀大全

A DIRECTORY OF KNIVES, DAGGERS AND BAYONETS

　　短刀、匕首、刺刀，因历史时期和发源地不同，而拥有千万种极为繁杂的式样。这份内容丰富的目录，包含古往今来全世界多种最为重要的武器资料，还有制造、使用的相关资讯。目录按照时间和地理顺序排列，每一件武器均有介绍，包括来源、年代、长度信息等。

▲ 日本有阪式刺刀，刀柄明显被烤蓝，1939年

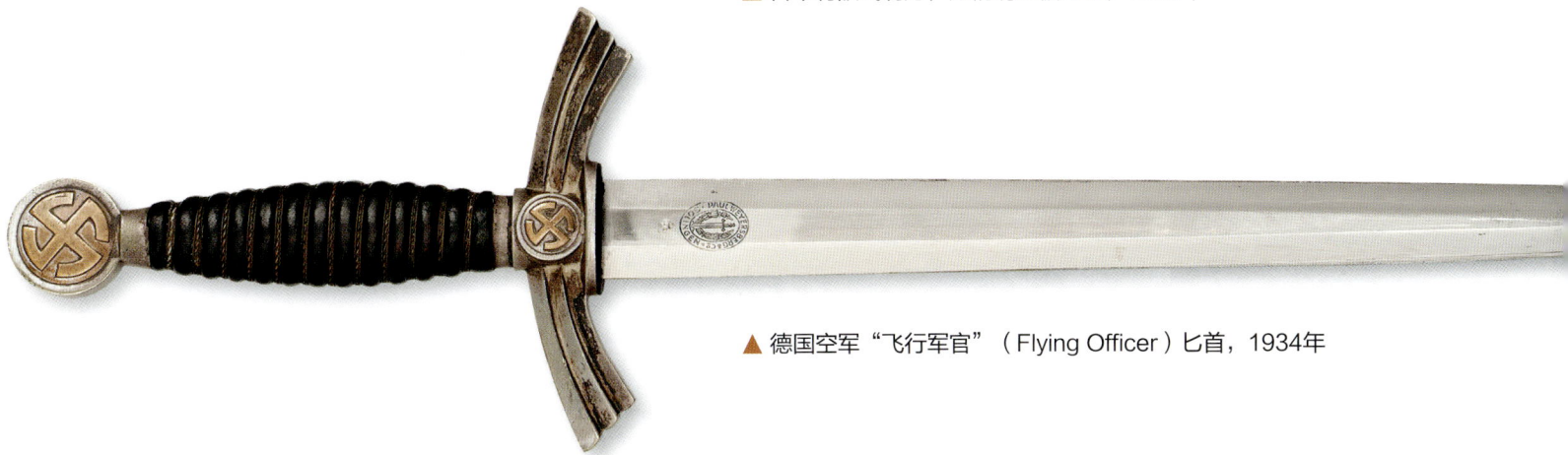

▲ 德国空军"飞行军官"（Flying Officer）匕首，1934年

▲ 印度库格省（Coorg）泰米尔族（Tamil）小刀，19世纪中期

▼ 英国工兵与矿工刺刀，1842第一式，护手类似长剑护手

短刀、匕首、刺刀设计

短刀、匕首、刺刀要想兼具美感和战斗能力，需要考虑多方面的因素。首先是这把武器究竟要派上什么用场，刀身尺寸和形状至关重要。例如，用于突刺的匕首需要窄刀身，而在西洋剑搏斗中的匕首需要高强度；此外，武器的平衡与各部分的比例，也会影响某一具体功能的效果。

短刀与匕首的各种类型

突刺用

专门用于突刺的匕首，刀身窄而坚硬。为了最大限度提升刀身刚度，有些突刺匕首干脆不要锋刃，以更加厚实、狭窄。

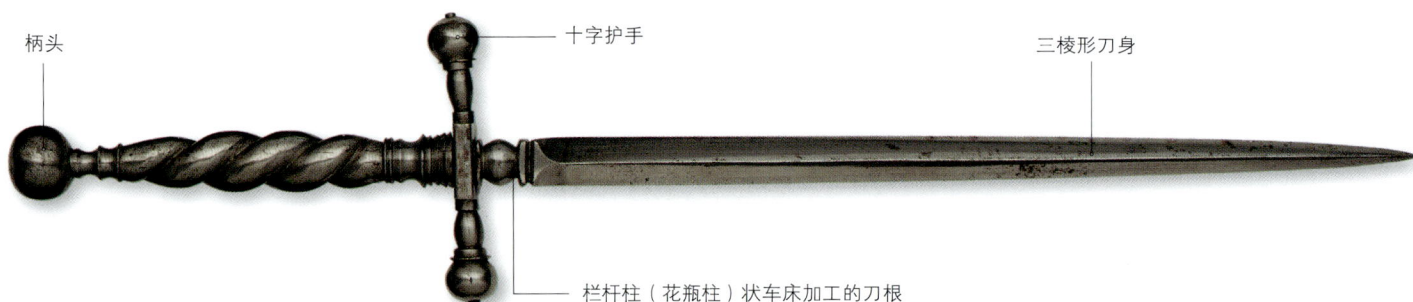

柄头　　　　　　　　十字护手　　　　　　　　　　　　　　　　　三棱形刀身

栏杆柱（花瓶柱）状车床加工的刀根

突刺、劈砍两用

大多数军用短刀、匕首都兼备突刺和劈砍功能。两种功能必须小心做到平衡——想要都做到完美是不可能的。

木柄有雕刻　　　　　　　　　　　　　　　刀身带有一血槽

折叠式

这一类战斗军用刀刀身折叠进手柄，很适合随身携带。刀身一般为单刃。

刀身为背剪形刀尖

刀柄由黄铜制成，有内嵌

格挡用

西洋剑搏斗所用的匕首，尺寸要大，结构要坚固，这样才能抵抗对方刀刃的撞击。

波浪形锋刃

手刺式

手刺式的用法不太寻常，刀身位于拳头正前方，用直拳的姿势攻击。

刀身较宽，双刃

握柄由鹿角制成

非洲镰刀匕首

C形的大号短刀很少见，但也有一些。锋刃在凹下去的一面，一般用刀尖像锤子一样撞击。

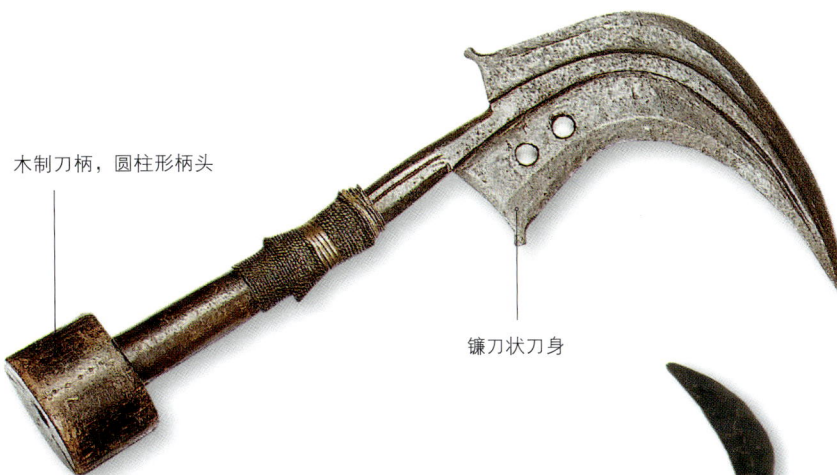

木制刀柄，圆柱形柄头

镰刀状刀身

非洲飞刀

投掷单刃飞刀，必须准确判断距离，还有投掷当中飞刀的旋转动作。多刃飞刀的目的是不论撞击点在哪里都能使刀刃撞击敌人。

握柄包裹皮革或棉织物

各个刀刃突出

匕首和刀鞘的各个部件

锋刃武器装配的具体方式千差万别，短刀/匕首的具体部件以及部件的名称，也取决于制造这件武器的方法和地区。下面展示一些主流匕首和军用短刀基本部件的名称。

刀柄

十字护手

锋刃用于劈砍

刀尖用于突刺

握柄

刀根

刀身

刀鞘本体

鞘口

鞘镖

刺刀种类

插入式刺刀

最早的刺刀只是一把十字护手匕首，握柄收窄，可以插入枪管尽头。

插入式手柄

刀身双刃

长剑式刺刀

长剑式刺刀试图加长刺刀的攻击范围，与此同时又有剑柄，这样可以作为独立武器使用。

血槽较深

单刃

套筒式刺刀

套筒式刺刀装在枪管周围，刀身装在枪管下面偏一侧，使得装上刺刀时能够开火。

套筒

刀身较窄用于突刺

短刀式刺刀

短刀式刺刀在19世纪后期出现，使刺刀回归本源，类似一把小尺寸的多功能匕首。

刀身较短，双刃

护手不对称

刺刀的各个部件

刺刀的术语体系取决于刺刀的具体种类。刺刀与大多数其他小型锋刃武器不一样，不同种类的刺刀各自有特定的机械部件。比如，刺刀与火器连接的装置就各有不同。19—20世纪的一些最基础的部件如下。

短刀式刺刀

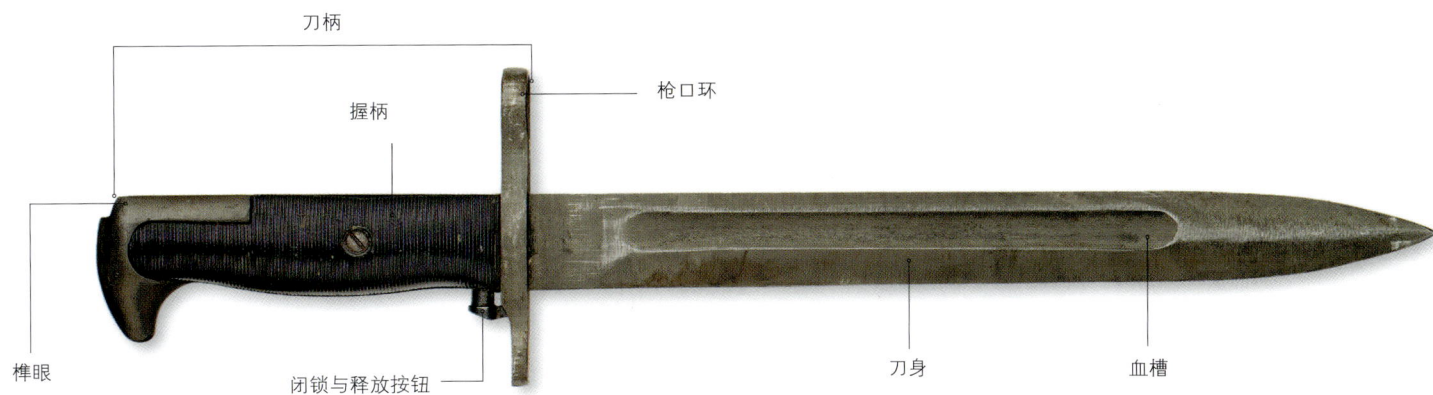

刀柄

握柄

枪口环

榫眼

闭锁与释放按钮

刀身

血槽

套筒式刺刀

轴环

准星槽

刀身

肩

闭锁环

管弯头

刀身种类

锋刃武器刀身的种类决定了武器的使用方法，以及能产生的各种杀伤效果。刀身形状也给武器一种特殊的身份或"性格"，既形成致命的功能，又形成美学的魅力。

树叶形

机械式刀身

三角形

双刃弯曲

双刃笔直

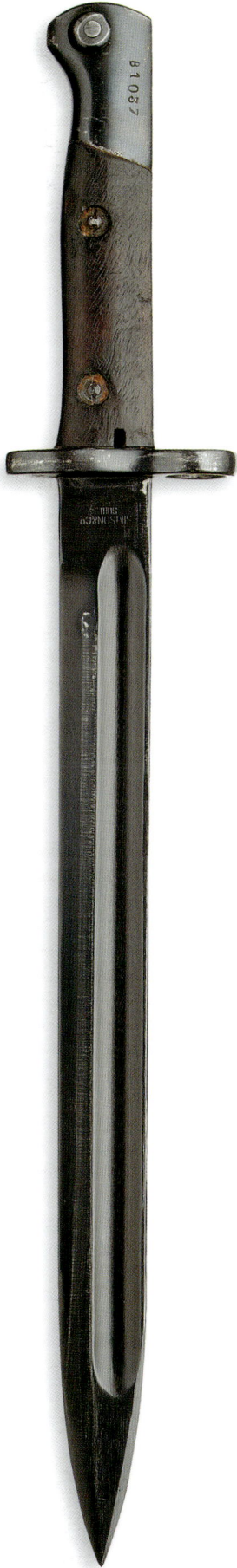

突刺用

单刃笔直

单刃，有假刃

双刃弯曲

刀身各部分
横截面不同

刀身横截面

　　对于一切锋刃武器来说，刀身横截面（section）的形状是武器功能的决定要素之一。例如，是否属于单一用途——劈砍或突刺；或是否适合两用。横截面差异很大，有一组基本型，数量较少，每一种基本型都能被加工成各种更为复杂的形状。

刀身横截面的种类

扁平卵形/凸镜形横截面

　　最古老的横截面之一，约在公元前2000年的燧石刀上就已出现。刀身中部较厚，以保持强度；两边平滑收窄，成为两个劈砍用的锋刃。

扁平有脊横截面

　　单纯的扁平横截面虽然设计简易、加工方便，却十分脆弱，因而也就十分少见。青铜时代，大多数扁平横截面都有一个被特别加厚而笔直的中脊，避免刀身在碰撞时断裂。

楔形横截面

　　一切单刃刀/有刀背的刀都是楔形横截面，刀背较厚，不开刃，以保证强度和刚度。这种设计一般见于中世纪早期的单刃撒克逊匕首，很多中世纪的"劈砍用"匕首也是这样。

菱形横截面

　　主要被用于突刺的短刀和匕首，非常适合采用这种横截面。虽然缺乏劈砍用的锋刃，却因此获得了极高的刚度。此外，扁平的菱形横截面依然可以保留锋刃，但锥度减小，从而牺牲了一些中脊的厚度。

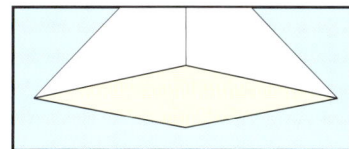

方形横截面

　　更加极端的造型，纯粹用于突刺，无锋刃。因为不能劈砍，作用有些受限。

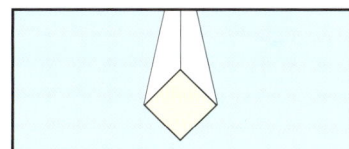

三角形横截面

　　另外一种专用于突刺的设计，一般认为效果类似横截面，但总体重量减轻了。因此常被用于18—19世纪的套筒式刺刀。

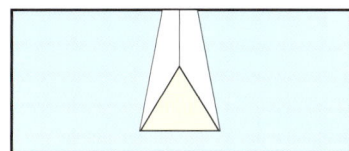

"T"形横截面

　　"T"形横截面是楔形横截面的一种不寻常的变体。刀背的厚度几乎全被打磨得没有了，只剩下一个窄窄的架子。这是印度–波斯地区某些"比什卡伯兹"匕首独有的横截面。（参见79页）

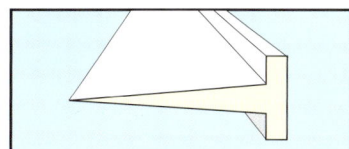

一些更加复杂的横截面

欧洲中世纪，刀身开始出现多种横截面的组合。比如，刀身基部的横截面可能是长方形，让护手部位强度最高；刀身中部可以磨成楔形，让刀身出现较长的劈砍锋刃；刀身接近尖端处可能会变成扁平的菱形横截面，让刀尖锐度更大，更适合突刺。这些不同的横截面，还使刀身呈现一种奇异的反光效果。

▼ 一把17世纪早期的英格兰匕首。这种匕首刀身通常有精美的蚀刻花纹，横截面分为三个明显的不同区域

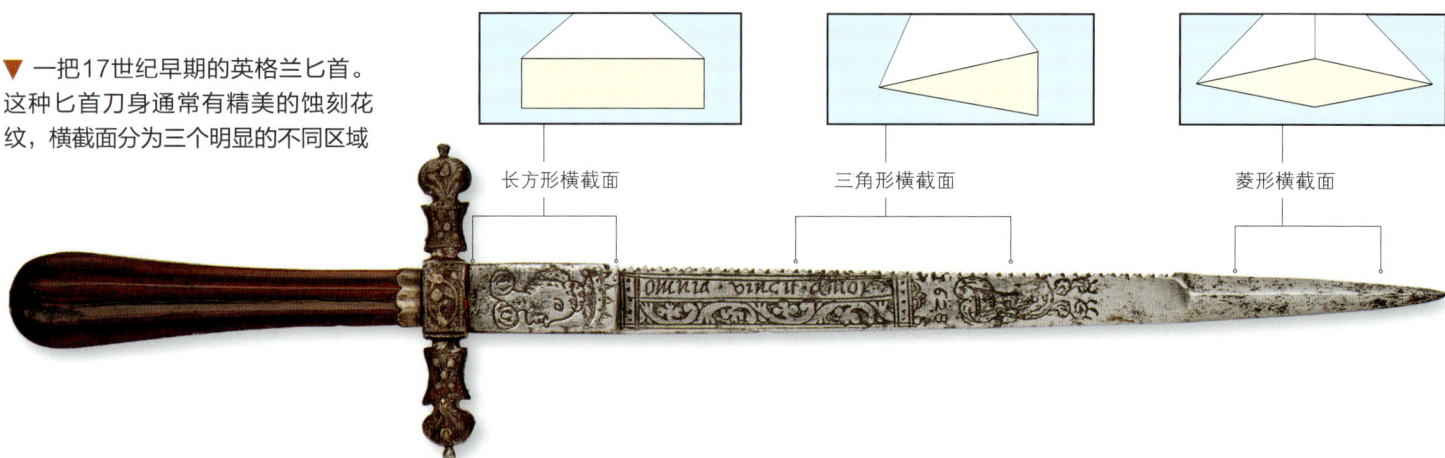

长方形横截面　　　三角形横截面　　　菱形横截面

▼ 大多数博伊刀刀身贴近刀柄的一半十分厚实、强韧，贴近刀尖的一半双面开刃

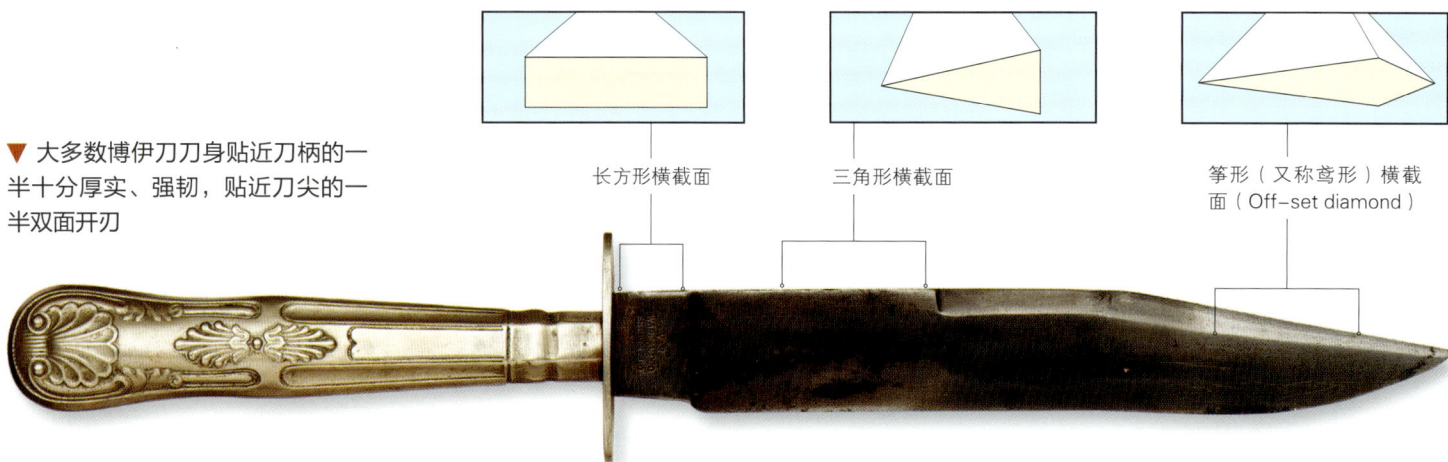

长方形横截面　　　三角形横截面　　　筝形（又称鸢形）横截面（Off-set diamond）

血槽

刀身设计的重要方面是既能保持强度又能减轻重量，血槽是设计的关键。沿着刀身长度做出较浅的血槽，虽然减轻了重量，但没有损害强度。到了中世纪，大部分刀身都有血槽，有在刀身中间的，也有偏向一侧的。血槽的作用并非让血流出，也不是为了将其拔出敌人身体时更加容易，只是为了减重。有些刀身还有不止一条血槽，有些很宽很浅，另外一些则很窄很深。

单血槽扁平菱形横截面

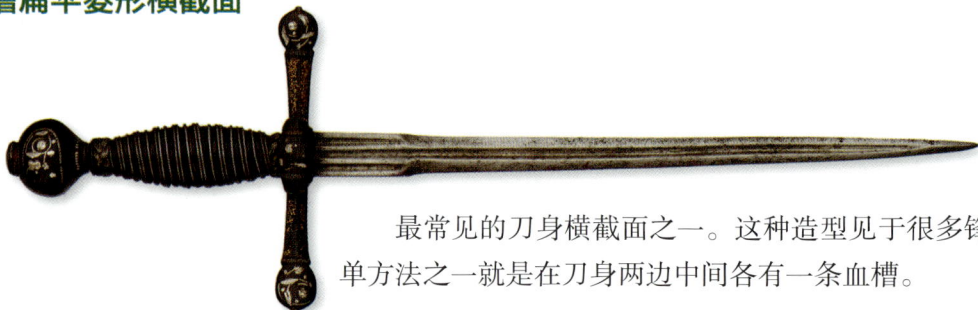

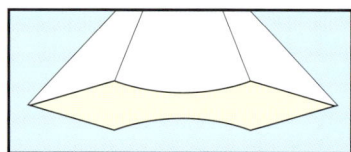

最常见的刀身横截面之一。这种造型见于很多锋刃武器。双刃刀身减重的最简单方法之一就是在刀身两边中间各有一条血槽。

有血槽偏移楔形横截面

另一种常见设计，刀背虽然较厚但减轻了一些重量，同时保持整体强度不致太低。

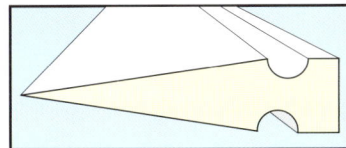

多血槽楔形横截面

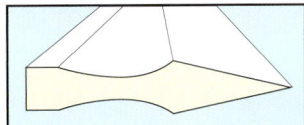

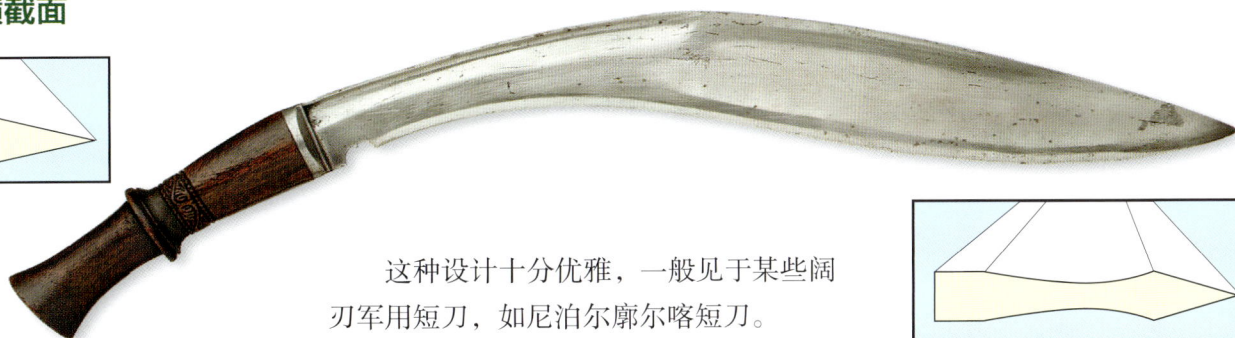

这种设计十分优雅，一般见于某些阔刃军用短刀，如尼泊尔廓尔喀短刀。

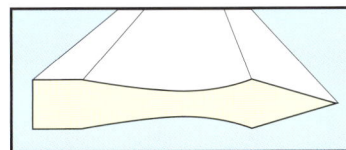

多血槽扁平菱形横截面

这一大类包含的小类极多，各不相同。有些只有2～3条宽而浅的血槽，还有一些有多达5条窄而深的血槽；在血槽消失前布满整个横截面。

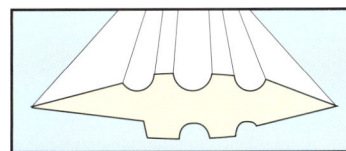

三角形凹磨横截面[1]

中空刀身，通过一条或更多血槽宽到占据刀身整个宽度而实现。很多套筒式刺刀形制是这种三角形凹磨横截面。

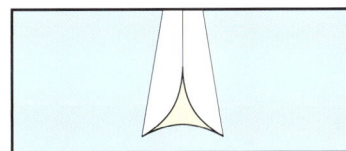

十字架形横截面

这一形制几乎仅见于少数几种19世纪的刺刀，其他锋刃武器均没有采用。制作相对困难，好处也几乎没有。

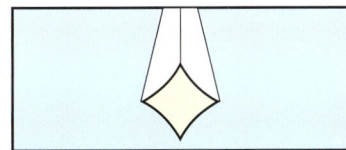

[1] 原文hollow-ground，即每一面都向内凹进去，成为弧形。——译者注

各类装饰

历史上铸剑师可以应用很多种装饰技术，有些通过武器出口传播，有些通过铸剑师迁徙传播。装饰的种类和程度，决定于主顾的经济条件，从而让武器成为社会地位的重要衡量工具。大多数装饰都由专业人员进行，铸剑师几乎从来不亲自动手。质量最高、最精美的武器往往有不止一个装饰步骤。

雕刻法（Engraving）

用尖锐的工具在金属表面直接刻出沟槽，形成图案。欧洲中世纪和文艺复兴时期，雕刻艺术一直在应用；不过到了15世纪，大部分已经被蚀刻代替，因为蚀刻比较容易，速度也比较快。

装饰性的银制包层

鞘镖上雕刻的纳粹卍字形

蚀刻法（Etching）

用酸液腐蚀金属，形成图案。要蚀刻的表面，首先覆盖上一层抗酸液的图层，也就是抗蚀剂；一般用蜡或者清漆。然后用雕刻工具在表面刻出图案；最后用酸液洗涤武器，让暴露的部分被酸液腐蚀，形成永久图案。有一种"阳文"（raised）蚀刻，是把抗蚀剂覆盖在图案表面，让背景暴露，产生非常鲜明的立体效果。

有凹槽的"愤怒"木柄

刀身较长，双刃

刀身蚀刻装饰

钢凿加工法（Steel-chiselling）

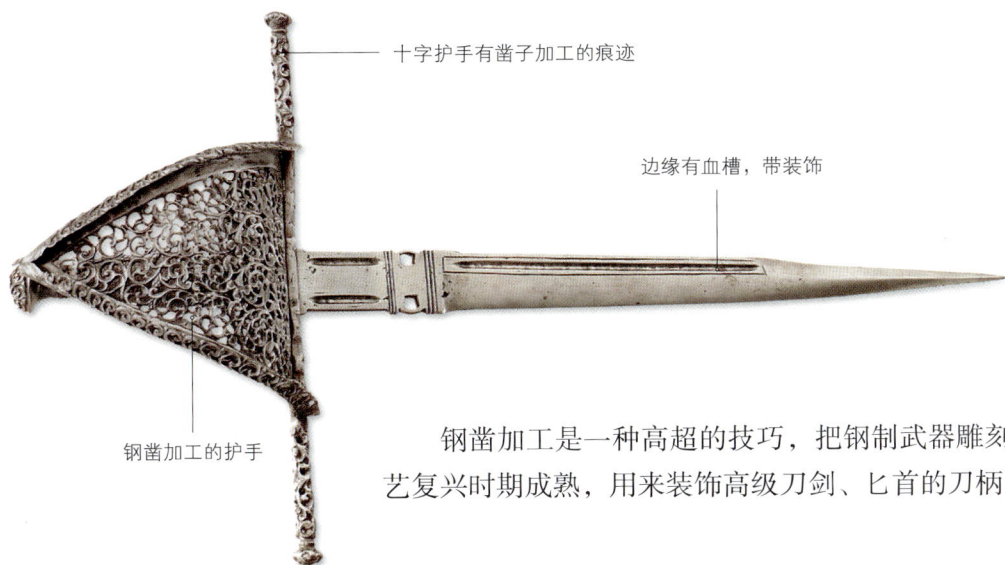

十字护手有凿子加工的痕迹

边缘有血槽，带装饰

繁复的钢凿加工

钢凿加工的护手

钢凿加工是一种高超的技巧，把钢制武器雕刻成繁复的装饰纹样。这一技巧在文艺复兴时期成熟，用来装饰高级刀剑、匕首的刀柄、剑柄，还有火器的扳机。

冲压法（Punchwork）

冲压或用尖锐物刻出的装饰

握柄上的尖刺

沿着刀身有冲压的装饰

最简单的冲压技术称为pointillé，法语直译为"虚线"。在武器表面用尖锐工具轻敲，制造出一系列小点以构成图案。此外，用特定形状的工具进行冲压，还能制造出更复杂的效果。

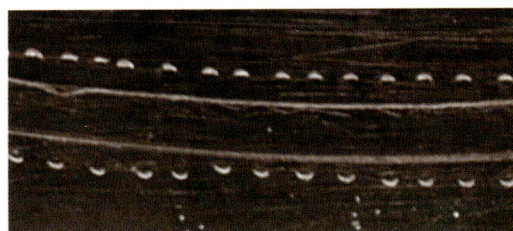

瓷釉法（Enamelling）

刀身单刃，略弯

瓷釉与一种油漆"瓷漆"的英语同名，都叫enamel，请不要混淆。真正的瓷釉是一种玻璃状的物质，呈粉末状敷在武器表面，然后加热融化，融合成一种类似玻璃的光滑表层。瓷釉十分脆弱，很容易损坏，只用于纯粹装饰或礼仪性的武器。

银制刀柄，用瓷釉绘成野生动物形象

烤蓝法（Blueing）

高度抛光的钢材加热会变色，变成越来越深的蓝，最后变成黑紫色。若某一特定温度能持续一段时间，产生的颜色在冷却后就会保持。这种热处理产生的丰富色彩名叫"烤蓝"，经常用于锋刃武器的刀柄。

木制握柄包裹鳐鱼皮

火镀金（又称汞镀金）（Fire- or mercury-gilding）

单刃用于劈砍

火法镀金血槽

可能是最传统的镀金法，将一定量的金粉与汞混合，金溶于汞，形成膏状混合物（amalgam，汞齐，即汞合金），敷贴在钢材表面，然后加热到沸腾，让汞变为蒸气挥发，使黄金永久贴在钢材上。同样的技术也可用于镀银。[1]

结壳法（Encrustation）

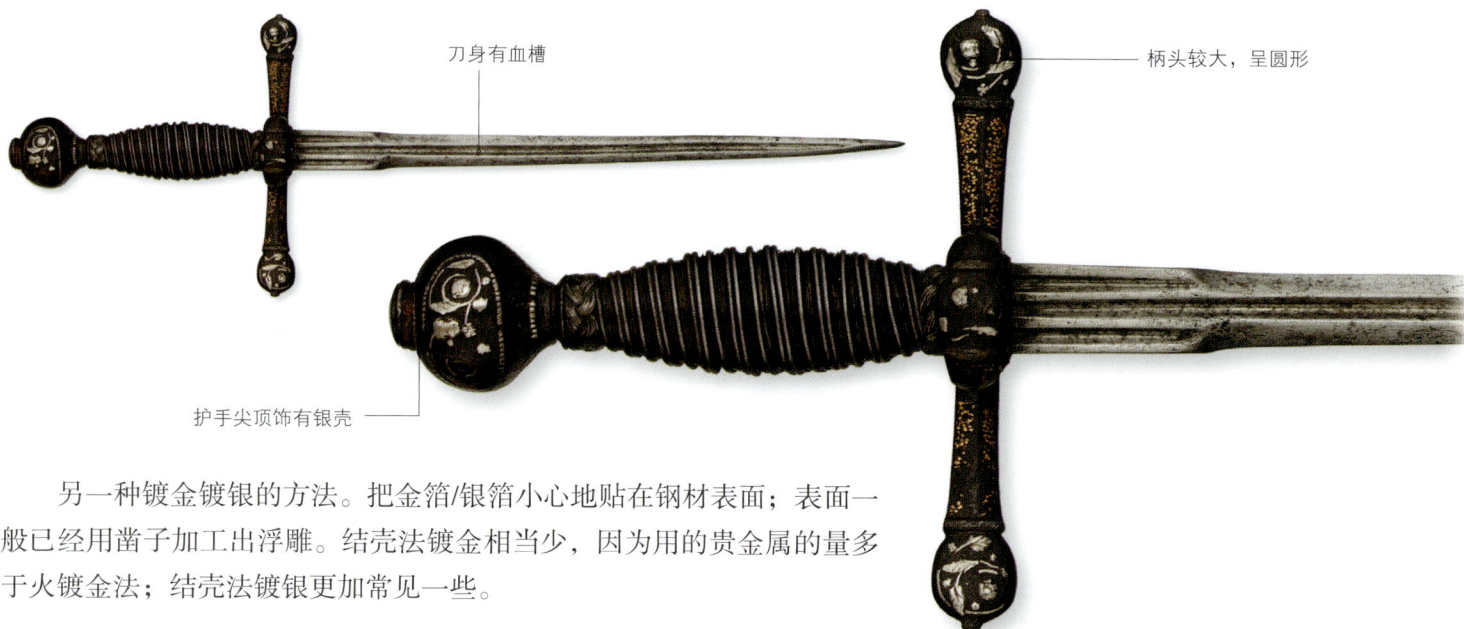

刀身有血槽

柄头较大，呈圆形

护手尖顶饰有银壳

另一种镀金镀银的方法。把金箔/银箔小心地贴在钢材表面；表面一般已经用凿子加工出浮雕。结壳法镀金相当少，因为用的贵金属的量多于火镀金法；结壳法镀银更加常见一些。

[1] 水银蒸汽有剧毒，会对工匠造成严重危害，因此这一技术已经被淘汰。——译者注

镶嵌法（Inlay）

镶嵌法加工的木柄

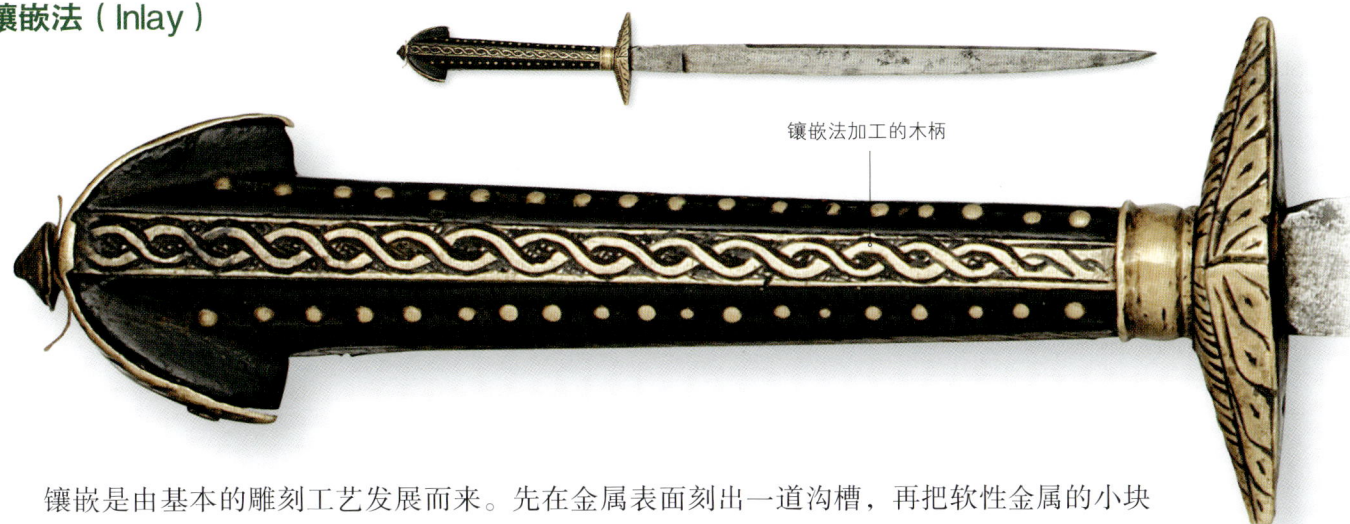

镶嵌是由基本的雕刻工艺发展而来。先在金属表面刻出一道沟槽，再把软性金属的小块（一般是铜合金、金、银）敲进去，最后磨光，与钢材表面平齐。

金银镶花法（又称金属镶嵌法、波形花纹蚀刻法）（Damascening）

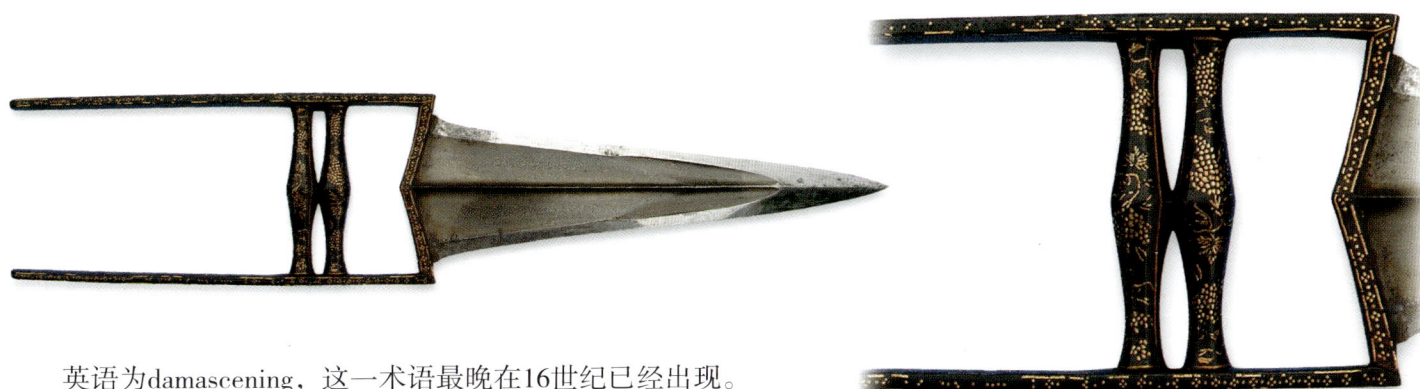

英语为damascening，这一术语最晚在16世纪已经出现。真正的金银镶花法，是将一种贵金属（一般是黄金）嵌入沟槽中的办法，沟槽横截面类似"人"字形。这种技术比波纹镶嵌法少见，二者经常被混淆。

金银镶花嵌饰

波纹镶嵌法（False or Counterfeit Damascening）

黄金波纹镶嵌装饰

英语直译"假金银镶花法"。在表面先刻出大量精细的交叉网格细线，然后把金箔或金丝敲入交叉网格，固定，再打磨表面。波纹镶嵌法英语又称koftgari，在印度、波斯很常见。

石器时代的锋刃武器

史前人类唯一能用的武器就是简单的石斧，抓握在手中举过肩膀，向下劈砍。在超过20万年的时间里，这些工具逐渐发展出了明显的刀身形状。最晚到公元前1500年，依然有人在制造燧石匕首，之后就彻底被青铜武器代替了。

旧石器时代的手斧，公元前30万年

这把石英岩手斧代表了旧石器人类精确的加压剥离技巧，相当少见。锋刃的位置与用力方向垂直，手斧后面也用十分精准的剥离技术加工了几次，方便握持。

劈砍用的锋刃

年代：	公元前30万年
来源：	旧石器时代
长度：	17.8厘米 （7英寸）

旧石器时代的手斧，公元前10万年—公元前6万年

这把手斧用燧石核心加工而成，体现了一类重要的技术革新：制造者似乎想要做出一种更加明显的尖头，不论想制造的是武器还是工具。这尖头当然不是真正的突刺用刀身，但制造者应该很明白，带有尖头，就更适合冲击较小的区域。尖头和锋刃都用加压剥离技术精心制成。这两个地方的形状，加上光滑的白垩岩表层，呈现出美丽的雕塑效果。

白垩岩表层

年代：	公元前10万年—公元前6万年
来源：	旧石器时代
长度：	15.2厘米 （6英寸）

新石器时代的凿子，公元前6000年—公元前3000年

尖端

形状窄长

加压剥离技术的发展，使得工具可以被加工成更加特化的形状。这把新石器时代的燧石凿子，色彩斑驳，比起更早的工具，形状更接近匕首的刀身，也变得更长、更窄了。

年代：	公元前6000年—公元前3000年
来源：	新石器时代
长度：	17厘米 （6.75英寸）

奥兹冰人的匕首

　　在意大利—奥地利边境的奥兹塔尔阿尔卑斯山脉（Ötztal Alps），曾经发现一具自然形成的木乃伊，保存非常完好，大约死于公元前3300年。木乃伊处于"铜石并用时代"（Chalcolithic），又称"红铜时代"（Copper Age），死因可能是肩膀的一处箭伤或者颅骨破裂。之后就因为被冰河包围而冰冻，直到1991年被人发现。木乃伊身边还有很多保存完好的物品，其中包括这把小匕首，刀身较短，用燧石制成；手柄用白蜡木制成。刀鞘是用纤维状树皮编织成的。奥兹冰人死于直接冲突，这把匕首曾用于作战，上面还带着敌人的血迹。

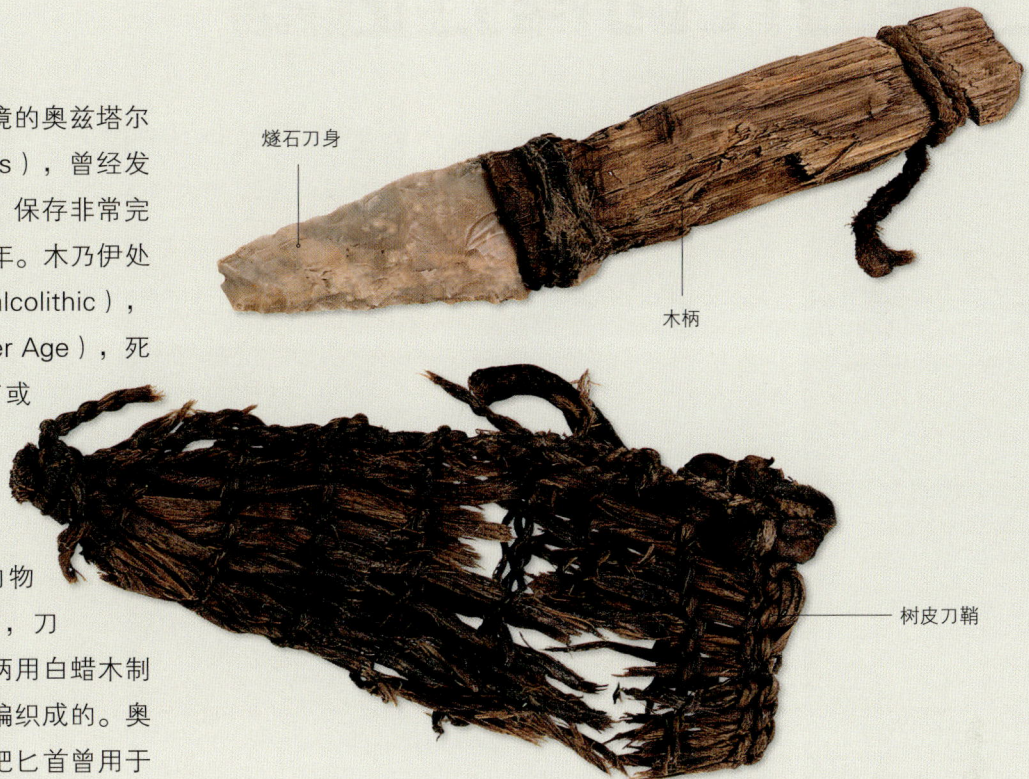

燧石刀身

木柄

树皮刀鞘

▲ 这把武器最不寻常的一点可能是一切有机材料全部保存完好

青铜时代的匕首，约公元前1800年—公元前1500年

劈砍用锋刃

年代：	公元前1800年—公元前1500年
来源：	青铜时代
长度：	11.4厘米　（4.5英寸）

　　这把后期的燧石匕首造出来的时候，金属的使用已经普遍。这是一把相当成熟的锋刃武器，上面使用了两种加压剥离技术：握柄上剥离了一些较大的碎片，而刀身则剥离了很多很小的碎片，制造出剃刀一般锋利的刃部。

青铜时代的匕首，约公元前1600年

模仿缝线

年代：	公元前1600年
来源：	青铜时代
长度：	18厘米　（7.1英寸）

　　这把美观的武器，所谓"匕首时代"（Dagger Age）制品的典范，直接仿制另一把青铜匕首。那把被仿制的匕首，皮制握柄有缝线；这把燧石武器沿着握柄也有一道之字形的脊，是模仿这种缝线，十分有趣。

古埃及短刀与匕首

埃及早王朝时期（Early Dynastic Period，约公元前3150—公元前2686年）之前很久，匕首就已经普及。当时人们可以生产精美的燧石匕首，最有名的一类是仪式上用的，类似砍刀。旧王国时期（Old Kingdom，前2686—前2134年）存世匕首极少见。中王国时期（Middle Kingdom，前2040—前1640年）和新王国时期（New Kingdom，前1570—前1070年）存世匕首多了一些，一般装有纯铜、青铜刀身，少数有黄金刀身。

埃及祭祀用匕首刀身，约公元前3000年

加压剥离形成的图案

手柄位于这里

现存几件古埃及前王朝时期（Predynastic Period，约公元前5000年—公元前3100年）的礼仪用刀身，这件样品是其中之一。现在失去了手柄，难以看出是一把刀了。这一类的武器，属于非常精美的艺术品，刀身有波浪形花纹，用成熟的加压剥离技术制成。

年代：约公元前3000年
来源：埃及
长度：18厘米（7.1英寸）

埃及匕首，新王国时期，约公元前1570年—公元前1085年

刀身有多道血槽

握柄柄片丢失

这把青铜匕首来自古埃及十八、十九或二十王朝时期，与青铜时代的欧洲、亚洲武器有一定的相似之处。从长宽比来说，刀身很宽，刀柄形状适合手持，外边缘有阶梯状的棱纹，以固定握柄柄片；这些柄片现已丢失。这些特征也类似古代波斯的青铜匕首。

年代：约公元前1570年—公元前1085年
来源：埃及
长度：不详

埃及短刀，新王国时期，约公元前1570—公元前1085年

尖端呈圆形

木柄

这把新王朝时期的匕首的木柄可能是原配的，装在青铜短刀刀身上面，侧面观显示，劈砍和突刺两用。刀尖可能因为磨损而变成了圆形，也可能是一开始就加工成圆形；虽然形状是圆的，但依然有如剃刀一般锋利，能够划开肌肉、劈开骨头。

年代：约公元前1570年—公元前1085年
来源：埃及
长度：不详

埃及突刺用匕首，新王国时期，约公元前1570年—公元前1085年

刀身较窄用于突刺

柄头较大，蘑菇形

这件样品形状有如尖刺，用于突刺。但它与后世欧洲"早期现代"（the Early Modern Era，约1500—1800年）的突刺短刀和短锥匕首都不同，材料不是经过硬化的钢材而是较软的青铜。为了提高强度，刀匠在握柄之上[1]的刀身部位做了优雅的张大处理。

年代：公元前1570年—公元前1085年
来源：埃及
长度：不详

埃及葬礼用匕首，新王国时期，约公元前1370年—公元前1352年

浮雕的狩猎场景

纯金刀身

瓷釉装饰

纯金刀身的匕首，在古埃及只有王室才买得起。这把纯金制成的华丽武器，是少年法老图坦卡门（Tutankhamun）的随葬品。此外，在王后爱赫特波（Queen Ahhotpe）随葬品中也发现了纯金的匕首和刀鞘，她是法老阿赫莫西斯一世（Ahmosis I，又译亚莫西斯一世）的母亲。

年代：约公元前1370年—公元前1352年
来源：埃及
长度：31.8厘米（12.5英寸）

埃及葬礼用匕首，新王国时期，约公元前1370年—公元前1352年

铁制刀身

多色装饰

瓷釉带

图坦卡门的第二把匕首，刀身为铁制，现在看起来或许不如第一把纯金匕首起眼，然而当时却更加贵重。这把匕首的成分是97%铁、3%镍的合金，说明是陨铁打造的；陨铁数量极少，比黄金更加值钱。柄头用水晶石制成，刀柄装饰瓷釉。

年代：公元前1370年—公元前1352年
来源：埃及
长度：34.3厘米（13.5英寸）

---

[1] 一般描述刀剑，是"下方"靠近刀尖，"上方"靠近柄头。这里以及后面一些地方的说法与惯例相反，译文不做改动。——译者注

青铜时代的锋刃武器

两千年前，青铜是人类能利用的最先进的金属。尽管青铜器加工之后会冷却变硬，但青铜制成的武器仍然可以在设计中利用它的柔软和固有特性，让它在使用时变形。大多数青铜匕首刀身较短，急剧收窄，而且刀身中央还有强韧的中脊，这样可以保持强度。

法国青铜时代的匕首，约公元前1800年—公元前1500年

握柄呈圆柱状

刀身的脊很密集

这把精致的青铜匕首发现于法国的米拉贝市（Mirabel），属于法国青铜时代早期——公元前1800年—公元前1500年。刀身呈三角形，刀刃装饰有很多脊和沟槽，用铆钉固定在刀柄上，刀柄和刀身是两个部件。这类匕首可能是文艺复兴时期意大利五指剑的前身。

年代：	公元前1800年—公元前1500年
来源：	法国青铜时代
长度：	27厘米 （11英寸）

卢里斯坦匕首，约公元前1200年

握柄柄片处的凹陷

刀柄上的阻挡块

卢里斯坦出土了很多美观的匕首，这件样品是其中之一，形制优雅，为了尽可能在利用材料的时候扬长避短，刀身急剧收窄，带有较宽的中脊，以提高强度；刀格（hilt block）较厚，呈新月形，以强化握柄顶端，防止破裂。

年代：	公元前1200年
来源：	卢里斯坦 （伊朗）
长度：	41.5厘米 （16.3英寸）

欧洲短刀刀身，约公元前1200年—公元前1000年

刀背较厚，没有开刃

冲压、刻出的装饰

握柄尖刺

刀身较长，显示另一种用来解决青铜锋刃武器强度的办法。这把刀没有急剧收窄的刀身和厚实的中脊，而是刀身的大部分总体较厚，横截面呈楔形，刀背厚实，单刃用于劈砍。

年代：	公元前1200年—公元前1000年
来源：	欧洲
长度：	30厘米 （11.8英寸）

卢里斯坦匕首，约公元前1200年—公元前800年

容纳手指的指槽

刀身较窄

这把青铜匕首十分精致，也是在卢里斯坦出土的，年代是公元前1200年到公元前800年，处于波斯铁器时代。手柄形状精致，贴合手形，有手指沟槽，握持很舒适；此外，还有原先的握柄柄片，用木材或某种有机材料制成。

年代：公元前1200年—公元前800年
来源：卢里斯坦（伊朗）
长度：27厘米（11英寸）

卢里斯坦的兵器

今天伊朗北部的卢里斯坦（英文拼写Luristan或Lorestan）多处遗址出土了大批青铜时代的文物，是全球规模最大的青铜文物群。20世纪进行过多次发掘，出土了多种工具、装饰品，还有很多武器；制造者是古代半游牧状态的民族，居住在中东的山区。武器中有刀剑、斧头、矛头，还有大量匕首，由青铜铸成，一般有握柄柄片，材质有木材、兽角、兽骨。卢里斯坦一些最上乘的青铜匕首可能来自伊朗铁器时代，约公元前1200年—公元前650年；其他很多匕首也来自伊朗青铜时代，约公元前3500年—公元前1250年。

▲ 伊朗东北部保存有很多定居点的废墟，例如这一座；大规模发掘后出土了大量武器、工具及其他物品

古典世界的匕首

我们想到希腊罗马武士，经常会想象他们身披青铜铠甲，手持青铜兵器，闪闪发亮。不过，您可不要忘了，当时的铁器已经广为人知。青铜和铁并存了数百年，同时被当作武器的原料。青铜比早期的铁要坚硬，但早期的铁比青铜便宜。古罗马几乎所有武器都有铁质刀身；罗马铁匠还学会了使用一种铁与碳的合金——也就是钢。

哈尔施塔特"触角"匕首，约公元前750年—公元前450年

"触角"式柄头

损坏的"触角"式护手

哈尔施塔特"触角"匕首的经典造型。这件样品堪称典范，不仅因为其造型属于典型特色，还因为是铁制的。哈尔施塔特文化的居民是青铜时代欧洲第一个掌握冶铁的民族。

年代：约公元前750年—公元前450年
来源：哈尔施塔特文化
长度：不详

维拉诺瓦匕首与刀鞘，约公元前600年—公元前300年

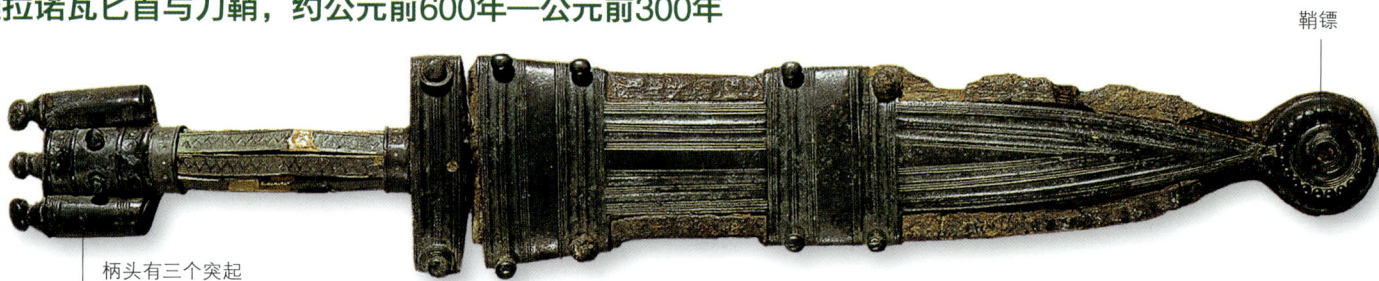

鞘镖

柄头有三个突起

这把精致的维拉诺瓦匕首，出土于西班牙的特瓦新镇（Villanueva de Teba）古代坟场（Necropolis）的11号古墓，代表青铜工艺装饰的最高水平。刀鞘有带子的设计，武器各部分的比例也受到后期罗马普吉欧匕首的显著影响。

年代：公元前600年—公元前300年
来源：维拉诺瓦文化
长度：不详

英国或德国匕首与刀鞘，约公元前600年—公元前300年

刀鞘有青铜带

这把匕首刀身为铁质，是从泰晤士河里打捞出来的，但风格显示是德国南部的制品。很像罗马的普吉欧匕首，大概就是普吉欧的前身之一，可能是英国进口的，而不是在英国生产的。刀鞘有青铜带，可能是本地金属工匠的作品。

年代：公元前600年—公元前300年
来源：英格兰/德国
长度：35.6厘米（14英寸）

罗马普吉欧匕首与刀鞘，公元100年

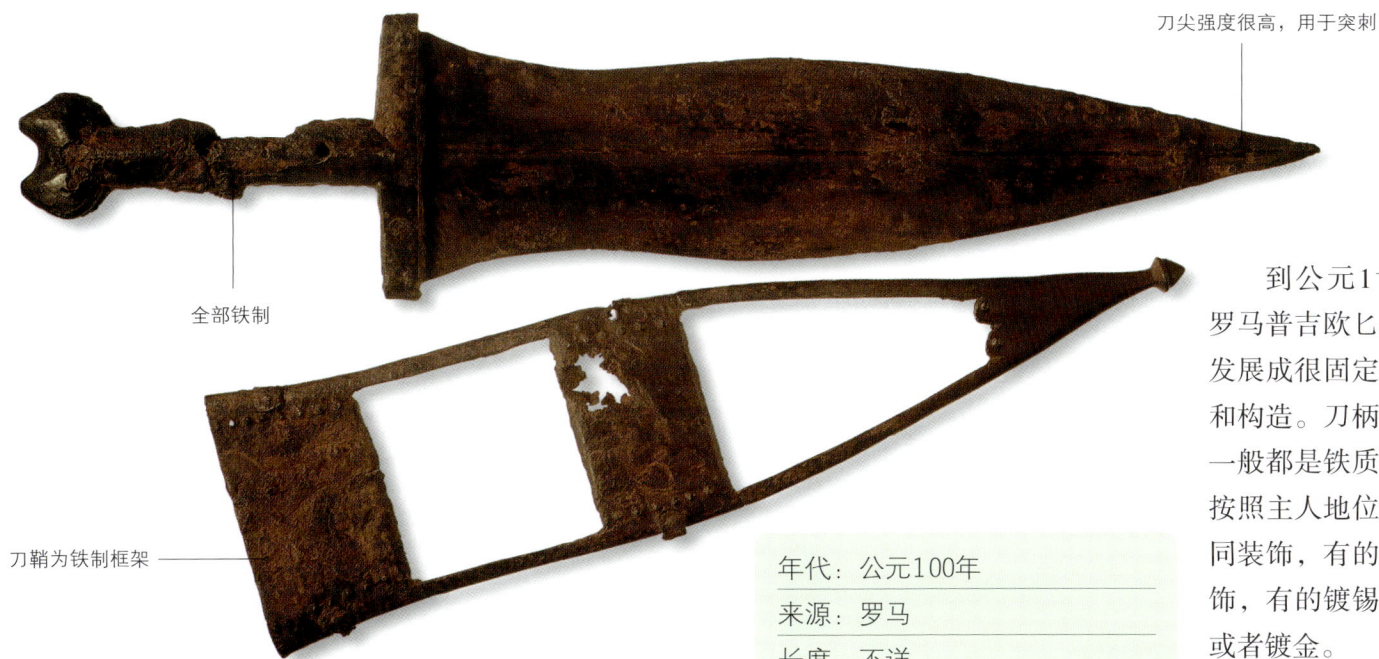

刀尖强度很高，用于突刺

全部铁制

刀鞘为铁制框架

到公元1世纪，罗马普吉欧匕首已经发展成很固定的形制和构造。刀柄、刀身一般都是铁质，刀柄按照主人地位而有不同装饰，有的不加装饰，有的镀锡、镀银或者镀金。

| 年代：公元100年 |
| 来源：罗马 |
| 长度：不详 |

罗马普吉欧匕首，公元100年

中脊

轮式柄头

这件样品锈蚀严重，也折弯了。刀尖不如其他样品那么突出，但除此之外，其他特征很是主流：有狭窄的中脊，延伸至刀身整个长度。握柄有一般的中央膨胀部位，轮式柄头，护手装饰有雕刻的线条和小珠子。

| 年代：公元100年 |
| 来源：罗马 |
| 长度：26.5厘米（10.4英寸） |

罗马军官普吉欧匕首，公元100年—300年

刀柄包银

刀身较宽，树叶形，收窄

这一类的普吉欧匕首一直被用到2世纪中期。刀柄包裹白银，质量很高，显然属于罗马军官，可能是百夫长（centurion）或舰长（navarch）。握柄有装饰性的绳索图案，说明可能来自罗马海军指挥官。匕首品相很好，是传世罗马匕首中保存最完好的样品之一。

| 年代：约公元100年—300年 |
| 来源：罗马 |
| 长度：不详 |

中世纪匕首

　　中世纪的具体时间段很难界定。中世纪的英文有the Medieval Period、Middle Ages两种说法。单单从武器史的角度说，或许可以将5世纪时西罗马帝国的崩溃看作中世纪的起点；这是中世纪早期，经常被误称作"黑暗时代"（the "Dark Ages"）。14世纪前期属于中世纪盛期（the "High" Middle Ages），在15世纪中的某个阶段终结，也叫中世纪晚期（the "Late" Middle Ages）。这10个世纪期间，匕首有了巨大发展。

中欧撒克逊匕首，公元500年—600年

刀背较宽，没有开刃

柄舌

刀尖不对称，用于突刺

劈砍锋刃

　　这两把中世纪早期撒克逊匕首，尽管出土时严重锈蚀，但仍可以看出原先的形状。刀身较宽，刀背厚实，方便劈砍与切削；刀尖三分之一处急剧收窄，形成很长的突刺尖头。理所当然，这种美观的多功能刀身在中欧、北欧、西欧流行了将近一千年。

年代：	公元500年—600年
来源：	中欧
长度：	26厘米　（10.2英寸）

英格兰十字护手匕首，约1200年—1300年

柄头手臂向上弯曲

护手向下弯曲

刀身双刃

　　这把古典造型的匕首造于中世纪盛期，柄头有鲜明特色，基本是十字护手的翻版。这一类中世纪的匕首让人想起哈尔施塔特文化、拉泰恩文化的"拟人化"设计。这种匕首保存的数目很多，其中一大部分是在伦敦被发现的。这一类匕首的传播不仅限于英格兰，在欧洲大陆也很流行。

年代：	约1200年—1300年
来源：	英格兰
长度：	30.5厘米　（12英寸）

英格兰十字护手匕首，约1400年

刀尖横截面呈正方形

铜合金刀柄

这把匕首质量很高，护手与柄头不是钢铁，而是铜合金。握柄已经丢失，可能当初覆盖有一层彩色织物。刀身完全用于突刺，但铁匠当时也许专门花费精力将它做成更加优雅的形状，而不只是一根四棱锥子。刀身接近刀柄的一半有深血槽，接近刀尖的一半横截面呈正方形，两部分衔接自然。

年代：	约1400年
来源：	英格兰
长度：	29厘米（11.4英寸）

英格兰或苏格兰十字护手匕首，约1300年—1400年

护手下垂

轮式柄头

刀身慢慢收窄，显得锋利[1]

刀身相对较短，但非常窄，而且逐渐变细，显得很锋利，表示这把匕首在中世纪肯定会被认为是couteau à pointe（法语：突刺用短刀）。护手有特色，护手向下倾斜，靠近刀身，末端膨大。护手的主要部分也向下延伸，与木柄紧密衔接。这件样品木柄已经丢失，就像大部分现存中世纪匕首木柄一样。这种风格的护手，是苏格兰中世纪长刀剑护手的形态之一。可能是苏格兰刀剑的微缩版。但是将这把匕首作为苏格兰刀剑实在是太小了。

年代：	约1300年—1400年
来源：	英格兰/苏格兰
长度：	33.8厘米（13.3英寸）

德国十字护手匕首，15世纪后期

刀身横截面有变化

护手有刺孔

这把匕首极其华美，可能是中世纪末期德国生产的。柄头和护手为铜合金。刀身不同寻常，横截面变化了四次：从护手开始是双刃，护手之上几厘米处变为单刃；之后单刃、双刃互相交替，直至刀尖。

年代：	15世纪后期
来源：	德国
长度：	44厘米（17.3英寸）

[1] 原文Sharply tapered blade，直译"急剧收窄"，与之前的五指剑描述一样。但从画面上看，这把匕首显然整个刀身都很细，收窄也很慢。咨询母语顾问之后，决定按照实际情况修改。——译者注

圆盘匕首

到14世纪中期，圆盘匕首已经成为各个阶层最流行的佩带种类，不论是在战场上还是在日常生活中用于防身。有些圆盘匕首带有单刃，其他则是纯粹的突刺工具，刀身只是一根长长的钢制尖刺。圆盘材料多样，有木材、兽角、铜合金、铁、钢；直径相差很大。尽管如此，这些圆盘始终能配合手部的握持，能让刀手紧握，向下猛烈突刺。

英格兰圆盘匕首，约14世纪

小型圆盘护手

茶壶保温套形（Tea cosy）柄头

这件样品发现于伦敦泰晤士河中，有圆盘匕首最早期的特征之一：护手为金属圆盘，柄头却不是金属圆盘，而是沉重的半球形，类似茶壶保温套；12—13世纪很多刀剑上都有这样的柄头。

年代：	约14世纪
来源：	英格兰
长度：	不详

疑似英格兰圆盘匕首的碎片，约1400年

表面火法镀金

雕刻的几何装饰

年代：	约1400年
来源：	疑似英格兰
长度：	9.6厘米（3.8英寸）

这是一把镀金圆盘匕首的残片，包括握柄和柄头部分。这把匕首完好时一定十分精美，显然属于一名骑士。14世纪后期到15世纪前期，英格兰葬礼模拟像[1]的雕刻中的匕首，时常出现这种繁复的几何图形装饰。柄头上有方形的四瓣花卉图案，中世纪后期的英格兰金属艺术中尤其常见。铜合金箱子、烛台、铠甲也常见这样的图案。

英格兰或苏格兰圆盘匕首，15世纪

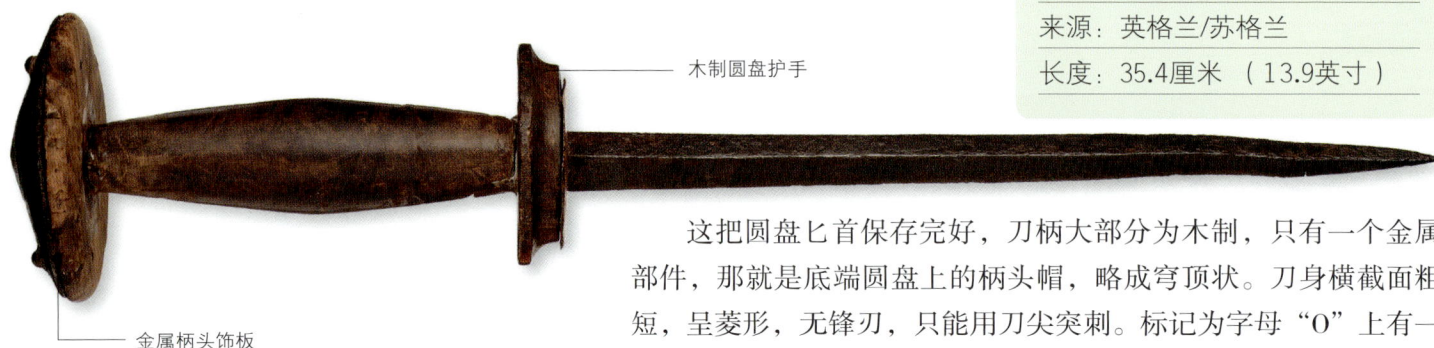

年代：	15世纪
来源：	英格兰/苏格兰
长度：	35.4厘米（13.9英寸）

木制圆盘护手

金属柄头饰板

这把圆盘匕首保存完好，刀柄大部分为木制，只有一个金属部件，那就是底端圆盘上的柄头帽，略成穹顶状。刀身横截面粗短，呈菱形，无锋刃，只能用刀尖突刺。标记为字母"O"上有一字母"I"，嵌在铜合金里，说明这把匕首质量很高。[2]

[1] 原文funerary effigies，西欧中世纪发展起来的一种雕塑，刻成死者生前的样子，用于葬礼或坟墓装饰。文艺复兴时期依然常见，近代早期衰落，但使用一直延续到现在。——译者注
[2] 暂未查到这个标记中字母I、字母O的具体含义。——译者注

卢克蕾提亚之自杀

传世的古代武器很少有崭新无损的，因此艺术作品中的武器样式就十分重要了。大多数艺术家都尽可能真实地塑造武器形象，同艺术家自己看到的形象一样：闪亮，抛光，一切装饰完好无缺。有些艺术体裁对研究武器的专家非常有价值。匕首的研究常常涉及一个悲剧事件：古罗马有一位贵族女子卢克蕾提亚，是一名半神话人物，受到贵族强暴，继而用匕首自杀了。历史上认为这场自杀导致罗马共和国的诞生。很多艺术家，如波提切利（Botticelli）、拉斐尔（Raphael），都画过她的油画；艺术家的这些作品一般描绘了同时期的匕首，通常质量极高，显示她的贵族身份。

▲ 据传卢克蕾提亚在被罗马国王之子侮辱之后，用匕首自杀了。公众非常愤怒，推翻了罗马君主制

原始木柄

木柄

护手形成三耳状

小型圆盘护手

柄头有很深的凹槽

刀身较长，单刃

疑似英格兰圆盘匕首，15世纪

匕首较长，说明显然用于实战，可以进行长穿刺，穿透敌人的多层板甲、锁子甲、衣物而杀伤敌人。两个金属圆盘都相当厚，直径相对较小。还有一点较为特殊，那就是原先的木柄保存完好。大多数中世纪匕首的木柄腐朽殆尽，只留下柄舌暴露在外。

年代：	15世纪
来源：	疑似英格兰
长度：	51.6厘米 （20.3英寸）

刀背向前弯曲

英格兰圆盘匕首，15世纪

这把小型匕首原先的木柄以及带有金属垫圈的木制圆盘都保存下来。此外，刀身单刃，呈楔形，刀背略微向锋刃一侧弯曲，到尖端一直收窄。这一点也比较特殊。该样品在伦敦泰晤士河上的南华克桥（Southwark Bridge）下面被打捞出来。

年代：	15世纪
来源：	英格兰
长度：	不详

刀身较厚，有尖刺

德国圆盘匕首，约1500年

这把匕首的刀柄为铜合金制造。柄舌尽头安装的是单纯的圆盘，但护手的圆盘却形成三个圆球装饰（也叫耳形装饰）。这一形制非常类似某些德国类型，即16世纪早期到中期流行的所谓"平民佣兵"匕首。刀身厚实而沉重，横截面呈三角形，完全适合中世纪常见的猛刺对手头部的搏斗方式。

年代：	约1500年
来源：	德国
长度：	34厘米 （13.4英寸）

强韧的中肋

英格兰圆盘匕首，约1510年

这把圆盘匕首发现于伦敦南华克区的泰晤士河中。柄头为铁质，较重，这类柄头较为少见，类似圆盘匕首早期的样式；早期圆盘匕首的柄头不是扁平的圆盘，而是加工成球状。同时发现的还有皮革刀鞘的残片，以及两把小型配刀，用于吃饭和其他生活用途。

年代：	约1510年
来源：	英格兰
长度：	不详

"巴塞拉"骑士佩剑

巴塞拉剑的大小差异很大，有些属于小型匕首，有些则是短剑。刀柄一概显示出明显的字母"I"形，两片木板夹住柄舌，柄舌也做成与木板相同的形状。14世纪后期到15世纪前期，小型匕首式巴塞拉剑在意大利最为流行。此外，短剑形巴塞拉剑则主要是由德国、瑞士生产。

手指槽

火法镀金血槽

柄头不对称

木柄对称

欧洲巴塞拉匕首，约1400年

各种不同的巴塞拉剑，似乎是小型匕首式在前，较长短剑式在后。这是一把小型匕首式巴塞拉剑，代表14世纪后期到15世纪前期的典型；只有护手上加工出的手指沟槽和柄头的十字形部件不属于典型，较为特殊。

年代：	约1400年
来源：	欧洲
长度：	33.3厘米 （13.1英寸）

中脊

英格兰巴塞拉匕首，约1490年—1520年

这把英格兰巴塞拉剑相当少见，表示较长短剑式在瑞士、德国之外也流行起来。刀身质量很高，劈砍和突刺两用。刀柄上有一个不对称的柄头，还有一部分向外延伸，这就让剑士能够用小指作为支点而进行致命的"鞭挞"式劈砍。

年代：	约1490年—1520年
来源：	英格兰
长度：	68.2厘米 （26.9英寸）

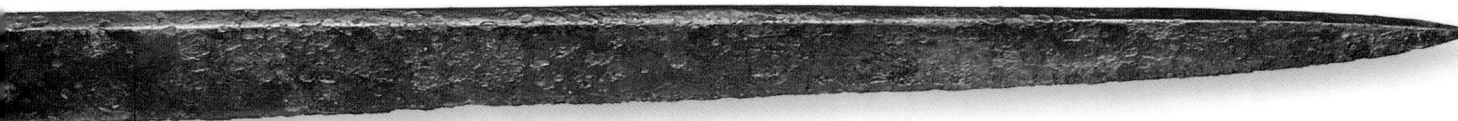

单刃用于劈砍

瑞士或德国长形巴塞拉匕首，约1520年

这是一把16世纪早期的典型巴塞拉剑，有较为普遍的对称刀柄，十字护手宽度略大于柄头，加工成粗糙的凸透镜样子。这把匕首与上面的英格兰样品不同，刀身双刃，无装饰，横截面是扁平的菱形。

年代：	1520年
来源：	瑞士/德国
长度：	不详

刀身双刃

睾丸匕首

睾丸匕首经常被误称为"肾脏匕首"，就连今天也有人这么称呼。这些匕首形状影射的事物相当明显，但英国维多利亚时期的武器专家却为这种匕首感到震惊，专门为它改了名字。中世纪的人认为，公开展示生殖器的标志完全算不得色情，而是一种辟邪的象征，能够驱逐恶灵。

英格兰或苏格兰睾丸匕首，14世纪

耳形铆钉

铜合金垫圈

这把睾丸匕首明显预示了17世纪的"黄杨木柄匕首/愤怒匕首"。刀身基部和耳形装饰顶端之间有一个金属垫圈，是最早采用这类垫圈的匕首之一。垫圈用两个铆钉固定，每个铆钉穿过一个耳形装饰，目前大多数现存的愤怒匕首都用了这一方法。

年代：	14世纪
来源：	英格兰/苏格兰
长度：	25.1厘米 （9.9英寸）

英格兰睾丸匕首，15世纪

突出的金属柄头

这把15世纪的样品很长，已经有些类似17世纪的后续形式——苏格兰高地德克匕首。刀柄似乎是由很硬的树根或泥炭木（又称沼木）雕刻而成。刀身单刃，刀背较厚，尺寸和比例都类似后来的高地德克匕首。

年代：	15世纪
来源：	英格兰
长度：	29.2厘米 （11.5英寸）

英格兰或苏格兰睾丸匕首，15世纪

铜合金基部小板

按照刀鞘形状加工

这把睾丸匕首基部膨大，装有铜合金底板；同类匕首很多都是如此。底板除了方便工匠加上雕刻装饰，还能给柄舌末端提供一个坚实的基座。柄舌穿过木柄中心，又穿过底板上的洞而穿出，用锤子敲击，将刀柄、刀身固定在一起。

年代：	15世纪
来源：	英格兰/苏格兰
长度：	39厘米 （15.4英寸）

英格兰或苏格兰睾丸匕首，15世纪

握柄张大

有牙垫圈

　　睾丸匕首的握柄呈喇叭状，膨大；这一类睾丸匕首的耳形装饰一般比例小于末端的圆球形装饰，末端圆球一般明显比刀身基部的圆球更宽。这件样品在圆球、刀身之间还有一个金属垫圈，刀身上下都有突出的"牙齿"，确保与刀鞘严丝合缝。膨大的喇叭形刀柄在15世纪出现，一直到16世纪还很流行，用意可能是类似圆盘匕首，为剑士提供良好的握持。

年代：	15世纪
来源：	英格兰/苏格兰
长度：	36.5厘米 （14.4英寸）

英格兰或苏格兰睾丸匕首，15世纪

刻出的睾丸形状的突起

　　这把睾丸匕首的刀柄非常典型，用整块木材雕刻而成，刀身单刃。刀身特别是尖端很像文献中出现的一种早期中世纪匕首，名为couteau à tailler，直译"劈砍用短刀"。也是单刃刀身，略微向着没有磨快的笔直刀背弯曲，形成一个不对称刀尖，类似典型的厨房用刀。

年代：	15世纪
来源：	英格兰/苏格兰
长度：	不详

疑似英格兰睾丸匕首，15世纪

横截面呈菱形，中空

横截面呈三角形

　　这把睾丸匕首故意做得写实化，握柄略弯，刀身很独特。刀身基部三分之一处横截面是标准的三角形，但中途忽然变化，顶端三分之二处是加工精确的中空菱形。这就使得基部十分坚固，而尖端却又足够窄，能够刺入敌人肋骨之间。像这样复杂的睾丸匕首的刀身很少，圆盘匕首中，这样的刀身较为多见。

年代：	15世纪
来源：	疑似英格兰
长度：	34.7厘米 （13.7英寸）

文艺复兴时期的匕首

　　16世纪是武器的一个重要转折点。虽然使用刀剑、匕首、长柄武器的传统作战方式还是主流，但新式的火药武器也在快速发展。16世纪，锋刃武器的实战作用开始减退，而在平民生活中的作用却愈发重要起来。决斗事件越来越多，当时大多数需要防身或"格挡击剑"（fencing）的场合都会用到匕首。

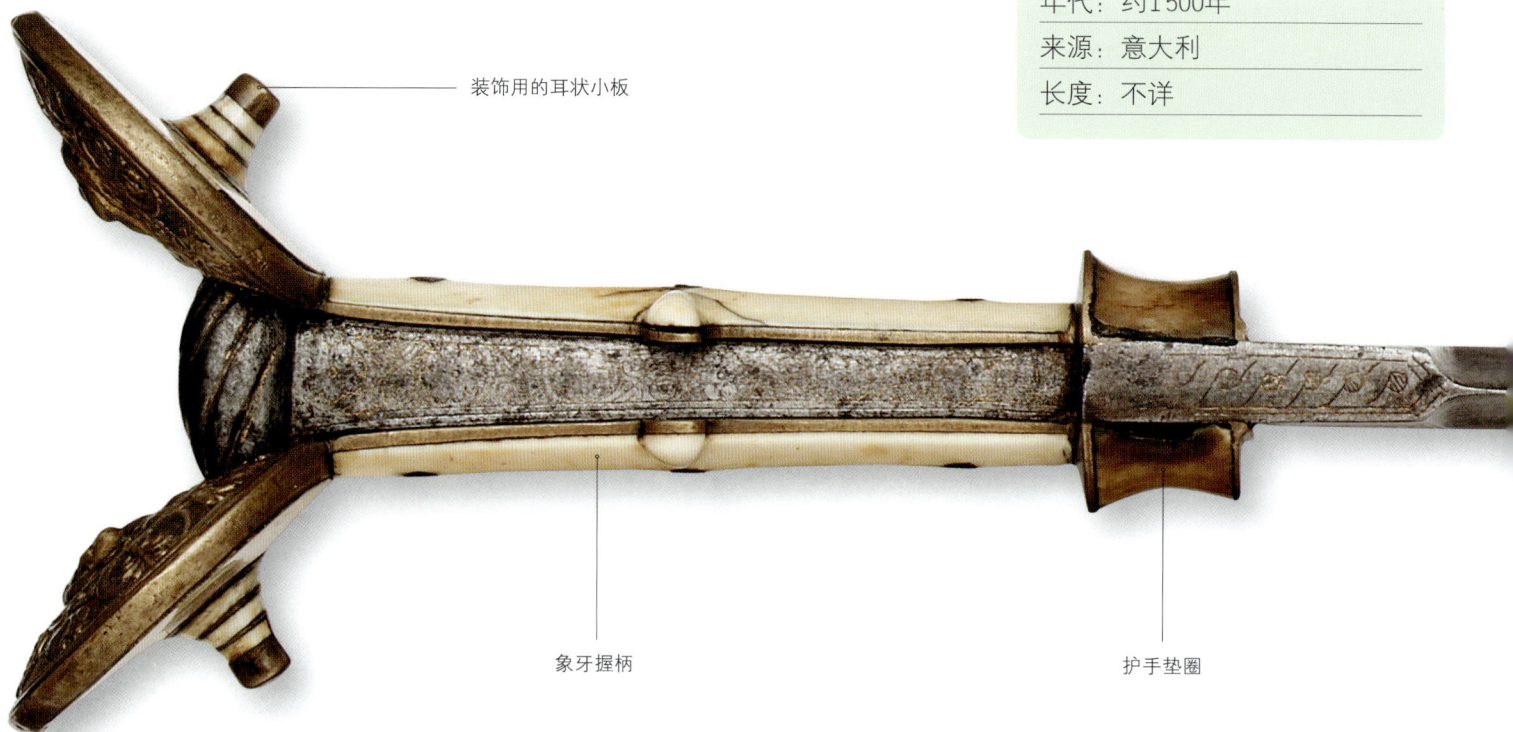

年代：	约1500年
来源：	意大利
长度：	不详

装饰用的耳状小板

象牙握柄

护手垫圈

珠子形状的圆盘护手

意大利耳状匕首，约1500年

耳状匕首主要见于西班牙、意大利，设计坚固，刀身有较厚的脊，延伸成为强韧的柄舌，到柄头处，厚度还会增加。这一形状使得刀身几乎不可能折断，而且还保持了极佳的平衡，拿在手中犹如羽毛一般轻便。

脊较厚

▲ 耳状饰板是匕首最明显的部位，因此最适合加以装饰

德国圆盘匕首，16世纪前期

典型的后期圆盘匕首，也是圆盘匕首最后的形制，大约16世纪中期被淘汰。这件样品展示了约1500年出现的圆盘匕首的两个重要改进：一是护手在一侧向下弯折90度，使得平时佩带的时候能够贴身存放；二是刀身不再位于护手中央，而是偏向弯折的一边，也是为了让匕首平贴在胯部。

年代：	16世纪前期
来源：	德国
长度：	36厘米　（14.2英寸）

刀身弯曲

圆圈状德式斗剑S形护手

铜合金刀柄

柄头帽，有装饰

侧环

护手尽头张大

木制握柄，有嵌饰

铜合金护手

德国平民佣兵匕首，16世纪

刀身双刃，强度高

年代：	16世纪
来源：	德国
长度：	不详

这件样品十分精细，在分类学上意义重大。德国和瑞士历史上有一种非常凶悍的佣兵，通称为"平民佣兵"（Landsknechts），使用一种名为"德式斗剑"（德语katzbalger，直译"剥猫皮者"或"像野猫一般的斗士"）的著名短剑。这件样品的形制就等同于德式斗剑，在同类匕首中极为少见。这一类匕首的刀柄生产之后，配上的不仅有平民佣兵的匕首和短剑，还会配上著名的双手阔剑。核心特征是护手呈圆圈状，单一的护手条铸成紧紧盘绕的S形，握柄略微收窄，在柄头部位附近膨大；柄头两侧都有小突起。

萨克森侧环匕首，约1570年[1]

刀身较短，用于突刺

这一类匕首同德意志帝国萨克森地区关系密切，有人将其归类为平民佣兵匕首的一种，但显然远远不止平民佣兵使用，一般士兵和平民也会使用。这件样品来自德累斯顿市（Dresden）的皇家军械库（Royal Armoury），推测年代大约是1570年左右；但这一类匕首最早出现在16世纪初期，整个16世纪都没有什么变化。

年代：	约1570年
来源：	德国（萨克森地区）
长度：	38厘米（15英寸）

意大利十字护手匕首，约16世纪后期

刀身单刃，较窄

十字护手匕首是很不寻常的类型，与文艺复兴时期的大多数其他设计都不相同。手柄有嵌饰，非常精美，有一体成型的柄头。护手相对刀身长度来说比例很窄，到了极端的地步。刀身侧面类似后世地中海地区的格斗短刀，特别是纳瓦亚折刀。

年代：	16世纪后期
来源：	意大利
长度：	37.2厘米（14.6英寸）

[1] 原文Saxon，与"萨克逊"拼写相同，萨克森这个译名专指地区名。虽然撒克逊人历史上确实来自萨克森地区，但本书前面提到的撒克逊短刀与这把萨克森地区匕首形制明显不同，因此译为萨克森匕首。——译者注

五指剑

　　因为匕首刀身一般较短、较窄，基本都用于突刺和切削，不能实现劈砍；因为尺寸很小，也不能造成撞击效果。五指剑却是个例外。五指剑于15世纪出现在意大利，很多五指剑归类为"匕首"亦可，归类为"短剑"亦可；主要功能是用锋刃劈砍，而不是用刀尖突刺，因此刀身做得很宽。

意大利短五指剑，约1500年

手柄插入细工饰品

脊较厚

匕首刀身较短

　　五指剑大小差异很大。很多五指剑相当长，劈砍突刺两用，作为短剑非常有效；其他五指剑，例如这一把，就相当短小。剑身宽阔，急剧收窄，中脊很厚，适合突刺。这种形制是青铜时代的创意，又使用了更为坚硬的金属（硬化钢）实现了改进。

年代：	约1500年
来源：	意大利
长度：	42厘米 （16.5英寸）

意大利短五指剑，约1500年

全尺寸刀柄

护手呈飞去来器形

铜合金柄头帽

刀身较短，急剧收窄

　　这件样品是出土物，损坏比较严重，但依然属于小型五指剑的典范。剑柄的设计是五指剑的典型风格，与尺寸较大的五指剑柄大小相同，有铜合金的柄头帽。刀身较小，但杀伤力很强，刀尖呈缝衣针状，经过强化。这件样品曾一度被英国武器专家寇松男爵（Baron de Cosson）查尔斯·亚历山大（Charles Alexander，1843—1929年）收藏。

年代：	约1500年
来源：	意大利
长度：	37厘米 （14.5英寸）

意大利五指剑，16世纪前期

象牙握柄

血槽较深

典型五指剑，有象牙握柄，圆形嵌饰；中间膨大，柄头一体成型，用镀金铜合金的柄头帽覆盖。护手呈飞去来器的形状，两侧都突出于刀身之外。刀身没有装饰，没有最高级的五指剑那样大量的血槽，但有两道深血槽，贯穿整个剑身。

年代：16世纪前期
来源：意大利
长度：不详

意大利北部的五指剑，16世纪前期

护手进一步伸展

刀身加长

这件样品属于五指剑中最长的，很容易被归类为短剑。它的设计经过修改，更适合长剑的使用方式。护手加长，以增强对持剑的手的保护；刀身显著延长，几乎失去了典型的三角形状。

年代：16世纪前期
来源：北意大利
长度：不详

五指剑复制品，19世纪

19世纪的手柄

战戟刀身

西洋剑柄头被重新利用

19世纪的护手

19世纪收藏家非常青睐五指剑，从而导致很多赝品出现。有些是纯粹造假，有些是原先的部件加工而成。这把五指剑使用了16世纪的西洋剑柄头，19世纪的握柄、护手，16—17世纪的长柄武器刀身。

年代：19世纪
来源：不详
长度：不详

"侧环"格挡匕首

到16世纪下半叶，西洋剑的击剑术基本都会要求左手拿一把格挡匕首。17世纪中期之前，格挡匕首差不多总是"侧环"式，有简朴的十字护手，上面连接一个金属环，保护着手部外侧。格挡匕首的装饰风格常与西洋剑保持一致，但保存下来的套装十分少见。

德国格挡匕首，16世纪后期

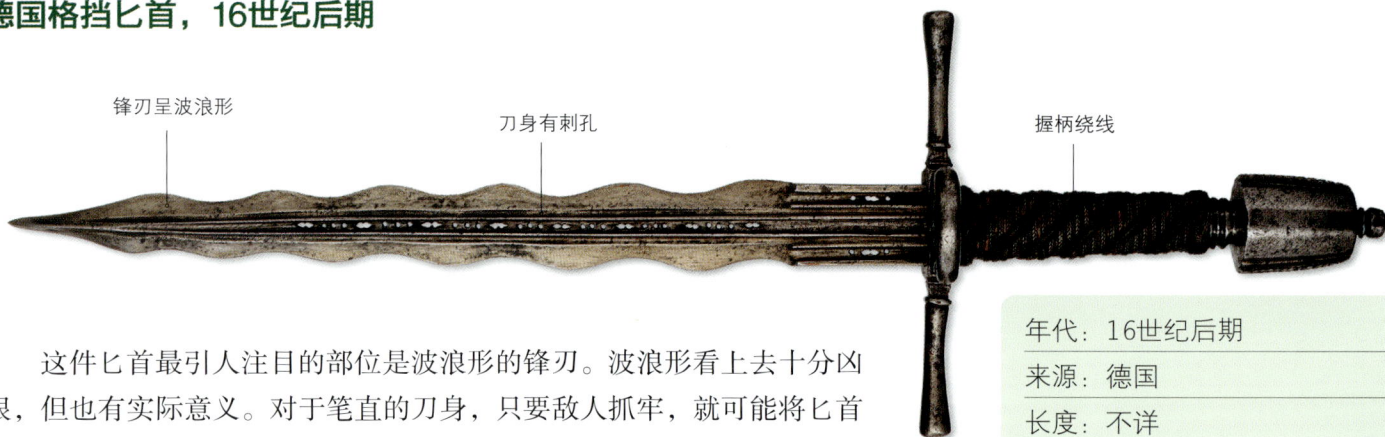

锋刃呈波浪形

刀身有刺孔

握柄绕线

这件匕首最引人注目的部位是波浪形的锋刃。波浪形看上去十分凶狠，但也有实际意义。对于笔直的刀身，只要敌人抓牢，就可能将匕首从自己手里夺走；但波浪形刀身却很难被抓牢。

年代：	16世纪后期
来源：	德国
长度：	不详

英格兰格挡匕首，16世纪后期

刀身磨损严重

表面坑洼不平

柄头有凹槽

这把少见的英格兰格挡匕首，被发现于伦敦泰晤士河中。浸泡在水中数百年，表面已经严重锈蚀，但有凹槽的柄头和护手仍可辨认。匕首质量很高，但缺少侧环，这一点比较不寻常。

年代：	16世纪后期
来源：	英格兰
长度：	不详

德国格挡匕首，约1600年

刀身横截面呈菱形

护手笔直

壳手

球形柄头

这件样品体现了1600年之后出现的两种设计趋势：第一，格挡匕首的刀身变得更为窄长，用来对付更为轻便迅捷的西洋剑；第二，护手用一组实心板代替了侧环，以更好地防护敌人的突刺。

年代：	约1600年
来源：	德国
长度：	64.5厘米（25.3英寸）

德国格挡匕首，约1600年

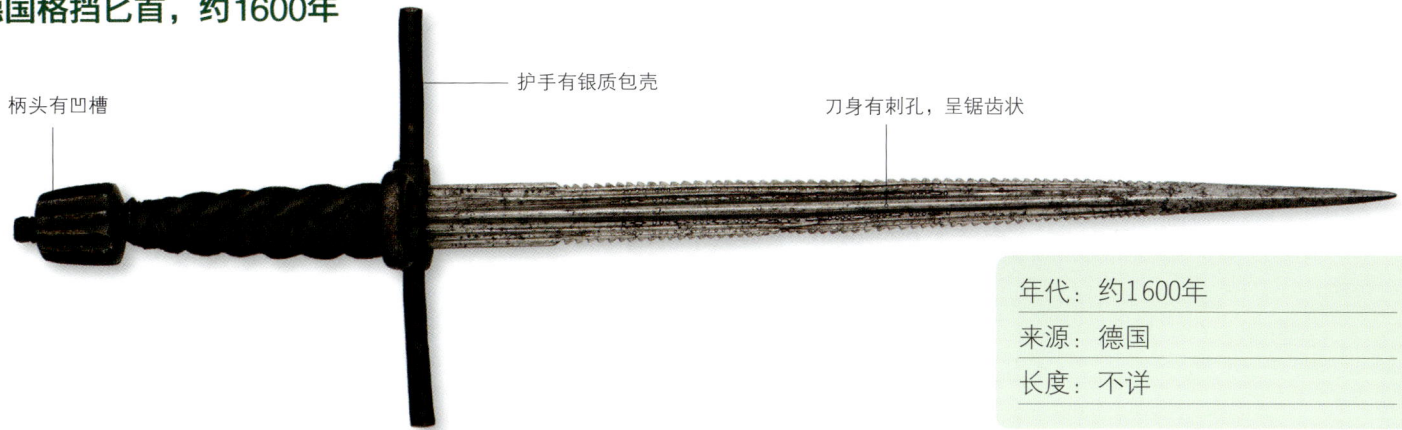

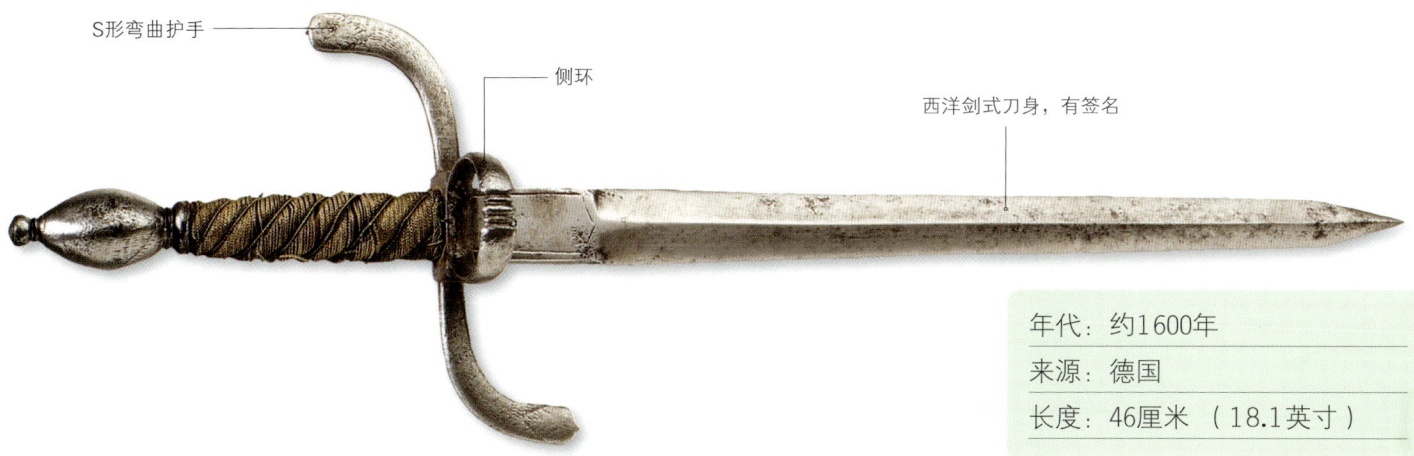

柄头有凹槽

护手有银质包壳

刀身有刺孔，呈锯齿状

年代：约1600年
来源：德国
长度：不详

　　这把匕首的刀身有多道深沟槽，极大地减轻了重量，却还能保持原有的强度。这些沟槽还被加上很多小刺孔，以进一步减重。有一种常见误解，说这些小洞是为了存放毒液，实际并非这样。双刃还带有锯齿，从敌人体内拔出时能够加重其损伤。

德国格挡匕首，约1600年

S形弯曲护手

侧环

西洋剑式刀身，有签名

年代：约1600年
来源：德国
长度：46厘米（18.1英寸）

　　这把格挡匕首不太寻常，似乎是用折断的西洋剑剑身制成的，剑根有铭文"CININO"字样。这把匕首代表了当时的一种常见做法，把高质量武器的部件拿来派上新的用场。有签名的西洋剑剑身十分宝贵，即使折断也不能浪费。

意大利左手匕首，约1600年

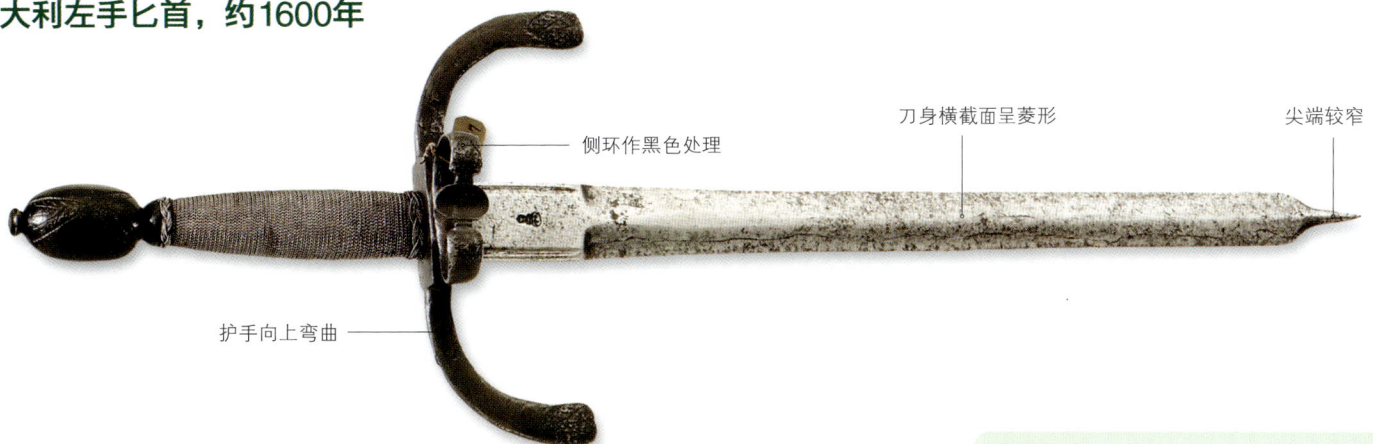

侧环作黑色处理

刀身横截面呈菱形

尖端较窄

护手向上弯曲

年代：约1600年
来源：意大利
长度：44厘米（17.3英寸）

　　到16世纪末，格挡匕首出现越来越多的特化特征，以适应民间格斗的各种需要。这把匕首的刀身加工成用于穿刺的尖头，类似尖锐的钉子，可能是为了更容易穿透用皮革、布料制成的紧身上衣。

西班牙格挡刀剑用的匕首，约1600年

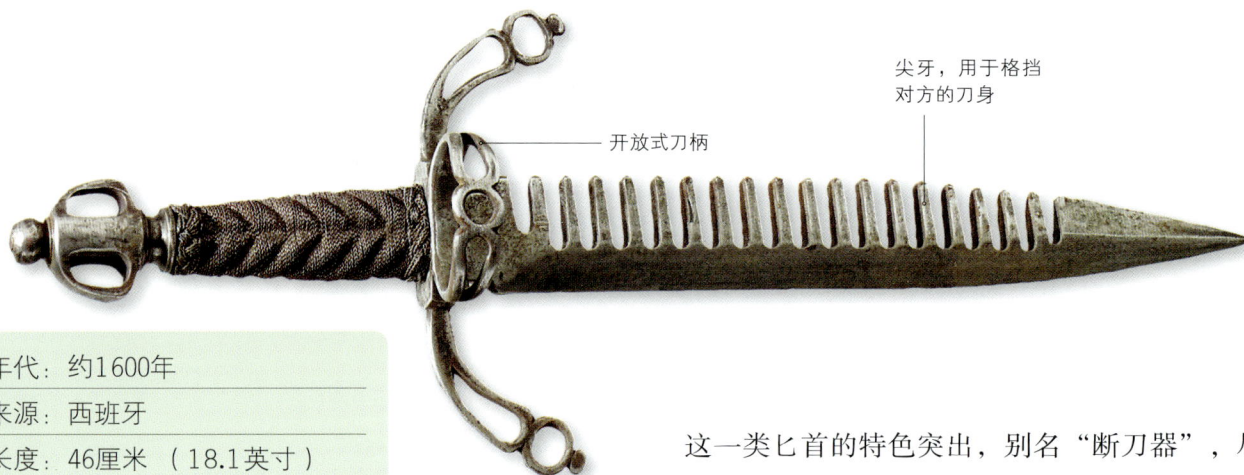

开放式刀柄

尖牙，用于格挡
对方的刀身

年代：	约1600年
来源：	西班牙
长度：	46厘米 （18.1英寸）

这一类匕首的特色突出，别名"断刀器"，尽管用手腕抖动不可能折断西洋剑的剑身，但更可能用于困住敌人的剑身。

英格兰格挡匕首，1608年

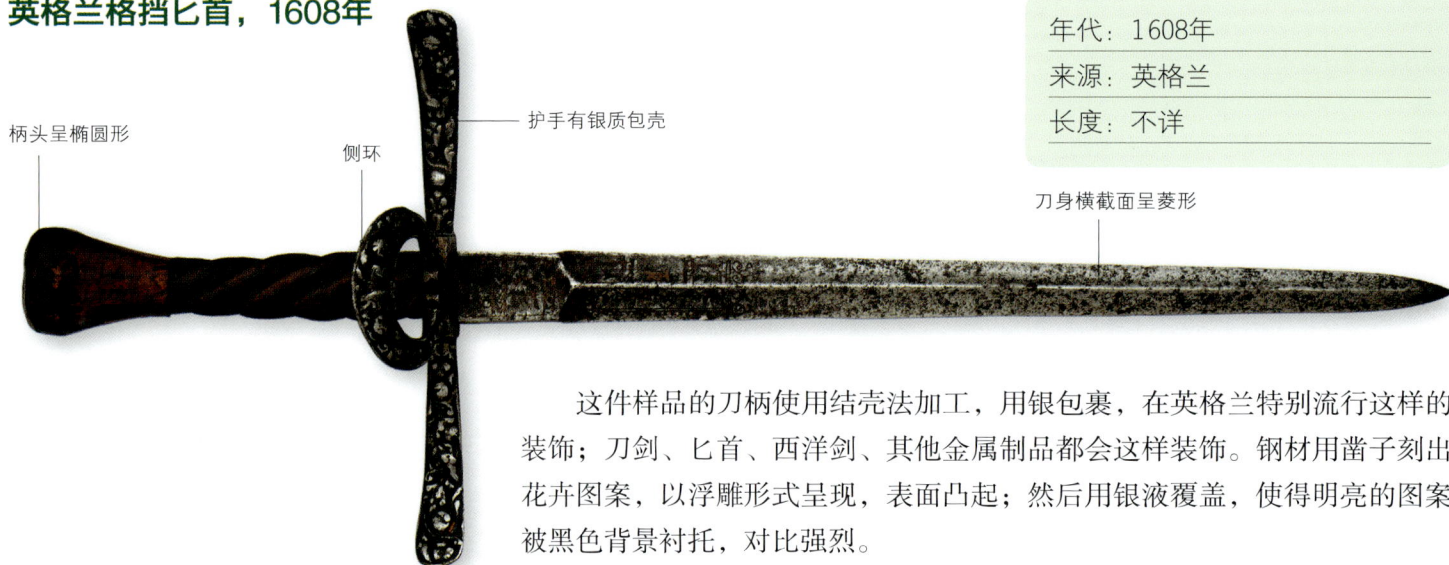

年代：	1608年
来源：	英格兰
长度：	不详

柄头呈椭圆形

侧环

护手有银质包壳

刀身横截面呈菱形

这件样品的刀柄使用结壳法加工，用银包裹，在英格兰特别流行这样的装饰；刀剑、匕首、西洋剑、其他金属制品都会这样装饰。钢材用凿子刻出花卉图案，以浮雕形式呈现，表面凸起；然后用银液覆盖，使得明亮的图案被黑色背景衬托，对比强烈。

德国格挡匕首，约1610年

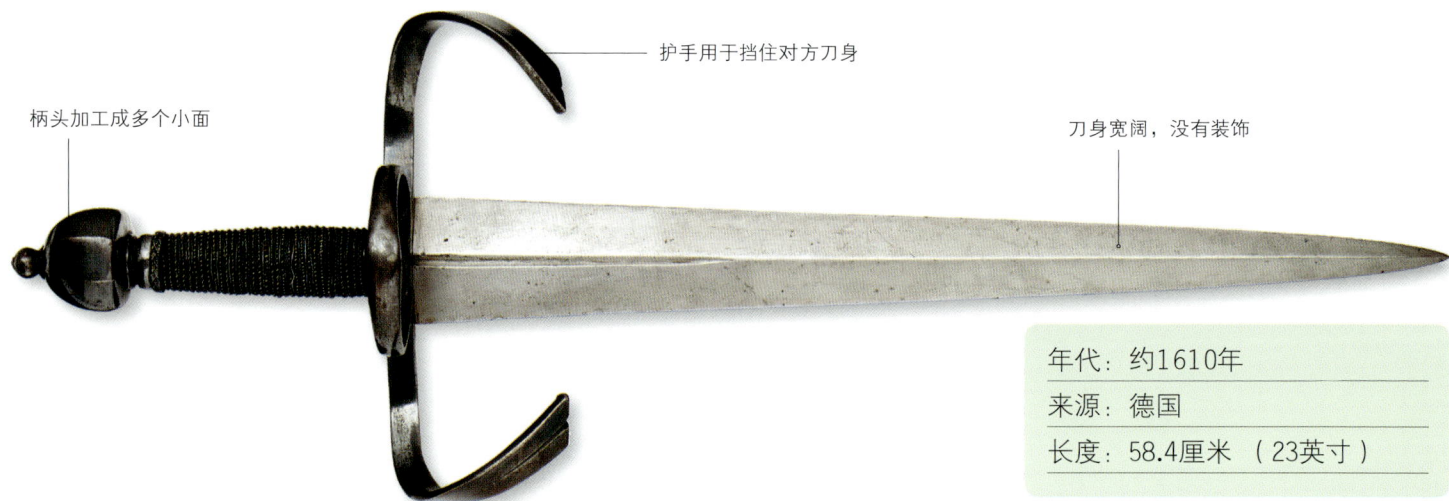

护手用于挡住对方刀身

柄头加工成多个小面

刀身宽阔，没有装饰

年代：	约1610年
来源：	德国
长度：	58.4厘米 （23英寸）

17世纪生产了很多这样形制简朴但质量很高的格挡匕首，供萨克森选帝侯禁卫军（Guard of the Electors of Saxony）使用。[1]刀柄精致，作了烤蓝处理，与长剑配套使用。

---

[1] 选帝侯是德国历史上一种贵族头衔，有权选举神圣罗马帝国的皇帝。——译者注

英格兰格挡匕首，17世纪前期

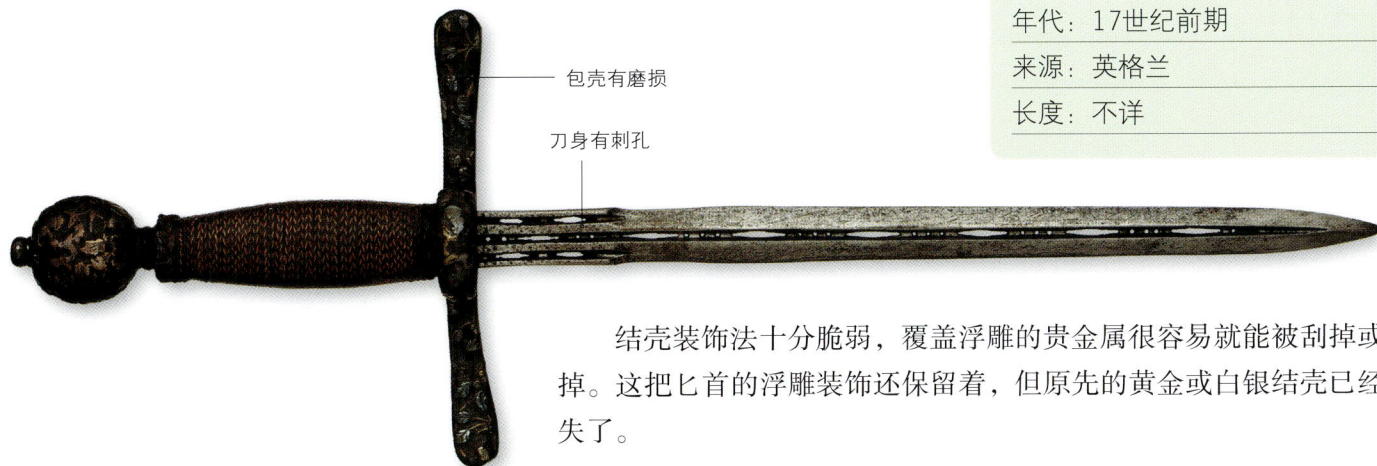

包壳有磨损

刀身有刺孔

年代：17世纪前期

来源：英格兰

长度：不详

　　结壳装饰法十分脆弱，覆盖浮雕的贵金属很容易就能被刮掉或磨掉。这把匕首的浮雕装饰还保留着，但原先的黄金或白银结壳已经损失了。

疑似德国格挡匕首，约1600年—1620年

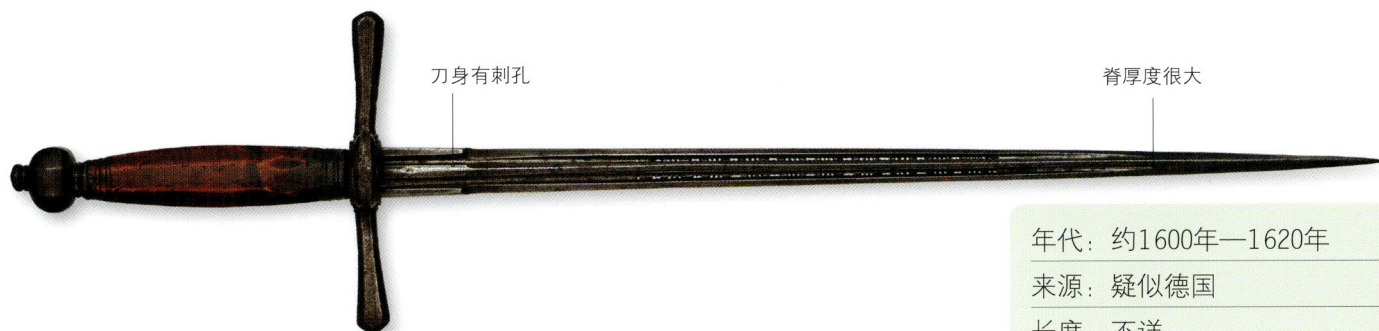

刀身有刺孔

脊厚度很大

年代：约1600年—1620年

来源：疑似德国

长度：不详

　　这把格挡匕首护手笔直，有侧环，是典型的16世纪早期的造型。但刀身则体现了17世纪的风格，侧面更为窄长，中脊很厚。有几道深沟槽和刺孔，以减轻重量。

英格兰匕首，约1610年—1625年

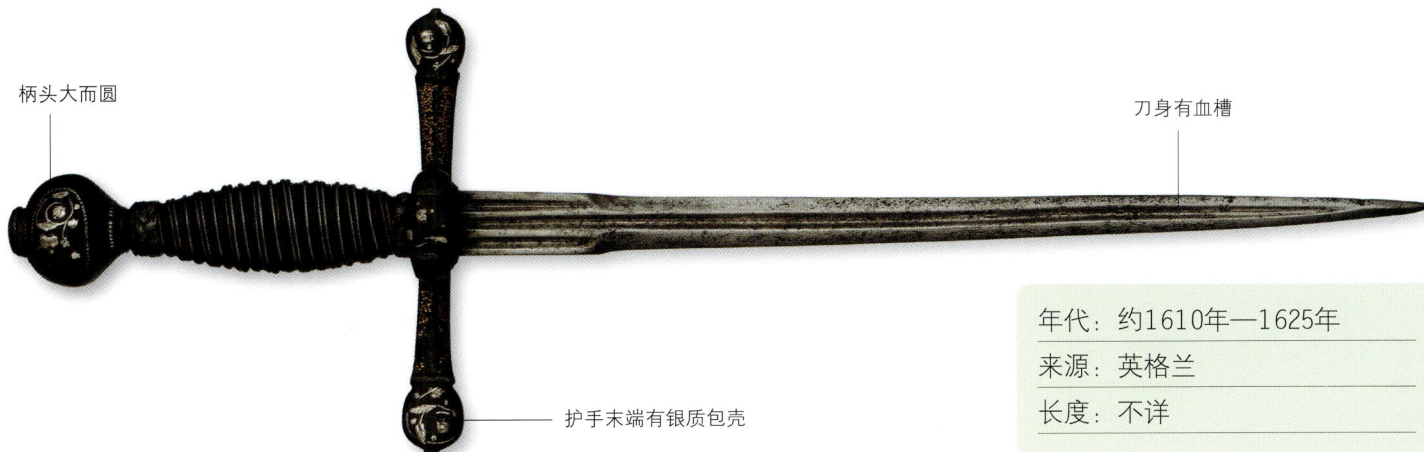

柄头大而圆

刀身有血槽

护手末端有银质包壳

年代：约1610年—1625年

来源：英格兰

长度：不详

　　这把匕首的刀柄在英格兰制造，风格很像英王詹姆斯一世时期（1603—1625年）的；柄头较大，加工成圆形，十字护手笔直，为17世纪早期典型的英格兰风格。同时期的礼仪刀剑也有这样的设计。

17世纪的防御匕首

　　"左手"原文Main gauche，是法语词，用到英语里好像成了外国名字，但原本只是"格挡匕首"的另一个名字，并非更小的具体类别。最早的意思是西洋剑与匕首并用的击剑术里的专用匕首，以区别更加泛用的匕首和防身匕首；但后来英语中的Main gauche dagger指代范围就更小了。今天这个术语所指的是意大利与西班牙地区的晚期的击剑用匕首，不论这用法是对是错。

西班牙左手匕首，约1640年

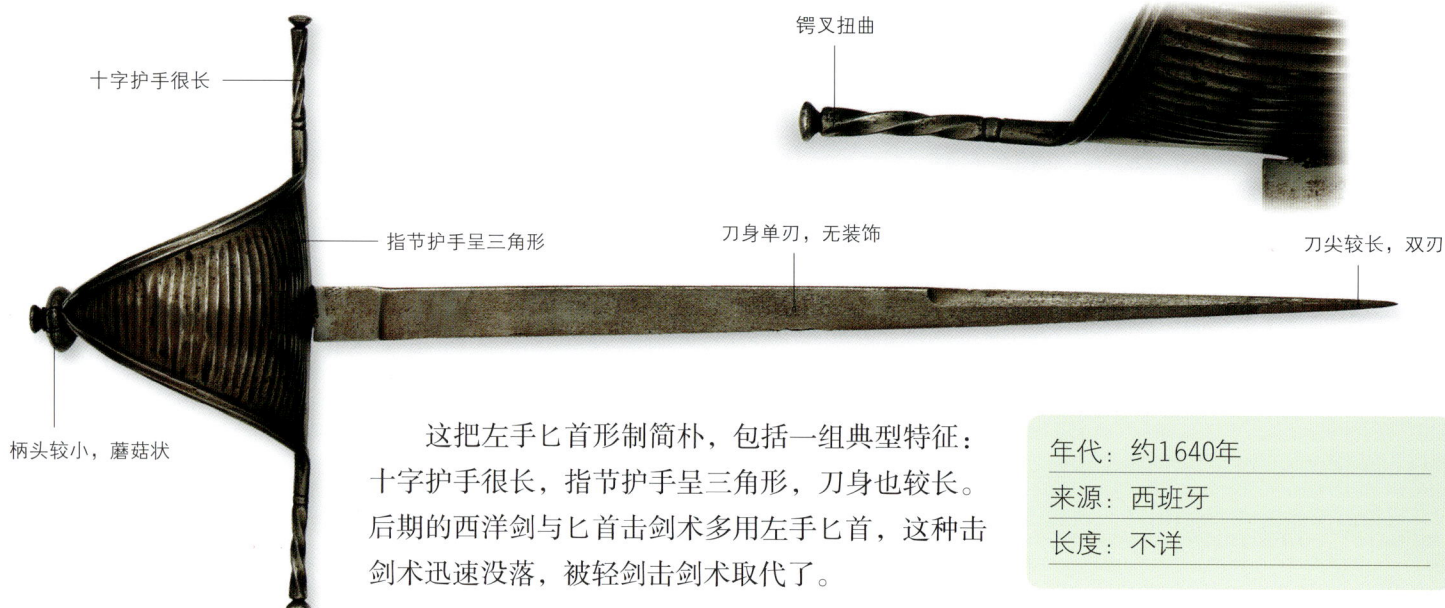

十字护手很长

锷叉扭曲

指节护手呈三角形

刀身单刃，无装饰

刀尖较长，双刃

柄头较小，蘑菇状

　　这把左手匕首形制简朴，包括一组典型特征：十字护手很长，指节护手呈三角形，刀身也较长。后期的西洋剑与匕首击剑术多用左手匕首，这种击剑术迅速没落，被轻剑击剑术取代了。

年代：约1640年
来源：西班牙
长度：不详

南意大利左手匕首，约1650年

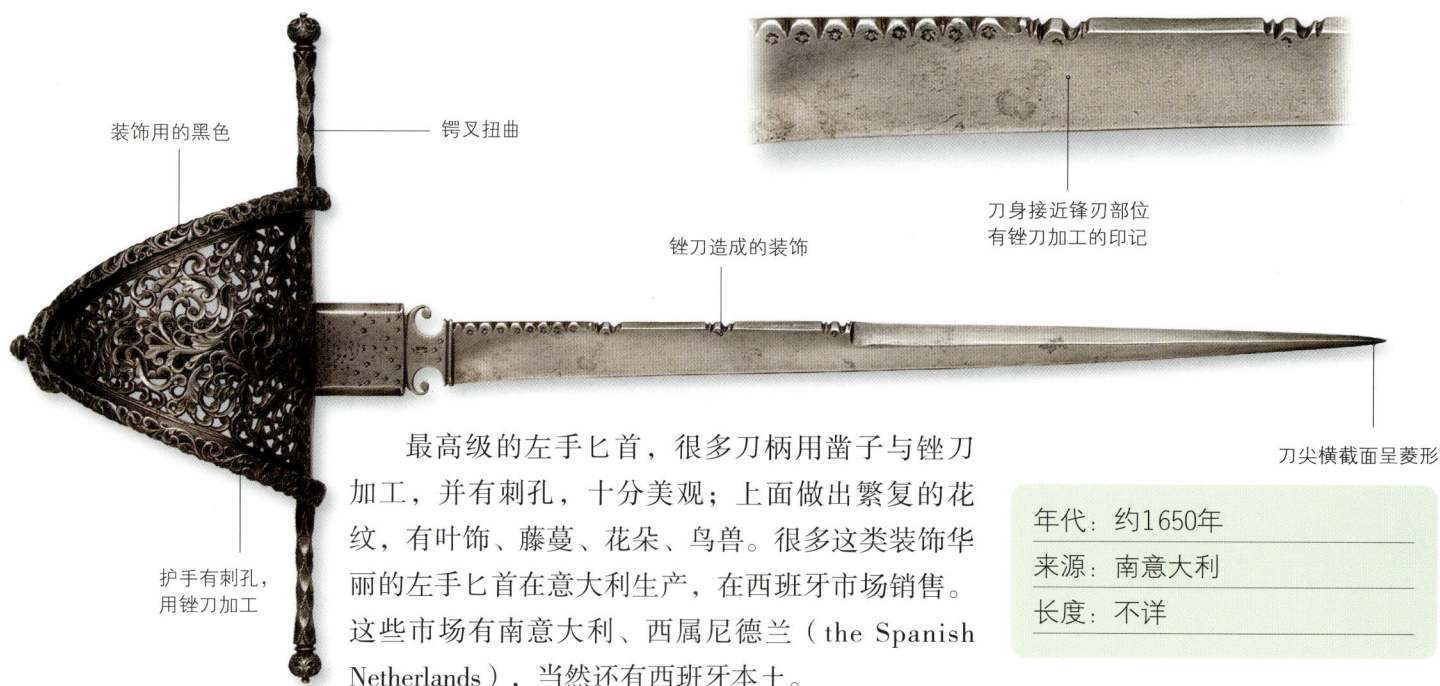

装饰用的黑色

锷叉扭曲

锉刀造成的装饰

刀身接近锋刃部位有锉刀加工的印记

护手有刺孔，用锉刀加工

刀尖横截面呈菱形

　　最高级的左手匕首，很多刀柄用凿子与锉刀加工，并有刺孔，十分美观；上面做出繁复的花纹，有叶饰、藤蔓、花朵、鸟兽。很多这类装饰华丽的左手匕首在意大利生产，在西班牙市场销售。这些市场有南意大利、西属尼德兰（the Spanish Netherlands），当然还有西班牙本土。

年代：约1650年
来源：南意大利
长度：不详

意大利左手匕首，约1650年

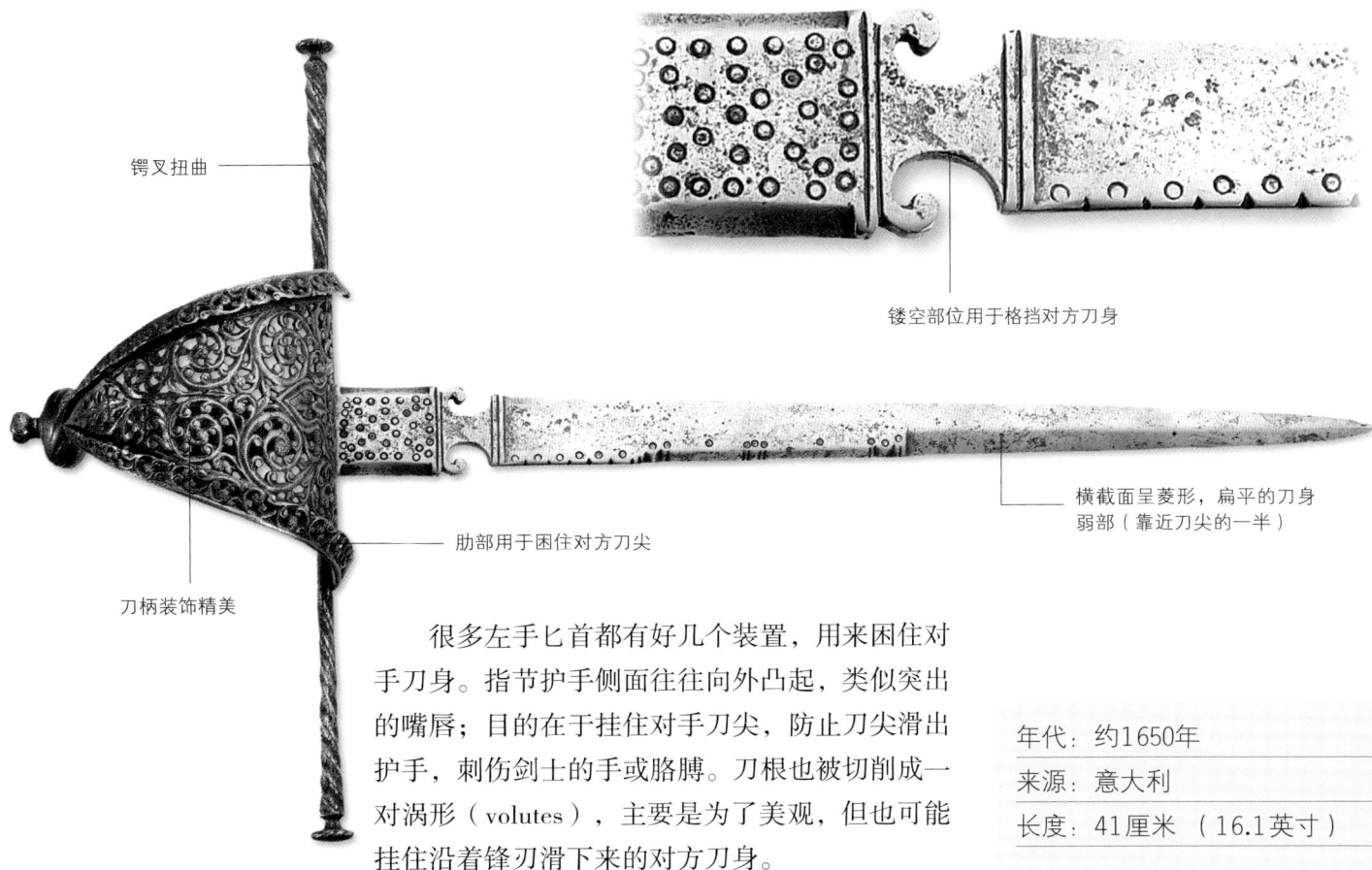

锷叉扭曲

镂空部位用于格挡对方刀身

横截面呈菱形，扁平的刀身
弱部（靠近刀尖的一半）

肋部用于困住对方刀尖

刀柄装饰精美

很多左手匕首都有好几个装置，用来困住对手刀身。指节护手侧面往往向外凸起，类似突出的嘴唇；目的在于挂住对手刀尖，防止刀尖滑出护手，刺伤剑士的手或胳膊。刀根也被切削成一对涡形（volutes），主要是为了美观，但也可能挂住沿着锋刃滑下来的对方刀身。

年代：	约1650年
来源：	意大利
长度：	41厘米 （16.1英寸）

德国左手匕首，约1660年

左手匕首的一种德国变体。左手匕首的指节护手一般是三角形，但这件样品装有加工成圆形的碟形护手，有典型德国风格的酸液蚀刻，边缘还有附加的护手条。这件样品显然是为了配合一把杯手西洋剑，西洋剑的护手也应该有类似特征，但已经丢失。刀身也是典型的德国风格，很窄，尖端二分之一有一条深血槽，槽谷内有制造商的签名。

有杠的指节护手

年代：	约1660年
来源：	德国
长度：	不详

刀身较窄，有血槽

刀身弱部（foible）的脊很厚

锷叉较窄，横截面呈圆形

17世纪的短锥匕首

短锥匕首，英文stiletto或stylet，16世纪后期出现。可能在人们生产小型侧环匕首的时候，短锥匕首就已经开始发展了。这些小型匕首可能尺寸太小而无法用于击剑，但依然符合当时的风尚。因为不能用于击剑，所以这种新匕首很快就和较大的格挡匕首不同了。17世纪中期，这种匕首最为流行，全金属制，完全是为了用于格斗中的最后一搏，或用于暗杀。

西班牙短锥匕首，16世纪后期

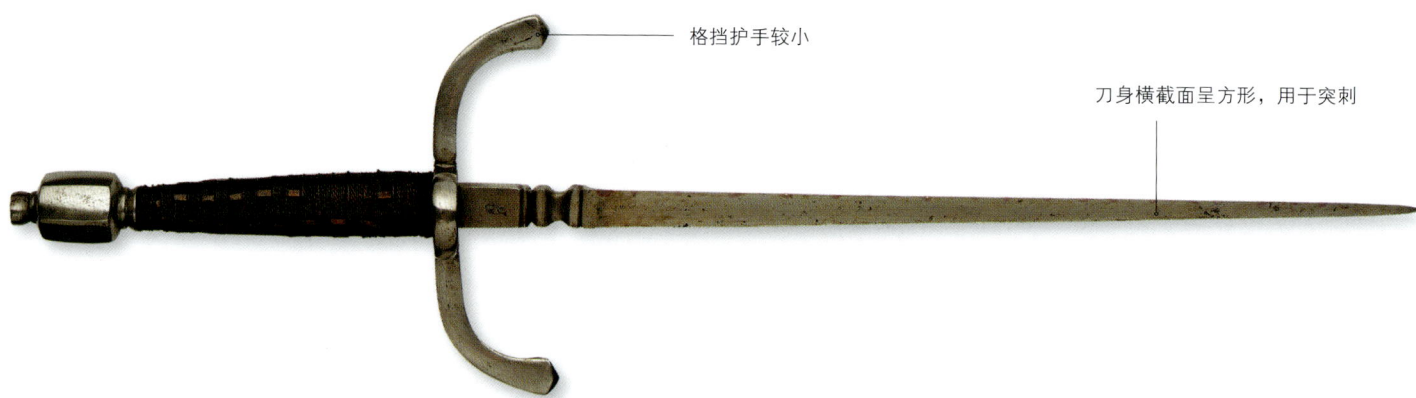

格挡护手较小

刀身横截面呈方形，用于突刺

这件样品很容易被误认为典型的16世纪后期的格挡匕首，只是尺寸不同，刀身类型不同。尺寸大约是格挡匕首的四分之三，对于击剑来说实在太小，太过精致，不能使用。刀根也呈现一种新的装饰特征，靠近护手的一个区域被车床加工成圆形，以突出匕首的流畅线条。这种"花瓶柱状"造型很快成为17世纪短锥匕首的标配。

年代：	16世纪后期
来源：	西班牙
长度：	不详

意大利短锥匕首，16世纪后期

碟形柄头

刀身较长，三棱形

刀根用车床加工成圆形

握柄呈花瓶柱状，收窄

这是钢材切削工艺的完美展现，刀柄堪称一件微缩建筑的杰作，比例十分协调。握柄开始是碟形的（discoidal）圆球状，然后渐变成流畅的郁金香花朵造型，最后是强韧的缝衣针状刀身，无缝衔接。这一类全金属匕首的刀鞘同样精美，为钢制或木制；有三个或四个窄部件粘在一起，储存三棱或四棱匕首，外面再包裹很薄的皮革。

年代：	16世纪后期
来源：	意大利
长度：	不详

意大利短锥匕首，17世纪前期

刀柄为铜合金铸造

刀身较短，横截面呈方形

　　这把短锥匕首刀柄，和那些车床加工成花瓶柱形的刀柄大有不同；不是由整块钢材雕刻而成，而是先用蜡做出模具，然后用铜合金铸成。握柄造型是一只后腿直立的猿猴，头上还有一只小动物，可能是狗。

年代：	17世纪前期
来源：	意大利
长度：	20厘米 （7.9英寸）

意大利短锥匕首，约1600年

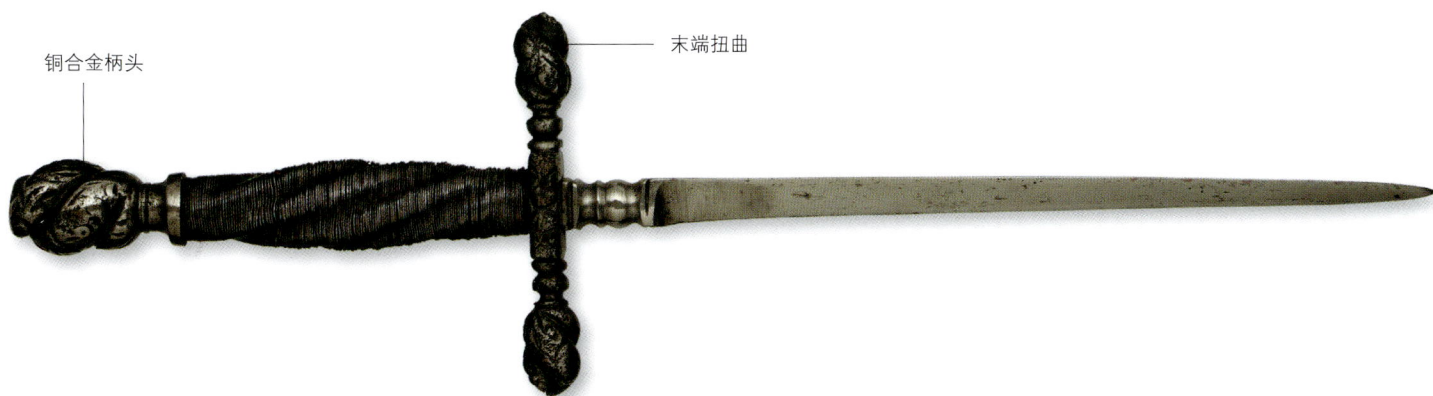

刀柄加工成圆形花瓶柱状

刀身较短

　　短锥匕首一般较小，但大多数刀身占据全长的四分之三左右。这件样品较不寻常，刀身和刀柄几乎一样长。这样小的武器可以轻易藏在身上。

年代：	约1600年
来源：	意大利
长度：	不详

意大利短锥匕首，约1600年

铜合金柄头

末端扭曲

　　这件样品与同时期很多短锥匕首结构都不同。柄头、护手为铜合金制造，握柄缠有细线。刀柄与刀身似乎不成比例，可能原先分属两把刀，后来组合在一起了。

年代：	约1600年
来源：	疑似意大利
长度：	不详

意大利短锥匕首，约1600年

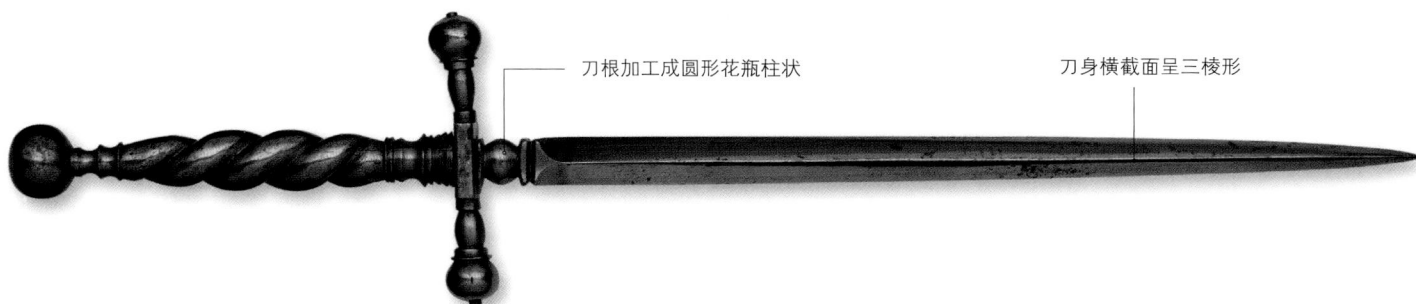

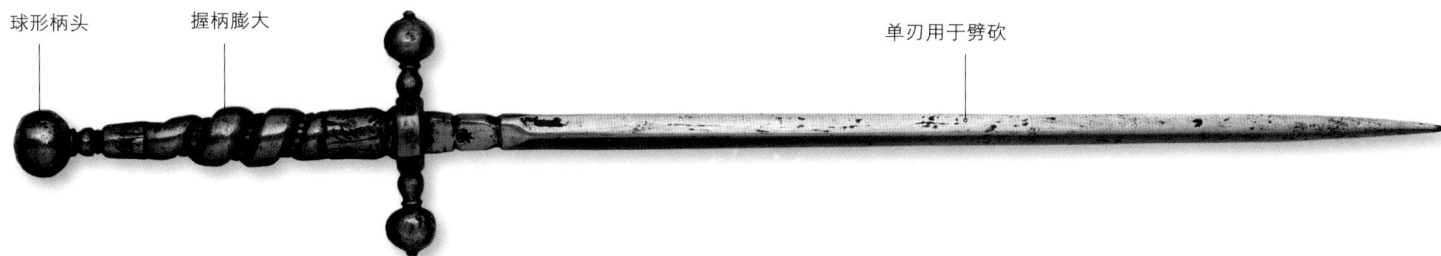

刀根加工成圆形花瓶柱状　　　　　　　　　刀身横截面呈三棱形

某些短锥匕首的刀身完全没有装饰，但也有很多高级样品的刀身基部、护手呈现车床切削的花瓶柱状造型。这就造成一种刀柄、刀身的协调，十分吸引人；有这样细节的锋刃武器十分少见。握柄也被切削成流畅的扭曲式样。

年代：	约1600年
来源：	意大利
长度：	不详

意大利短锥匕首，约1600年

球形柄头　　　握柄膨大　　　　　　　　　　单刃用于劈砍

全金属短锥匕首，若刀柄用车床加工成花瓶柱状，则柄头一般会呈球形、碟形或卵圆形；柄头尺寸精心设计，用来平衡刀身。一旦做好平衡，匕首握在手中就会感到几乎没有重量。护手尖顶饰的形状一般也和柄头保持一致，握柄一般会扭曲成建筑装饰的样子，十分优雅。

年代：	约1600年
来源：	意大利
长度：	不详

意大利炮手用短锥匕首，约1600年

凿子加工的刻度标记装饰　　　　　　　　　刀身有凹面

短锥匕首最常见的造型表面光滑，没有装饰，但也有很多样品有凿子加工或冲压的装饰。例如这件样品，握柄就有刻度标记（hatchmark）。刀背有数字刻度，据说是为了让主人确定一颗炮弹的重量，从而确定射程，但这些数字刻度并无实际用处，刀身也太短，不能真正作为量具。

年代：	约1600年
来源：	意大利
长度：	不详

意大利短锥匕首，17世纪早期到中期

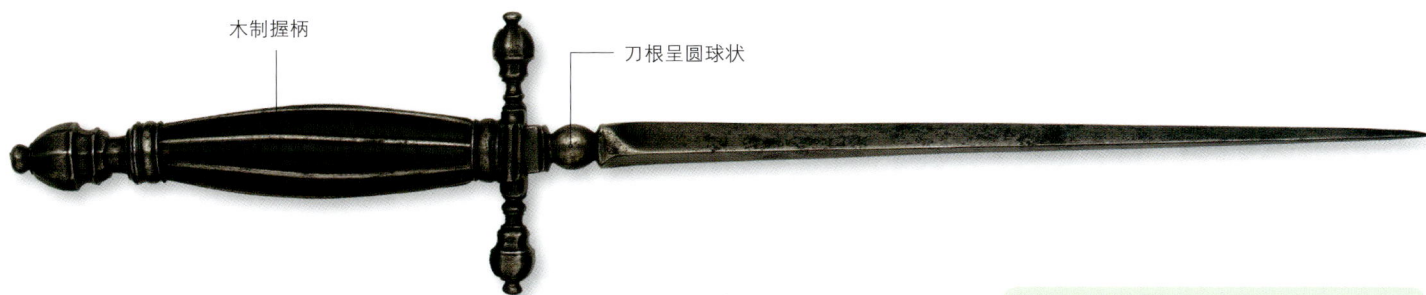

木制握柄　　　　　　　　　　刀根呈圆球状

这是短锥匕首的另一种变体，护手末端和柄头呈松果形，加工成多个刻面；松果连接基部的地方略微变细，刀根也有类似的圆球状。手柄中央膨大，木制，用狭窄的金属带增加强度。

年代：	17世纪早期到中期
来源：	意大利
长度：	不详

西班牙短锥匕首，17世纪后期

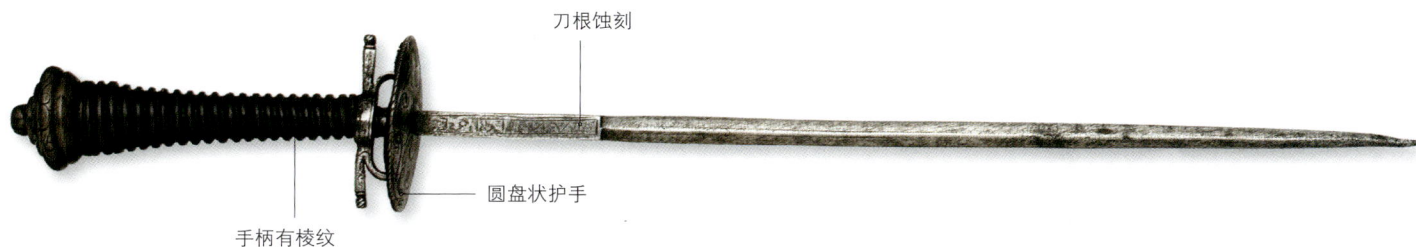

刀根蚀刻

手柄有棱纹　　　圆盘状护手

这把后期短锥匕首形制很不寻常。握柄接近柄头的部位膨大，类似16世纪早期的某些匕首，但护手却是轻剑护手的缩小版。不过，整体尺寸太小，不可能是真正的轻剑折断后又修剪而成的。

年代：	17世纪后期
来源：	西班牙
长度：	45.2厘米 （17.8英寸）

西班牙短锥匕首两脚规，约1700年—1750年

刀身可分开

轴状合页　　　蚀刻与镀金装饰

文艺复兴时期，格斗术与科学经常被人相提并论。格斗大师经常认为自己是科学家，努力用科学化的方式传授技艺。这就使得武器跟科学用具联系起来，形成一种时尚。很多贵族既收藏武器，也收藏科学用具。16世纪，出现了一种想法，把短锥匕首分割成一把建筑师用的分线规（dividers）；之后，这想法被人实践了很多次。

年代：	约1700年—1750年
来源：	西班牙
长度：	不详

17世纪的插入式刺刀

曾有人想出过这样的主意，把短刀的木柄削短，插入火枪的枪口，将其变成一把长矛。这种做法最早应该是在欧洲出现的。有人认为，刺刀的英语"巴荣纳特"（bayonet）就来自法国盛产刀具的小镇巴荣纳（Bayonne）。插上短刀之后，火枪自然不能发射了。不过，如果形势需要用长矛搏斗，那敌人必然太近，不能发射火枪也不是问题了。

英格兰军官或狩猎用刺刀，约1660年

骨制象牙刀柄

装饰性十字护手尖顶饰（其一缺失）

刀身形状独特，弯曲

刀柄为骨制或象牙制成，加工精细，有装饰，说明这把刺刀应为军官所用，或者狩猎所用。刀柄的材料十分坚硬，是否能牢固插入枪口还有疑问；也没有使用痕迹表明这刀柄曾经被插入枪口，很有可能只是独立作短刀使用。

年代：	约1660年
来源：	英国
长度：	41厘米 （16.1英寸）

英格兰军官或训练用刺刀，约1660年

骨制/象牙刀柄

匕首形刀身

装饰性十字护手尖顶饰

刀柄也是骨制或象牙制成，有装饰，但精致程度略低于上一把。刀身更近主流样式。这两把刺刀的一些特征几乎完全相同，例如柄头上有柄舌突出的部分、十字护手造型等。这说明两把刺刀可能出自一人之手。

年代：	约1660年
来源：	英国
长度：	45.1厘米 （17.8英寸）

英国军用刺刀，约1680年

刀柄呈圆柱状，有柄头帽和十字护手（损坏）

刀身单刃，宽而薄，有假刃

插入式刺刀的刀柄，都是纤细、圆形的，有锥度，刀柄与刀身相接处有一个圆球状凸起。刀柄必须有足够弹性，插入枪口之后十分牢固，但又不能太紧，因为还需要拔出。因此大部分刀柄是木制，略有弹性，以满足这两项要求。

年代：	约1680年
来源：	英国
长度：	45.8厘米 （18英寸）

英国军官刺刀，1686年

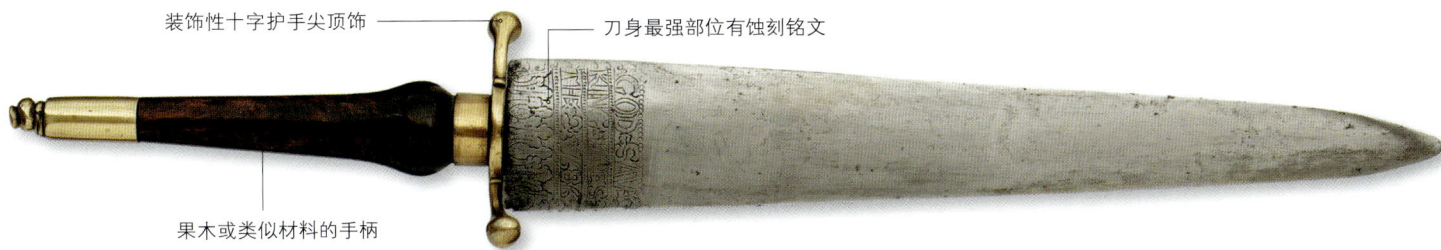

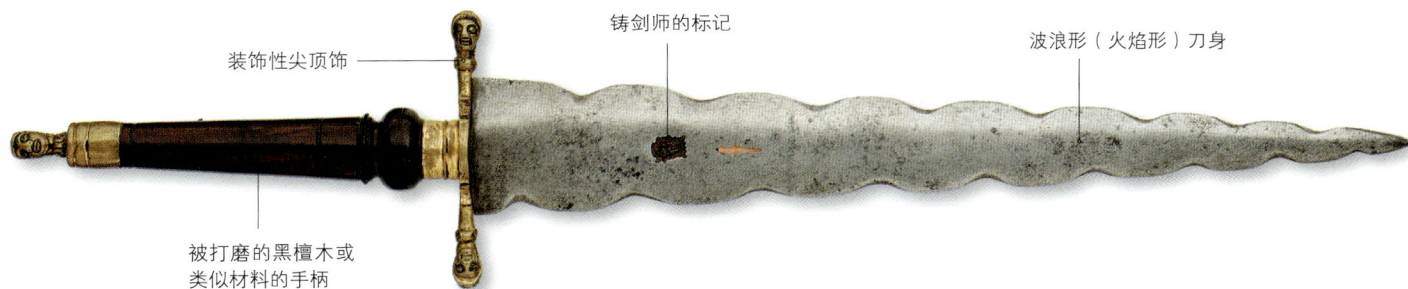

装饰性十字护手尖顶饰 —

— 刀身最强部位有蚀刻铭文

果木或类似材料的手柄

这把插入式刺刀属于主流的军用刺刀，有木柄，但质量高于一般刺刀，说明可能属于一名军官。刀身有铭文：GOD SAVE KING JAMES THE 2 1686（上帝保佑国王詹姆斯二世，1686年），进一步证明这把刺刀是军官所用。这种铭文在所有刺刀中都很不寻常，可用来确定这种一般形制的年代。

年代：1686年

来源：英国

长度：46厘米（18.1英寸）

英国军官刺刀，1686年

装饰性尖顶饰 —

铸剑师的标记

波浪形（火焰形）刀身

被打磨的黑檀木或
类似材料的手柄

质量上乘，握柄打磨精致，为黑檀木或其他外国木材制成，还有镀金黄铜装饰部件，因此是军官刺刀无疑。柄头、柄舌突出部分、十字护手都类似上一页那两把军官刺刀。最突出的特色是刀身，锋刃是蜿蜒的波浪线，很多人称为"火焰形"，因为很像跳动的火焰。

年代：1686年

来源：英国

长度：45.4厘米（17.9英寸）

北欧军官刺刀，1700年

圆球形尖顶饰 —

刀身横截面呈菱形，扁平

刀柄有装饰的
镀金黄铜部件

铸剑师的标记

这件样品质量很高，可能来自北欧。手柄木制，油漆图案可能在模仿龟壳或者某种外国木材，而且配有镀金并装饰的黄铜刀柄底托。十字护手尖顶饰向下弯曲，更类似很多19世纪的长剑式刺刀，而不像典型的英格兰插入式刺刀。这件样品与很多这一等级的刺刀类似，也没有什么迹象显示曾经被插入枪口。

年代：1700年

来源：疑似北欧

长度：48.7厘米（19.1英寸）

17、18世纪的民用匕首

宗教改革（the Reformation）[1]之后的一个时期，新兴的各个阶层将日常与礼仪场合佩带的刀剑与匕首作为必备特征。这些武器依旧十分昂贵，但如今买得起的人群扩大了。那些原本用在实际场合的匕首与短刀，如今很多都加上了更加华美的装饰，说明这类武器佩带的时候，可能是作为装饰或者身份象征，而且有了更加实际的日常功用。

英格兰匕首，1628年

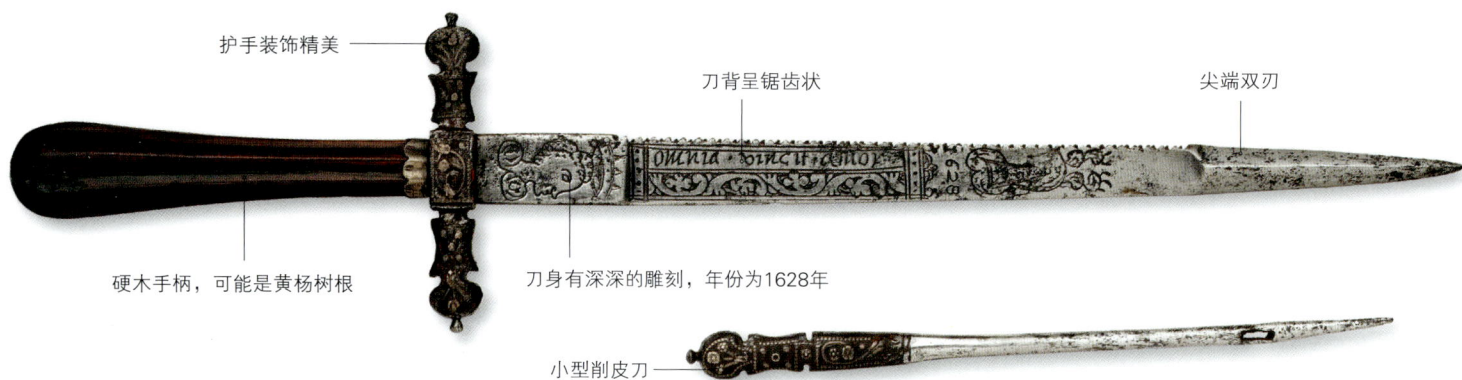

护手装饰精美

刀背呈锯齿状

尖端双刃

硬木手柄，可能是黄杨树根

刀身有深深的雕刻，年份为1628年

小型削皮刀

这一套装十分精美，质量很高，包含一把主要匕首，还有一把配套的修剪用小刀，放在同一把刀鞘之内。主要匕首的刀身有很深的雕刻装饰，锋刃呈锯齿状，有实用功能，在切大块肉的时候可以锯断最坚韧的部位；修剪用小刀则用来固定要加工的物品。

年代：	1628年
来源：	英格兰
长度：	32.7厘米 （12.9英寸）

刀具商的贸易

17到18世纪的欧洲，交通条件得到改善，铁一类的原材料可以更容易地运到主要的商业城镇。工业生产也出现各种进步，德国的索林根、英格兰的谢菲尔德成为刀剑生产基地。生产一把高质量的锋刃武器，需要很多工匠合作方可实现。刀身的制造需要极高的技艺，此外还有专门的工匠制造十字护手和柄头，制造握柄（工人名为scalers）、刀鞘、护套等。

▶ 德国铸剑师在作坊里。欧洲很多最优秀的刀具商都集中在德国的索林根、英格兰的谢菲尔德

[1] 欧洲16世纪——17世纪的新教改革运动，打破了天主教的精神束缚和社会分层，发展了新兴的资本主义经济，为西方现代社会奠定了基础。——译者注

英格兰匕首，1631年

钢制护手，有加
工成圆形的装饰

刀尖背部有锯齿

刀背假刃

硬木刀柄，有凹槽

刀身单刃，有雕刻，
年份为1631年

绅士实用短刀的优秀范例，木柄有凹槽，钢制包头，十字护手。十字护手装饰简朴，有加工成圆形的尖顶饰。刀身扁平，单刃，但尖端有磨快的假刃。刀背有锯齿。刀身有雕刻的装饰，显示1631年制造。

年代：	1631年
来源：	英格兰
长度：	26.3厘米 （10.4英寸）

英格兰匕首，17世纪中期

护手有车床加
工的尖顶饰

刀根扁平，有装饰

刀尖假刃，被磨快

黄杨木刀柄，有凹槽

刀身主体有雕刻装饰

这件样品的刀身结构很独特。扁平刀根几乎贯穿平整刀背的整个长度，使得单刃短刀出现了双刃刀尖。钢制护手形状优美，有穹顶状尖顶饰，锷叉阻挡块（block）有装饰。刀柄为有凹槽的黄杨木柄，是其典型特征。

年代：	17世纪中期
来源：	英格兰
长度：	31.4厘米 （12.4英寸）

英格兰锷叉匕首，1678年

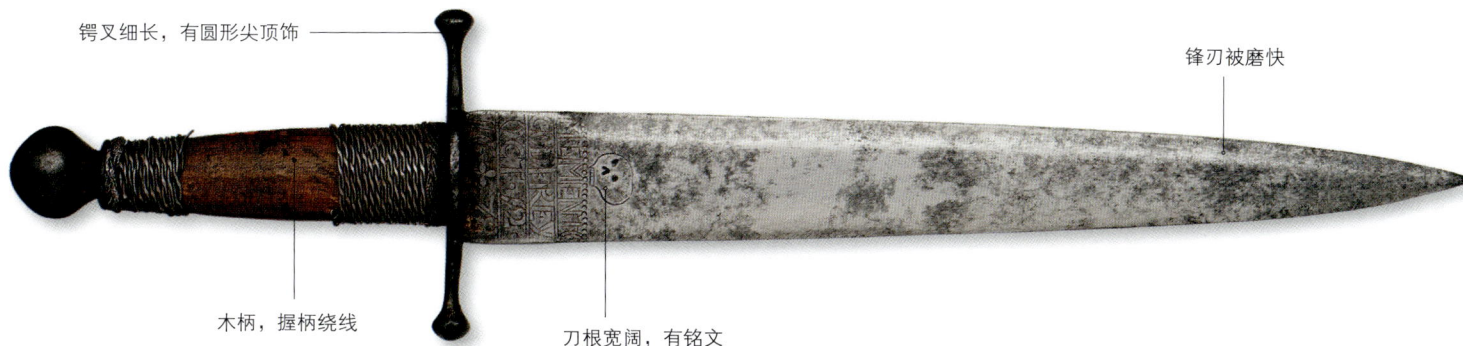

锷叉细长，有圆形尖顶饰

锋刃被磨快

木柄，握柄绕线

刀根宽阔，有铭文

这把英格兰锷叉匕首刀身有铭文"戈德福里纪念（Memento Godfrey）……1678"。刀根部位宽阔扁平，有铭文装饰。刀身柄舌藏在木柄中，木柄横截面呈卵形，缠有绞线。

年代：	1678年
来源：	英格兰
长度：	31.4厘米 （12.4英寸）

荷兰或德国狩猎用锷叉式匕首，约1700年

S形护手，有狮头状尖顶饰

刀身单刃，尖端双刃

木柄上有雕刻

刀身有阴文装饰

这件样品，握柄的结构与风格显示应当是一把猎刀，最有可能是荷兰制造，也可能是德国造。年代是17世纪后期或18世纪前期。十字护手由黄铜制成，十分华美，呈S形，装饰有微型的狮头尖顶饰。刀身窄长，收窄成锥形，上面有铭文装饰，有一单刃贯穿大部分长度，尖端双刃。

年代：	约1700年
来源：	荷兰/德国
长度：	40.8厘米 （16.1英寸）

法国或德国短锥匕首，18世纪早期到中期

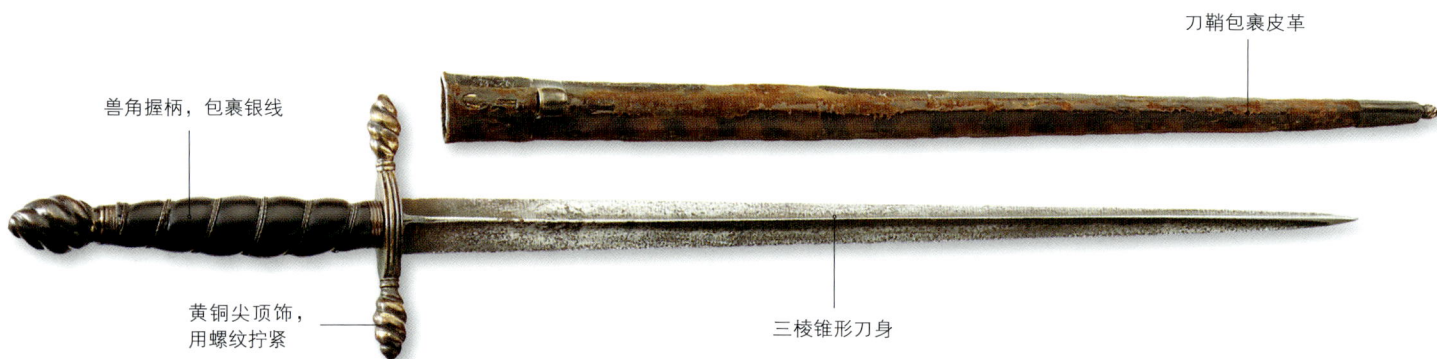

兽角握柄，包裹银线

刀鞘包裹皮革

黄铜尖顶饰，
用螺纹拧紧

三棱锥形刀身

这把短锥匕首应当是法国制造，也有可能是德国造。刀身横截面呈三角形，有一个最强部位，还残留着装饰性的蚀刻与镀金痕迹，刀尖也略微经过重新打磨。尖顶饰有沟槽，用螺丝固定在锷叉上，握柄缠有银线。刀鞘由黄铜制成，前面[1]有一皮革罩子，后面刻有涡卷形藤蔓图案。

年代：	18世纪早期到中期
来源：	法国/德国
长度：	48厘米 （18.9英寸）

西班牙或意大利超短型短锥匕首，18世纪中期

刀身接近尖端处双刃

兽角握柄，包裹银线

刀根有装饰

这把短锥匕首很短，用于突刺，可能是一把更大猎刀的配刀。握柄独特，材质是兽角或独角鲸角（narwhal），有装饰和绕线。钢制柄头帽有雕刻装饰，刀根钢制，有凿子装饰。刀身尖端有一个长锋刃，还有一个较短的假刃。

年代：	18世纪中期
来源：	西班牙/意大利
长度：	24.9厘米 （9.8英寸）

---

[1] 原文如此，画面上刀鞘似乎整体包裹皮革，难以看出"前面"与"后面"具体指代的部位。——译者注

意大利或达尔马提亚的斯拉夫阔剑式匕首，1790年

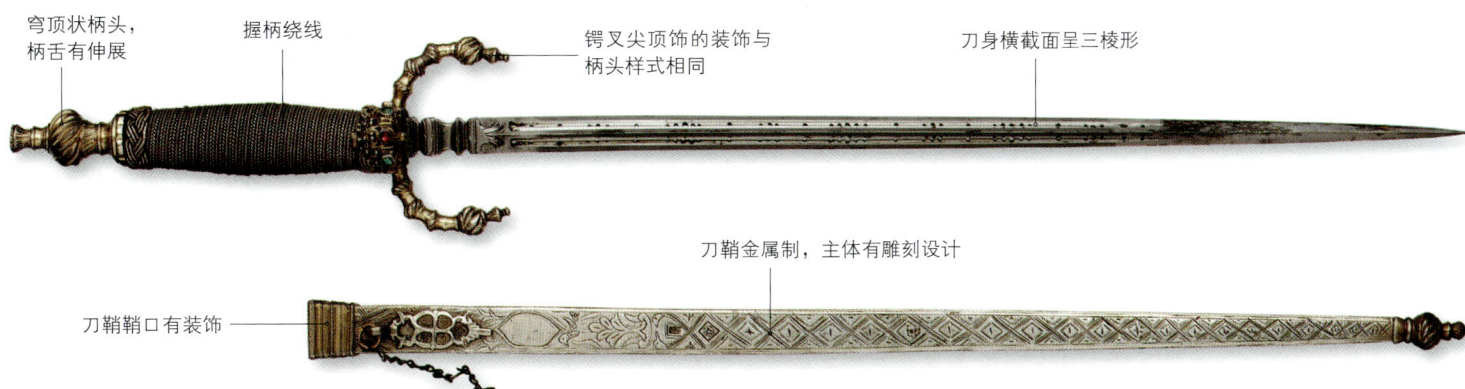

穹顶状柄头，柄舌有伸展

握柄绕线

锷叉尖顶饰的装饰与柄头样式相同

刀身横截面呈三棱形

刀鞘金属制，主体有雕刻设计

刀鞘鞘口有装饰

这件样品刀身细长，横截面呈三棱形，各个饰面（镶边）（facings）上有刺孔装饰。刀根分成几节，也是为了装饰，可能隐藏了一个接合点，此处增加了一个新的柄舌。柄头和十字护手末端加工成一样的设计，护手中段装饰有彩色的半宝石。握柄木制，有绕线。

年代：	1790年
来源：	意大利/达尔马提亚
长度：	45厘米 （17.8英寸）

意大利匕首，18世纪后期

刀鞘鞘镖为金属制，有装饰

刀鞘鞘口为金属制

木柄有凹槽

尖端双刃

18世纪后期的短刀，这一类风格在地中海沿岸很流行。刀身有双血槽，在刀尖附近相交；刀根处有一只小公鸡的浮雕徽章。木柄有凹槽，带有抛光的钢制底托；皮制刀鞘也有钢制底托。

年代：	18世纪后期
来源：	意大利
长度：	35厘米 （13.8英寸）

意大利实用短刀，18世纪后期

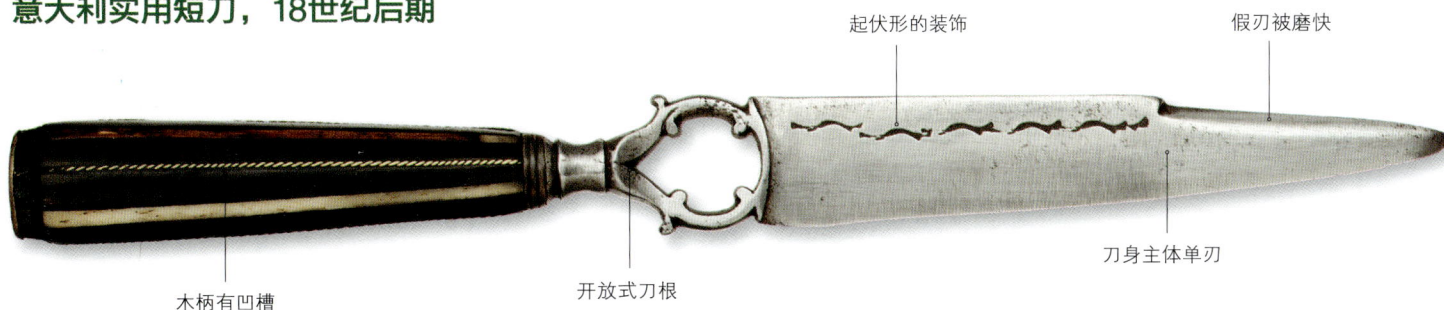

起伏形的装饰

假刃被磨快

木柄有凹槽

开放式刀根

刀身主体单刃

这把实用短刀刀根明显是开放式（open-frame），用于摆放食指，而且在切带骨的鲜肉时能够让刀身动作更加容易。刀身形状既能劈砍，又能剔骨。可能是另一把尺寸更大的猎刀的配刀，估计是意大利生产。

年代：	18世纪后期
来源：	意大利
长度：	24.5厘米 （9.6英寸）

18、19世纪的海军"德克"匕首

18世纪后期，英国海军的一些士官生和军官开始携带短剑与德克匕首。这些武器很多由其他损坏的武器改造而成，因为损坏的武器依然有价值，不能抛弃了事，还能改造成短剑。这一风潮似乎也影响了较短的德克匕首的发展。

法国长刃德克匕首（改型），18世纪后期

"橡子"形尖顶饰

刀身较长，双刃

木柄，黄铜柄头，十字护手

一对挂环

刀鞘主体由皮革制成

镀金黄铜鞘口

这把改制的德克匕首刀身似乎来自一把狩猎用剑，刻有涡卷形装饰。握柄呈四方形，可能是法国制造；皮制刀鞘似乎有镀金黄铜部件。十字护手上的"橡子"形装饰可能不符合海军传统。

年代：	18世纪后期
来源：	法国
长度：	58厘米 （23英寸）

疑似英国海军长刃德克匕首（改型），18世纪后期

另一把剑上拆下的剑身，被截短

骨制刀柄，内有柄舌

双护手，造型较为少见

这把德克匕首部分来自一把短剑，可能是斯帕德隆军刀（spadroon）[1]。通过将柄舌穿过柄头帽，再敲击成形，而使得刀身、十字护手、握柄、柄头连成一体。

年代：	18世纪后期
来源：	疑似英国
长度：	61厘米 （24英寸）

英国德克匕首（改型），19世纪早期

锷叉向下倾斜，末端呈圆球形

军刀刀身或刺刀刀身

骨制握柄，有凹槽

这件样品十分坚固，模样更加类似短剑，而不像德克匕首。刀身类似英格兰"贝克式"步枪所用刺刀的某些变体，但不确定它是否就是由这种刺刀修改而成。

年代：	19世纪早期
来源：	英国
长度：	58厘米 （23英寸）

[1] 一种轻型步兵军刀，劈砍和突刺两用。——译者注

美国海军德克匕首，19世纪早期

十字护手较短，
有鹰的装饰

两个悬挂用的侧环

象牙握柄

刀鞘主体为黄铜

这件样品的刀身打磨得很光亮，细长，双刃。横截面是扁平的菱形。刀柄有镀金的铜制部件，柄头为狮面形，十字护手压印有鹰头，叼着一只圆球。握柄是由车床加工的象牙制成。刀鞘由镀金黄铜制成，有一对挂环。

年代：19世纪早期
来源：美国
长度：19厘米（7.5英寸）

西班牙海军军官佩剑式匕首，19世纪早期

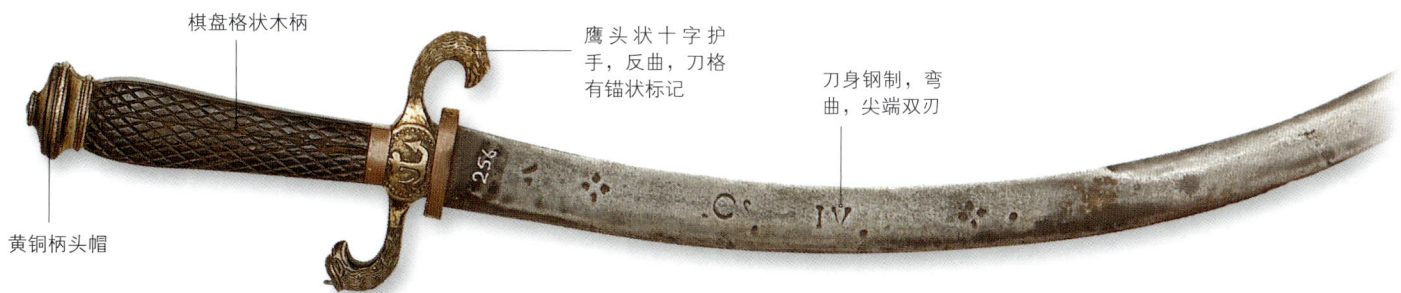

棋盘格状木柄

鹰头状十字护
手，反曲，刀格
有锚状标记

刀身钢制，弯
曲，尖端双刃

黄铜柄头帽

这件样品的刀身弯曲，单刃，刀尖双刃，年代是19世纪早期。刀身上冲压Cs IV字样，代表西班牙国王卡洛斯四世（Carlos IV，1819年去世）。刀柄安装的金属件由黄铜制成，柄头呈扁平的瓮状，十字护手装饰有鹰头尖顶饰，锷叉中心部位（quillon block，又称刀格）有铁锚图案。

年代：19世纪早期
来源：西班牙
长度：44.5厘米（17.5英寸）

英国长刃海军德克匕首，19世纪早期

握柄有凹槽，横截面呈方形

刀身双刃，很长，较少见

柄头帽有突出的
柄舌，敲击成型

十字护手反曲

这把德克匕首形制特殊，刀身很长，可能使用了其他军刀的刀身。木柄横截面呈四方形，各面都有沟槽。柄头帽也是方形，材质是纯铜或黄铜。柄舌穿过柄头帽，用锤子敲击而成。握柄基部有一个金属包头，十字护手锷叉一面向上弯，一面向下弯。

年代：19世纪早期
来源：英国
长度：60.7厘米（24英寸）

法国船用匕首，19世纪中期

钢制圆环，用于系带子

钢制十字护手

木柄用车床加工成圆形

通用名字是boarding dagger，直译"登船匕首"，但实际上是在船上使用的多功能短刀留在船上，并非带到船上。一般情况，为了安全起见，甲板上的水手并不在平时长期携带短刀，但装配索具的时候经常用到。挂环（lanyard ring）穿一条带子系在腰带上，防止丢失。

年代：	19世纪中期
来源：	法国
长度：	35.6厘米（14英寸）

英国海军佩剑，约1850年

骨制握柄，有雕刻

向内弯曲的黄铜十字护手

刀身弯曲，突刺、劈砍两用

黄铜柄头，做成狮子头状

这把海军佩剑（hanger）刀身较长，弯曲，属于劈砍、突刺两用类型，基本是单刃，平脊，有一条长血槽。尖端三分之一为双刃。柄头、脊部加厚件、包头、十字护手均为黄铜制成，柄头装饰成狮头形状。没有文献记载这种形制的佩剑曾经发放给英国海军，可能卖给了私掠船，甚至可能出口到外国海军手里。

年代：	约1850年
来源：	英国
长度：	45.7厘米（18英寸）

西班牙海军德克匕首，19世纪

刀身双刃，有中脊

钢制十字护手，没有装饰

车床加工的钢制刀柄部件

这不是典型的海军德克匕首，更类似水手的海上实用短刀。刀根长而扁平，收窄到刀尖，形成中脊。十字护手没有装饰，扁平，也呈锥形。刀柄有一个加长的金属包头，一个柄头帽，二者用骨制的握柄连接。沟槽不只是装饰，还能增进握持的牢固。

年代：	19世纪
来源：	西班牙
长度：	32厘米（12.6英寸）

乔治亚时期的"德克"匕首

　　"乔治亚时期的德克匕首"（Georgian dirk）字面上指英国乔治亚时期的匕首（157页详述），实际上所指的范围更加广泛，从18世纪中期直到维多利亚女王（Queen Victoria）在位初期（1837年前后）。当时英国工业革命（The Industrial Revolution）蓬勃发展，金属器具出现了更加有效的生产方式；此外，中产阶级也扩大了，更多人买得起昂贵的武器了。"乔治亚时期的德克匕首"既是武器，也是男人佩带的精美装饰。

英国乔治亚风格的海军德克匕首，19世纪早期

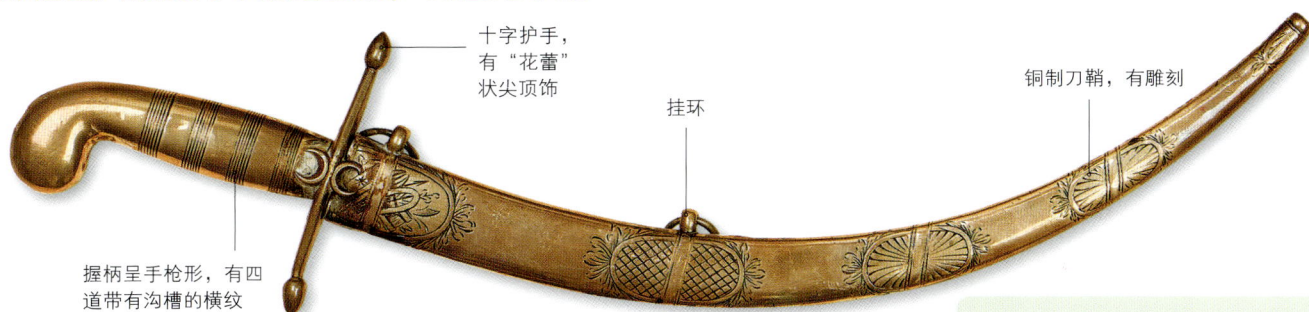

十字护手，
有"花蕾"
状尖顶饰

挂环

铜制刀鞘，有雕刻

握柄呈手枪形，有四
道带有沟槽的横纹

　　刀鞘为铜制，有雕刻。刀身单刃，弯曲，细长；有镀金装饰，造型为涡卷形、棋盘形。刀柄金属部分为镀金铜制。十字护手有"花蕾"状尖顶饰，护手中央有双新月形吞口。

年代：	19世纪早期
来源：	英国
长度：	22.8厘米 （9英寸）

英国乔治亚风格的德克匕首，19世纪早期

刀身单刃，刀背平脊，有血槽

十字护手有
贝壳徽章

象牙握柄有雕刻

　　这把匕首刀身单刃，宽阔，有蚀刻、烤蓝、镀金装饰。刀身平脊，单血槽沿刀背贯穿刀身的大部分长度。刀柄的金属部位是镀金铜制，柄头有狮面图案、金属包头。刀柄还有十字护手，上有贝壳图案的尖顶饰。

年代：	19世纪早期
来源：	英国
长度：	27.4厘米 （10.8英寸）

英国乔治亚时期的海军德克匕首，19世纪早期

象牙握柄，有牙雕装饰

挂环

镀金的金属刀鞘

　　这把乔治亚时期的海军德克匕首，握柄由象牙制成，用牙雕技术（scrimshaw）刻出绳索与铁锚图案。刀身横截面呈扁平菱形，蚀刻有战利品、花环、花饰。柄头用螺旋法固定，上面有多个镀金铜制部件。十字护手造型独特，是延长的八角星样式。

年代：	19世纪早期
来源：	英国
长度：	18.4厘米 （7.25英寸）

英国乔治亚时期的海军德克匕首，约1820年

挂环

柄头有银质装饰

有装饰的黄铜刀鞘

这把乔治亚时期的海军德克匕首比较独特，刀身横截面是扁平菱形，没有装饰；握柄由象牙制成，用车床加工；表面用金属精镶嵌（Piqué work）的技术，在卵圆形区域镶嵌一只带链铁锚，还有卷轴上的首字母RC字样。护手较小，长方形，黄铜制成，边角加工成圆形；柄头造型相同，边缘装有饰钉，边界内部用压印方法造出细小柄片。刀鞘由黄铜制成，有华丽雕刻图案；鞘镖呈纽扣形，刀鞘还有两个挂环。

年代：约1820年
来源：英国
长度：21.6厘米（8.5英寸）

英国乔治亚时期的海军德克匕首，约1820年

车床加工的象牙握柄

华丽搭扣，为之前的挂带而准备

柄头有盘曲的蛇形设计

镀金的金属刀鞘，整个表面都有雕刻

这把乔治亚时期的海军德克匕首，刀身横截面是扁平菱形。刀身蚀刻有王冠、铁锚、叶饰。象牙握柄用车床加工而成，顶端有金属柄头，带有盘曲的蛇的造型，比较独特。十字护手呈较小的卵圆碟形，刻有拉丁语"Palmam Qui Meruit Feriat"，意为"全胜的人获此荣誉"。[1]

年代：约1820年
来源：英国
长度：17.8厘米（7英寸）

英国乔治亚风格的德克佩剑，约1820年

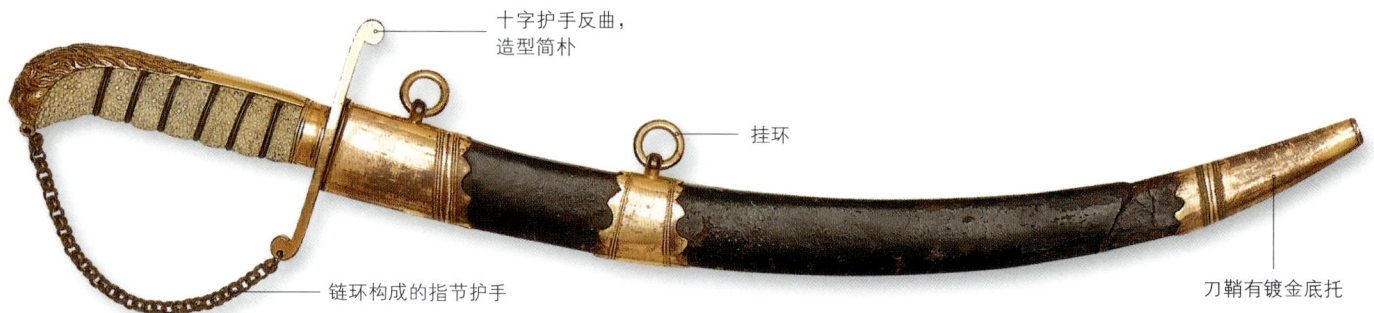

十字护手反曲，造型简朴

挂环

链环构成的指节护手

刀鞘有镀金底托

这把德克匕首类似小型的佩剑，主要特征是刀身弯曲，单刃，蚀刻有涡卷形叶饰，还有一块小板，刻有首字母CLP，可能是主人名字的缩写。刀柄有黄铜的脊部加厚件（backstrap），加工成狮头造型；握柄为骨制，分节，缠有金线。指节护手是链条状，似乎是现代重新加上的。刀鞘为黑色皮制，有镀金的金属底托。

年代：约1820年
来源：英国
长度：30.5厘米（12英寸）

---

[1] 原文拼写有误，Feriat应为Ferat。原文直译为"要让赢得棕榈叶的人持有它"。古希腊传统，棕榈叶象征着胜利。——译者注

英国乔治亚风格海军军官德克匕首，约1820年

车床加工的象牙握柄

皮制刀鞘，有金属配件

锷叉有涡卷形叶饰

这把十分华丽的海军德克匕首，据说属于英国萨克林（Suckling）家族。刀身蚀刻有制造商的资料："刀具商德鲁里，伦敦斯特兰德街32号"（Drury, sword cutler, 32 Strand, London）。刀身还蚀刻有各种图案：一条绳索、带链铁锚（fouled anchor）、军事战利品、涡卷形叶饰。刀柄与黑色皮制刀鞘都装有镀金的金属配件。

年代：	约1820年
来源：	英国
长度：	27.4厘米（10.8英寸）

乔治亚时代

英国历史上有一个名为"乔治亚"的时期，从1714年—1830年，因四位君主名为乔治而得名，即乔治一世、二世、三世、四世。此外还有一个摄政（Regency）时期，为期9年，由摄政王（the Prince Regent）执掌大权，摄政王后来登基成为乔治四世。乔治亚时期的英国，在社会、政治、经济方面都发生了巨变，发生了农业革命，进入了工业时代初期。海外方面，英国在北美战败，丧失了美洲多个殖民地，但同时也获得了大量外国土地，走上了殖民扩张的道路。1714年，英国的安妮女王（Queen Anne）去世，王位传给德意志汉诺威王室（Hanoverian）的乔治一世（1714年—1727年在位）。乔治一世对国事不感兴趣，让第一首相非常失望。乔治二世1727年—1760年在位，其间发生了与法国的七年战争（the Seven Years War），在美洲、非洲获得了新的领土。乔治三世1760年—1820年在位，曾经多次精神失常，统治不稳定。1810年，三世的儿子（也叫乔治）成为摄政王。摄政王生活奢侈，喜好炫耀，因此十分有名，在位期间进行了社会、法律、选举等各方面的改革。1830年，弟弟威廉四世（William IV）继承王位。

▶ 戈弗雷·内勒爵士（Sir Godfrey Kneller, 1646—1723年）创作的英王乔治一世的画像。乔治一世的母语是德语，一生没有学会英语，平时多让大臣代替他执政

苏格兰高地匕首与"德克"匕首

这一类独特的苏格兰德克匕首，是从早期所谓"肾脏匕首"发展而来；而"肾脏匕首"又是从"睾丸短刀"发展而来。典型的德克匕首护手上有锷叉，但这件匕首的锷叉部位却换成两个肾脏形状的圆球，这是这件样品的基本特征。原先的设计目的是一把多功能实用生存刀，有些早期样品的刀背呈锯齿状。后来这一特征变成一系列象征性的锯齿，不再实用了。

英格兰或苏格兰愤怒刀柄匕首，约1603年

"愤怒"型硬木握柄，有凹槽

刀身较长，双刃

这件样品做工精细，属于早期的英格兰（也可能是苏格兰）德克匕首，刀身根部两侧（shoulders）有典型的"肾脏形"圆球覆盖。刀柄为硬木（或白蜡木树根）制成，刀身的柄舌从中穿过，用锤子敲击成型。刀身较长，有坚硬的中脊贯穿整个刀身长度。

年代：	1603年
来源：	英格兰/苏格兰
长度：	46厘米 （18.1英寸）

苏格兰德克匕首，约1740年

木柄有雕刻

心形铭牌

刀身较长，双刃，平脊

苏格兰起义（the Scottish Uprisings）时期的德克匕首。刀身较长，单刃，尖端双刃；平脊，有长血槽。刀身的柄舌穿过刀柄，用一个金属圆盘固定，圆盘也保护木柄末端。握柄本身雕刻有缠绕图案，是凯尔特风格。刀柄护手形成一个椭圆外罩，覆盖刀根两侧。

年代：	约1740年
来源：	苏格兰
长度：	41.5厘米 （16.3英寸）

苏格兰象牙柄德克匕首，18世纪中期

骨制或象牙刀柄，有雕刻

刀身较长，双刃，平脊

这把德克匕首质量很高，刀柄由象牙或海象牙制成，分为三节。柄头部分末端有一块保护性的金属板，柄舌穿过其间，然后固定。握柄有弯曲凹槽，护手形成椭圆外罩，覆盖刀根两侧。

年代：	18世纪中期
来源：	苏格兰
长度：	50.3厘米 （19.8英寸）

苏格兰高地礼仪德克匕首，约1900年

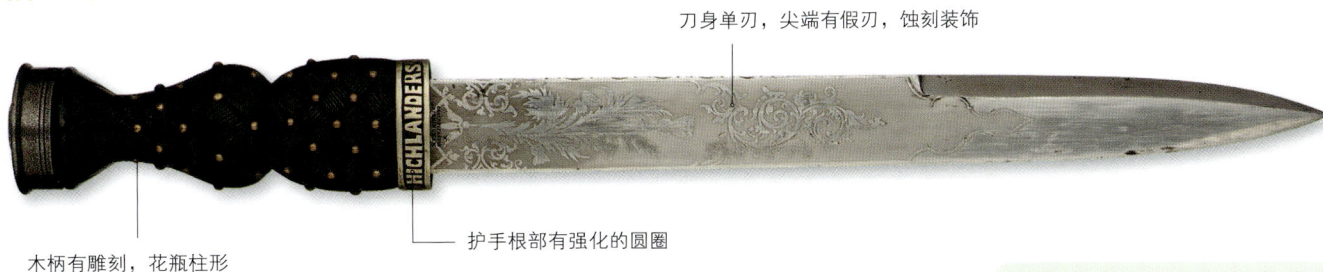

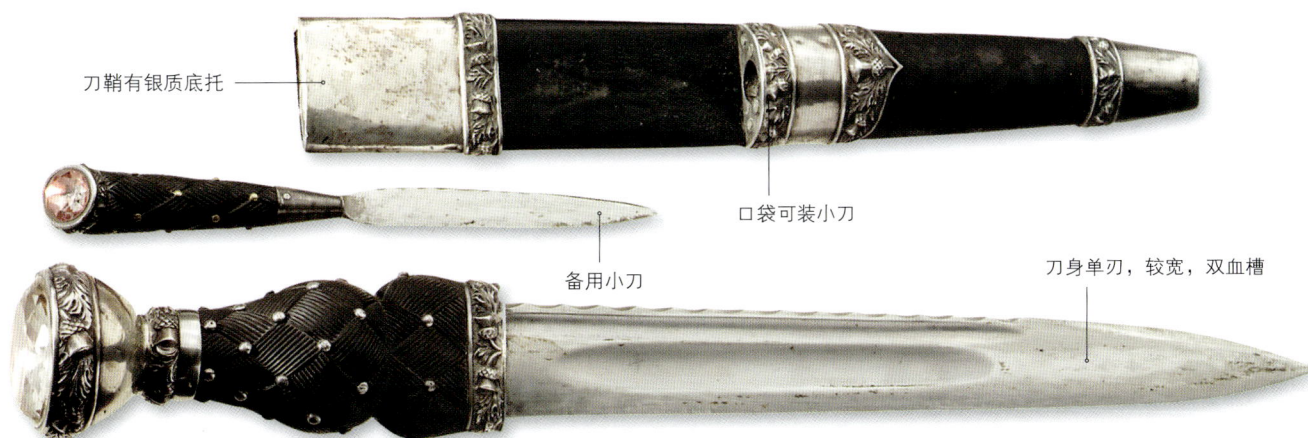

刀身单刃，尖端有假刃，蚀刻装饰

木柄有雕刻，花瓶柱形

护手根部有强化的圆圈

19世纪中期开始的苏格兰高地团装备了这种军用匕首，用于游行、礼仪场合。木柄有雕刻，模仿编织带子用钢制销钉固定的造型。握柄基部有金属包头，上有"戈登高地团"（GORDON HIGHLANDERS）字样。

年代：	约1900年
来源：	苏格兰
长度：	37厘米（14.6英寸）

苏格兰高地礼仪德克匕首，约1900年

刀鞘有银质底托

口袋可装小刀

备用小刀

刀身单刃，较宽，双血槽

正式礼仪场合使用的一把德克匕首，本身的柄头和备用小刀的柄头均镶嵌有烟晶。刀身平脊，有象征性的锯齿。两道血槽，一道细长，接近刀背；另一道粗短，位于刀身正中。饰有多个银质部件，用凿子精细加工而成。

年代：	约1900年
来源：	苏格兰
长度：	40厘米（15.7英寸）

苏格兰高地德克匕首，饰有烟晶，约1900年

刀鞘有带装饰的银质底托，及两个口袋

柄头镶有石英石，加工成刻面

波浪形握柄，有装饰

刀身单刃，刀尖双刃

正式礼仪场合使用的高地德克匕首。木柄有雕刻，带有银质底托。柄头配件有一块加工成刻面的石英岩（烟晶）（Cairngorm），握柄设计成"编织篮"造型，配有银质的饰钉。刀身单刃，刀背有扇形饰边，象征锯齿。刀鞘上有两个口袋，可以放入一副刀叉。

年代：	约1900年
来源：	苏格兰
长度：	47厘米（18.5英寸）

19世纪猎刀和博伊刀

　　拿破仑战争于1815年终结，之后一直到20世纪早期，欧洲刀具业大规模发展，开辟了多个新的市场，特别是在新建立的美利坚合众国。美国内战之后，经济迅速发展，需要大量商品，但国内供应不上，欧洲乘虚而入，因此刀剑出口猛增。

英国谢菲尔德郡沃斯登霍姆制造的匕首，19世纪中期

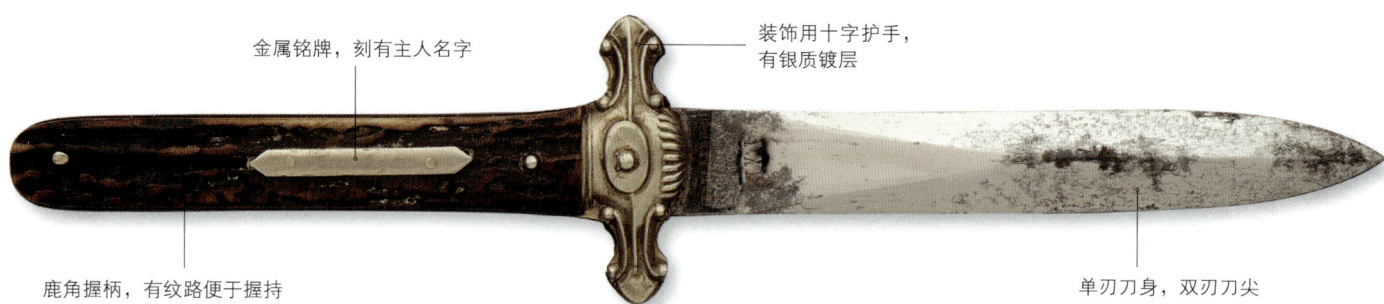

金属铭牌，刻有主人名字

装饰用十字护手，有银质镀层

鹿角握柄，有纹路便于握持

单刃刀身，双刃刀尖

　　质量极高，由"乔治·沃斯滕霍姆"（George Wostenholm）公司生产，这家公司一度在谢菲尔德市短刀企业中居于第二。刀身和柄舌由整块钢材造成，柄舌部位（刀柄）表面布有鹿角材质的柄片，由三颗铆钉固定。中央的铆钉覆盖有金属椭圆饰板（上面刻有主人的名字或首字母）。钢制护手有扇贝形装饰，经过打磨、镀镍。刀身笔直，双刃[1]，刀根加长，收窄成中脊。

年代：	19世纪中期
来源：	英国
长度：	34厘米（13.4英寸）

美利坚联盟国军用短刀，19世纪

博伊刀式刀身

"CSA"字样，代表美利坚联盟国；背剪形假刃

硬木握柄，有纹路

钢制护手细长

　　这把短刀工艺粗糙，模仿了有名的"博伊刀身"，属于当时铁匠生产的典型风格，特别是重复利用残破刀剑的时候。刀身较宽，扁平而沉重，拥有砍刀的效果。护手也就地取材，似乎是由金属薄片制成。握柄柄片制作粗糙但有效，上面有CSA字样，即美利坚联盟国（Confederate States of America）。

年代：	19世纪
来源：	美国
长度：	32厘米（12.6英寸）

---

[1] 按照图例说明，确切说法应是"刀尖处双刃"。——译者注

英国"棺材柄"猎刀，19世纪中期

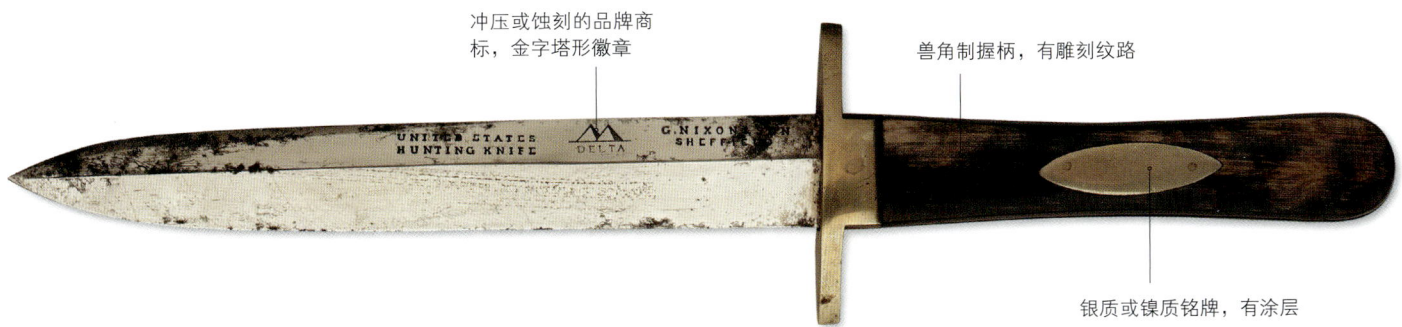

冲压或蚀刻的品牌商标，金字塔形徽章

兽角制握柄，有雕刻纹路

银质或镍质铭牌，有涂层

　　这种"棺材柄"（coffin-handled）短刀因为刀柄有些类似当时木制棺材的形状而得名。此类设计在19世纪中期非常流行，刀身蚀刻有乔治·尼克松（George Nixon）字样，这是一家英国公司，当时以生产这种猎刀而闻名。后来公司改名为"尼克松与温特伯顿"（Nixon & Winterbottom）。

年代：19世纪中期

来源：英国

长度：不详

英国罗杰斯制造的博伊刀，19世纪中期到后期

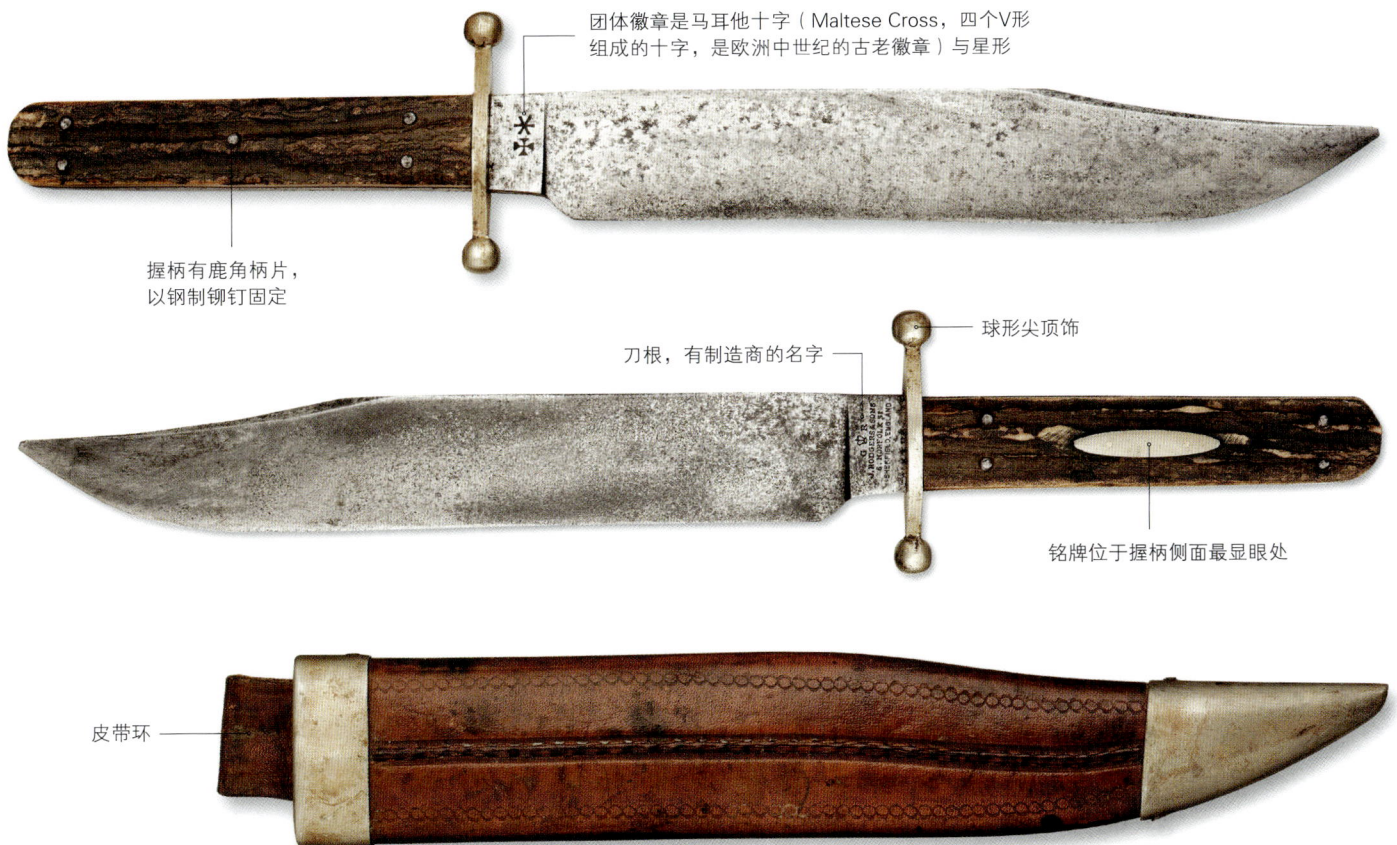

团体徽章是马耳他十字（Maltese Cross，四个V形组成的十字，是欧洲中世纪的古老徽章）与星形

握柄有鹿角柄片，以钢制铆钉固定

球形尖顶饰

刀根，有制造商的名字

铭牌位于握柄侧面最显眼处

皮带环

　　博伊刀的上品，由英国谢菲尔德市刀匠约瑟夫·罗杰斯（Joseph Rodgers）制造。刀身为博伊刀典型样式，接近刀尖处略微变宽，刀背扁平，有磨快的假刃。整个刀身开刃，只有在刀根处收窄变厚。刀柄笔直、简约，握柄有鹿角加工成的柄片方便握持。十字护手为钢制，镀镍，尖顶饰为球状。皮革刀鞘有环状背带，鞘口、鞘镖都有镀镍金属部件。

年代：19世纪中期到后期

来源：英国

长度：31厘米（12.2英寸）

英国谢菲尔德郡制造的博伊刀，19世纪中期

背剪形刀尖

握柄有鹿角柄片，
以三颗铆钉固定

蚀刻的爱国标语

NEVER DRAW ME · *or* · *SHEATH ME*
WITHOUT REASON · *WITHOUT HONOUR*

这种类型，因美国人詹姆斯·博伊在阿拉莫作战的英勇事迹而名声大噪。这件样品属于19世纪中期谢菲尔德市生产的很多类似刀具中的典型，由爱德华·皮尔斯公司（Edward Pierce and Co.）生产，蚀刻有理想化的铭文："无理由则不要将我拔出，无荣誉则不要将我入鞘。"

年代：	19世纪中期
来源：	英国
长度：	32厘米（12.6英寸）

英属印度定制猎刀，19世纪后期

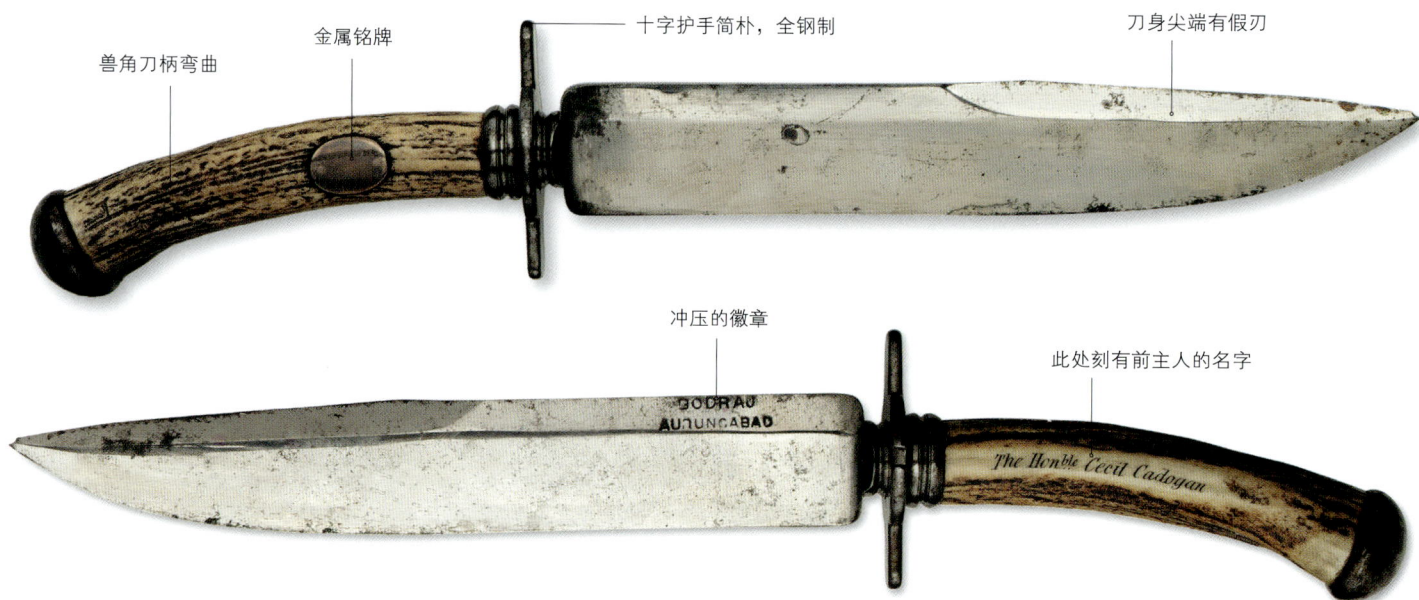

兽角刀柄弯曲

金属铭牌

十字护手简朴，全钢制

刀身尖端有假刃

冲压的徽章

BODRAU
AURUNGABAD

此处刻有前主人的名字

The Honble Cecil Cadogan

这把猎刀质量上乘，似乎是英属印度时期在印度生产的。刀身的柄舌加工成弯曲形状，适应弯曲的鹿角握柄，在柄头末端用一个大型金属帽固定。刀身有冲压的铭文"布德罗·奥兰加巴德"[1]，可能是制造猎刀的印度兵工厂的名字。握柄侧面被磨光，刻有人名："塞西尔·贾德干大人"（The Honble [Honourable] Cecil Cadogan）。

年代：	19世纪后期
来源：	英属印度
长度：	30厘米（11.8英寸）

[1] 原文Bodrau Aurungabad，后一个单词通用拼写Aurangabad，今"马哈拉施特拉"邦"奥兰加巴德"市。——译者注

英属印度双刃猎刀，19世纪后期

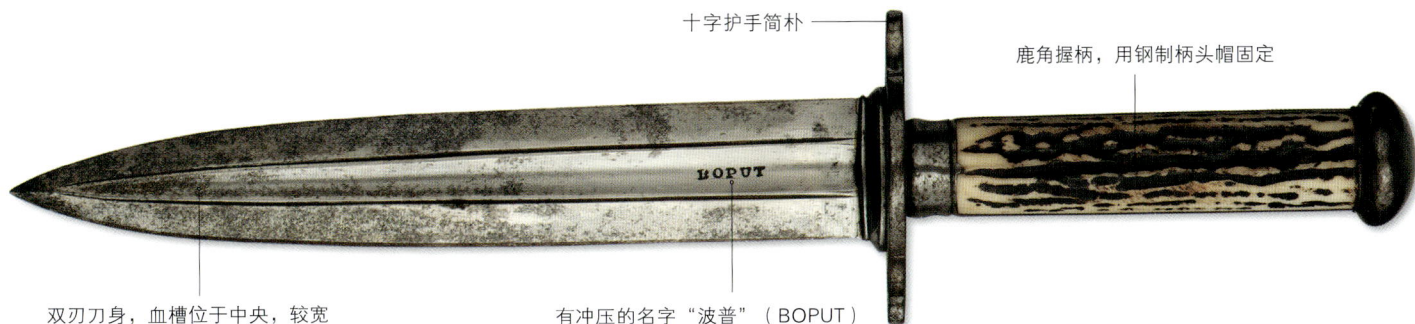

十字护手简朴

鹿角握柄，用钢制柄头帽固定

BOPUT

双刃刀身，血槽位于中央，较宽

有冲压的名字"波普"（BOPUT）

当时流行的猎刀风格，显然是英属印度生产的。双刃刀身，一条血槽较宽，贯穿刀身的大部分。握柄为兽角制成，有粗短的钢制十字护手。钢制柄头帽中间穿过柄舌，用锤子敲击固定。

年代：	19世纪后期
来源：	英属印度
长度：	32厘米（12.6英寸）

德国单刃猎刀，19世纪后期

鹿角握柄，上有柄片，用三颗铆钉固定

钢制锷叉，没有装饰

单刃刀身，双刃刀尖

风格典型的猎刀，由德国索林根市"弗雷德里希·尼夫父子公司"（Friedrich Neeff and Son）制造。握柄下面加工成波状（contoured），适合手指握持。钢制十字护手镀镍，刀身为单刃，尖端为双刃。当时德国鲁尔山谷（the Ruhr Valley）地区很多军火公司都生产这样的猎刀。

年代：	19世纪后期
来源：	德国
长度：	31厘米（12.2英寸）

英国博伊刀身短刀，19世纪后期

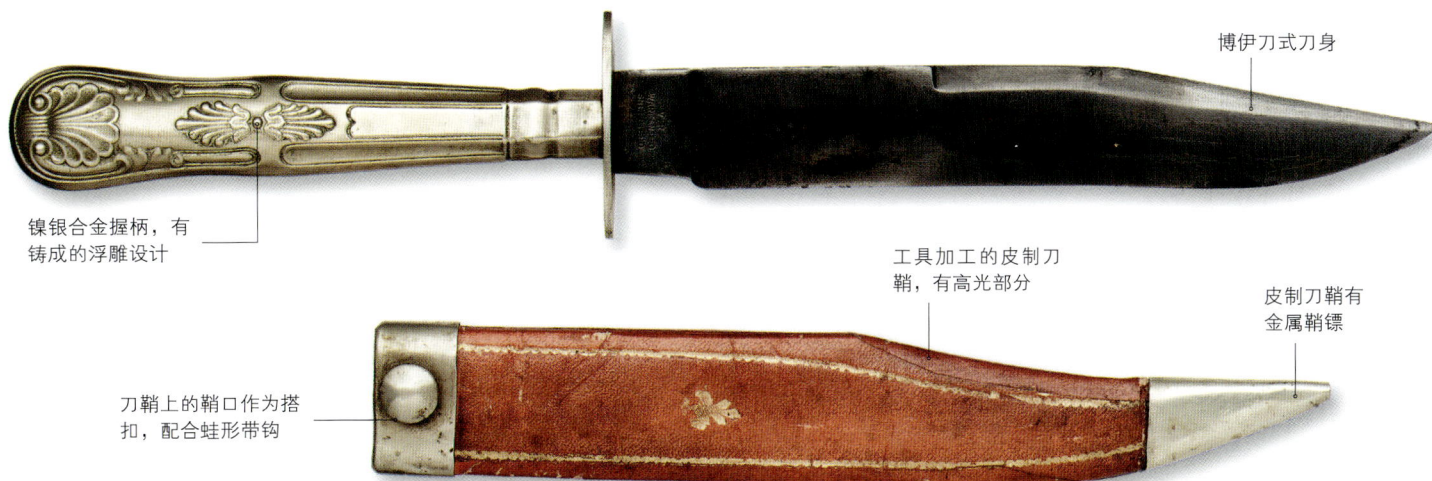

博伊刀式刀身

镍银合金握柄，有铸成的浮雕设计

工具加工的皮制刀鞘，有高光部分

皮制刀鞘有金属鞘镖

刀鞘上的鞘口作为搭扣，配合蛙形带钩

这件博伊刀身短刀没有名称，不能作为猎刀使用，因此不是真正的博伊刀，只能算装饰品。刀柄有古典主义浮雕装饰，类似19世纪末流行的风格。

年代：	19世纪后期
来源：	英国
长度：	32厘米（12.6英寸）

19世纪折刀

折刀又叫折叠刀，英文名为Folding knives或clasp-knives，是19世纪重要的发明之一，可在不用刀的时候把刀身完全收起，避免损害，方便携带。地中海北部各国，折刀一度非常流行，名为"纳瓦亚"短刀，西班牙语意为折叠刀。这一设计十分有用，后发展成为一种高产的"小折刀"或"袖珍折刀"（pocket knife）。

意大利或科西嘉的纳瓦亚折刀，19世纪

单刃刀身，刀尖可突刺，较窄

有装饰的金属刀柄

这把纳瓦亚折刀打开时，通过刀柄后侧一个较长的弹簧而固定到指定位置。弹簧的夹子可以通过拉动一个圆环而释放，这样就能放开刀身，让刀身折叠进刀柄。上面这件样品，有金属刀柄，嵌入银饰，银饰有雕刻的装饰。

年代：19世纪
来源：意大利/科西嘉
长度：35厘米 （13.8英寸）

疑似西班牙纳瓦亚折刀，19世纪

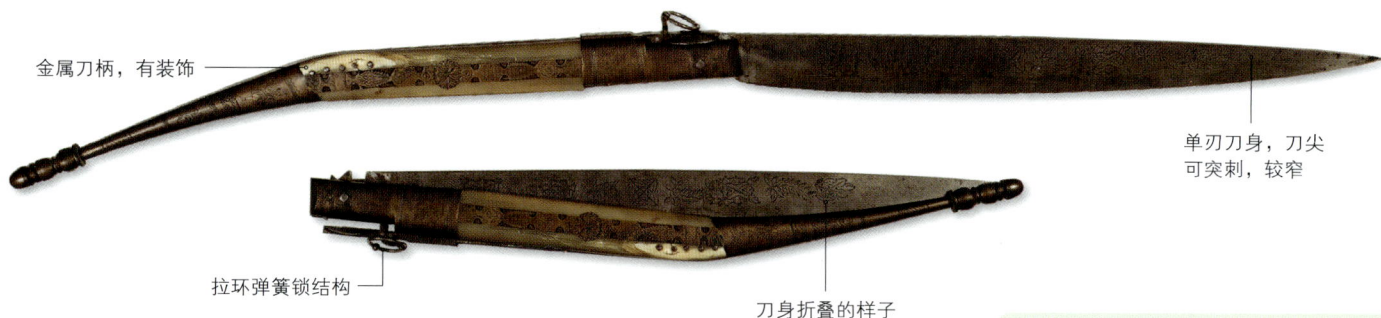

金属刀柄，有装饰

单刃刀身，刀尖可突刺，较窄

拉环弹簧锁结构

刀身折叠的样子

这把纳瓦亚折刀可能来自西班牙，这里显示了刀身开启与合上的两种形态，说明折刀刀身也能与刀柄一样长。这类折刀中有些样品在刀柄顶端尽头有一个管子可以滑动，能越过刀身顶端，在刀身合上时被牢牢锁住。

年代：19世纪
来源：疑似西班牙
长度：35厘米 （13.8英寸）

西班牙纳瓦亚折刀，19世纪后期

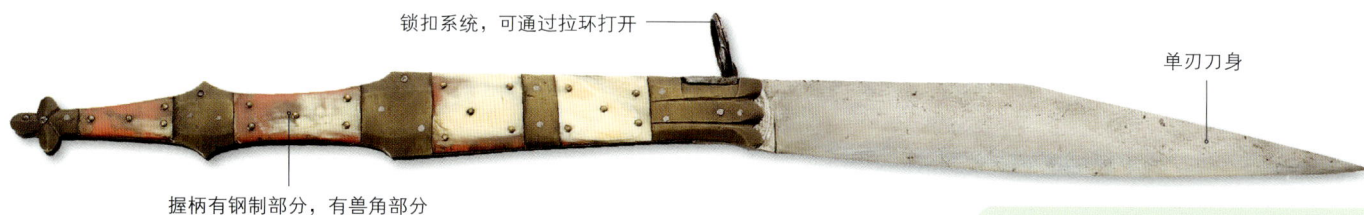

锁扣系统，可通过拉环打开

单刃刀身

握柄有钢制部分，有兽角部分

一种大规模生产的纳瓦亚折刀，冲压标记是"托雷多的纳瓦亚折刀"（Navajas de Toledo）。托雷多市为西班牙刀具业的主要制造商、出口商之一。刀柄各部分为钢制，凹陷处嵌入骨质柄片。刀身打开时长度略短于25.4厘米。

年代：19世纪后期
来源：西班牙
长度：54.6厘米 （21.5英寸）

德国大型折刀，19世纪后期

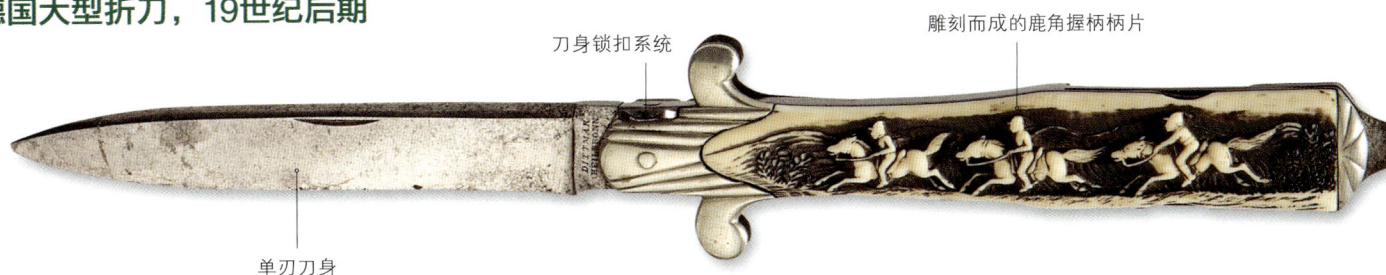

刀身锁扣系统

雕刻而成的鹿角握柄柄片

单刃刀身

这件样品刀柄的金属部分是银色的白金属，刀身有标记"海尔布隆市迪特马尔公司"（Dittmar, Heilbronn），这是1789年创立的刀具制造企业。握柄柄片由鹿角制成，嵌有三个骑马人在狩猎的形象。打开时，刀身用弹簧夹子固定就位。闭合时，同样的弹力确保刀身被固定在刀柄中。

年代：	19世纪后期
来源：	德国
长度：	25厘米（9.8英寸）

科西嘉的纳瓦亚折刀，19世纪后期

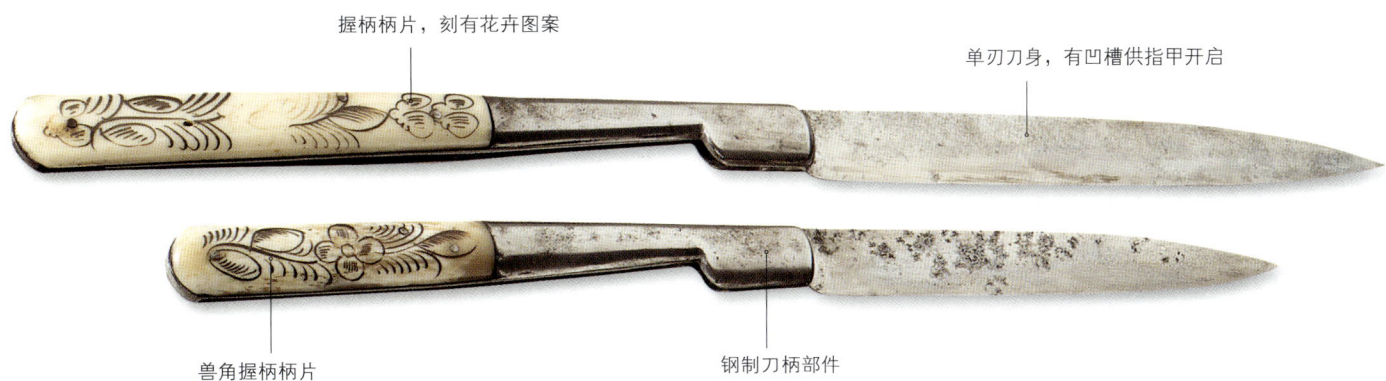

握柄柄片，刻有花卉图案

单刃刀身，有凹槽供指甲开启

兽角握柄柄片

钢制刀柄部件

19世纪下半叶的科西嘉"纳瓦亚"折刀，用途是餐刀，能够折叠起来，方便运输。这种刀在市场的名称是"76年伯纳德正品"（76 Veritable Bernard）。刀柄为钢制，带有一个衬垫形状，使得刀身打开时不至于伤到手指。握柄柄片是打磨过的兽角制成的。

年代：	19世纪后期
来源：	科西嘉
长度：	37.5厘米（14.8英寸）

印度折刀，1875年—1930年

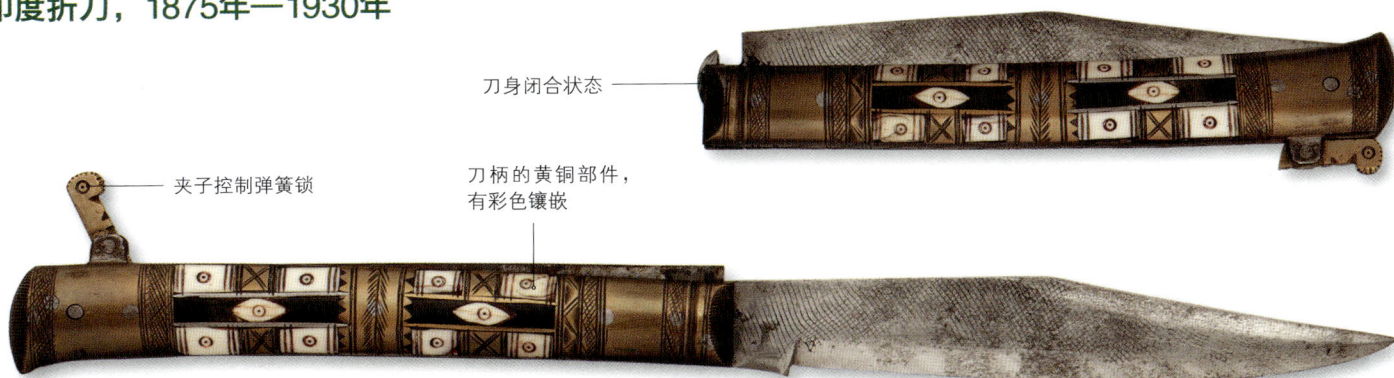

刀身闭合状态

夹子控制弹簧锁

刀柄的黄铜部件，有彩色镶嵌

这把折叠刀是19世纪后期到20世纪前期在英属印度为出口而大规模生产的多种刀具中的一类。刀身为钢制，较短，背剪形刀尖，通过刀柄背部的弹簧与夹子弹出就位。刀柄末端有一个带铰链的杠杆，抬起就会按压弹簧，松开刀身就可以折叠了。

年代：	1875年—1930年
来源：	印度
长度：	25厘米（9.8英寸）

19世纪民间格斗匕首

罪犯历来都喜欢用各种短刀作为进攻的武器，平民也一直用各种短刀防身。短刀不像火药武器那样需要特别的装填、清洁、维护技巧，特别是历史上有一个时期子弹从枪口装入，对使用人员的要求就更高，更不方便。此外，短刀价格相对更低，没有弹药缺乏的问题。除了弹簧刀之外，不会有紧急关头机械故障的风险。最后，对那些有特殊要求的人来说，短刀使用的时候没有声音。

英国手杖匕首，1800年

象牙刀柄，有狗头雕刻

短锥形刀身

马六甲（Malacca）手杖

把武器伪装起来，总是能让使用者占据优势。这种做法，不止黑社会才用。乔治亚时期、维多利亚时期的英格兰，大部分绅士都携带手杖，而且在灯光暗淡的街上总是面临被袭击的风险。某人若是没有公开佩带武器，在手杖的杆子里面藏一把，就可以称为明智了。

年代：	约1800年
来源：	英国
长度：	25厘米　（9.8英寸）

非洲蝇拂匕首，1870年

这件样品的主人，估计是非洲殖民地的种植园主、政府官员或者军官，也可能是部落酋长；既有蝇拂的基本功能，也是地位的象征。不论主人是谁，大概都有携带武器的必要吧。

年代：	1870年
来源：	非洲
长度：	22厘米　（8.7英寸）

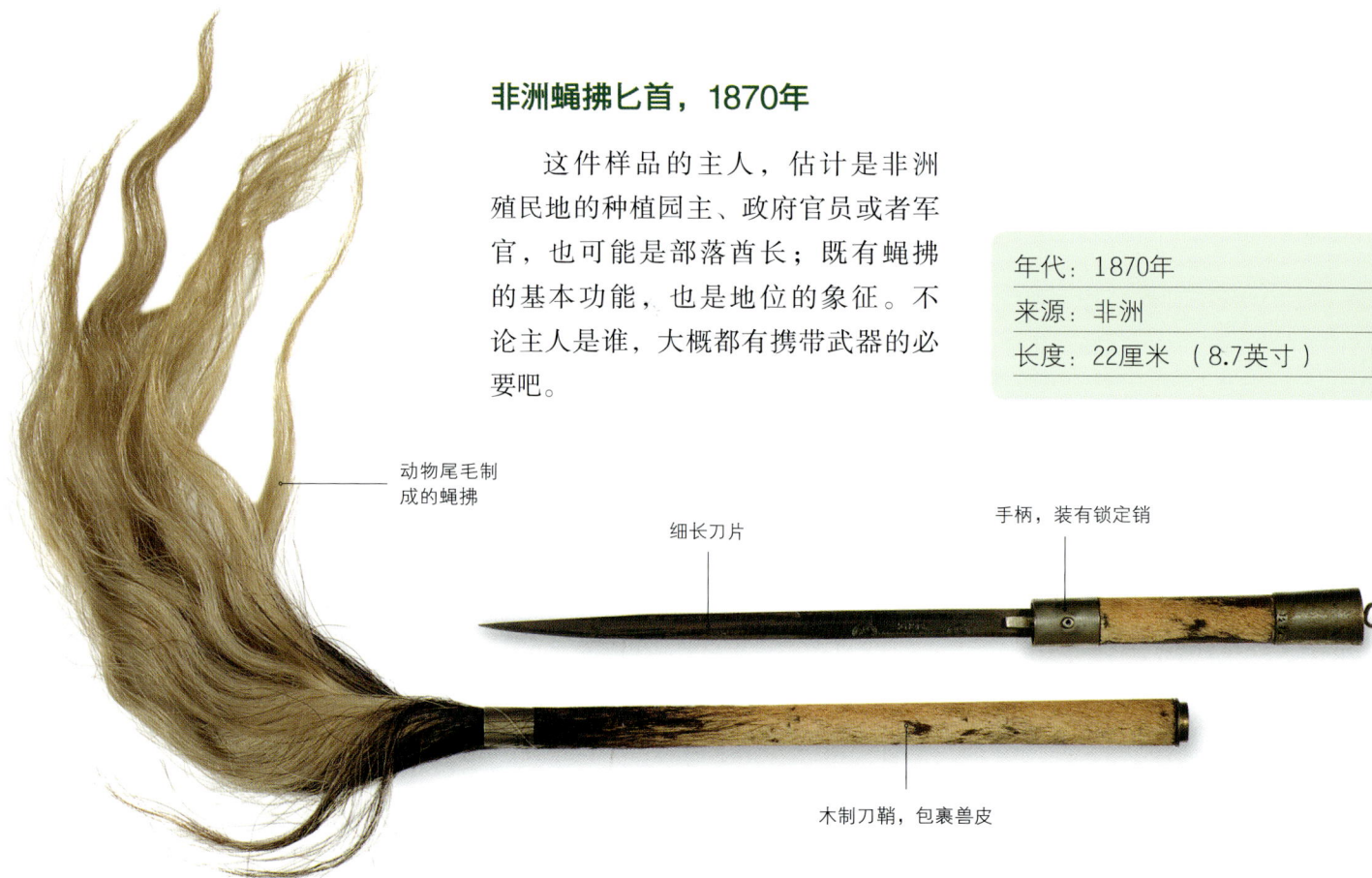

动物尾毛制成的蝇拂

细长刀片

手柄，装有锁定销

木制刀鞘，包裹兽皮

西班牙格斗短刀，19世纪

刀身部分为双刃

手柄末端有瞪羚角[1]

刀身适于切削

训练有素的人，挥起这一对短刀，必然会让对手惧怕。刀柄有天然的脊，抓握牢靠，末端有尖头。刀身极为锋利，靠近刀尖还有第二个劈砍用锋刃，能用多种途径杀伤敌人。

年代：	19世纪
来源：	西班牙
长度：	不详

意大利象牙握柄短刀，19世纪

象牙刀柄，柄头加工成"突厥人头"状

刀身坚硬，刀尖锋利

这把匕首阔刃，有尖头，类似现代厨房刀具，但它真正的功能十分明显。刀身简朴，非常实用。刀柄由象牙制成，内嵌银饰，有精巧的莨苕叶形（acanthus）图案，柄头雕刻成"突厥人头"形。

年代：	19世纪
来源：	意大利
长度：	28厘米（11英寸）

美国手刺，约1870年

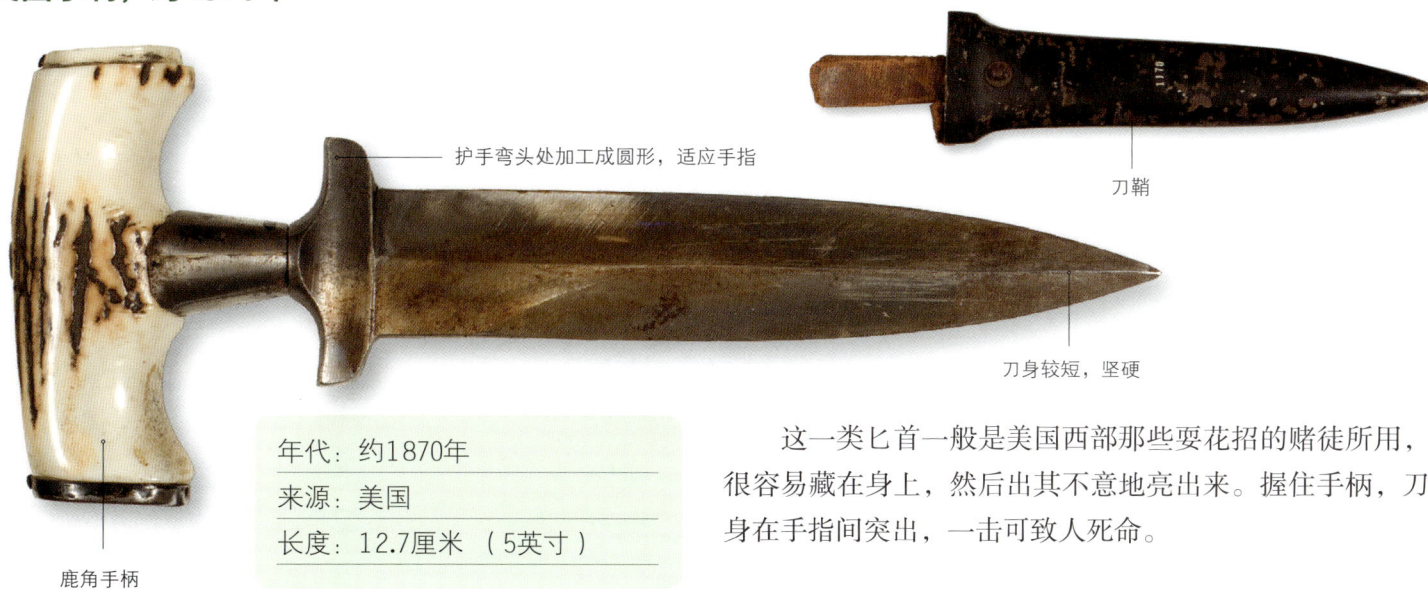

护手弯头处加工成圆形，适应手指

刀鞘

刀身较短，坚硬

鹿角手柄

年代：	约1870年
来源：	美国
长度：	12.7厘米（5英寸）

这一类匕首一般是美国西部那些耍花招的赌徒所用，很容易藏在身上，然后出其不意地亮出来。握住手柄，刀身在手指间突出，一击可致人死命。

[1] 从画面看，似乎应当说"手柄由瞪羚角的尖端制成"。——译者注

19世纪组合刀

　　枪和短刀的组合，在19世纪并不算新鲜的创意。军用枪支带有刺刀，或是平民手枪带有折叠式刺刀，都很常见，可以提供多一重保护。19世纪，枪炮技术有了进步，由此自携式弹匣（self–contained cartridge）出现了，于是能够发射多次的新武器也就与传统的手枪刀并行发展。

法国手枪刀，19世纪

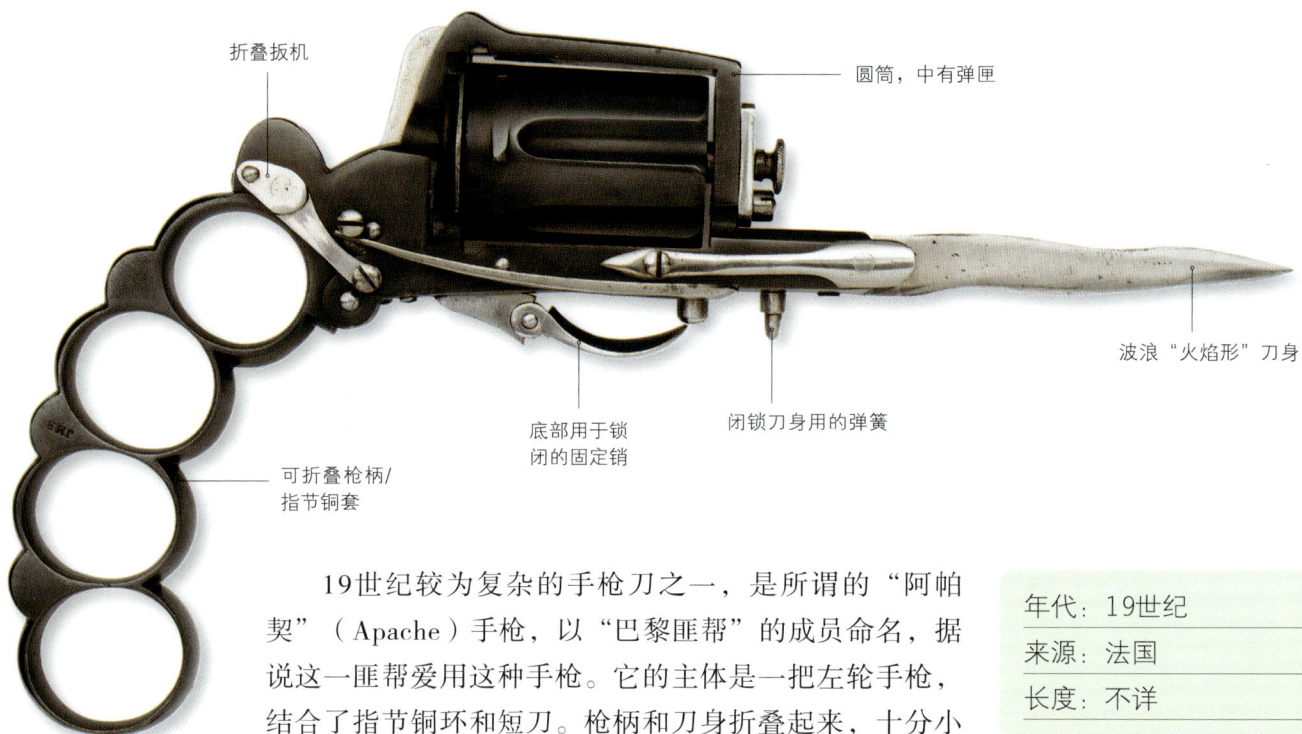

折叠扳机

圆筒，中有弹匣

波浪"火焰形"刀身

底部用于锁闭的固定销

闭锁刀身用的弹簧

可折叠枪柄/指节铜套

　　19世纪较为复杂的手枪刀之一，是所谓的"阿帕契"（Apache）手枪，以"巴黎匪帮"的成员命名，据说这一匪帮爱用这种手枪。它的主体是一把左轮手枪，结合了指节铜环和短刀。枪柄和刀身折叠起来，十分小巧，能够装进口袋，应付各种不测。

年代：	19世纪
来源：	法国
长度：	不详

比利时针发式德克手枪刀，约1870年

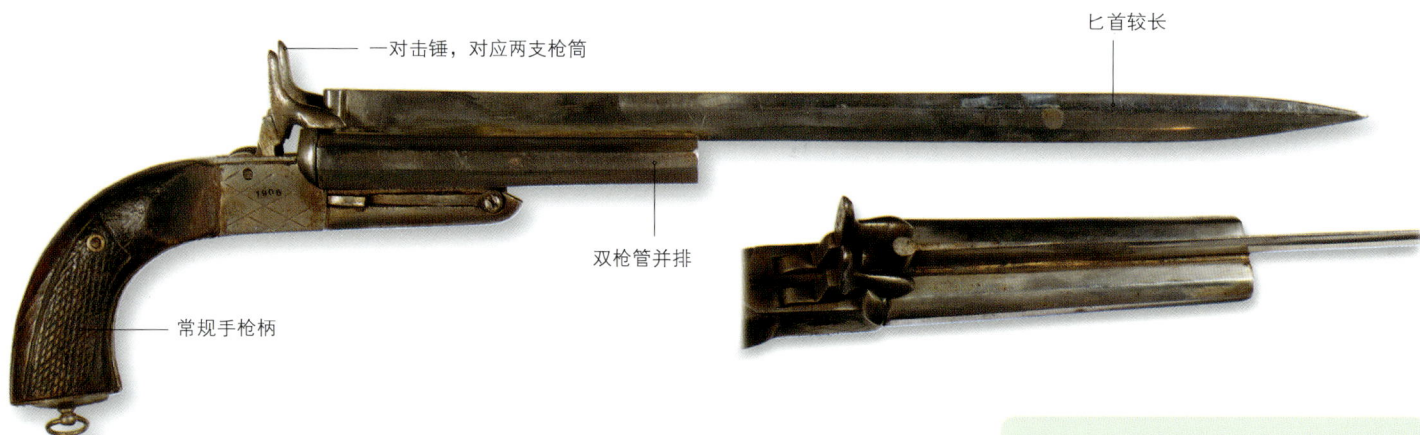

一对击锤，对应两支枪筒

匕首较长

双枪管并排

常规手枪柄

　　这把双筒德克匕首手枪刀，比前面那把装入口袋的折叠刺刀式手枪刀显眼。匕首式刺刀较长，位于顶端两个枪管之间，是一把有威慑力的武器，但平民却很难隐藏它，难以安全地携带。

年代：	约1870年
来源：	比利时
长度：	34厘米（13.4英寸）

比利时手枪刀，约1870年

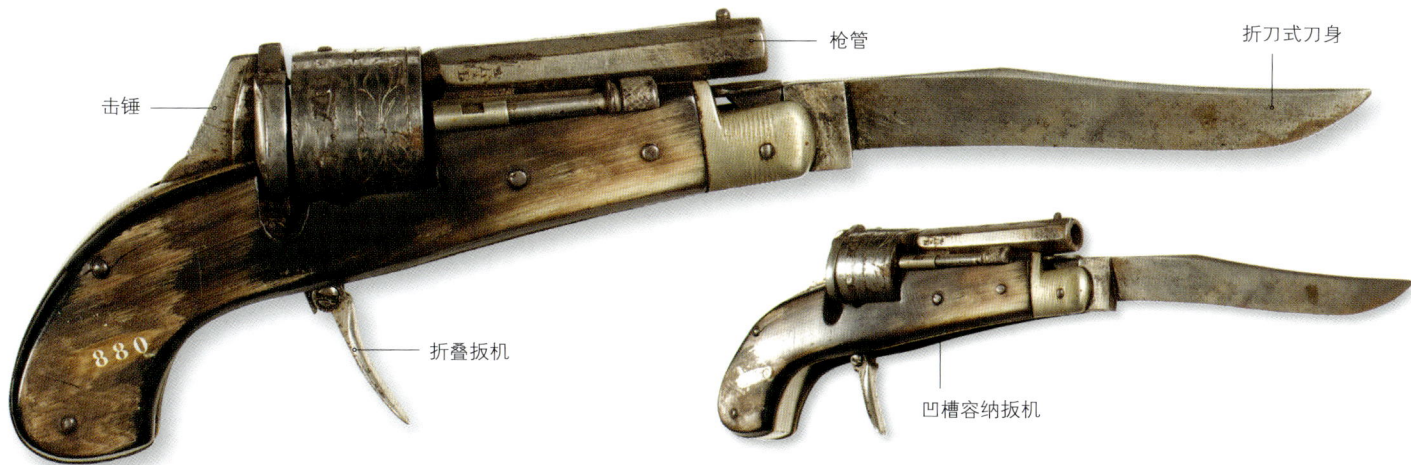

击锤

枪管

折刀式刀身

880

折叠扳机

凹槽容纳扳机

这是一支六响双动式弹匣式左轮手枪[1]，装在一把较大的小折刀上。这样的武器，作为左轮手枪，无法舒适或安全地握持。相对而言，单发手枪做成手枪刀的情况要多得多。不过，这样的武器也许足够吓坏自己要威胁的受害者，或者图谋不轨的人吧。

年代：约1870年
来源：比利时
长度：不详

欧洲棍棒式手枪刀，19世纪后期

长木柄，可作棍棒使用

扳机与扳机护圈

钢制的饰钉，有尖刺

短锥刀身

这把多用途欧洲武器，设计理念相当古老，可以追溯到中世纪。作为带有钢制尖钉的棍棒，本身就可以置人于死地。再加上一把短锥式刀身、一把单发手枪，无论攻击或防御，都是威力很大的近战武器。第一次世界大战期间，战壕里重新启用了这一类多用武器，只是去掉了手枪。

年代：19世纪后期
来源：欧洲
长度：不详

巴黎匪帮

全球每一座大城市都有地下组织，或小偷小摸，或杀人越货。维多利亚时期的伦敦，有一种人物，类似作家狄更斯笔下的恶棍比尔·赛克斯（Bill Sykes）[2]。20世纪早期的美国，有移民组成的意大利黑手党（Mafia）。巴黎也有名为"阿帕契"（apaches）的匪帮，很多人使用一种独特武器，是左轮手枪和手刺的结合。他们身穿格纹上衣，头戴黑色贝雷帽，做事狠辣，声名狼藉。

▶ "巴黎匪帮"无视法律秩序，恶名昭彰。这一点，1907年出版的《小日报》（法语：Le Petit Journal）插画体现得很明显

---

[1] 双动式（double action）也叫双动操作型，扣扳机的时候，枪机先从安全转为待发，然后击发。单动式（single action）指扣扳机时枪机直接击发。——译者注
[2] 《雾都孤儿》（Oliver Twist）里的著名罪犯。——译者注

18、19世纪套筒式刺刀

插入式刺刀插入枪口，火枪就不能发射，这是一大问题。而且，这种刺刀也不安全，只要敌人做法得当，猛拽一下，就可以将刺刀从枪口拉出，自己就会处于不利位置。套筒式刺刀是一次突破，刀身先装在圆筒上，再套在枪口周围，这样就能固定，还不妨碍火枪发射。

英国套筒式刺刀，约1690年

狗面具形装饰

背剪形刀尖

这把刺刀很有特色，是早期的套筒式刺刀，设计精致，配有装饰，更像是狩猎用的娱乐产品，不像实战武器。刺刀装有一个弹簧销，能够用它卸下柄头帽，开启管状刀柄，装在枪口上。

年代：	约1690年
来源：	英国
长度：	不详

英国套筒式刺刀，约1700年

分开的套筒两端各有补强轴环

壳手

刀身比较沉重，矛头状刀尖

之字形狭槽，配合枪筒上的卡榫

套筒式刺刀发明的时候，枪筒的生产工艺还不太精确。为克服这一缺点，套筒两端各有一只用于补强的轴环（collar），圆环上有一个缺口，直径可以调节，配合枪筒。这把套筒式刺刀有类似匕首护手的壳手，是这一时期的典型。

年代：	约1700年
来源：	英国
长度：	44.2厘米 （17.4英寸）

英国东印度公司套筒式刺刀，1797年

套筒有"L"形狭槽

刀身横截面呈三角形，宽而扁平，至刀尖收窄成锥形

装上的固定用弹簧销

这把刺刀如果单纯使用一个朴素的之字形狭槽，就不能锁紧，而且通过拉拽和扭动可以轻易从枪口卸下。东印度公司采用了这种简易弹簧结构，可能是专家伊齐基尔·贝克（Ezekiel Baker）设计的。一旦刺刀就位，弹簧就会锁紧固定卡榫。

年代：	1797年
来源：	英国
长度：	51.5厘米 （20.3英寸）

英国套筒式刺刀，用于印度制式火枪，1800年

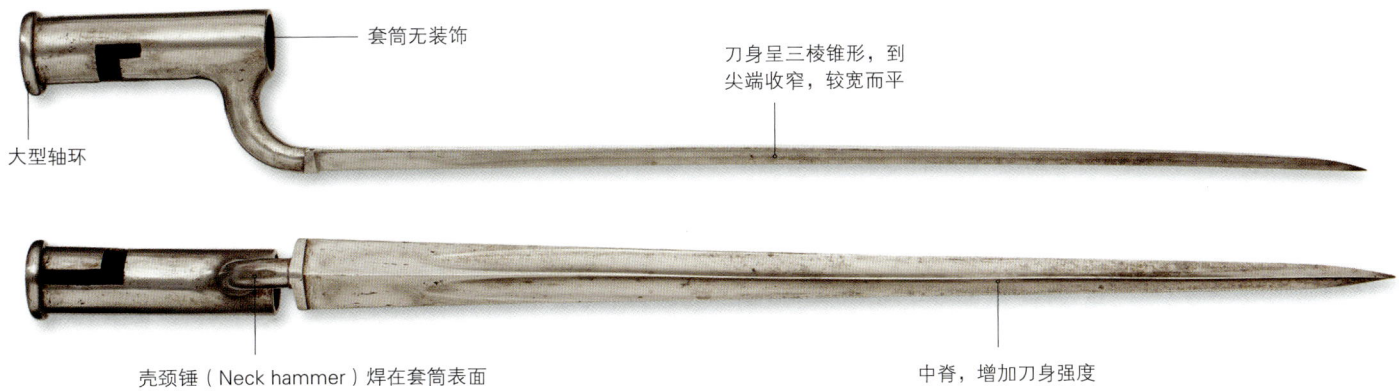

套筒无装饰

刀身呈三棱锥形，到尖端收窄，较宽而平

大型轴环

壳颈锤（Neck hammer）焊在套筒表面

中脊，增加刀身强度

　　18世纪后期，英国采用了一种新式滑膛枪，原型是印度军队所用的滑膛枪，与此同时也采用了新式刺刀。这种刺刀与它的各种前身基本相同，只是套筒上轴环较厚。这种刺刀与滑膛枪在整个拿破仑时期被广泛使用。

年代：	1800年
来源：	英国
长度：	53.3厘米　（21英寸）

英国刺刀，带有吉尔公司（Gill）的实验锁扣系统，约1800年

管状套筒

刀身呈三棱锥形，较宽而扁

有枢轴的杠杆

　　这把制式刺刀经过修改，在套筒轴环上装了一个带有弹簧的杠杆。刺刀装好的时候，杠杆前端在准星后面被固定，避免意外脱落。原先的之字形狭槽现在被填平，又开了一个新的狭槽，刺刀装在枪管下方。

年代：	约1800年
来源：	英国
长度：	50.5厘米　（19.9英寸）

英国刺刀，用于海军火枪，约1805年

管状套筒

刀身扁平，垂直，有较短假刃

"之"字形孔槽，装上刺刀后刺刀位于右侧

　　这把刺刀独特之处在于刀身横截面扁平，一般刺刀是锐角三角形。尽管年代是拿破仑时期，但武器可能是由18世纪的形制发展而来。现存档案显示，当时唯一符合这种描述的刺刀是一种为海军定制的刺刀。

年代：	约1805年
来源：	英国
长度：	54厘米　（21.2英寸）

疑似德国或瑞典刺刀，1811型，约1811年

刀身横截面呈三棱锥形，凹磨式

有锁定环的套筒

这把刺刀比例怪异，产地不明，但很像瑞典步兵1811型滑膛枪。刺刀壳颈（neck）长而纤细，刀身很长，比这一类刺刀大多数伸出套筒的距离都远。最奇异的是锁紧环，样式美观，用铰链固定在底部，方便组装和替换。狭槽中的一个插脚（pin）引导刺刀的滑动。

年代：	约1811年
来源：	德国/瑞典
长度：	70厘米 （27.6英寸）

法国刺刀，1822型，1822年

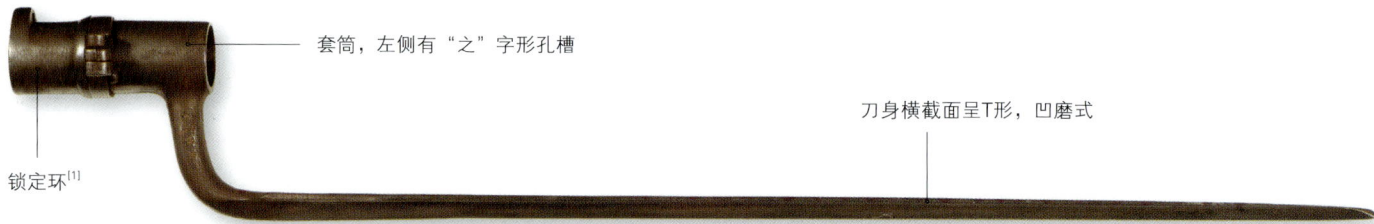

套筒，左侧有"之"字形孔槽

刀身横截面呈T形，凹磨式

锁定环[1]

原型是1777型刺刀，格里博瓦将军（General Gribeuval，1715—1789年，又译格里博瓦尔、格里包佛尔等）想规范法军装备，于是引入这种刺刀，在全世界首先使用锁定环，放在套筒中央固定刺刀。1822型刺刀与1777型的区别，只在于刀身略长，锁定环形制有较小差异，以提高牢固程度。

年代：	1822年
来源：	法国
长度：	53.3厘米 （21英寸）

奥地利刺刀，用于奥古斯丁系统（System Augustin）线膛枪，1842型，1842年

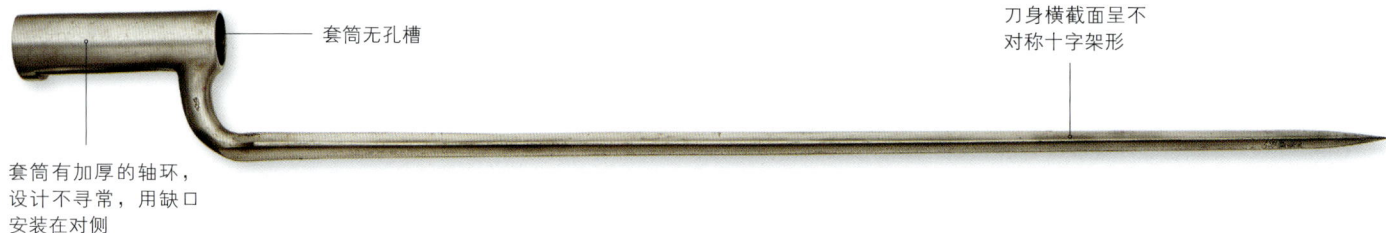

套筒无孔槽

刀身横截面呈不对称十字架形

套筒有加厚的轴环，设计不寻常，用缺口安装在对侧

这把刺刀极不寻常。套筒似乎没有完工，没有狭槽，因为刺刀无须连接火枪准星或枪筒之下的卡榫，而是有一个轴环。轴环的一部分变厚，上面有一个槽口。刺刀安装时，从枪口滑动到前护木（forend）之上，这里突出一个弹簧夹，然后转动刺刀。变厚的轴环相当于一个凸轮（cam），将弹簧销托起，落入槽口中固定刺刀。

年代：	1842年
来源：	奥地利
长度：	56.4厘米 （22.2英寸）

[1] 从画面上看，这个图例的指示线并没有放在锁定环上，而是在锁定环左侧。译文保持不变。——译者注

英国工兵与矿工用刺刀，1842式第一版，1842年

军刀式护手

刀背锯齿状

由图可见，这把刺刀刀柄十分精致，风格类似同时期很多军刀，套筒为圆管状，可以作为握柄。刀身较重，刀背宽阔，沿刀背有两排锯齿。这一特征是用于伐木，不过只有砍伐灌木才会奏效，用来锯断粗大树干就会很费力了。这些武器从来没有实际生产，这一把可能是原型样品，大概生产的也只有这一把。

年代：	1842年
来源：	英国
长度：	77.9厘米（30.7英寸）

英国工兵与矿工用刺刀，用于卡宾枪，1842式第二版，1842年

铁质套筒，有明显烤蓝

刀身为矛头状刀尖，有假刃

"之"字形座槽

这一把形制比前面第一版要简单多了，但刀身依然较长而沉重。锯齿的设计显然因为使用者的批评而被取消。在轴环（collar）上有一个突出部分，可以通过枪筒下面的弹簧而被固定，名为"洛弗尔弹簧销"（the Lovell's Spring Catch）。轴环上可见一个小型槽口，是为了让士兵看清楚准星。

年代：	1842年
来源：	英国
长度：	71.7厘米（28.2英寸）

英国恩菲尔德步枪刺刀，1853式，1853年

铁质套筒，烤蓝

刀身横截面为等边三角形，装上后向外倾斜

狭槽连接准星，闭锁环在其后关闭

高质量的熟铁套筒，装有闭锁环与一把较窄而有尖头的刀身，横截面呈三角形，材质是上佳的谢菲尔德钢材（Sheffield steel），使得这把刺刀质量上乘，属于当时英军现役刺刀中质量最好的一种。

年代：	1853年
来源：	英国
长度：	51.5厘米（20.3英寸）

美国刺刀，用于温彻斯特滑膛枪1873型，1873年

座槽

刀身横截面呈T形

右侧/顶部为
"之"字凹槽

这类刺刀一般没有任何标记，特色在于装上后位于枪筒正下方，全体涂成亮色，壳颈（neck）与刀身之间有一个较长的收窄区域。这一款刺刀美军并没使用，而是供应给很多南美国家的火枪兵。

年代：	1873年
来源：	美国
长度：	54.6厘米（21.5英寸）

美国刺刀，用于斯普林菲尔德步枪1873型，1873年

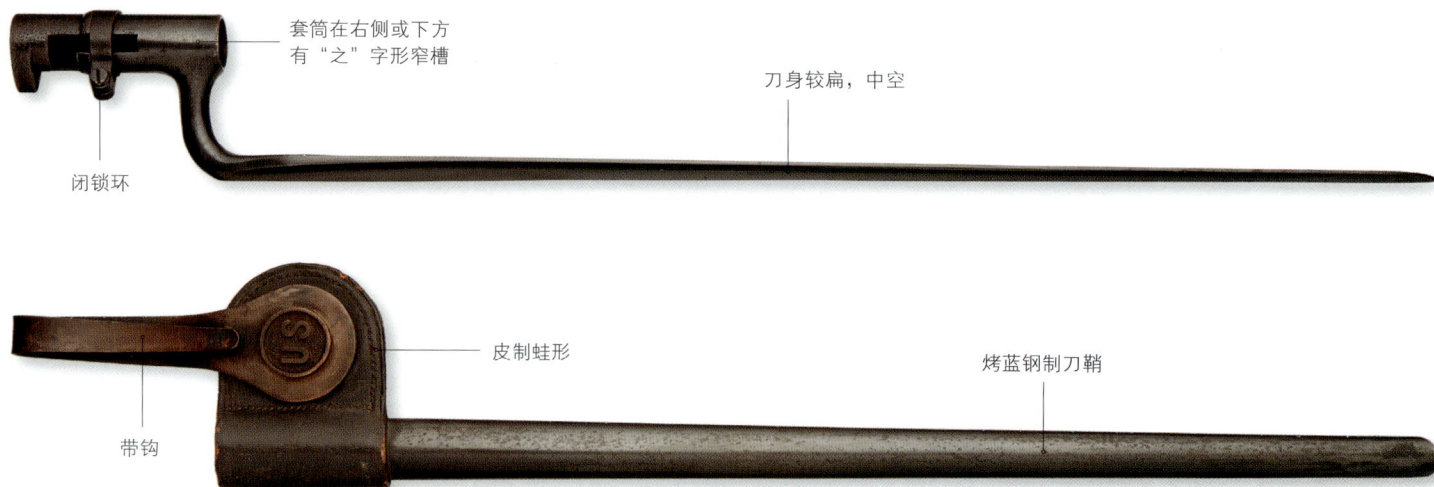

套筒在右侧或下方
有"之"字形窄槽

刀身较扁，中空

闭锁环

皮制蛙形

烤蓝钢制刀鞘

带钩

这款刺刀用于当时新推出的1873型斯普林菲尔德"活板门"（trapdoor）步枪，非常近似1855型、1870型。三款刺刀有很多进行改造，套筒尺寸经过修改，适应1873型步枪较小口径的枪筒。这是第一款整体烤蓝的美国刺刀。

年代：	1873年
来源：	美国
长度：	54.1厘米（21.3英寸）

英国刺刀，用于马蒂尼−亨利步枪，1876型，1876年

铁质套筒，烤蓝

刀身横截面呈等边三角形

"之"字形窄槽，用于连接
前瞄准具（front sight）

新式1876式刺刀，原型是1853式刺刀，但有些调整。马蒂尼−亨利步枪的枪管口径更小，因此需要口径更小的套筒。此外，为了弥补枪身较短的缺点，刀身做得较长，用来维持作战距离（reach）。

年代：	1876年
来源：	英国
长度：	65.8厘米（25.9英寸）

荷兰刺刀，用于贝尔蒙（Beaumont，又译"彪芒"）–维塔利（Vitali）步枪，1871/1888型，1888年

套筒右侧/顶部有"之"字形窄槽

刀身横截面呈十字形

轴环有"驼背"状突起，连接前瞄准具（foresight，为front sight另一说法）

1871式贝尔蒙步枪开始服役的时候，配套的刺刀有一个复杂的闭锁环装置，带有两个调节螺丝。1888式单发步枪转变成"维塔利"式弹匣供弹步枪，闭锁环装置也随之调整为更加传统的形式，带有一个单独的调节螺丝。

年代：	1888年
来源：	荷兰
长度：	57.1厘米 （22.5英寸）

马萨诸塞州第五十四志愿步兵团

英军用的1853式恩菲尔德步枪与刺刀，使用的技术大部分是在美国研发、改进的。讽刺的是，19世纪中期，极为惨烈的美国南北战争期间，这种英军步枪与刺刀却在美国战场上大显身手。这种高质量武器大规模使用的唯一一场战争，或许就是美国南北战争。其间英国兵工厂为南北双方总共制造了100多万把，双方使用数量大致相同。马萨诸塞州第五十四志愿步兵团，是使用这种步枪的最有名的团之一，也是第一个有非洲裔美国人加入的军事单位，完成了南北战争期间最有名的壮举：奇袭瓦格纳要塞（Fort Wagner）。士兵威廉·卡尼中士（Sergeant William Carney）作战勇敢，获得美国最高军事奖章——国会荣誉勋章（the Congressional Medal of Honor），这是获此殊荣的第一名非洲裔美国人。

▲ 科勒与艾凡思（Currer & Ives）公司制作的平板印刷品《马萨诸塞州第五十四团勇猛冲锋》（*The Gallant Charge of the 54th Regiment from Massachusetts*），显示北方军的非洲裔美国士兵进攻南方军守卫的瓦格纳要塞

19世纪套筒型刺刀

19世纪出现了重要的技术革新，火器发生了全面转化，从起初在枪口装弹的单发燧发枪，变成自带金属弹匣、弹夹供弹的连发线膛枪（rifle，音译"来复枪"或"来福枪"）。这种革新和多样化并不仅限于火器本身，也让刺刀设计变得十分多样化。

英国志愿兵长剑式刺刀，约1810年

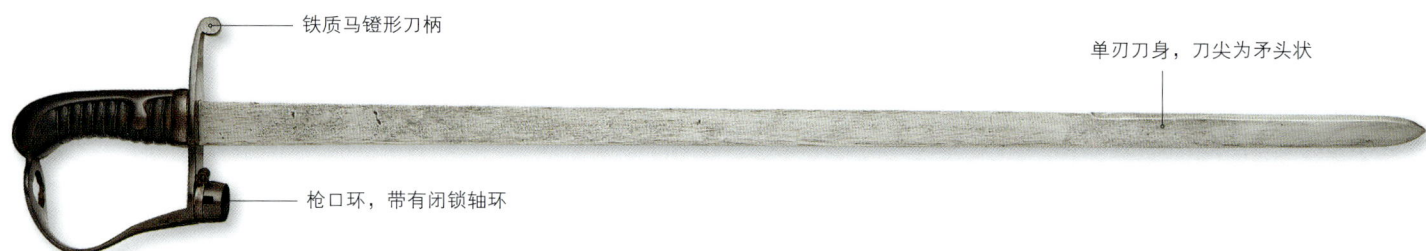

铁质马镫形刀柄

单刃刀身，刀尖为矛头状

枪口环，带有闭锁轴环

这把刺刀刀柄风格类似1796式轻骑兵军刀。因为这种新式志愿兵刺刀确实被志愿兵里的骑兵使用了，可能也是以1796式军刀为原型的。这种刺刀不是官方发布的，还存在几种改型，有一些刺刀的握柄是由黄铜制成，一般用于类似贝克式步枪的枪械。

年代：	约1810年
来源：	英国
长度：	77.7厘米（30.6英寸）

英国贝克式步枪刺刀，约1815年

血槽贯穿整个刀身

突出的S形锷叉

S形十字护手不同于之前所有官方发布的改型，说明这可能是一把原型或实验性刺刀，甚至可能是给志愿兵使用的。刀身有一条血槽，延伸到尖端，这一特征也不寻常，因为贝克式长剑式刺刀大多数刀身没有血槽。

年代：	约1815年
来源：	英国
长度：	75.2厘米（29.6英寸）

英国"手持式"（即短刀式）刺刀，用于贝克式步枪，约1825年

释放锁扣的按钮

薄板制成的十字护手

刀身横截面呈三棱锥形

1825年，来复枪旅抱怨说"手持式"（即短刀式）刺刀太重了。旅长提议修改，换成了鹿角手柄，重量减轻了很多。但被英国军需处（the Ordnance Board，国防部前身）否决，因为强度太差。这把刺刀换成了黄铜刀柄，尺寸减小，应当是用来替代鹿角手柄，用于测试。

年代：	约1825年
来源：	英国
长度：	54.4厘米（21.4英寸）

英国贝克式步枪刺刀，锯齿状刀背，约1850年

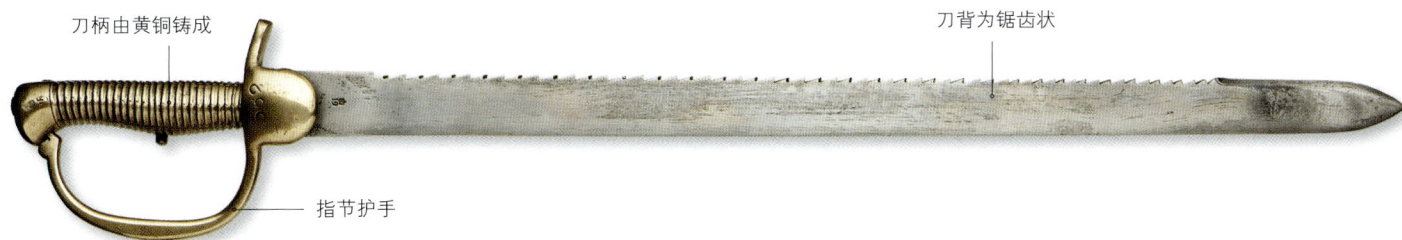

刀柄由黄铜铸成

刀背为锯齿状

指节护手

1815年，有人提议为贝克式步枪生产一种锯齿状刀背刺刀，但似乎并没有实施。这里的图画可能是一种"第二式"（Second Pattern）长剑式刺刀，生产于1805[1]年左右，而且在多年以后被改造过，因为柄头上面冲压了王室字母组合的图案（monogram），代表维多利亚女王（Queen Victoria）[2]。

年代：	约1850年
来源：	英国
长度：	75.2厘米（29.6英寸）

法国百人卫队滑膛枪用长军刀式刺刀，1854年

壳手，带有枪口环

兽角握柄有凹槽

刀身较长

这把1854型刺刀刀身长达一米以上，是有史以来最长的刺刀之一，也是法国刺刀中最少见的类型之一。一共生产了数百件，用于法皇拿破仑三世（Napoleon III）的私人卫队。一天晚上，卫队在法皇住处贡比涅城堡（the Château de Compiègne，又译康白尼城堡）行举枪礼，刺刀竟然刺穿了天花板。那以后，大部分刺刀都截短了。

年代：	1854年
来源：	法国
长度：	115.5厘米（45.5英寸）

英国兰开斯特刺刀，1855年

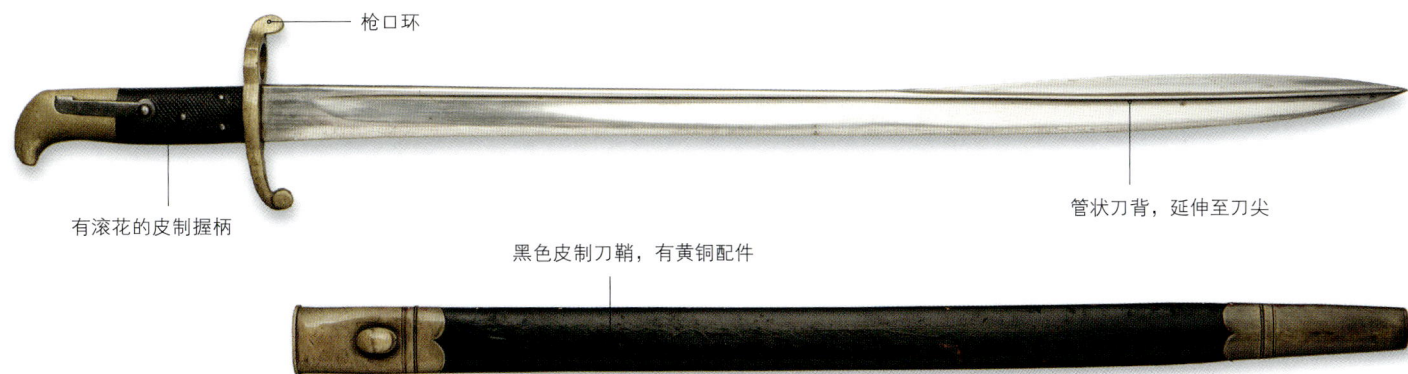

枪口环

有滚花的皮制握柄

管状刀背，延伸至刀尖

黑色皮制刀鞘，有黄铜配件

1855年，工兵与矿工部队（the Corps of Sappers and Miners）采用了兰开斯特椭圆形枪膛卡宾枪（Lancaster's oval-bored carbine，oval-bored一般写作over bore），以及配套的刺刀，独具特色。这把刺刀与英军大部分刺刀不同，有黄铜柄头，十字护手，类似欧洲大陆刺刀，还有"管状"刀身。这种刀身刀背加工成圆管状，延伸至刀尖中央，形成第二个刀刃，也叫"假刃"。后来，英国皇家陆军医疗队（the Royal Army Medical Corps）也采用这种刺刀作为备用武器。

年代：	1855年
来源：	英国
长度：	73.2厘米（28.8英寸）

[1] 原文如此，怀疑作者有误。如果最早的贝克刺刀1815年才第一次提议，则不应把更早的1805年刺刀称为"第二式"，而且"第一式"在原文中也没有提及。译文保持原样。——译者注

[2] 维多利亚女王1837—1901年在位。——译者注

美国哈珀斯费里步枪刺刀，1855年

一体成型铸造的黄铜刀柄

十字护手笔直，带有枪口环

单刃刀身，笔直，尖端上翘

这种新采用的步枪，口径为.58英寸[1]，很像英军.577英寸[2]口径的恩菲尔德1853式步枪。这把刺刀属于美军采用长剑式刺刀早期的典型种类，刀柄由黄铜制成，体现了欧洲大陆的影响。刀尖部位奇怪地向上弯曲，在全世界刺刀中都很少见。

年代：	1855年
来源：	美国
长度：	67.3厘米（26.5英寸）

英国雅各布双筒步枪刺刀，约1859年

有滚花的（Knurled）皮制握柄

刀身有双血槽，较窄

钢制半笼手，有刺孔

这一类刺刀并非英军的正式装备，由军官约翰·雅各布（John Jacob）设计，用于他带领的印度信德省非正规骑兵团（the Indian Scinde Irregular Horse）。步枪与刺刀都由伯明翰的"斯温伯恩父子公司"（Swinburn and Son）制造。刀身有双血槽，矛头状刀尖，类似苏格兰阔剑刀身。刀柄有大尺寸的"半笼手"型护手，使得总体更加沉重，装在较重的步枪上很不灵活。

年代：	约1859年
来源：	英国
长度：	90.7厘米（35.7英寸）

英国海军水手用刺刀，1859年

有滚花的皮制握柄

刀身没有装饰，有附加的假刃

实心薄钢板制成的碗状护手

这是1858式海军步枪（the Pattern 1858 Naval Rifle）第二版水手用刺刀。第一版握柄为木制，有棱纹。这个第二版握柄更加传统，为棋盘式或"滚花式"皮革。作为水手用军刀可能合格，但同雅各布刺刀一样，装在步枪上显得非常笨重。

年代：	1859年
来源：	英国
长度：	82厘米（32.3英寸）

---

[1] "M1855火帽击发式前装线膛枪，0.58英寸口径，加装M1855刺刀。"——译者注
[2] "1853年，恩菲尔德兵工厂又将M1851步枪改造成发射.577英寸（14.7mm）米涅弹头。而这个改进型叫作恩菲尔德M1853步枪。"——译者注

美国海军步枪长剑式刺刀，1861年

枪口环

刀身两处略有弯曲

锷叉向下倾斜

刀柄由黄铜铸成

黑色皮制刀鞘

鞘镖

鞘口

这把刺刀是美国海军将官约翰·达格伦（Admiral John A. Dahlgren）设计的，用于美国海军普利茅斯/惠特尼维尔（Plymouth/Whitneyville）式步枪。刺刀由康涅狄格州哈特福德市（Hartford）柯林斯公司（Collins Company）生产，该公司生产多种斧头，质量很好，享有盛誉。刺刀有沉重的枪口环与十字护手，锷叉略微向下弯曲，十分类似斯宾塞（Spencer）、梅丽尔（Merrill）、义勇兵（Zouave）这几种步枪所用的刺刀。这些刺刀握柄为黄铜铸成，有棱纹，刀身有两个弯曲（curvature）。这些都是欧洲大陆的风尚，特别是法国，偏好"亚塔汉"刀身的长剑式刺刀。这把刺刀配有较重的黑色皮革刀鞘，装有黄铜制成的"顶部鞘口"，即刀鞘入口的金属部件。此外还有一个卡榫，用于将鞘口固定在蛙形带钩上。鞘镖，即刀鞘顶端的金属部件，也是用黄铜制成。

年代：	1861年
来源：	美国
长度：	71厘米（28英寸）

法国夏塞波步枪长剑式刺刀，1866年

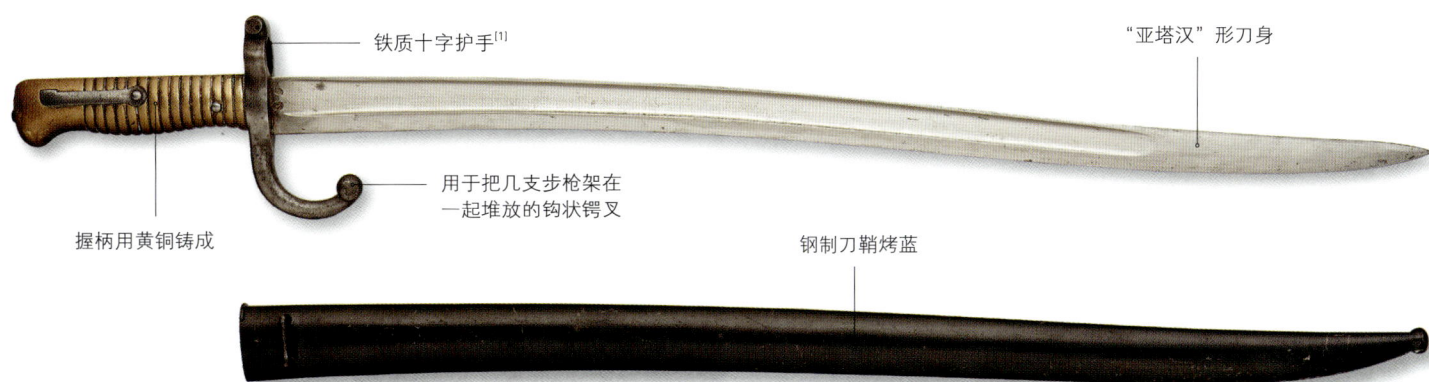

铁质十字护手[1]

"亚塔汉"形刀身

握柄用黄铜铸成

用于把几支步枪架在一起堆放的钩状锷叉

钢制刀鞘烤蓝

19世纪，德国设计师尼古拉·冯·德莱塞（Nicholas von Dreyse）发明了一种新式的后膛装填（breech-loading）针发（needle-fire）步枪，自带弹匣，被普鲁士采用。之后，法国模仿这一案例，也开发了世人称作夏塞波（Chassepot）的步枪。这种步枪采用了全世界最有名的刺刀之一。刀柄有装饰，握柄由黄铜铸成，十字护手为钢制，经过抛光，有一个较大的钩状锷叉，配有当时流行的"亚塔汉"式刀身。这种刺刀引领了设计的新风尚，风靡全世界。这种刺刀在较宽的刀背上刻有手写体的制作者名字和生产年份，这一点也被人们模仿。这种刺刀装饰了不计其数的室内墙壁。但它真正的价值，还是在于代表了火器发展的新时期的开端。

年代：	1866年
来源：	法国
长度：	70厘米（27.6英寸）

[1] 原文如此，介绍正文说是钢制。译文保持原状。——译者注

英国海军水手用刺刀，1872年

有滚花的皮制握柄

枪口环直径缩窄

刀身笔直，无装饰，有附加的假刃

实心薄钢板制成的碗状护手

1872式刺刀是第三版服役的水手用刺刀，也是最后一版。和前两版不同，第三版刀身更窄而笔直，当然减轻了重量，但装在步枪上依然笨重。这一版刺刀很少有新制造的，大部分是由1859式水手用刺刀改造而来。

年代：	1872年
来源：	英国
长度：	79.5厘米（31.3英寸）

英国埃尔科刺刀，用于马蒂尼–亨利步枪，约1872年

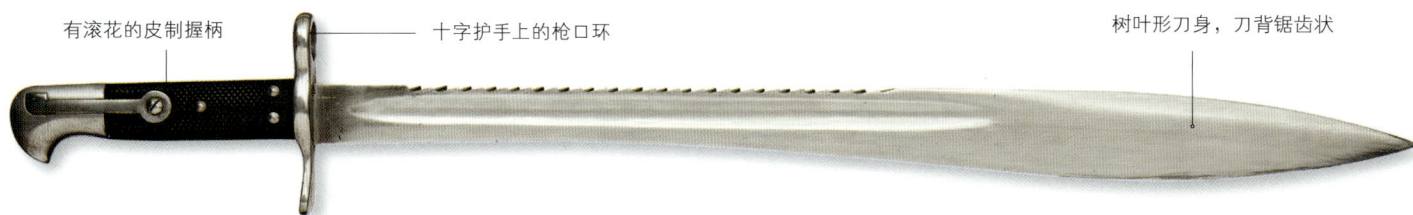

有滚花的皮制握柄

十字护手上的枪口环

树叶形刀身，刀背锯齿状

英国刺刀最有特色、最不寻常的种类之一，由埃尔科勋爵（Lord Elcho）设计，似乎更加重视锯木头、清理灌木的功能，而不是作战。刀身呈树叶形，类似长矛矛头的整体形状，可能在19世纪末催生了德国刺刀的新型号。这件武器作为工具，功能有限，作为刺刀的功能也被人质疑。生产发放的数量很少，大部分人还是使用了常规刺刀。

年代：	约1872年
来源：	英国
长度：	64厘米（25.2英寸）

奥地利长剑式刺刀，用于沃恩德尔步枪，1873年

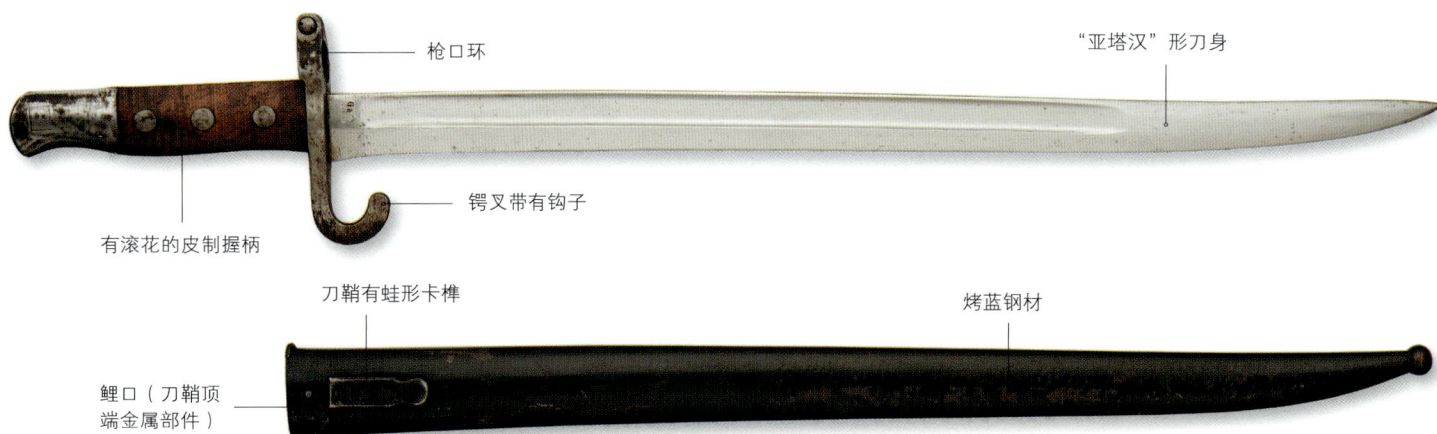

枪口环

"亚塔汉"形刀身

锷叉带有钩子

有滚花的皮制握柄

刀鞘有蛙形卡榫

烤蓝钢材

鲤口（刀鞘顶端金属部件）

这种刺刀用于奥地利沃恩德尔（Werndl）步枪的各种型号，基本是由它的前身1867型刺刀改造而来。用于控制锁定销的弹簧，属于螺旋弹簧（coil spring，又称盘簧），不是板状弹簧（leaf spring，又称板簧）。刀身也是明显的"亚塔汉"式刀身，类似法国的1866式夏塞波步枪。

年代：	1873年
来源：	奥地利
长度：	60.7厘米（23.9英寸）

法国刺刀，用于格拉斯步枪，1874型，1874年

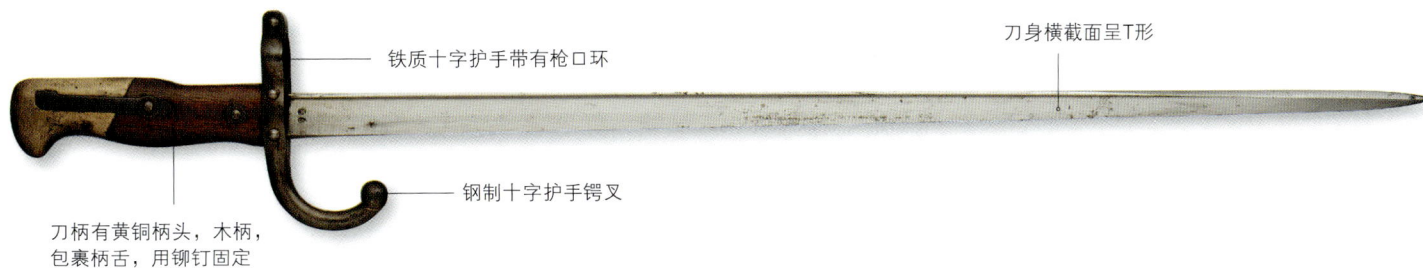

铁质十字护手带有枪口环

刀身横截面呈T形

钢制十字护手锷叉

刀柄有黄铜柄头，木柄，
包裹柄舌，用铆钉固定

这把刺刀标志着法国开始偏离长剑式刺刀，转而设计"刺剑式"刺刀。最明显的特征是刀身横截面为T形，刀尖为缝衣针状，类似用于击剑运动的重剑（epee）。设计强韧而轻巧，是刺刀最理想的特征组合。这种形制被英国仿制，形成英军骑兵军刀的1908式，也是后来勒贝尔（Lebel）刺刀的前身。

年代：	1874年
来源：	法国
长度：	64.3厘米（25.3英寸）

英国炮兵用长剑式刺刀，1879式，1879年

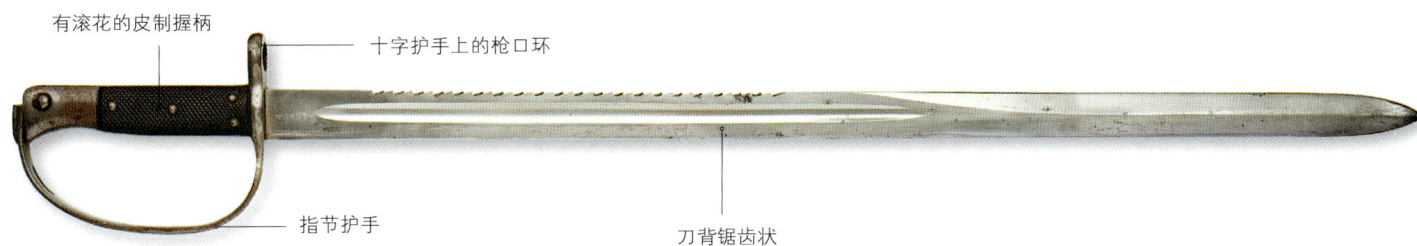

有滚花的皮制握柄

十字护手上的枪口环

指节护手

刀背锯齿状

这把刺刀属于埃尔科刺刀的一种改进型。在长度和刀柄形制方面，很适于称为"长剑式刺刀"。指节护手使得抓握起来用作锯子更容易，刀身较长，装在较短的炮兵用卡宾枪上面更加适合作战，也适合独立作为军刀作战。两排锯齿很不适合当作锯子，与其他很多两用刺刀一样，无论是作战还是当作工具都不完全适合。

年代：	1879年
来源：	英国
长度：	75.6厘米（29.8英寸）

葡萄牙长剑式刺刀，用于格德斯（Guedes）步枪，1885型，1885年

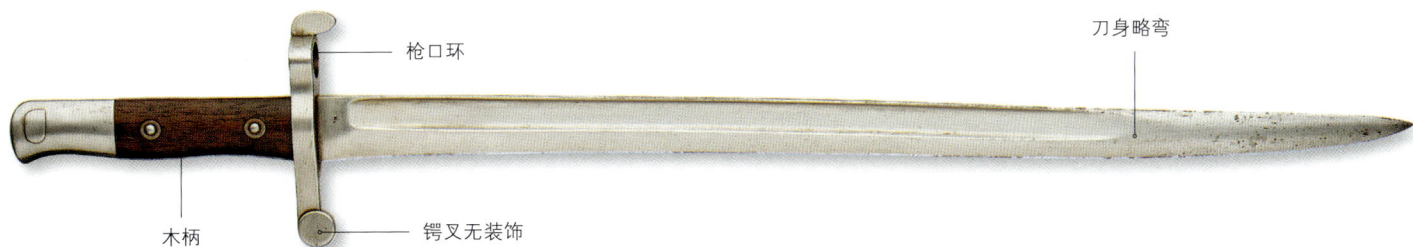

枪口环

刀身略弯

木柄

锷叉无装饰

这把刺刀的"亚塔汉"刀身特色不大突出，因为当时流行的已经是笔直刀身了。尽管被用于葡萄牙军队，但刺刀与步枪是奥地利斯太尔（Steyr）工厂制造的。这些刺刀一般在刀背上标有制造的地点和年份。早期刀柄有装饰，而这把刺刀已经换成更加实用的简朴刀柄，但工程设计更加精细。

年代：	1885年
来源：	葡萄牙
长度：	60.7厘米（23.9英寸）

英国李-梅特福刺刀Mk I，1888年

枪口环

双刃刀身，刀尖为矛头状，有中脊

释放锁定销的按钮

这把1888型刺刀属于李-梅特福（Lee-Metford）步枪第二版。第一版握柄用三根铆钉固定。这把步枪装有清理枪筒用的通条（cleaning rod），从装有刺刀的卡榫处伸出来。搭扣位于枪管下方。于是，刀柄内部就有一个空腔，适应通条末端。空腔底部有一个排水孔（drain hole），位于握柄上方铆钉的旁边。[1]

年代：	1888年
来源：	英国
长度：	42.2厘米（16.6英寸）

英国长剑式刺刀Mk IV，1891式，1891年

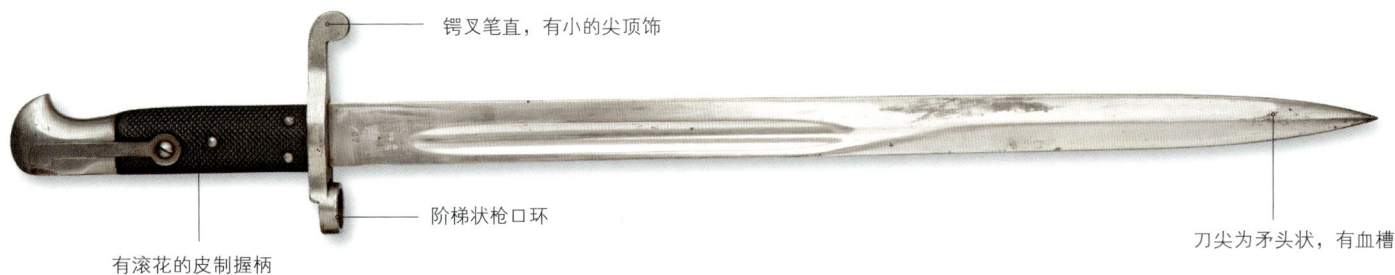

锷叉笔直，有小的尖顶饰

阶梯状枪口环

有滚花的皮制握柄

刀尖为矛头状，有血槽

马蒂尼-亨利（Martini-Henry）步枪一系列刺刀的最后一款，从1886年实验性刺刀发展而来，用于当时更小口径（smaller-bore）的马蒂尼-亨利步枪。1888年，军方采用了李氏系列（Lee series）的小口径、栓动式（bolt-action）、弹匣供弹（magazine-loading）步枪，那种设计也就废弃不用了。之后没多久，马蒂尼步枪就不再作为主要武器，但那些实验性步枪却经过修改成为标准的马蒂尼口径。1887式刺刀也经过改造，适用于这些步枪。这些装有刺刀的步枪很多被发给海军当作备用武器。

年代：	1891年
来源：	英国
长度：	60.2厘米（23.7英寸）

德国毛瑟刺刀，1884年—1945年

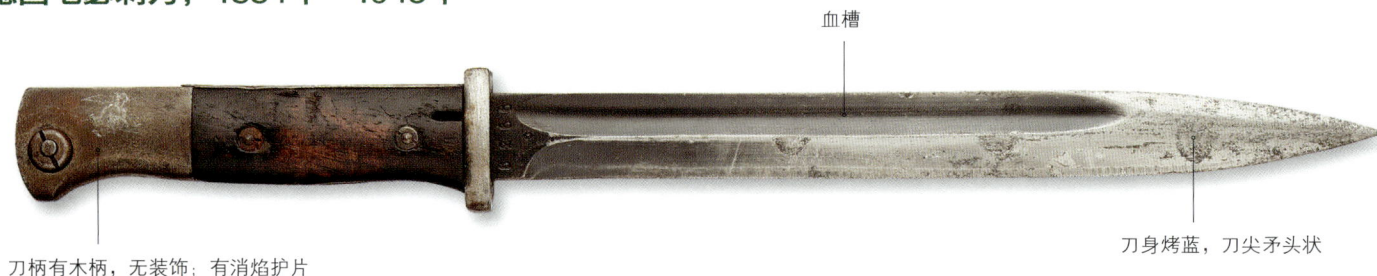

血槽

刀柄有木柄，无装饰；有消焰护片

刀身烤蓝，刀尖矛头状

这把刺刀是第三型，成为格韦尔（Gewehr）98式与卡尔（Kar）98式步枪大多数刺刀的原型产品，一直用到1945年。这些刺刀虽然基本设计相同，但细节多有不同。这件样品握柄为木制，没有装饰，用螺栓固定。刀柄背部有消焰护片（flash guard），用以保护木制握柄。

年代：	1884年—1945年
来源：	德国
长度：	39厘米（15.4英寸）

[1] 有关通条及刺刀中适应通条结构的描述，在画面上并未体现出来。译文保持原状。——译者注

19世纪短刀式刺刀

整个19世纪，有很多士兵携带自己的私人短刀，在遇到困难的时候使用，因为军方并不发放正式短刀。不过，想结合刺刀与短刀的功能，总是要妥协。为了让短刀用起来称手，就必须相对较短，而短了之后，刺刀"作战距离"的重要指标就会受损，士兵遇到持有长刺刀的敌人就会吃亏。

日本村田式步枪刺刀，1887年[1]

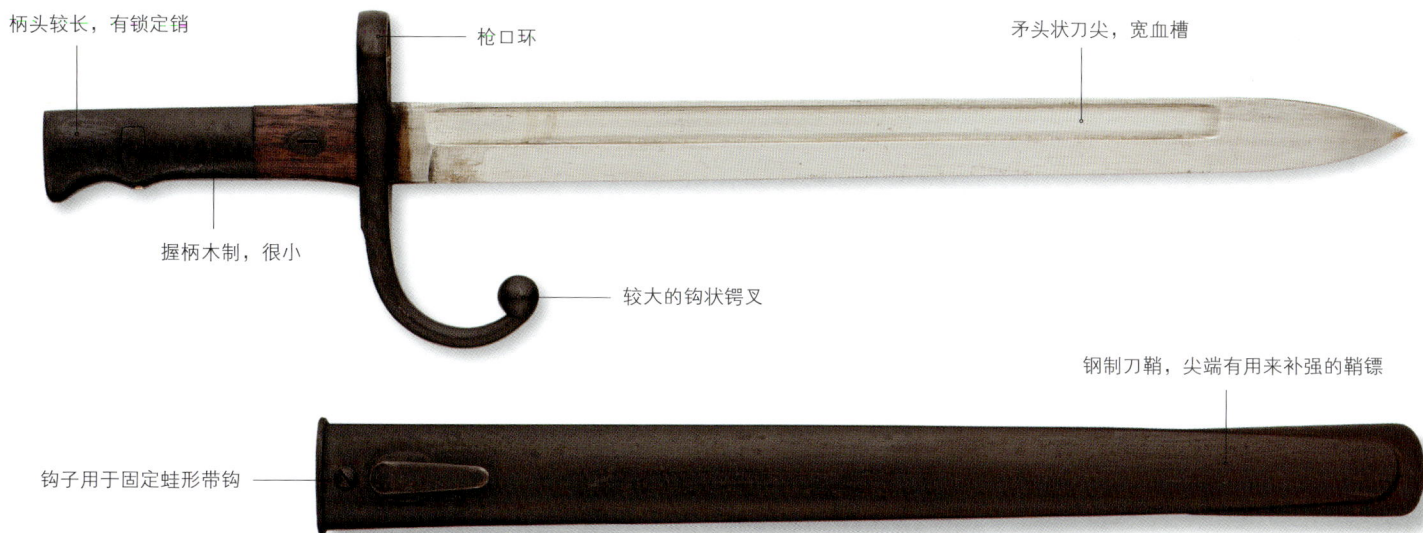

柄头较长，有锁定销

枪口环

矛头状刀尖，宽血槽

握柄木制，很小

较大的钩状锷叉

钢制刀鞘，尖端有用来补强的鞘镖

钩子用于固定蛙形带钩

这把刺刀用于村田20式[1]（Murata Type 20）步枪与卡宾枪，但也能用于22式步枪。整个刀柄非常短，差不多只有90毫米（3.5英寸），尽管有指槽，依然难以握持。此外，带钩的锷叉也给人们一种"大得不成比例"的印象。

年代：	1887年
来源：	日本
长度：	37厘米（14.6英寸）

荷兰"曼利夏"卡宾枪刺刀，1895年

柄头带有锁定销

14.5毫米枪口环

双刃刀身，短锥式刀尖

木柄

钩状锷叉，用于架枪，用铆钉固定

这把刺刀生产了两种型号，用于"曼利夏"（Mannlicher）骑兵用卡宾枪。第一种型号锷叉笔直，较短；图中这一把是第二种型号，即1895型，有用于堆放的钩子。如果除去钩子，就有一点像英国1888式的各型号。尺寸合适，刀身纤细，双刃，能够单独用于实战。

年代：	1895年
来源：	荷兰
长度：	37.5厘米（14.8英寸）

[1] "20式"的"20"指日本明治二十年（1887年），后面"22式"指明治二十二年（1889年）。——译者注

颁奖用短刀与匕首

为了展示军功与对个人的尊敬，常常在礼仪场合颁发刀剑。相比之下，颁发匕首的场合就罕见得多。不过二战时的德国第三帝国是个例外，使用匕首多于使用刀剑，军旅的标准服役生涯也会经常展示匕首。还有一些更少见的情况，在一些场合也会给平民发放匕首。

德国礼仪用狩猎佩剑，19世纪中期

刀身装饰有铭文

十字护手有"蹄"状尖顶饰

黄铜柄头帽有装饰

较为少见的德国狩猎佩剑，刀身经过抛光与磨砂型蚀刻（frost-etched）[1]，显示有一名猎人，一头鹿，还有几只鸟作为狩猎对象。此外还有铭文：Urerm Vorstandsmitglied Jon, Gefken fur 25 Jahrige treue Dienste gewidmetvon Schutzen-verein worpedorf，意为：赠予沃尔佩多夫步枪俱乐部（the Worpedorf Rifle Club）创立者/第一任会长乔·盖夫肯（Jon Gefken），感谢他25年的忠心服务。

年代：	19世纪中期
来源：	德国
长度：	35.6厘米（14英寸）

南非礼仪用博伊刀，1885年

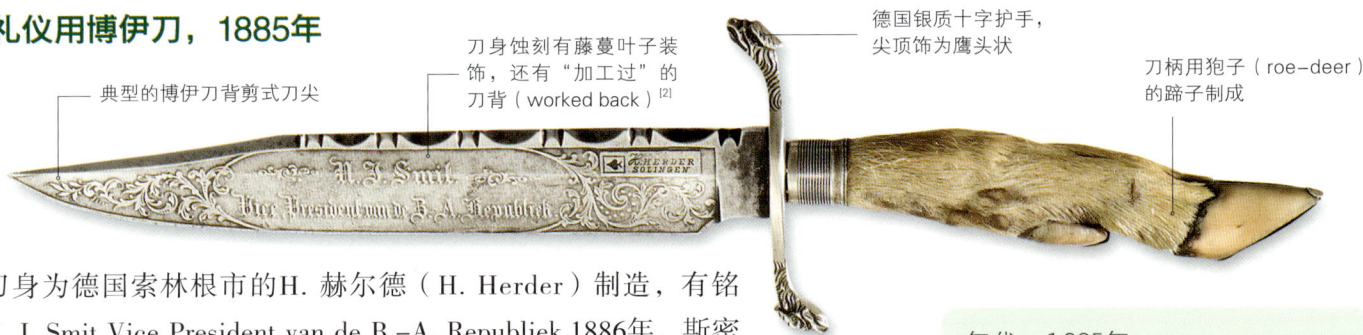

典型的博伊刀背剪式刀尖

刀身蚀刻有藤蔓叶子装饰，还有"加工过"的刀背（worked back）[2]

德国银质十字护手，尖顶饰为鹰头状

刀柄用狍子（roe-deer）的蹄子制成

刀身为德国索林根市的H.赫尔德（H. Herder）制造，有铭文：N. J. Smit Vice President van de B.-A. Republiek.1886年，斯密特（Smit）就任南非德兰士瓦共和国（the Transvaal Republic）副总统。此前，1880—1881年的第一次布尔战争（the First Boer War）期间，斯密特曾率领布尔突击队，在马朱巴山（the Majuba Hill）击败英军。[3]

年代：	1885年
来源：	南非
长度：	34厘米（13.4英寸）

德意志帝国匕首，1900年

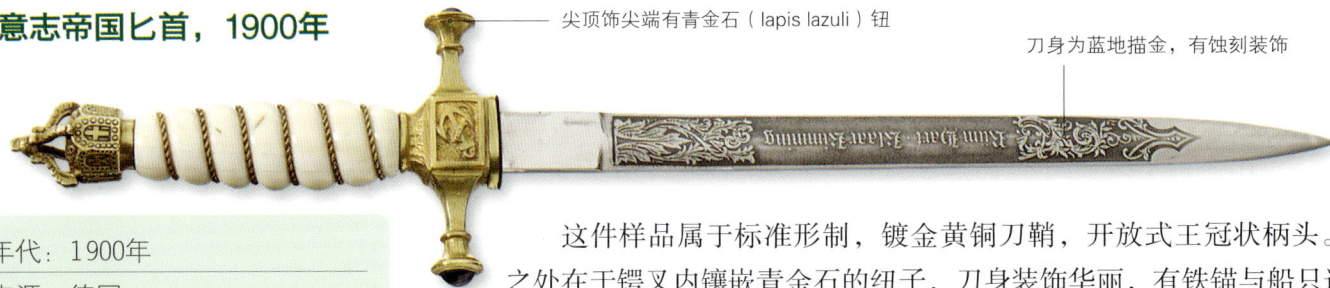

尖顶饰尖端有青金石（lapis lazuli）钮

刀身为蓝地描金，有蚀刻装饰

年代：	1900年
来源：	德国
长度：	47厘米（18.5英寸）

这件样品属于标准形制，镀金黄铜刀鞘，开放式王冠状柄头。独特之处在于锷叉内镶嵌青金石的纽子，刀身装饰华丽，有铁锚与船只远航图案，刻有弗里斯兰（Frisian，又译弗里西亚，今荷兰西北部地区）水手的座右铭：Rüm Hart – Klaar Kimming。意为"无畏的心，无边的海平线"。

---

[1] 磨砂是让原先光滑的金属表面沙面化，蚀刻是将一部分表面材料用化学或物理作用移除，显示出各种图案。译者咨询的表面处理专家推测，本文的磨砂型蚀刻不是两种加工法，而是一种加工法，用于加工出花纹。——译者注

[2] 原文直译。从图上看，应当是有装饰的意思。具体装饰材料不详。也可能是呈现做旧效果。——译者注

[3] "布尔"是荷兰语，意为"农民"。布尔人是荷兰殖民者的后代，和英国争夺南非殖民地控制权，先后爆发了两次布尔战争。第二次战争从1899年到1902年，战后，德兰士瓦共和国解体，南非完全被英国控制。战争期间，欧洲列强分别支持英国和布尔人，欧洲各国产生分裂，间接导致了第一次世界大战。——译者注

英国皇家海军士官生礼仪用德克匕首，1905年

挂环

狮头状柄头

花式锷叉，松果状尖顶饰　　皇家海军徽记　　包裹鲨鱼皮的木柄

皇家海军士官生礼仪用德克匕首，刀身有蓝地描金装饰，刻有铭文：Chief Captain's Prize Awarded to R. C. R. Peploe HMS Britannia, December 1905（总船长奖品，赠予英国皇家海军"不列颠尼亚"号R. C. R. 皮普罗，1905年12月）。基本形制属于标准型，但这种礼仪用德克匕首，特别是来自这样有名的战舰的匕首十分少见。供应商是"J. R. 冈特及诸子"公司（J. R. Gaunt and Sons）。

年代：	1905年
来源：	英国
长度：	37厘米（14.6英寸）

沙特阿拉伯礼仪用嘉比亚匕首，20世纪

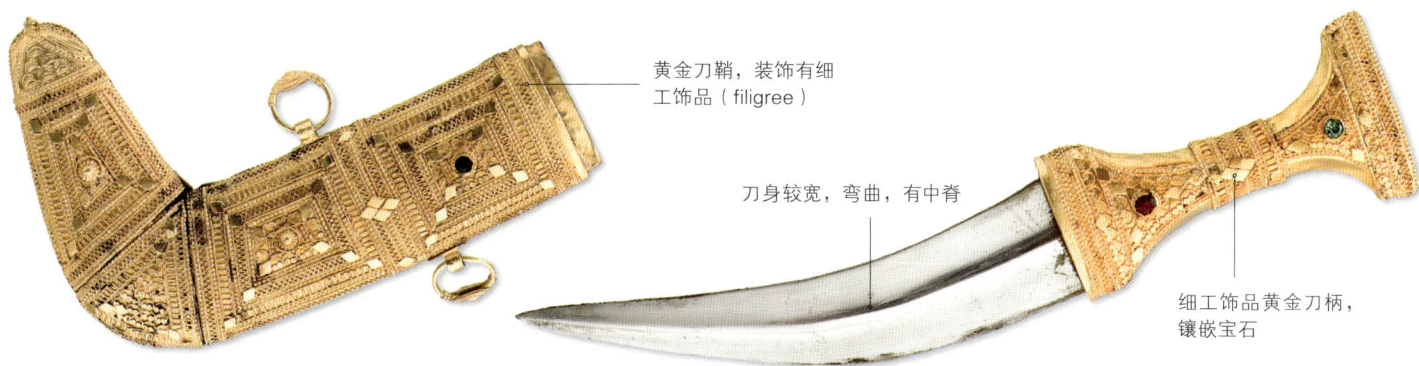

黄金刀鞘，装饰有细工饰品（filigree）

刀身较宽，弯曲，有中脊

细工饰品黄金刀柄，镶嵌宝石

沙特当时流行的典型嘉比亚匕首，刀鞘呈靴子形，刀身弯曲，尖端锋利。独特之处在于刀柄和刀鞘都有金银丝线的装饰。这样的嘉比亚匕首只供社会上层的大人物佩带。

年代：	20世纪
来源：	沙特阿拉伯
长度：	25.4厘米（10英寸）

德国第三帝国海军军官用德克匕首，1933年—1945年

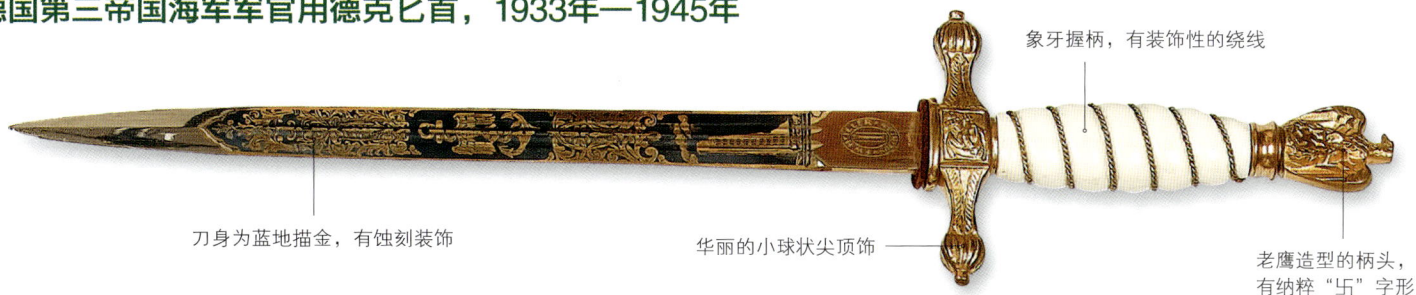

象牙握柄，有装饰性的绕线

刀身为蓝地描金，有蚀刻装饰　　华丽的小球状尖顶饰　　老鹰造型的柄头，有纳粹"卐"字形

少见的第三帝国海军军官礼仪用匕首。不同于普通匕首之处在于有蓝地描金饰板，刀身有蚀刻装饰，显示一艘战舰、老鹰、纳粹"卐"字形。可惜没有铭文，不知道受赠者是谁。供应者是索林根的著名制造商E. W. 霍勒（E. W. Holler）。

年代：	1933—1945年
来源：	德国
长度：	24.9厘米（9.8英寸）

异形刺刀

大多数刺刀，虽然刀柄形状、材料等细节有所不同，但锁定在枪筒上的方式，或者刀身形状和长度等基本特征大致相同，存在一种常规的普遍形制。不过，有一些刺刀与同时期常规形制大相径庭，例如有些刺刀可能设计出来是为了各种特殊目的，有些可能是超越时代的尝试，或者只求怪异，没有清晰可辨的制造理念。

英国套筒式刺刀，1680年

分离式圆管（split tube），没有装饰，有"之"字形座槽，用于接合枪筒上的卡榫

刀身横截面呈半圆形，中空，焊在套筒上

这估计是套筒式刺刀刚刚诞生时期的一种最简单的设计，虽然很可能是实验性的。铁制圆筒形套筒，上有一缺口延伸到整个长度，还有多个锁定用窄槽可以装在枪口上，用长方形卡榫锁定。套筒上装有一个中空刀身，刀尖为矛头状，刀身收窄。到了1948年，伯明翰轻武器公司（The Birmingham Small Arms Company Limited，缩写BSA）再次采用这种刺刀用于冲锋枪，但同样属于实验性的。

年代：	1680年
来源：	英国
长度：	50厘米（19.7英寸）

英国插入式刺刀，1686年

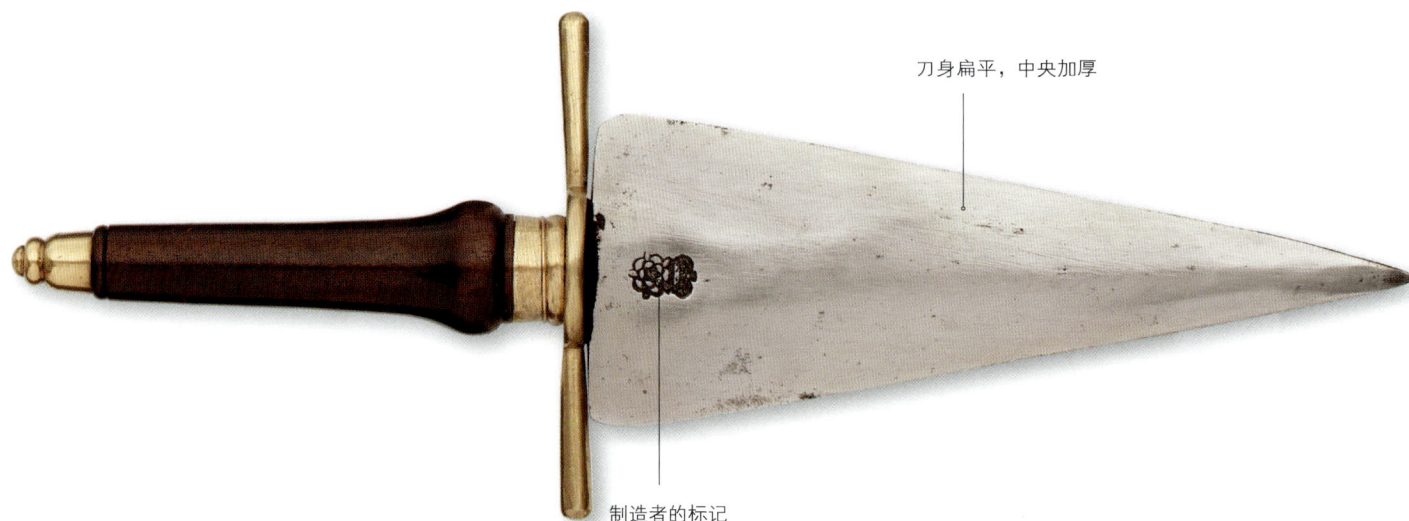

刀身扁平，中央加厚

制造者的标记

从任何标准说，这把插入式刺刀都很不寻常，人们只能猜测设计者的意图。刀身宽度达到65毫米（25.6英寸），可以作为抹泥刀使用，但17世纪的战争还不用修筑堑壕。玫瑰与王冠的徽章，说明制造者是威廉·霍伊（William Hoy），大约在1686年制造。

年代：	1686年
来源：	英国
长度：	29.4厘米（11.6英寸）

英国长矛式刺刀，用于埃格式步枪，1784年

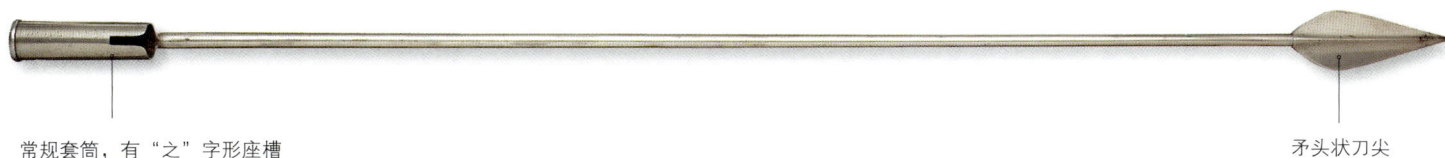

常规套筒，有"之"字形座槽

矛头状刀尖

英军最奇特的刺刀之一，就是这种长矛式刺刀。用于1784年生产的新式后膛装填的燧发骑兵卡宾枪，设计者是杜尔斯·埃格（Durs Egg），应英国军械总长（Master General of Ordnance）即里士满公爵（the Duke of Richmond）的要求而设计。一般情况下，刺刀插入腰带上的刀鞘携带，但这种刺刀太长，无法这样携带，只能弯折与枪筒平行。此外，卡宾枪的扳机护圈（trigger guard）前方尽头还有一个特定形状的口袋，用于放刺刀尖端。这种刺刀没有大规模发放，基本属于实验性产品。

年代：	1784年
来源：	英国
长度：	84.5厘米（33.3英寸）

美国抹泥刀式刺刀，1873年

中空的套筒式手柄，柄头可旋转，作为锁定环

刀身锋利，背面中央有加强肋

1873型刺刀若是当作武器，可以称得上野蛮了。但它并非武器，而是铲子，也能手持当作抹泥刀使用。这是美军服役的第三种抹泥刀式刺刀，设计简约优雅，也非常合理。

年代：	1873年
来源：	美国
长度：	35.8厘米（14.1英寸）

18到20世纪整体式刺刀

过去的两个世纪，人们一直探索是否能将刺刀连接在火器上面，为此做了很多尝试，效果好坏不一。刺刀只有在平时能够收起，而在战时很快安装上，才具有实际意义。18—19世纪，刺刀曾经安装在老式大口径火铳（blunderbusses）、手枪等民用武器上，刀身可以折叠，贴在弹簧旁边，用触发器打开。有些军用火器也试用了这类永久连接的刺刀，但规模一直很小。最近在一些军事领域又时兴起来。

英国燧发式大口径短枪刺刀，格莱斯（Grice）制造，配有弹簧式刺刀，约1780年

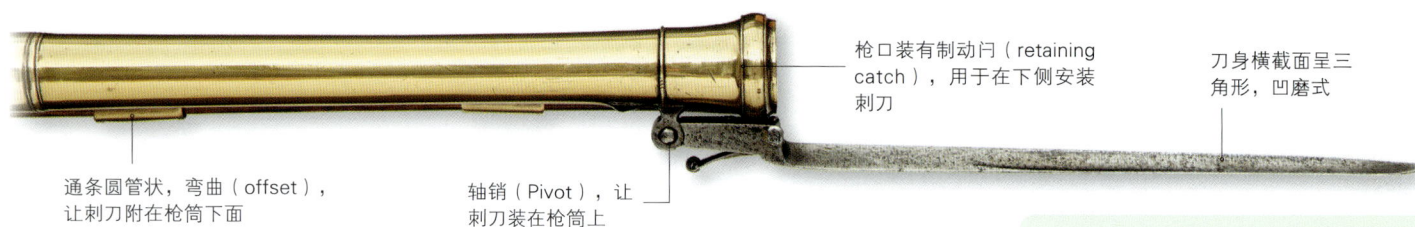

枪口装有制动闩（retaining catch），用于在下侧安装刺刀

刀身横截面呈三角形，凹磨式

通条圆管状，弯曲（offset），让刺刀附在枪筒下面

轴销（Pivot），让刺刀装在枪筒上

绅士阶层的住宅常用早期的大口径火铳来守卫。这种短枪从枪口装弹，因为是单发武器，一旦没有击中目标，就可以挪动制动闩，装好用弹簧顶住的刺刀，继续同敌人作战。

年代：	约1780年
来源：	英国
长度：	24.9厘米（9.8英寸）

英国艾略特卡宾枪，带有折叠式刺刀，1785年

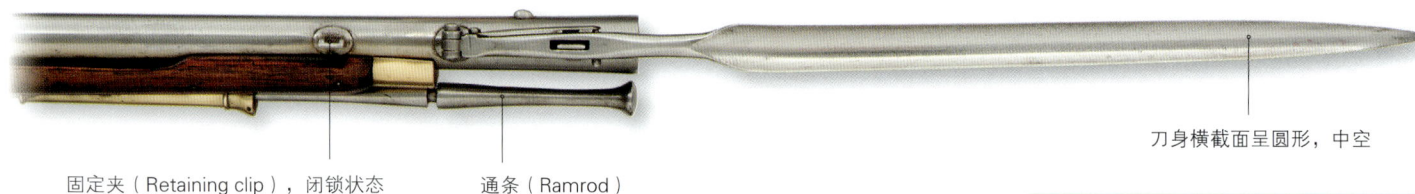

固定夹（Retaining clip），闭锁状态

通条（Ramrod）

刀身横截面呈圆形，中空

这把折叠式刺刀，英国军方也用来试图装备骑兵，但没有成功。比起装在枪管上的套筒式刺刀，折叠式刺刀的托架不大结实，在激烈的战斗中很难保持完好。

年代：	1785年
来源：	英国
长度：	39.4厘米（15.5英寸）

美国通条刺刀，用于斯普林菲尔德步枪，1884年

枪口

枪筒固定带

固定通条的安全闩和夹具

通条抽出，锁定到位

用于清理枪膛的通条也能用作刺刀。这样的两用设备，在1833年曾用于"诺斯霍尔"（North-Hall）滑膛枪，后来被重新利用，配上了斯普林菲尔德步枪。通条磨尖，上面有一个槽口，与枪筒下方的一个卡口连接（catch）组合，士兵可以将刺刀向前拉，锁定到位。

年代：	1884年
来源：	美国
长度：	59.2厘米（23.3英寸）

日本军用卡宾枪"有坂"式刺刀，44式，1911年[1]

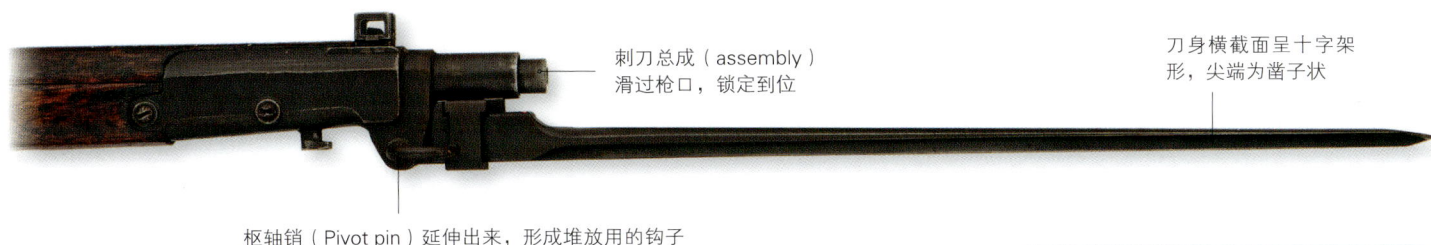

刺刀总成（assembly）滑过枪口，锁定到位

刀身横截面呈十字架形，尖端为凿子状

枢轴销（Pivot pin）延伸出来，形成堆放用的钩子

这把刺刀用于"有坂"44式骑兵卡宾枪。可以用简单的卡口连接锁定在"打开"或"闭合"位置，不用时可折叠在枪筒下面。这种刺刀的卡宾枪一直用到二战结束。

年代：	1911年
来源：	日本
长度：	43.7厘米（17.2英寸）

中国AK47突击步枪刺刀，56式，1980年

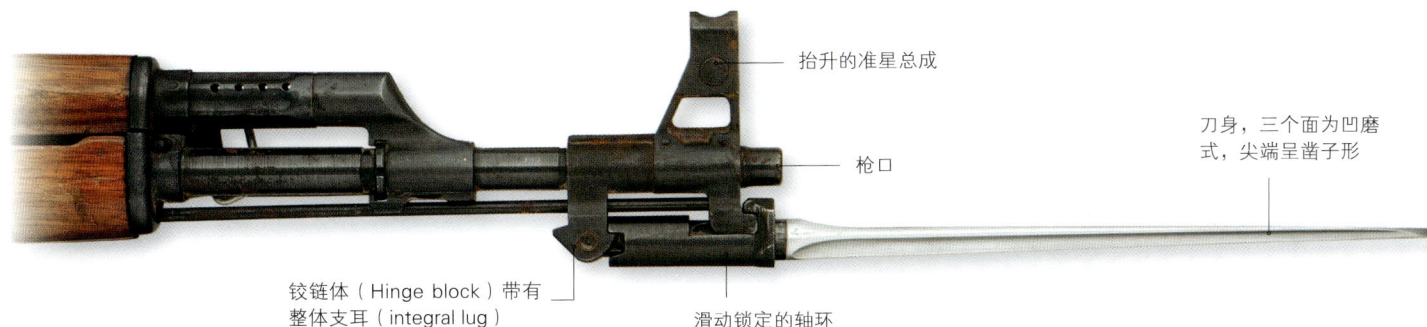

抬升的准星总成

枪口

刀身，三个面为凹磨式，尖端呈凿子形

铰链体（Hinge block）带有整体支耳（integral lug）

滑动锁定的轴环

1947年，苏联专家米哈伊尔·卡拉什尼科夫（Mikhail Kalashnikov）发明了著名的AK47步枪，结构简单可靠，适应性极强，风靡全球，60年后依然有很多追随者。这一把突击步枪为中国制造，1990—1991年海湾战争（the Gulf War）期间伊拉克军队曾经使用过。

年代：	1980年
来源：	中国
长度：	36.3厘米（14.3英寸）

意大利法西斯青年党（巴利拉）卡宾枪，带有折叠式刺刀

贝尼托·墨索里尼（Benito Mussolini）上台之后不久，意大利法西斯青年党（The Italian Fascist Youth，意大利语：Opera Nazionale Balilla）成立，取代了之前的男童子军组织，让8～14岁男童参加，后来把年限放宽到18岁。这组织的目的类似后来德国希特勒青年团（Hitler Youth，德语：Hitler-Jugend），是为了向意大利青少年灌输法西斯主义。不过另一个目的也是提供基本的军事训练，向年龄较大的少年发放了步枪。这种步枪只有750毫米长，配有250毫米折叠式刺刀，尖端是钝头，避免事故。这些步枪是曼利夏·卡尔卡诺（Mannlicher Carcano）骑兵卡宾枪的缩小版，完全可以用于实战。

▲ 意大利法西斯青年党，与后来的希特勒青年团运动有很多相同理念。军事演习的时候，年龄较大的少年会使用步枪，装有刺刀。

---

[1] 1911年是日本明治44年，1912年是大正元年。——译者注

一战时期军用匕首

1914年欧战爆发，当时人们还没有预测到会出现一种新的战斗方式——堑壕战。不论哪一方，冲入敌方阵地，都会面临一个难题，就是步枪装上刺刀之后太长，变成累赘，十分危险。要在战壕中杀敌求生，需要更加短小精悍的短刀，于是堑壕匕首应运而生。

德国战斗短刀，1914年

单刃刀身，强韧，尖端为双刃

硬木握柄柄片，有沟槽，方便握持

钢制十字护手较短

德语名为Nahkampfmesser，直译为"近战短刀"。德国生产了很多种类。这件样品的风格被很多公司模仿，如戈特利布·哈姆丝法尔公司（Gottlieb Hammesfahr）、埃尔福特步枪工厂（Erfurt Gewehrfabrik）等，但很多样品没有标记。

年代：	1914年
来源：	德国
长度：	28厘米（11英寸）

德国战斗短刀，1914年

硬木握柄，一部分有沟槽

钢制十字护手，较短，突出

单刃刀身，有强韧的中央脊，尖端为双刃

近战短刀的一种改型，装有木柄。这件样品可能是由德国索林根市的恩斯特·布施公司（Ernst Busch）制造，之前曾经生产过完全相同的样品，只是刀柄为实心钢材。两版都属于很少见的改型。

年代：	1914年
来源：	德国
长度：	28.7厘米（11.3英寸）

英国手刺，杜德利镇罗宾斯制造，1916年

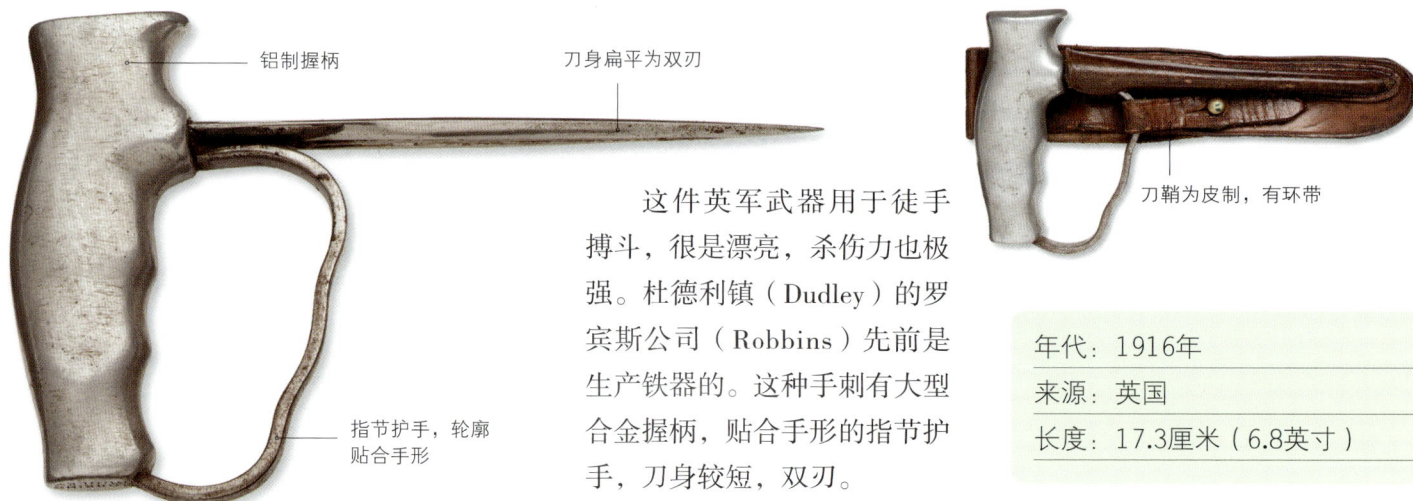

铝制握柄

刀身扁平为双刃

指节护手，轮廓贴合手形

刀鞘为皮制，有环带

这件英军武器用于徒手搏斗，很是漂亮，杀伤力也极强。杜德利镇（Dudley）的罗宾斯公司（Robbins）先前是生产铁器的。这种手刺有大型合金握柄，贴合手形的指节护手，刀身较短，双刃。

年代：	1916年
来源：	英国
长度：	17.3厘米（6.8英寸）

法国战斗短刀，1916年

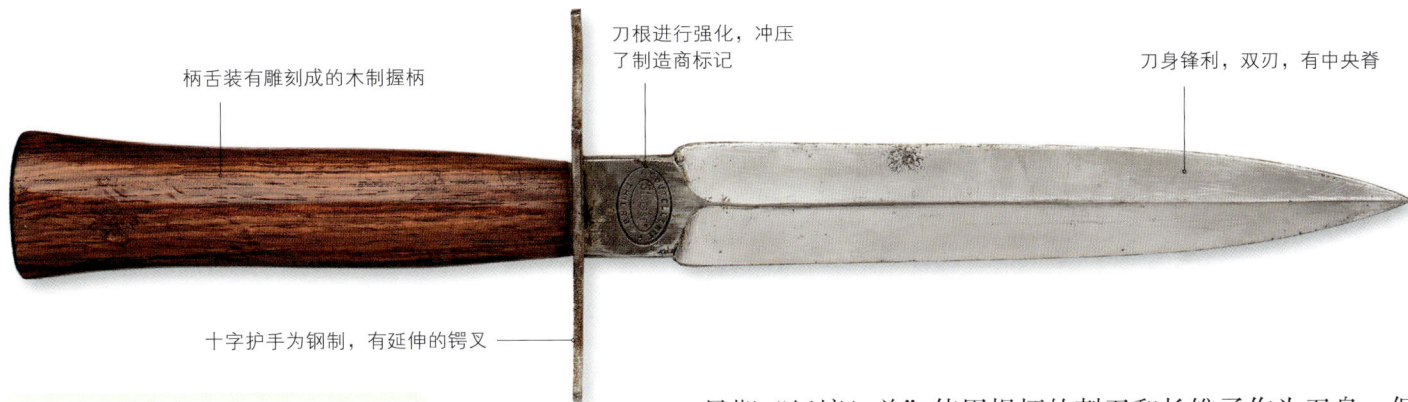

刀根进行强化，冲压了制造商标记

柄舌装有雕刻成的木制握柄

刀身锋利，双刃，有中央脊

十字护手为钢制，有延伸的锷叉

年代：	1916年
来源：	法国
长度：	不详

早期"堑壕匕首"使用损坏的刺刀和长锥子作为刀身，但人们很快发现，协约国（Allied）士兵需要一种高强度的专门匕首。这件样品为法国"金狮"（Au Lion）公司制造，木柄覆盖着柄舌，刀为双刃，钢制十字护手，锷叉延伸较长。

美国指节护手短刀，1917型，1917年

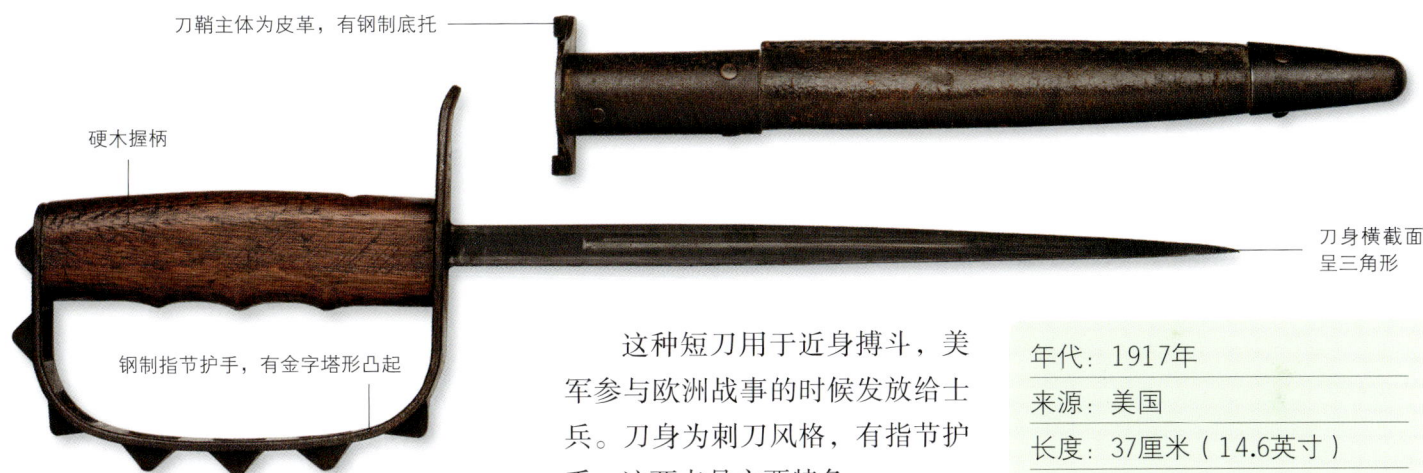

刀鞘主体为皮革，有钢制底托

硬木握柄

刀身横截面呈三角形

钢制指节护手，有金字塔形凸起

这种短刀用于近身搏斗，美军参与欧洲战事的时候发放给士兵。刀身为刺刀风格，有指节护手，这两点是主要特色。

年代：	1917年
来源：	美国
长度：	37厘米（14.6英寸）

美国指节短刀，1918型，1918年

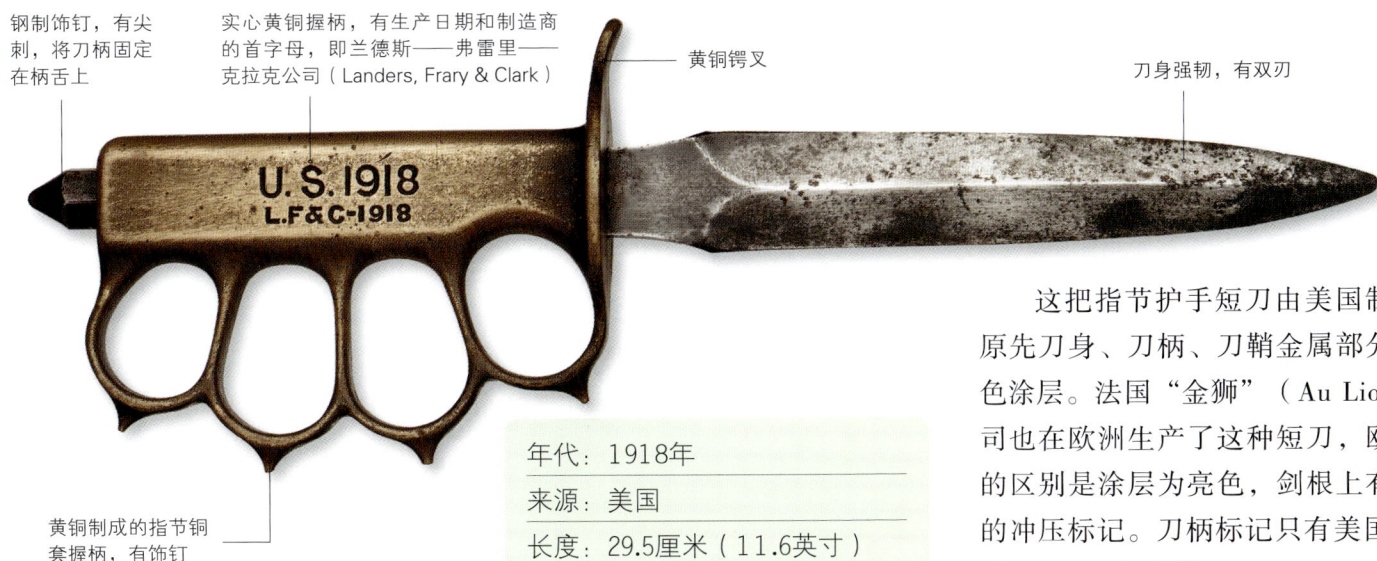

钢制饰钉，有尖刺，将刀柄固定在柄舌上

实心黄铜握柄，有生产日期和制造商的首字母，即兰德斯——弗雷里——克拉克公司（Landers, Frary & Clark）

黄铜锷叉

刀身强韧，有双刃

U.S. 1918
L.F&C-1918

黄铜制成的指节铜套握柄，有饰钉

年代：	1918年
来源：	美国
长度：	29.5厘米（11.6英寸）

这把指节护手短刀由美国制造，原先刀身、刀柄、刀鞘金属部分有黑色涂层。法国"金狮"（Au Lion）公司也在欧洲生产了这种短刀，欧洲版的区别是涂层为亮色，剑根上有金狮的冲压标记。刀柄标记只有美国1918（U.S. 1918）字样。

一战时期刺刀

第一次世界大战爆发时，军事思维基本停留在19世纪中期的水平，但武器威力已经大大增强。理论家还是认为，部队应该部署成阵列，进行刺刀冲锋。然而，一战却是堑壕战，没有太多机动的余地。弗兰德斯（Flanders）[1]原野战役显示，敌人挖了战壕，使用带刺铁丝、机枪、迫击炮、重炮防御。这种情况下，己方穿过战壕之间的无人区发起刺刀冲锋，只会损失惨重，徒劳无功。

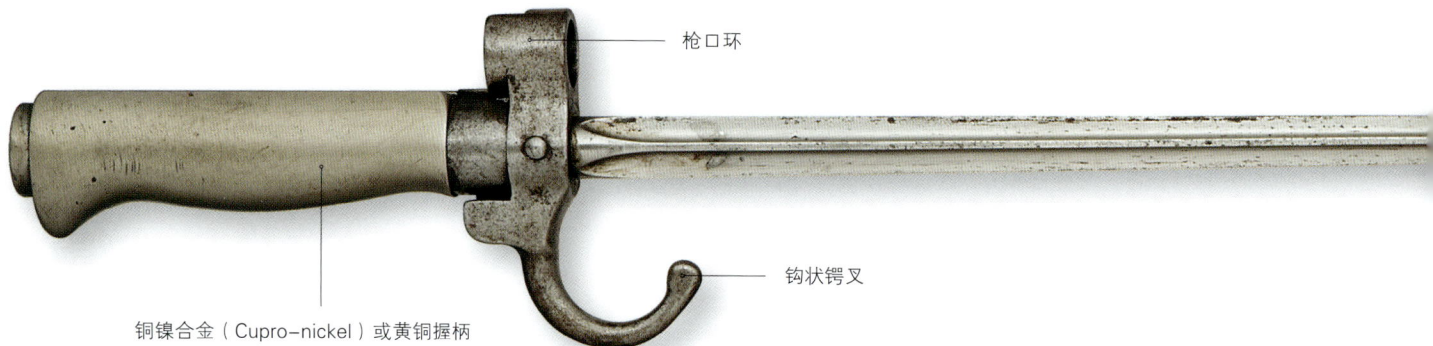

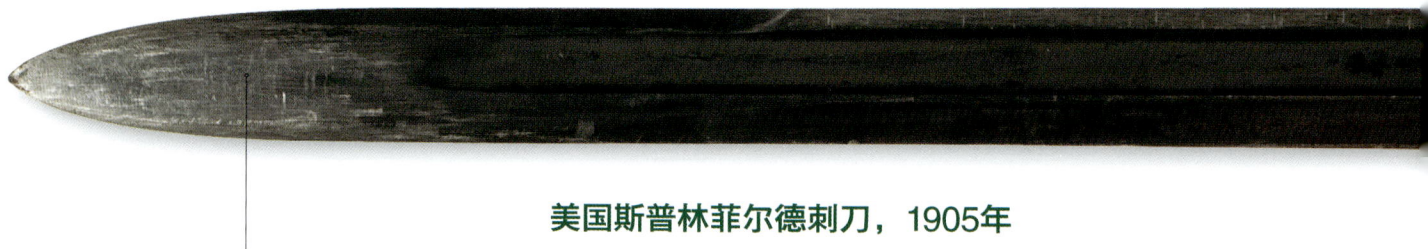

枪口环

钩状锷叉

铜镍合金（Cupro-nickel）或黄铜握柄

矛头状刀尖，刀身上部有假刃

美国斯普林菲尔德刺刀，1905年

这是当时较新的斯普林菲尔德1903型步枪使用的第二版刺刀。第一版是"克拉格"（Krag）刺刀。但是当时美国总统西奥多·罗斯福（Theodore Roosevelt）坚持设计一种刀身较长的新式刺刀，来补偿步枪枪身缩短的劣势。

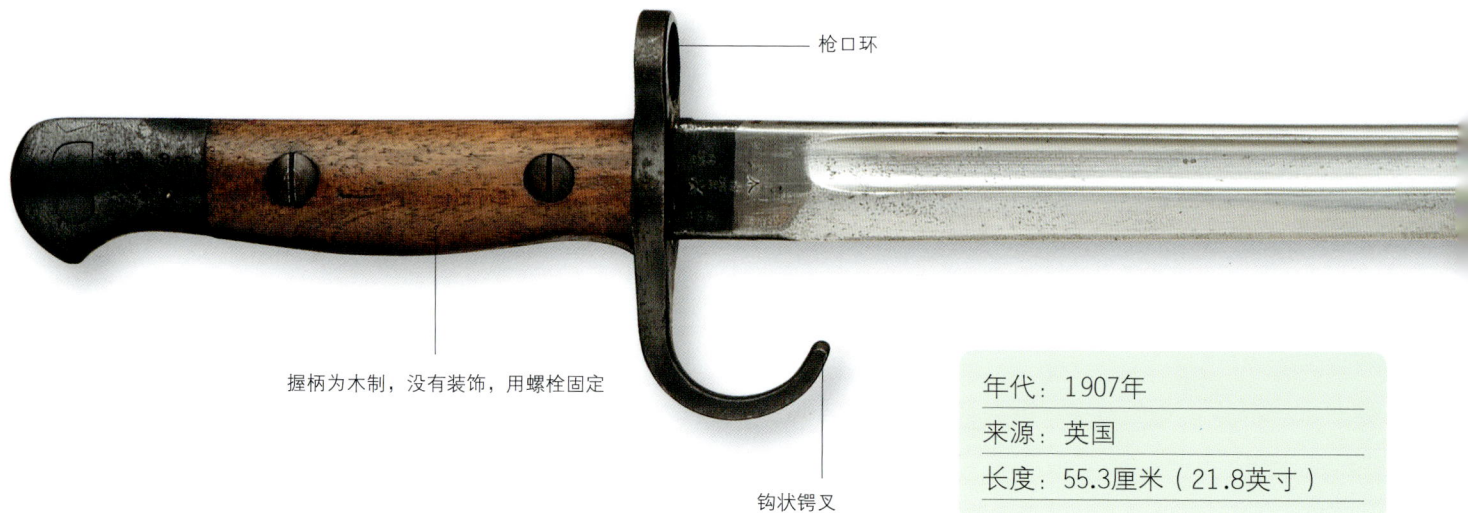

枪口环

握柄为木制，没有装饰，用螺栓固定

钩状锷叉

年代：	1907年
来源：	英国
长度：	55.3厘米（21.8英寸）

[1] 弗兰德斯是法国与比利时交界处的军事要地，1915年曾经爆发惨烈的战斗。——译者注

法国勒贝尔重剑式刺刀，1886年

勒贝尔刺刀刀身较长，纤细，横截面呈十字架形，类似击剑用的重剑，可能是当时刺刀中最为独特的一类。1886年起配合新式勒贝尔步枪使用，这是全球第一款小口径高速步枪，采用的是一种无烟发射弹药。

年代：	1886年
来源：	法国
长度：	64厘米（25.2英寸）

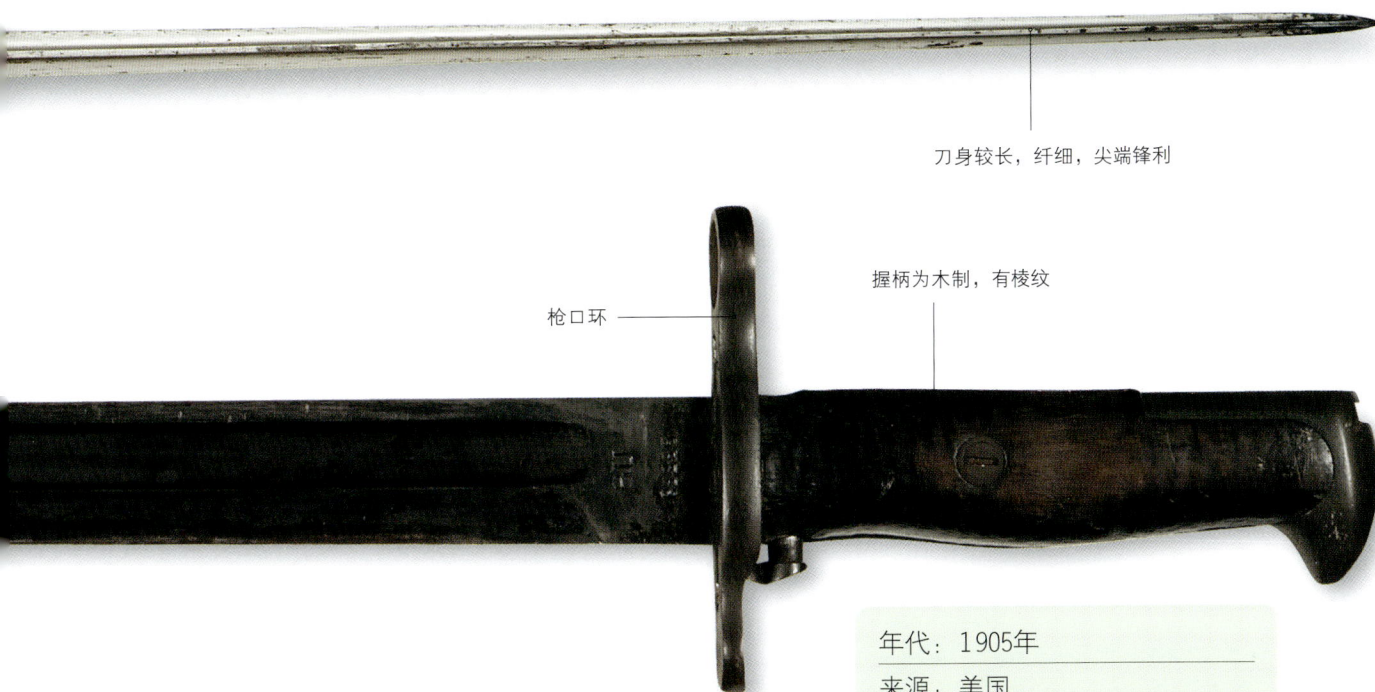

刀身较长，纤细，尖端锋利

握柄为木制，有棱纹

枪口环

年代：	1905年
来源：	美国
长度：	52.6厘米（20.7英寸）

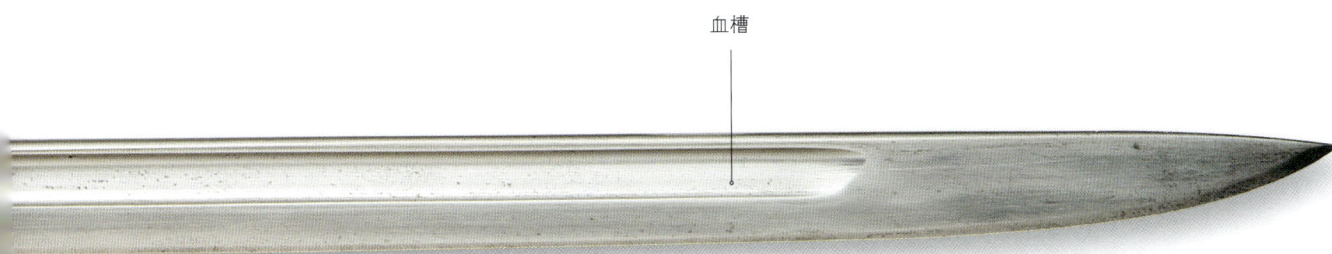

血槽

英国李–恩菲尔德弹匣式短步枪刺刀，1907式，1907年

李–恩菲尔德步枪于1903年启用，带有短刺刀，刺刀是在1888式基础上修改的。不过，步枪枪身缩短了，这种刺刀就显得太短，因此又在日本有坂30式（the Arisaka Type 30）刺刀基础上修改了这一版较长的刺刀。锷叉有钩子，后来认为太累赘，在1913年取消了。但在第一次世界大战期间，这一版刺刀有很多被用于实战。独特的是，枪口环并没装在枪口上，而是装在枪口下面的卡榫上。

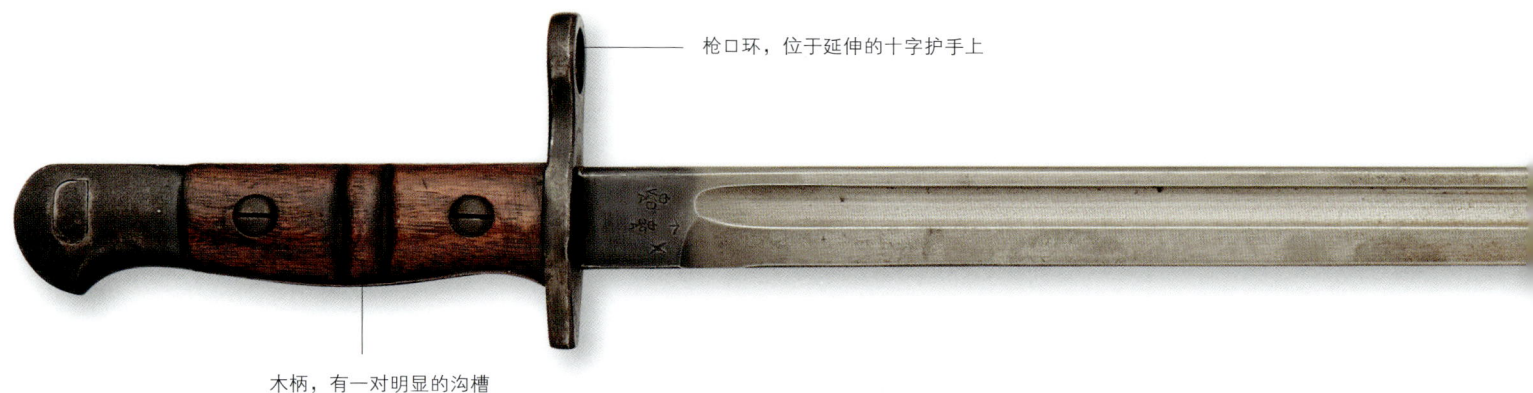

枪口环，位于延伸的十字护手上

木柄，有一对明显的沟槽

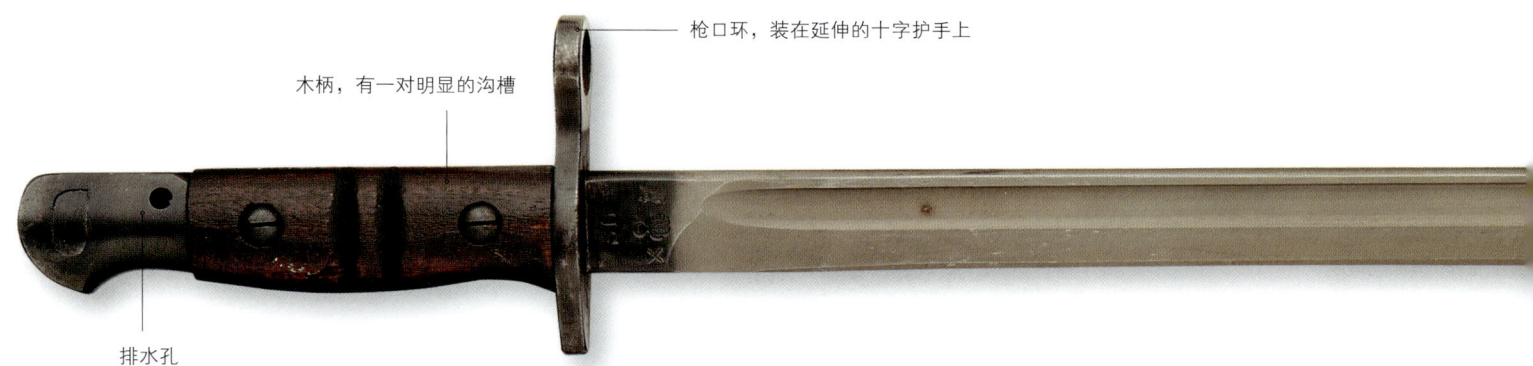

枪口环，装在延伸的十字护手上

木柄，有一对明显的沟槽

排水孔

消焰护片

两排锯齿

锷叉向上弯曲

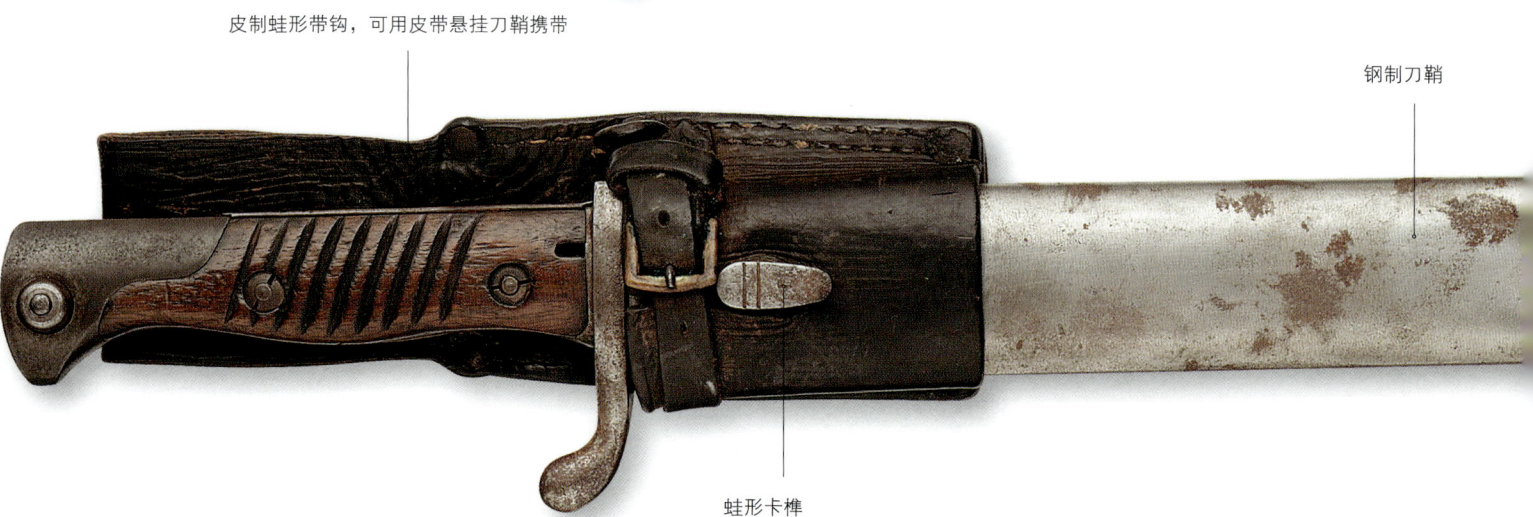

皮制蛙形带钩，可用皮带悬挂刀鞘携带

钢制刀鞘

蛙形卡榫

与1907式相同

英国刺刀，1913式，1914年

这把1913式刺刀虽然与1907式很像，但配合的是1914式步枪。一战爆发后，1913式实验步枪不再继续生产，口径修改为.303，成了1914式步枪。[1]这一款不同于李-恩菲尔德弹匣式短步枪，枪口突出于枪托末端之外，这样的设计使得枪口环实际安装在枪口上。刺刀也因此有一个延伸的十字护手进行配合。

年代：	1914年
来源：	英国
长度：	55.6厘米（21.9英寸）

刀身与1907式、1913式相同

美国刺刀，用于美国恩菲尔德步枪，1914年

英国参加一战时，已经从美国定制了1914式步枪与刺刀。1914式步枪把口径改为.30-06[2]，变成1917式。两种步枪的刺刀相同，只是美国刀身上有美国的所有权标记和生产日期。

年代：	1914年
来源：	美国
长度：	54.4厘米（21.4英寸）

宽阔的矛头状刀尖，顶端有假刃

德国毛瑟步枪刺刀，用于格韦尔98式步枪，1905年款（上），1915年款（下）

德国格韦尔98式步枪（1898年推出）有多种刺刀。靠上的样品为1905年推出的有锯齿的版本，发给步兵士官。靠下的样品具有更加耐用的刀鞘，这一版最早1914年启用。上面样品的锯齿用来切割灌木，当时很多人误以为这是为了增加杀伤效果。

年代：	1915年
来源：	德国
长度：	50.8厘米（20英寸）

---

[1] 枪托原文stock.当时的步枪，枪托是一个综合部件。我们平时所说的抵住肩膀的部分实际上是后托（butt），此处所说的枪托指前枪托（fore-end stock，简称forend）。上文的恩菲尔德弹匣式短步枪最大特色是枪口与前枪托齐平，因此无法直接在枪口上安装刺刀的枪口环。这里为了强调1914式的不同，专门说枪口突出在前枪托之外，因此能够在枪口上安装枪口环了。现代步枪的前枪托由下机匣（lower receiver）和护木（handguard）取代，因此枪托只剩下了用来抵肩和贴腮的后托。——译者注
[2] 原文".30-06"的".30"代表口径为0.30英寸，06代表1906年推出。——译者注

美国刺刀，1915型，1915年

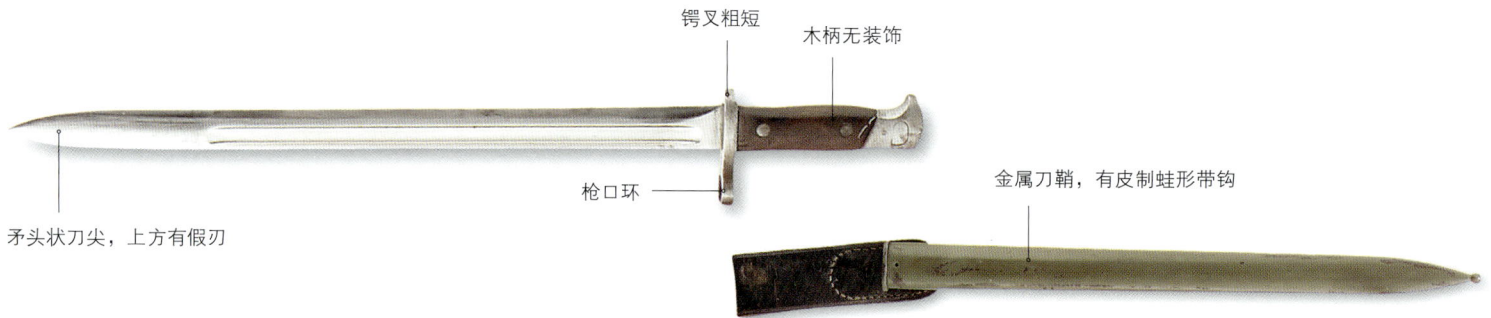

锷叉粗短

木柄无装饰

枪口环

金属刀鞘，有皮制蛙形带钩

矛头状刀尖，上方有假刃

　　1915年，俄国给温彻斯特公司（Winchester）发来订单，订制30万套1895型步枪与刺刀，在德国称为1915型。钢制部件被打磨得十分光亮，十字护手在刀身的一侧有温彻斯特公司标记。

年代：	1915年
来源：	美国
长度：	51.8厘米（20.4英寸）

加拿大罗斯（Ross）步枪刺刀，1915年

柄头

枪口环

血槽

木柄

刀尖一侧的刀刃磨损了

　　这款刺刀于1912年启用，但在一战早期，对略空心凹面的刀身稍作调整，磨掉了刀尖的一部分，上方刀刃也减少了厚度。这些改造是为了让刀身更轻易地刺穿目标。此外，刀身原先打磨得很光亮，现在换成无光泽涂层，不知是为了使制造更容易还是为了减少反光。

年代：	1915年
来源：	加拿大
长度：	38.6厘米（15.2英寸）

德国毛瑟步枪代用刺刀，1916年

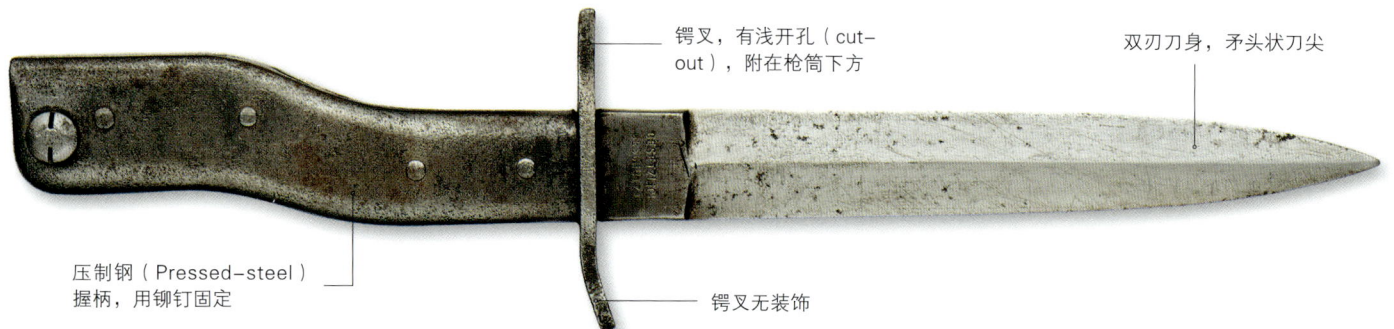

锷叉，有浅开孔（cut-out），附在枪筒下方

双刃刀身，矛头状刀尖

压制钢（Pressed-steel）握柄，用铆钉固定

锷叉无装饰

　　"代用"原文为ersatz，意为"替代""临时当作"。这种情况表示它是把金属握柄用铆钉固定在一起，为了快速生产方便使用。刀柄一般被漆成原野灰色（field grey），刀身打磨光亮。这把刺刀也能当作称手的堑壕短刀。

年代：	1916年
来源：	德国
长度：	26.1厘米（10.3英寸）

德国毛瑟步枪代用刺刀，1916年

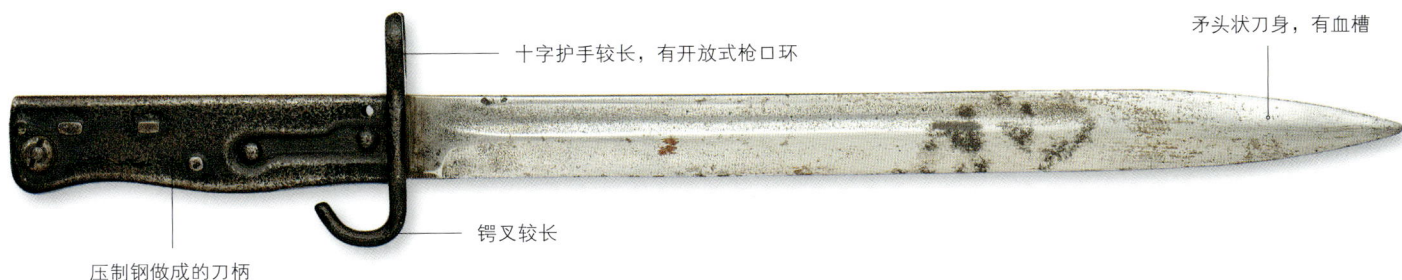

十字护手较长，有开放式枪口环

矛头状刀身，有血槽

锷叉较长

压制钢做成的刀柄

当时制造了很多代用刺刀，这是其中一把，也用于88型、98型格韦尔步枪。此外还用于德军缴获的法国勒贝尔步枪、俄国莫辛纳甘（Mosin-Nagant）步枪。刀柄为压制钢造成，比前一把刺刀刀柄略微精致一些，但这件样品锷叉向后弯曲幅度更大，应当是在生产出来以后折弯的。它和其他刺刀一样，刀柄和刀鞘也应该是被漆成原野灰色（field grey，一种灰绿色），刀身打磨光亮。

年代：	1916年
来源：	德国
长度：	43厘米（17英寸）

英国左轮手枪刺刀，用于韦伯利Mk VI左轮手枪，1916年

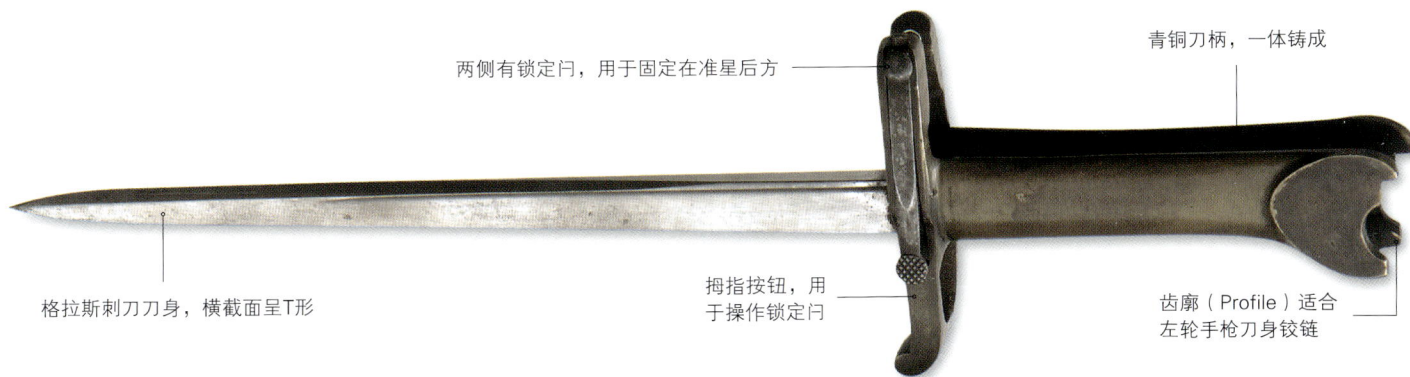

两侧有锁定闩，用于固定在准星后方

青铜刀柄，一体铸成

格拉斯刺刀刀身，横截面呈T形

拇指按钮，用于操作锁定闩

齿廓（Profile）适合左轮手枪刀身铰链

这把刺刀设计者是英军中尉阿瑟·普里查德（Lieutenant Arthur Pritchard），由伯明翰市格林纳公司（Greener）生产。采用格拉斯刺刀刀身，只用于私人采购。柄头紧紧贴合左轮手枪轮廓。枪口环滑动到准星之上，用十字护手上的两个弹簧杠杆（sprung lever）锁定。

年代：	1916年
来源：	英国
长度：	32.5厘米（12.8英寸）

德国毛瑟步枪代用刺刀，1917年

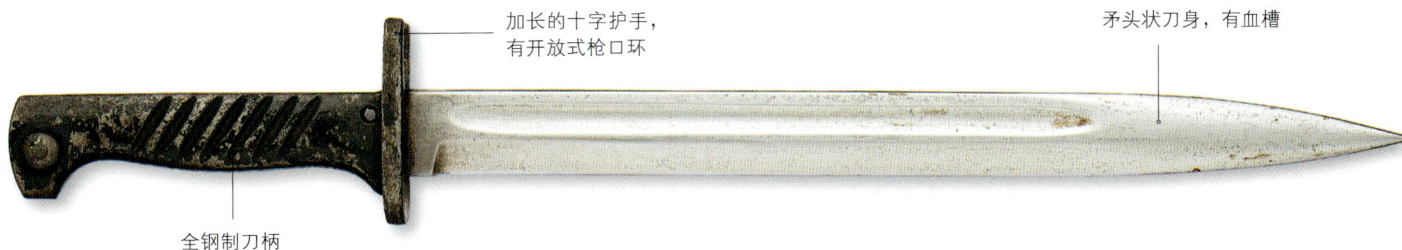

加长的十字护手，有开放式枪口环

矛头状刀身，有血槽

全钢制刀柄

这些88/98型刺刀代用版，用于88、98型步枪。此外加装转接器（adapters）之后还能用于缴获的俄国莫辛纳甘步枪、法国的勒贝尔步枪。刀柄为全钢制（标准刺刀刀柄为木制），原先被漆成原野灰色。有开放式枪口环，很多代用刺刀都是这样。

年代：	1917年
来源：	德国
长度：	43.9厘米（17.3英寸）

二战及以后的生存武器

二战爆发后，军用短刀和其他生存武器经过重新设计，以满足各种目的。具体目的取决于使用条件，有些产品完全用于暗杀，有些既可作战又可充当工具，修筑庇护所或者寻找食物。英国突击队员早期训练就包括轮流寻找食物，也就是找到鸟兽，杀死，屠宰，烹饪，送给战友吃掉。

美国卡尔森突击队砍刀，柯林斯式18号（Collins Pattern No 18），1934年启用

黑色/绿色兽角握柄，用五颗铆钉固定

钢制十字护手，两侧向上弯曲

刀身宽阔，圆月砍刀类型，假刃突出

刀鞘装饰有皮革压印图案及柯林斯公司（Collins）徽章

棕色皮革刀鞘，有挂带

太平洋战争期间，美军和日军发生了瓜达尔卡纳尔战役（the Guadalcanal Campaign），美军将这种短刀发放给海军陆战队突击二营（the 2nd Marine Raider Battalion）。这种短刀刀柄为"砍刀型"，柯林斯公司很多武器都有这种刀柄。柄头为"鸟喙状"，方便握持。单刃刀身，刀尖有假刃，既可以作战，又可以充当多功能的工具。

年代：	1934年启用
来源：	美国
长度：	36厘米（14.2英寸）

德国空军多用途短刀，1936年启用

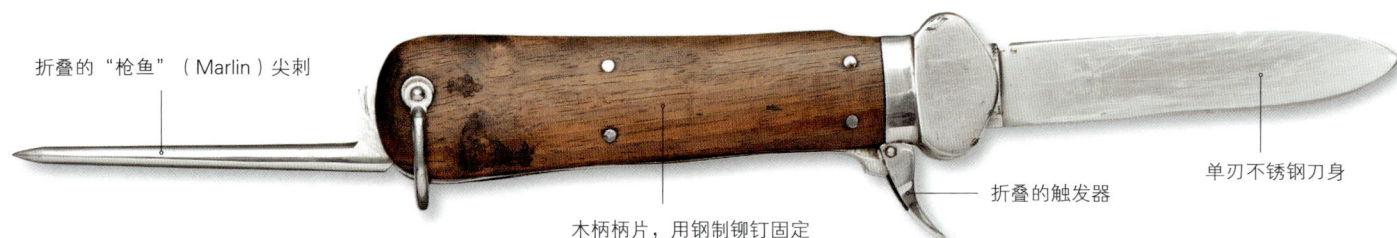

折叠的"枪鱼"（Marlin）尖刺

木柄柄片，用钢制铆钉固定

折叠的触发器

单刃不锈钢刀身

原先被用于德国陆军伞兵，后来所有空军伞兵单位也采用了它。刀身通常折叠起来，让刀身不接触手部，避免意外受伤。这是一把折刀，可用单手开启。抓握时刀子向下，按动触发器，让刀身坠落而就位。伞兵若是困在树上，就能派上用场。

年代：	1936年启用
来源：	德国
长度：	35.3厘米（13.9英寸）

苏联军用短刀，亚美尼亚式，1940年启用

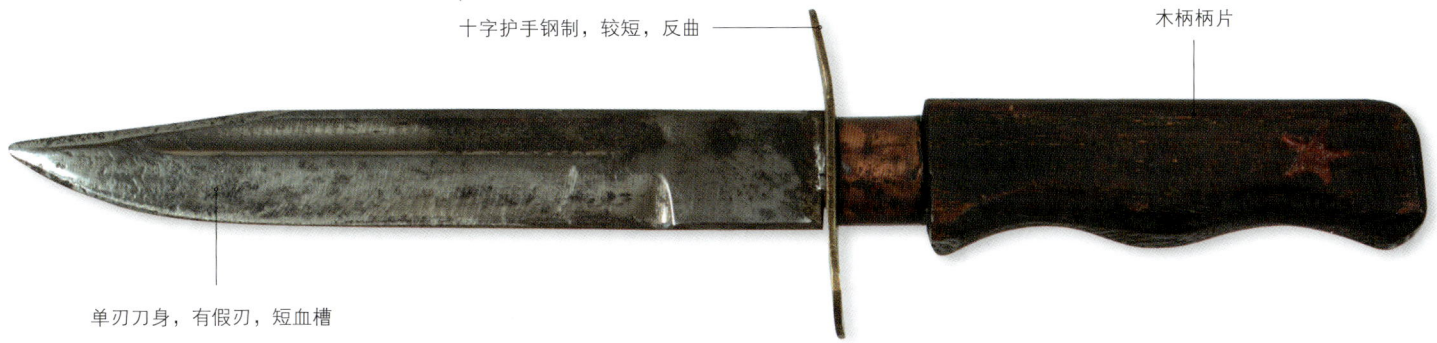

十字护手钢制，较短，反曲 ————

木柄柄片

单刃刀身，有假刃，短血槽

　　在亚美尼亚制造，苏联的亚美尼亚军队与红军（the Red Army）并肩作战时使用。这件样品设计时注重多功能，但也没有忽视近身搏斗的效果。单刃刀身，双刃刀尖，接近刀背处有血槽，在握柄主体与护手之间有一个金属包头。二战以后，亚美尼亚各个分遣队（contingents）依然装备类似的短刀，但苏军主力偏爱两用刀，兼具短刀与刺刀的功能。

年代：1940年启用

来源：苏联

长度：26厘米（10.2英寸）

英格兰费尔班−赛克斯突击队短刀，第二版，1941年启用

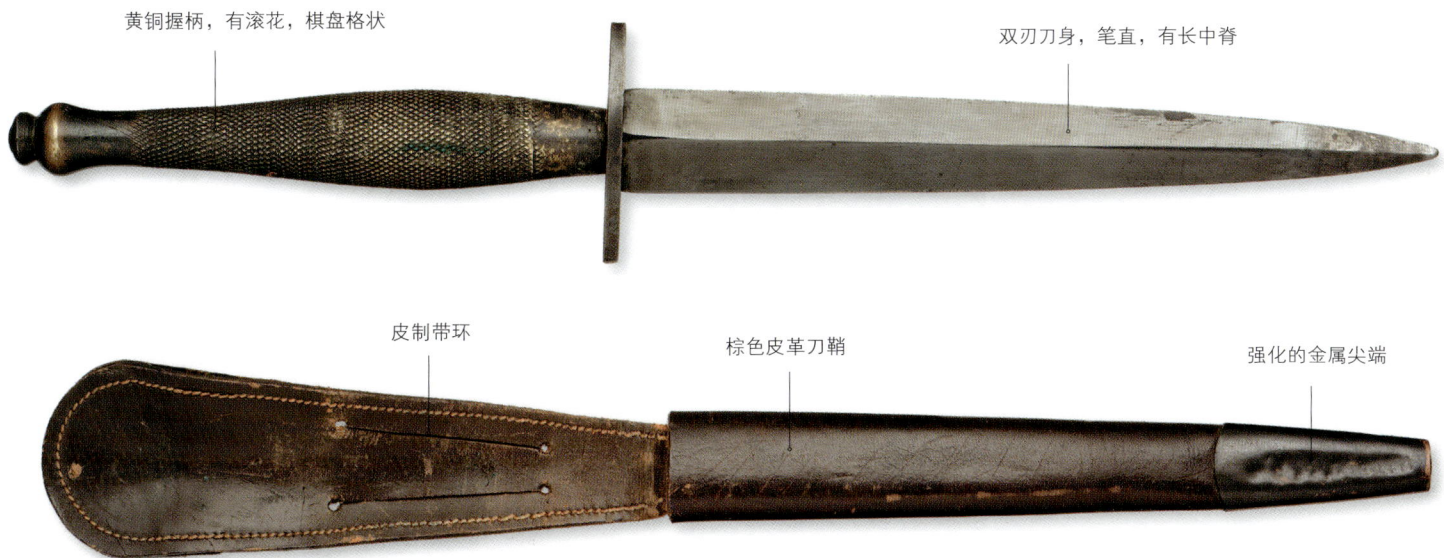

黄铜握柄，有滚花，棋盘格状

双刃刀身，笔直，有长中脊

皮制带环

棕色皮革刀鞘

强化的金属尖端

　　费尔班−赛克斯（Fairbairn-Sykes）短刀是突击队的传统战刀，大概是全球最有名的突击队短刀了，很多国家都为自己的特种部队装备了类似短刀。刀身笔直，短锥形，双刃，有中脊，刀身柄舌穿过刀柄，在另一端用锁定钮（locking button）固定。握柄有棋盘状图案，由黄铜制成，车床加工成圆柱形。护手为钢制，锷叉末端加工成圆形。这件样品是费尔班−赛克斯第二版，第一版有反曲十字护手，刀柄扁平，刀尖更尖锐。这件样品应该是私人采购的，因为刀鞘并无通常的皮制侧标签（side tag）。

年代：1941年启用

来源：英格兰

长度：30厘米（11.8英寸）

美国海军陆战队卡巴刀式（海军Mk 2）战斗与多用途短刀，1941年启用

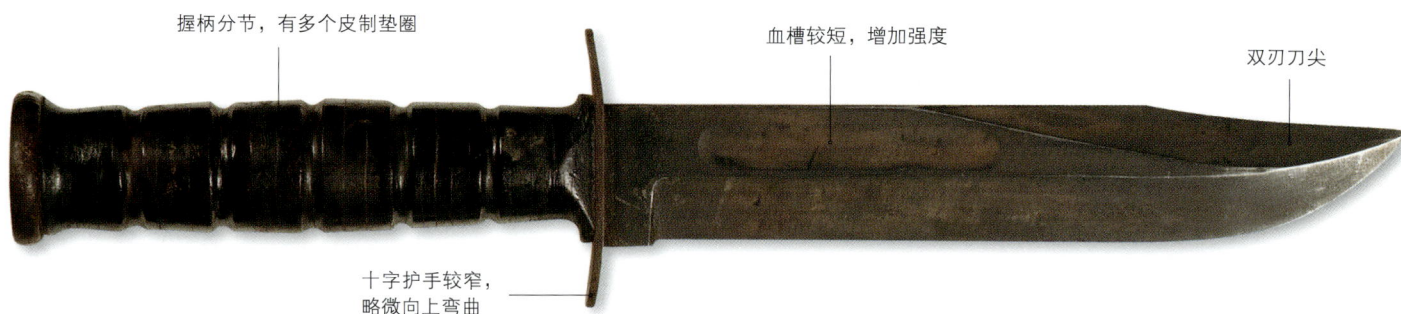

握柄分节，有多个皮制垫圈

血槽较短，增加强度

双刃刀尖

十字护手较窄，
略微向上弯曲

最有名的两用刀作战工具之一，美国纽约州（New York State）奥利安联合刀具公司（the Union Cutlery Company of Olean）设计，属于多用生存工具，也能当作锤子使用，能开罐头，也可用于防身。最早的生产完全是为了政府订单，美国海军陆战队（the US Marine Corps）及海军（the Navy）均采用了此刀。

年代：1941年启用

来源：美国

长度：32厘米（12.6英寸）

英国特战执行处与美国战略情报局所用的飞镖与手腕式匕首，1942年启用

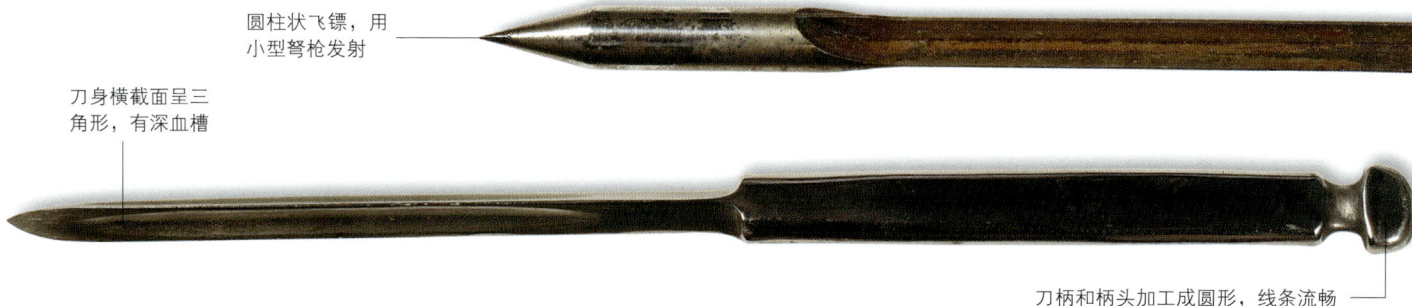

圆柱状飞镖，用
小型弩枪发射

刀身横截面呈三
角形，有深血槽

刀柄和柄头加工成圆形，线条流畅

以手术刀用钢材特别制成，目的在于无声无息地杀掉对手。飞镖可以用折叠式小型弩枪发射，弩枪尺寸仅相当于一把手枪。手腕式匕首存放在皮制刀鞘内，可用臂带或腿带绑在手臂或腿上藏匿，主要用于敌后行动。

年代：1942年启用

来源：英国 & 美国

长度：17.5厘米（6.8英寸）

英格兰费尔班–赛克斯突击队短刀，第三版，1942年启用

车床加工的握柄，有棱纹

双刃刀身，笔直

第三版费尔班-赛克斯突击队短刀生产范围最广，二战期间与战后多年都有制造。这一版模仿了威尔金森军刀（Wilkinson Sword）的原始形制，但在之后各型都有修改与提高，然后授权给其他制造商。握柄有环，是第三版匕首的显著特征，估计总产量超过100万把。

年代：1942年启用

来源：英格兰

长度：29.7厘米（11.7英寸）

美国Mk 3堑壕短刀，带有M8刀鞘，1943年启用

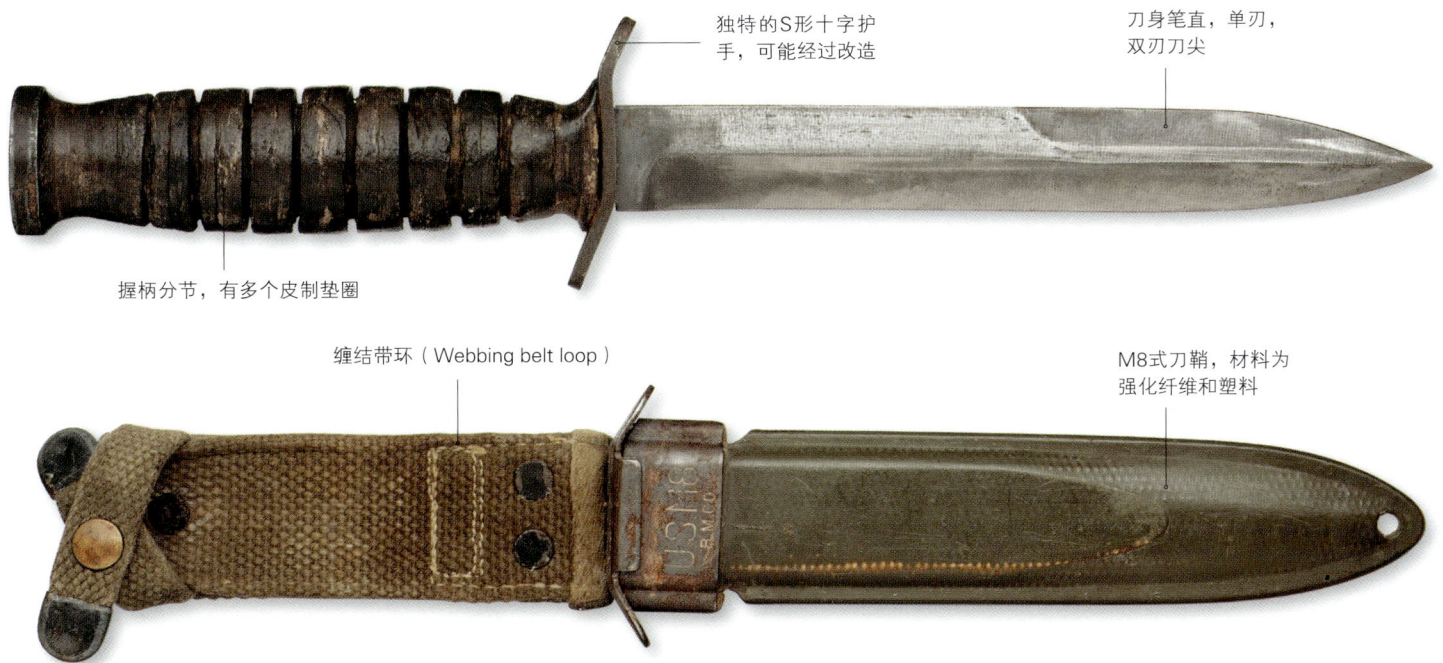

独特的S形十字护手，可能经过改造

刀身笔直，单刃，双刃刀尖

握柄分节，有多个皮制垫圈

缠结带环（Webbing belt loop）

M8式刀鞘，材料为强化纤维和塑料

　　Mk 3堑壕短刀是1936年M1加兰德（Garand）步枪刺刀的改进型，主要差异在于Mk 3堑壕短刀没有锁定机构，即枪筒环（barrel ring），但刀身与握柄则相同。十字护手在这一版通常两侧都向前突出，但这件样品似乎经过改造，下方护手向上倾斜。

年代：1943年启用

来源：美国

长度：29厘米（11.4英寸）

德国联邦国防军（Bundeswehr）战斗与多功能短刀，约20世纪70年代

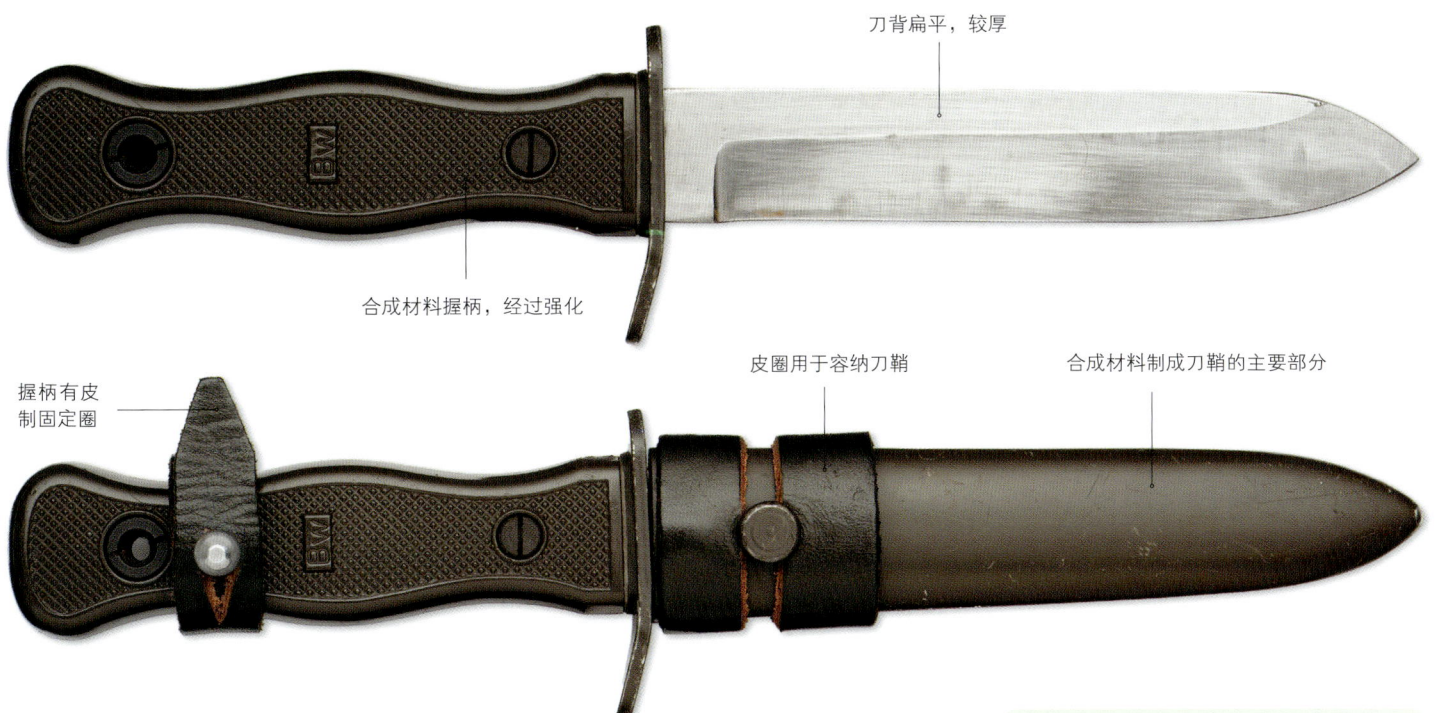

刀背扁平，较厚

合成材料握柄，经过强化

握柄有皮制固定圈

皮圈用于容纳刀鞘

合成材料制成刀鞘的主要部分

　　现代战争中，军用短刀的作用减小了，不过当代军事理论还是认为，有一把称手的多功能短刀会十分有用。材料技术的进步，使得工厂能够用防锈、防腐蚀的部件组装短刀，产品可以存放多年，质量却不会有任何肉眼可见的下降。

年代：约20世纪70年代

来源：德国

长度：26厘米（10.2英寸）

纳粹第三帝国锋刃武器

　　德国鲁尔河谷（the Ruhr Valley）中的索林根市，700多年来一直是锋刃武器的制造中心。一战后，德国投降、裁军，索林根的锋刃武器产业一度剧烈下滑。先前在德意志帝国时期，军刀、匕首十分普遍，一直被人视作权威、官阶的象征，特别是在普鲁士文化地区。1933年，国家社会主义工人党（原书the National Socialist Government，通称The National Socialist German Workers' Party，德语：Nalsozialistische Deutsche Arbeiterpartei，简称NSDAP）成立，又创造了机会，索林根可以重新设计各种武器，反映第三帝国的文化[1]。

德国希特勒青年团短刀，约1933年

口号：Blut und Ehre!（鲜血与荣耀）

皮革挂带

锷叉向上弯曲

钢制刀鞘，有瓷釉

　　希特勒青年团短刀（德语：HJ Fahrtenmesser，HJ即希特勒青年团，Fahrtenmesser意为"旅行刀"），于1933年生产。刀身较短，单刃。1938年之前的样品有铭文Blut und Ehre!。刀柄为钢制，表面镀镍。一般会有希特勒青年团卐字形徽章。

年代：	约1933年
来源：	德国
长度：	24.8厘米（9.8英寸）

德国冲锋队现役军人用匕首，约1933年

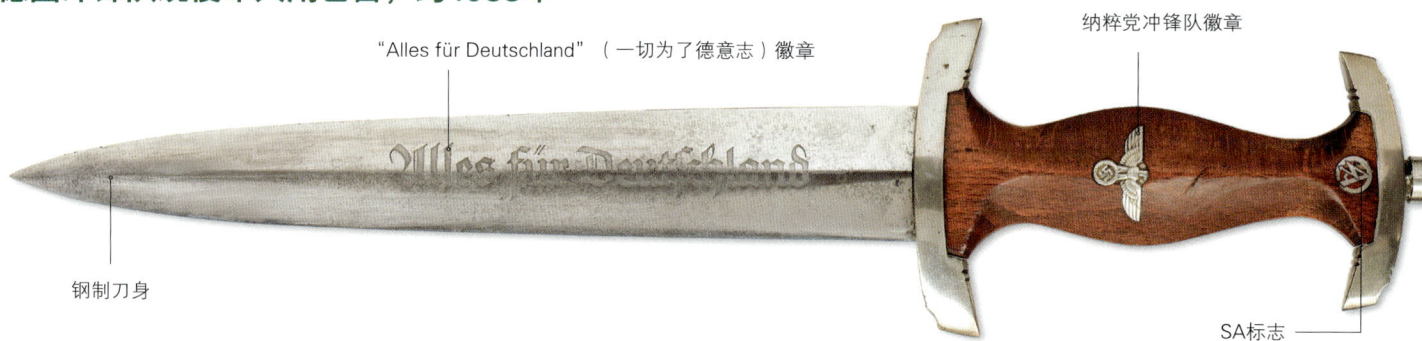

"Alles für Deutschland"（一切为了德意志）徽章

纳粹党冲锋队徽章

钢制刀身

SA标志

　　冲锋队德文为Sturm Abteilung，缩写为SA，是一个民兵组织，负责在纳粹党集会上维持秩序。这把军用匕首于1933年启用，原型来自德国南部的一种中世纪造型。刀柄用木材和钢材制成，装饰有纳粹党和冲锋队徽章。

年代：	约1933年
来源：	德国
长度：	35.6厘米（14英寸）

[1] 德国在19世纪后期由很多小邦国融合而实现统一，普鲁士是最大的一个。——译者注

德国党卫军军官匕首，1936年

口号 "Meine Ehre heißt Treue"
（德语：我的荣誉是忠诚）

银制老鹰图案，及纳粹卐字形标记

刀身为钢制，没有开刃

握柄有党卫军的如尼文字徽章

党卫军匕首于1933年12月启用，基本设计来自冲锋队的匕首，细节有些不同：握柄由硬木制成，被染成黑色，握柄顶端有党卫军的如尼文字（runic）[1]标记。十字护手镀有银镍合金。

年代：	1936年
来源：	德国
长度：	37厘米（14.6英寸）

德国国家劳工服务团采煤工匕首，约1934年

口号：Arbeit adelt（德语：劳动使人光荣）

握柄有鹿角柄片

刀身较宽，圆月砍刀造型

铲子和"卐"字形徽章

钢制涂层用于装饰

国家劳工服务团，德语为Reichs Arbeit Dienst，简称RAD。目的是让年轻人体验手工劳作。这把耐用的采煤工匕首，只供全职人员使用，原型来自德国传统的一种砍刀。刀鞘为黑色金属，装饰华丽。刀身为钢制，较宽，呈圆月砍刀形，靠近刀背有一条较短的血槽。刀身蚀刻服务团的口号为：Arbeit adelt（德语：劳动使人光荣）。刀柄为铁质，镀镍，握柄有鹿角柄片。刀鞘也有钢制装饰部件，上方部件有涡卷形装饰（scroll），下方部件有服务团的全国徽章：铲子头、纳粹"卐"字形、玉米穗。

年代：	约1934年
来源：	德国
长度：	37.6厘米（14.8英寸）

---

[1] 如尼文字是一种北欧文字，很多人认为其有魔力。——译者注

德国空军军官匕首，1934年

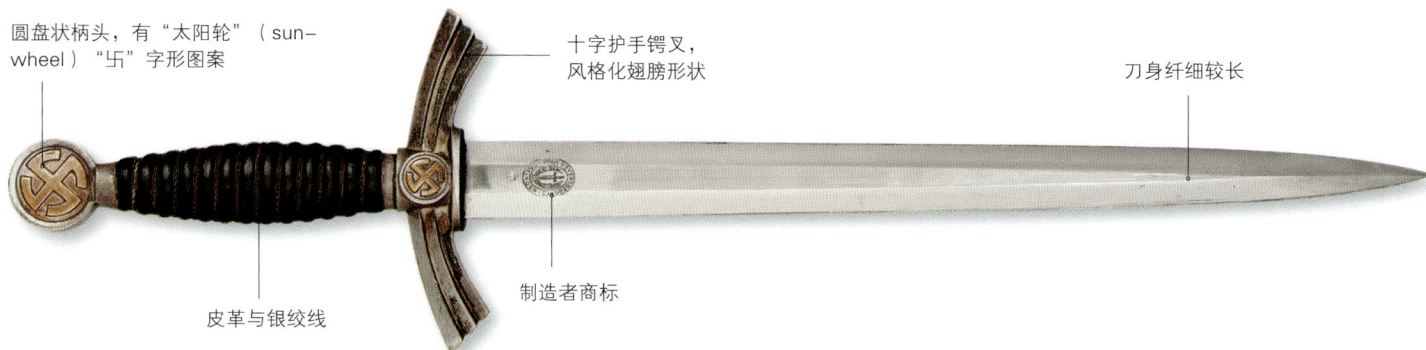

圆盘状柄头，有"太阳轮"（sun-wheel）"卐"字形图案

十字护手锷叉，风格化翅膀形状

刀身纤细较长

制造者商标

皮革与银绞线

这种设计的匕首原先是为了德国飞行运动协会（Deutsche Luftsport Verband）使用，当时这个组织还处在地下，因为按照1919年凡尔赛和约（the Treaty of Versailles），德国禁止拥有空军。1935年3月，空军成立，德国宣布快速进行军事扩张。这把匕首装入蓝色皮革刀鞘，用链子挂在腰带上。

年代：1934年

来源：德国

长度：50.8厘米（20英寸）

"德意志精神"

德国一向把制服和锋刃武器当成官阶、身份的象征。德国对秩序、纪律的崇尚，似乎从俾斯麦（Bismarck）建立第二帝国（the Second Reich，1871—1918年）的时候就十分明显了。这一段时间工业发展、经济繁荣，德国几乎所有团体都有制服，也都喜欢佩带军刀或匕首。这种装饰风气，不仅有陆海两军的军人参与，还有猎户、邮差、铁路官员等。一战德国战败，魏玛共和国（the Weimar Republic）成立，被迫支付巨额战争赔款，条件十分严厉，这些装饰大部分也都消失了。希特勒发觉人民对战争结果十分不满，于是承诺自己一定会重建德国的荣耀。纳粹军事体系使用各种礼仪用刀剑，就是这种观念的一个体现，在其指导下，军事团体之外的组织也采用了制服和匕首，如德国红十字会（the German Red Cross）和公务员体制（the Civil Service），效果十分明显，人们有了身份和地位，感觉到自己存在的重要性。

► 阿道夫·希特勒1938年在纳粹党集会（Party Rally）上行礼。前面是劳工服务团主席康斯坦丁·希耶尔（Konstantin Hierl），佩带自己的特制服务团采煤用匕首。另一名军官佩带的是1937式服务团军官采煤用匕首

德国陆军军官匕首，1935年

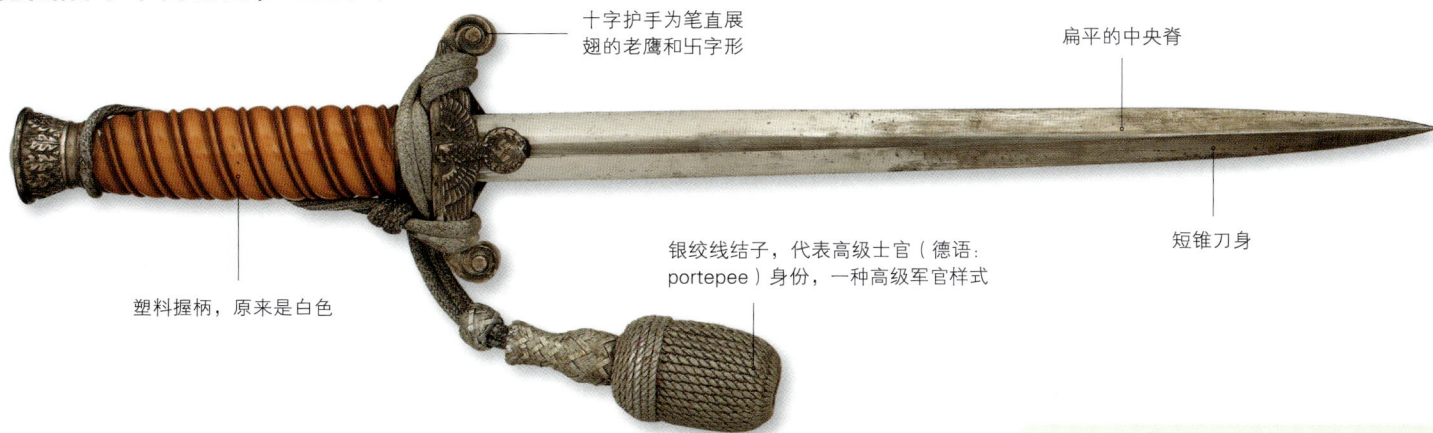

十字护手为笔直展翅的老鹰和卐字形

扁平的中央脊

塑料握柄，原来是白色

银绞线结子，代表高级士官（德语：portepee）身份，一种高级军官样式

短锥刀身

1935型匕首在1935年5月4日启用，是新式德国陆军的新概念。此前，德国陆军佩带的是长军刀。这种匕首发放给所有军官、军医官和兽医官，此外还发放给有军官军阶的音乐家和其他官员。原始的握柄由白色象牙或塑料制成。

年代：	1935年
来源：	德国
长度：	40厘米（15.7英寸）

德国空军匕首，1937年

握柄核心为木制，包裹白色塑料，有银绞线

短锥匕首刀身，有扁平的中央脊

圆球状柄头

十字护手为老鹰抓紧"卐"字形的造型

1937年发放给空军军官，造型优雅，十字护手为德国空军老鹰造型。刀身细长，短锥造型，不开刃。刀身用柄舌穿过握柄，以球状柄头帽螺旋固定。柄头装饰有橡树叶图案及"卐"字形。有些高级样品，握柄为象牙制成，刀身为大马士革钢制成。

年代：	1937年
来源：	德国
长度：	40厘米（15.7英寸）

德国国家官员匕首，1938年

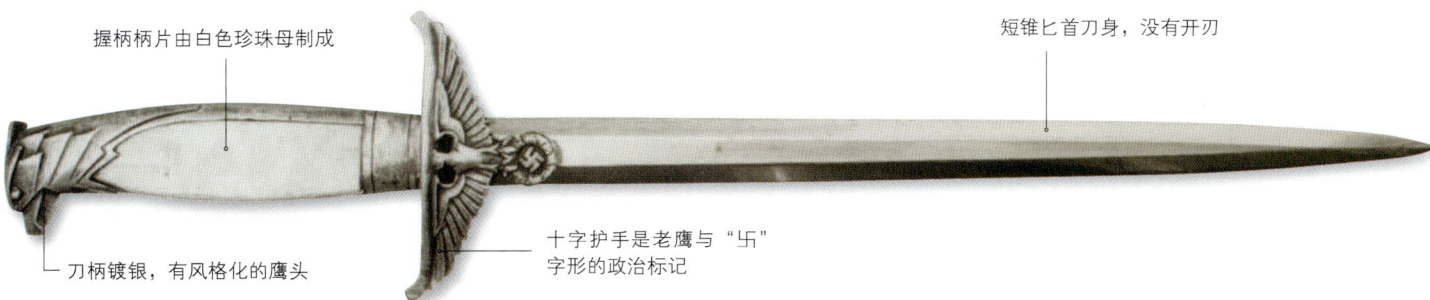

握柄柄片由白色珍珠母制成

短锥匕首刀身，没有开刃

刀柄镀银，有风格化的鹰头

十字护手是老鹰与"卐"字形的政治标记

1938年3月启用，发放给所有政界和政府职员首脑。这件样品非常优雅，刀柄造型优美，制成鹰头状，握柄有珍珠母柄片。刀柄金属部分均为黄铜制成，表层镀银。十字护手很有特色，是一只展翅的鹰，属于政治标记。翅膀尖端向上弯曲，鹰爪攫紧一个"卐"字形与花环的图样。

年代：	1938年
来源：	德国
长度：	40厘米（15.7英寸）

二战时期的刺刀

二战爆发的时候，战争已经实现了高度机械化。士兵机动能力更强，有了冲锋枪和自动步枪，单兵火力更加猛烈。但在巷战、特种作战场合，近身搏斗时，刺刀尤其是较短的刺刀也就大显身手了。

木柄无装饰

完整枪口环

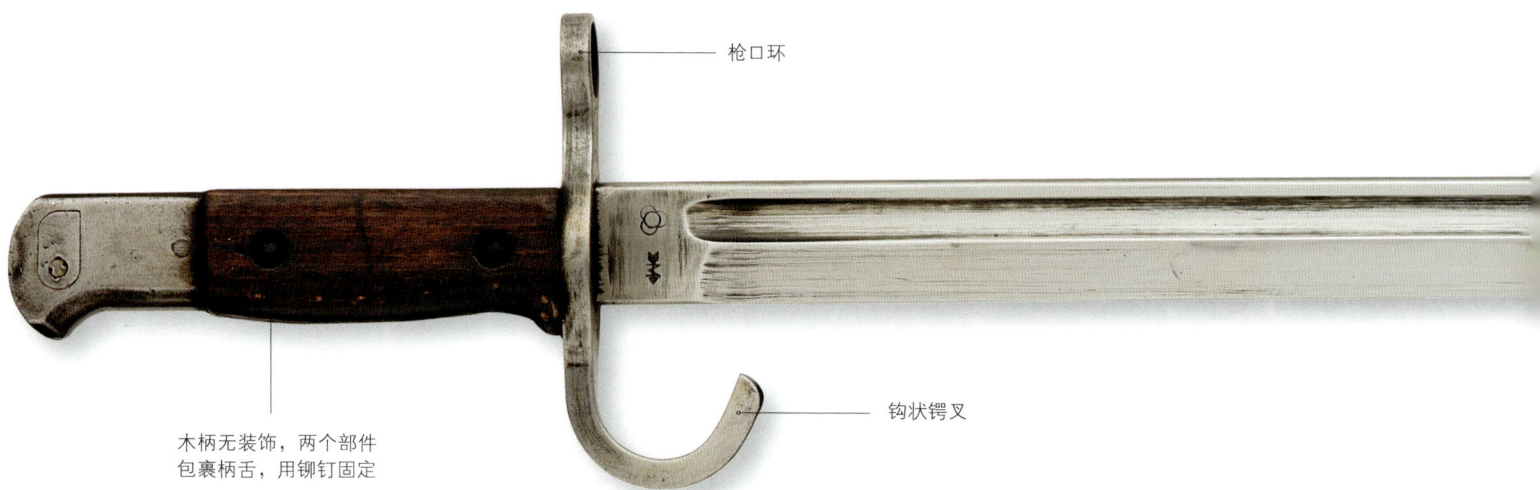

枪口环

木柄无装饰，两个部件
包裹柄舌，用铆钉固定

钩状锷叉

日本有阪刺刀，1939年

这把刺刀适应1939年启用的99式有坂步枪，几乎与原始的1897年的33式有坂刺刀完全相同。生产时，刀柄经过很明显的烤蓝处理，刀身或明亮，或烤蓝。

年代：	1939年
来源：	日本
长度：	73.5厘米（28.9英寸）

No. 4尖刺形刺刀

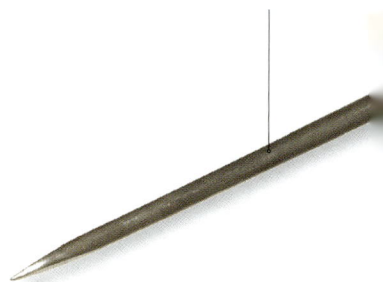

德国或比利时毛瑟步枪刺刀，出口用，1920年代–1930年代

典型的毛瑟出口用步枪，德国与比利时均有大规模生产，在一战与二战之间出口到全世界。这些出口用刺刀与当时德国国内制式刺刀不同，有完整的枪口环，所有表面深度烤蓝或打磨处理。

单刃刀身，有血槽

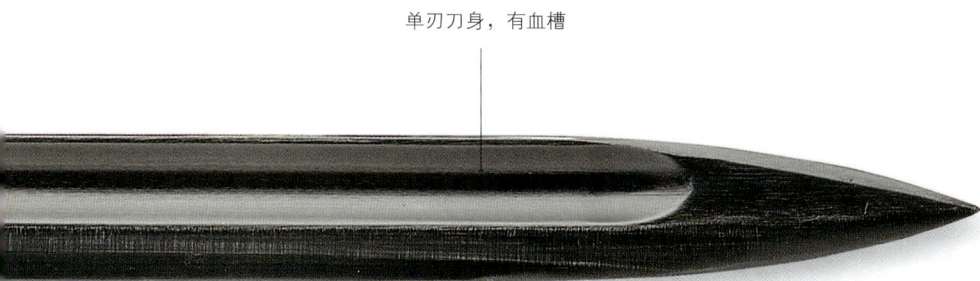

年代：	1920年代—1930年代
来源：	德国/比利时
长度：	38.6厘米（15.2英寸）

血槽

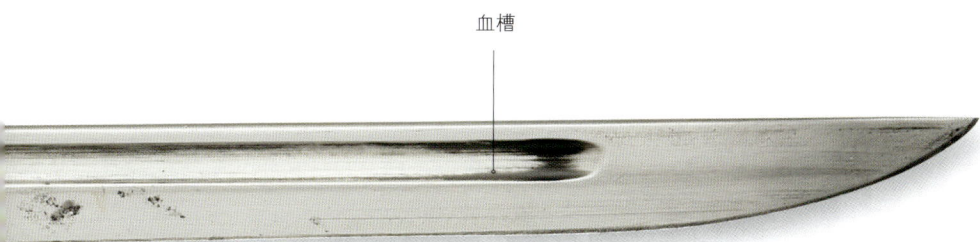

铲子

木柄

英国堑壕工具/刺刀，1939年—1945年

设计的目的不是作战。这件堑壕工具的手柄经过改造，可以安装No.4刺刀，用来探测地雷。铲子部分能够轻易卸下，进行探测。此外，卸下铲子也是为了方便携带。

年代：	1939年—1945年
来源：	英国
长度：	不详

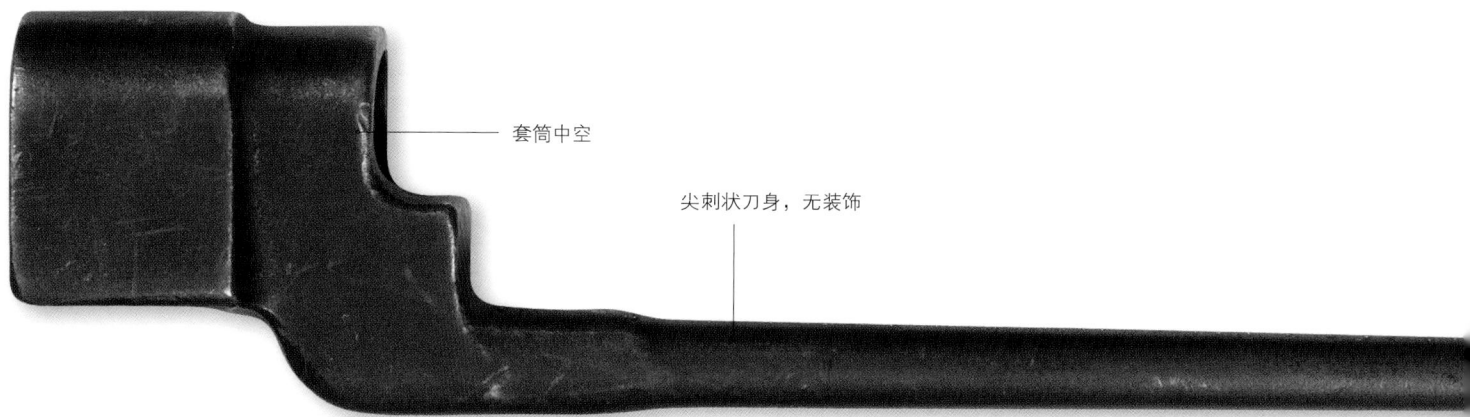

套筒中空

尖刺状刀身，无装饰

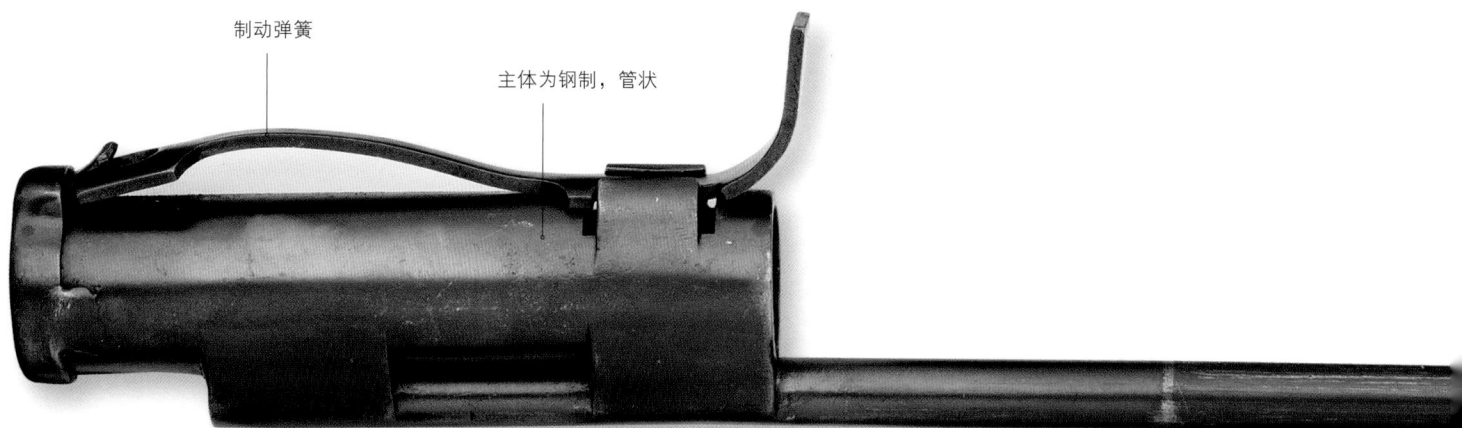

制动弹簧

主体为钢制，管状

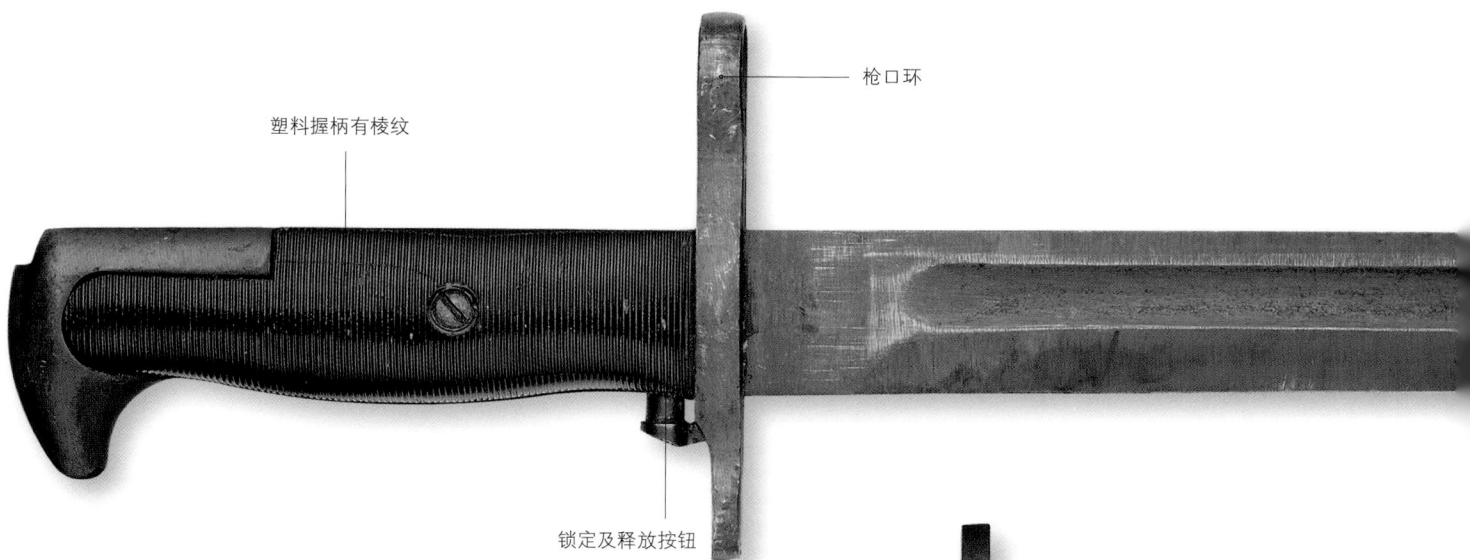

枪口环

塑料握柄有棱纹

锁定及释放按钮

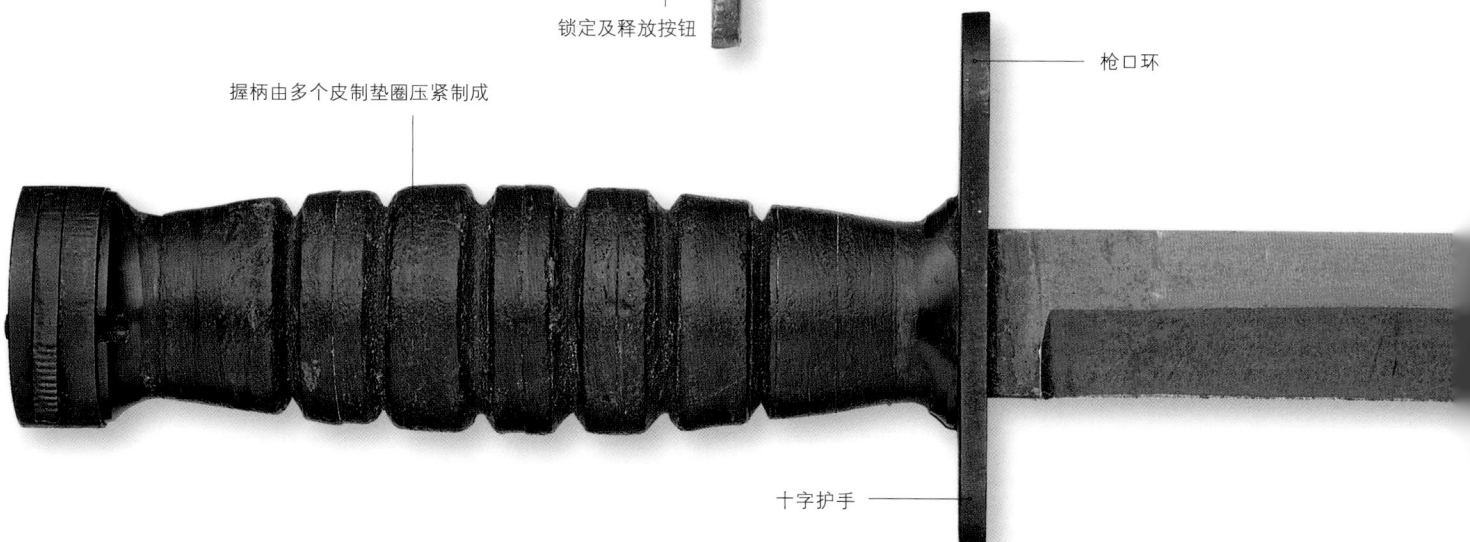

枪口环

握柄由多个皮制垫圈压紧制成

十字护手

年代：约1940年	
来源：英国	
长度：25.4厘米（10英寸）	

英国刺刀，No.4步枪用，No.4，Mk II型，约1940年

No.4步枪和刺刀在二战初期匆匆启用。这种步枪是李–恩菲尔德弹匣式短步枪（Short，Magazine，Lee-Enfield，简称SMLE）的简化版。

年代：1942年	
来源：英国	
长度：30厘米（11.8英寸）	

英国斯登机械卡宾枪刺刀，Mk I型，1942年

英国格拉斯哥本土民兵（the Glasgow Home Guard）怀特上尉（Captain White）最早设计，后来一度废弃，1942年重新启用，即重新设计的Mk I型。钢制尖刺长20厘米，焊在钢制主体上，使用树叶形弹簧夹（spring clip）固定。

年代：1943年	
来源：美国	
长度：36.8厘米（14.5英寸）	

血槽

美国M1式加兰德步枪刺刀，M1型，1943年

这种形制的美国刺刀于1943年开始生产。这显然不是以先前一些型号为原型修改的，因为用于减重的血槽在刀尖之前完全终止了。那些修改版的样品，血槽一直延伸至刀尖，说明刀身曾经被截短。

年代：1944年	
来源：美国	
长度：30厘米（11.8英寸）	

假刃

美国M1卡宾枪刺刀，M4型，1944年

M4型刺刀于1944年被批准生产，基于M3型战斗短刀，适用于M1型卡宾枪。十字护手装有枪口环，柄头上有一个固定销。

当代刺刀

尽管现代战争技术性越来越强，最终还是要靠前线的士兵来完成。如果其他一切手段均告失败，步枪上的刺刀还可以发挥刺杀作用，或者当作短刀用于偷袭，或者当作综合性的工具。这样一来，这武器的意义反而变得更加重要了。即使现在，士兵在阅兵式上依然要手持刺刀，才能算全副武装。

捷克VZ[1]/24短刀式刺刀，约1926年

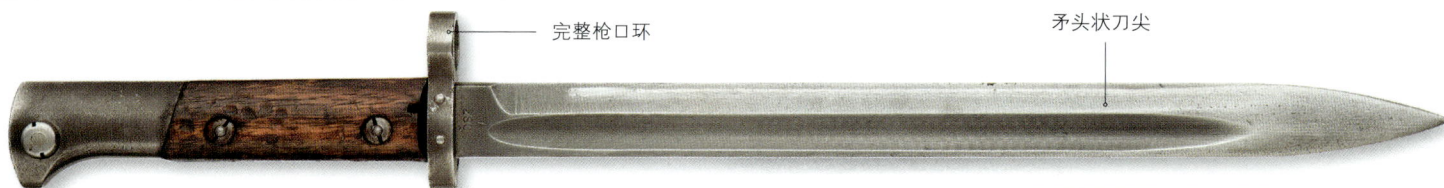

完整枪口环　　　　　　　　　　　　矛头状刀尖

约1926年启用，适用于VZ/24步枪。VZ/24是VZ/23的缩短版本，有几类改装型。一般情况下刀身的锋刃位于上方。这种刺刀广泛出口到欧洲、中东、南美地区。

年代：	约1926年
来源：	捷克
长度：	43.2厘米（17英寸）

英国短刀式刺刀，No.7，Mk I型，1945年

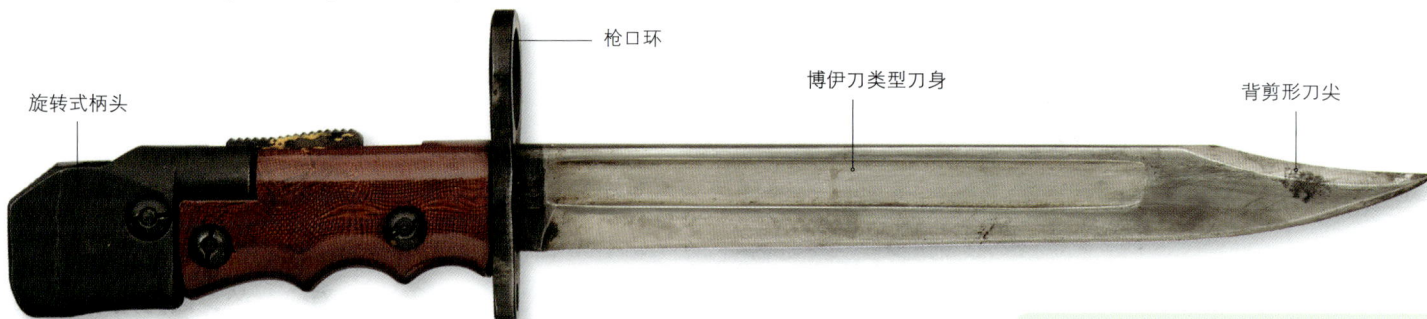

旋转式柄头　　　　枪口环　　　博伊刀类型刀身　　　背剪形刀尖

这把短刀式刺刀配套No.4步枪设计，最早用于斯登冲锋枪Mk V，使用范围有限。1947年，近卫团（the Guards）开始用于阅兵，这一制度到70年代废除。柄头为旋转式，很不寻常，让这件武器既可当作刺刀又可当作独立的战刀。

年代：	1945年
来源：	英国
长度：	32.3厘米（12.7英寸）

俄国短刀式刺刀，用于AK47突击步枪，1947年

两翼围绕着气体出入口座　　　完整枪口环　　　刀身镀铬（Chromium）
（gas port housing）

这把刺刀很有特色，柄头有两个突起，包裹枪管的一部分，装上后可以沿枪管滑动，进一步增强紧固性。十字护手有传统的枪口环，后部紧挨着的是两个锁定销，接合枪筒上两个凹陷的部位。

年代：	1947年
来源：	俄罗斯
长度：	32.6厘米（12.8英寸）

---

[1] VZ为捷克语vzor简写，"型号"之意。——译者注

英国L1A3刺刀，用于L1A1式自动装填步枪，1957年

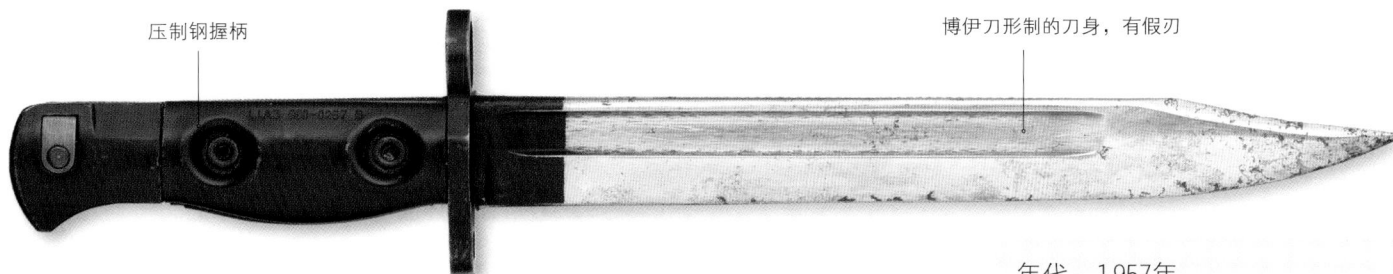

压制钢握柄

博伊刀形制的刀身，有假刃

年代：	1957年
来源：	英国
长度：	30.5厘米（12英寸）

这种步枪拥有一系列刺刀，这件样品是其中之一。系列成员各自有一些微小差异，原型都是No.5刺刀。这件样品在柄头另一侧有一个嵌入式闭锁释放按钮，刀身有一道血槽，在接近刀柄处终止。所有刀柄都加工成黑色。

南非No.9式套筒式刺刀，约1960年

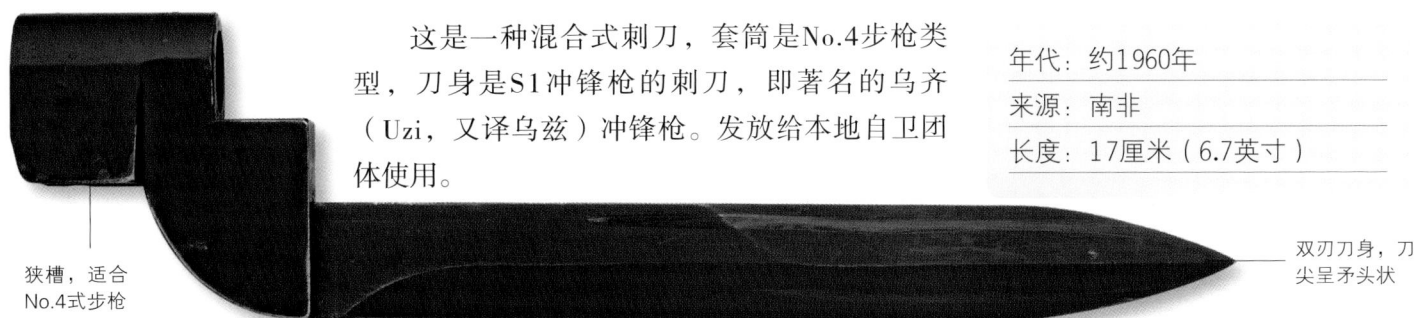

这是一种混合式刺刀，套筒是No.4步枪类型，刀身是S1冲锋枪的刺刀，即著名的乌齐（Uzi，又译乌兹）冲锋枪。发放给本地自卫团体使用。

年代：	约1960年
来源：	南非
长度：	17厘米（6.7英寸）

狭槽，适合No.4式步枪

双刃刀身，刀尖呈矛头状

英国L3A1短刀式刺刀，用于SA80（又称L85A1）式步枪，1985年

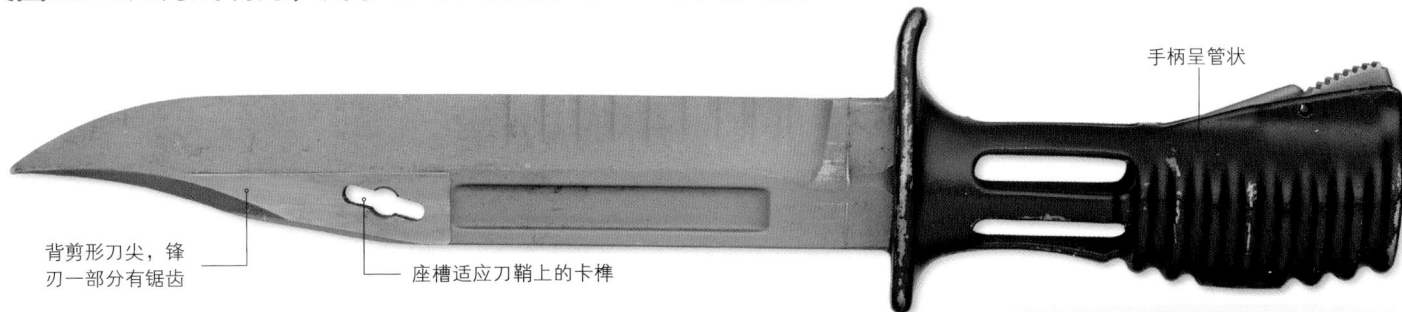

手柄呈管状

背剪形刀尖，锋刃一部分有锯齿

座槽适应刀鞘上的卡榫

这把刺刀用不锈钢熔模铸造（investment casting），刀柄呈管状，与早期各个设计理念很不相同。刀身有锯齿，类似厨房用刀。此外还有一个孔洞，用于接合刀鞘上的卡榫，用来切割铁丝。后来，刀柄上又整合了一个开瓶器。

年代：	1985年
来源：	英国
长度：	28.7厘米（11.3英寸）

法国短刀式式刺刀，用于SIG 540/542步枪，1985年

刀身一面平整，一面凸起

钢制刀柄包裹塑料

这把刺刀在瑞士设计，结构简单，目标明确，用于瑞士外籍兵团（the Foreign Legion）使用的SIG步枪[1]。刀柄呈管状，钢制，部分包裹塑料，柄头内部还有一个自带的闩锁。刀身纤细，一面平整，另一面凸起。

年代：	1985年
来源：	法国
长度：	不详

[1] SIG是"瑞士工业公司"（Schweizerische Industrie-Gesellschaft）的缩写。——译者注

当代民用短刀

　　从19世纪到21世纪，现代短刀发展经过了很多创新的阶段。有人会改动某些古代短刀形制，加以利用。此外，还有能用机械方式打开的所谓"自动"短刀。今天，经典的美国博伊刀依然在使用，出现了很多改进型。还有各种生动流畅的造型，利用了多种现代新技术，例如西班牙刀具商马丁内斯·阿尔柏诺斯有限公司（Martinez Albainox，又译阿尔拜诺克斯）的各种奢华设计。

主要握柄两侧各有一
个刀身，较短，双刃

十字护手下面的锁定销 ————————

单刃刀身，双刃刀尖

年代：20世纪后期

来源：德国

长度：24厘米（9.4英寸）

英国"毕什瓦"蝎尾剑式格挡短刀，20世纪后期

　　"毕什瓦"英文拼写为bichwa或bich'hwa，源自印度，一般刀身略弯或呈波浪形。一些样品在中央握柄两侧有两个刀身。设计的目的是用于格挡，左手握持，阻挡对手刀身。右手则握住一把更长的进攻武器，可能是军刀或长匕首。这件样品应该是私人制造，欧洲生产，采用现代工艺。

木柄柄片，装在中央柄
舌上面，用铆钉固定

| 年代：20世纪后期 |
| 来源：英国 |
| 长度：36.4厘米（14.3英寸） |

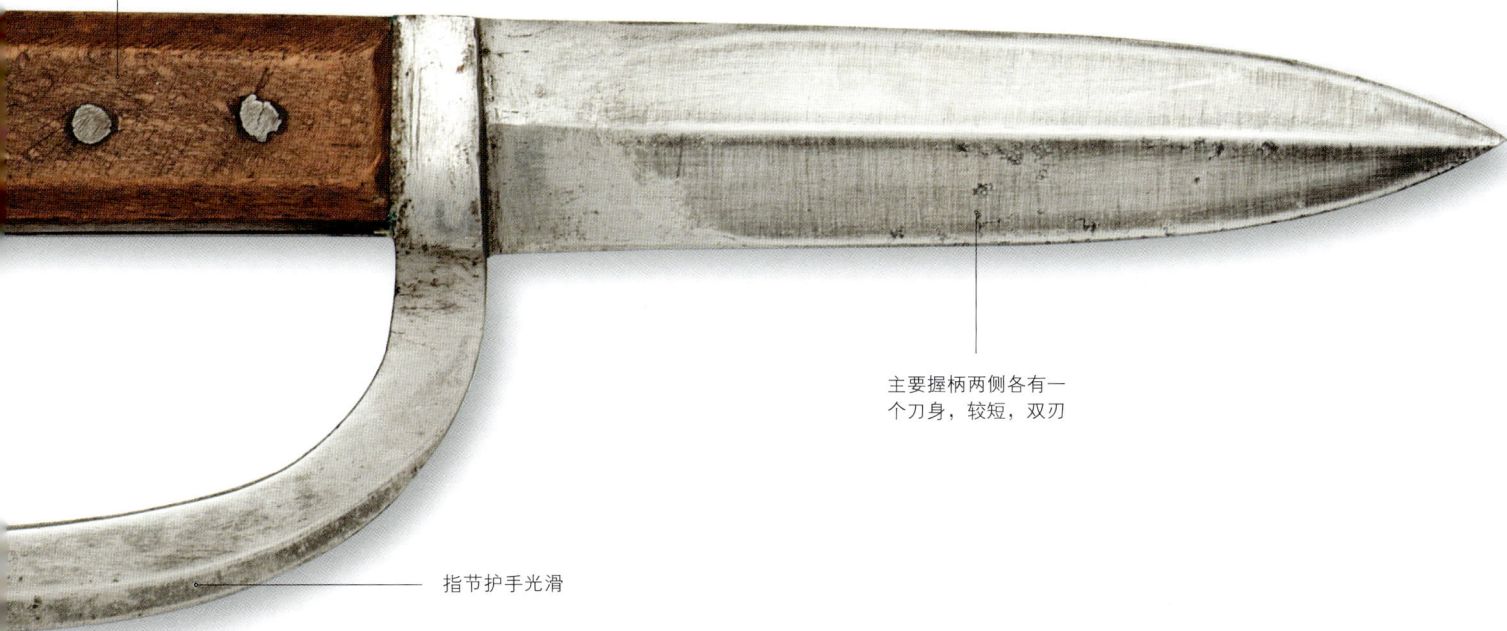

主要握柄两侧各有一
个刀身，较短，双刃

指节护手光滑

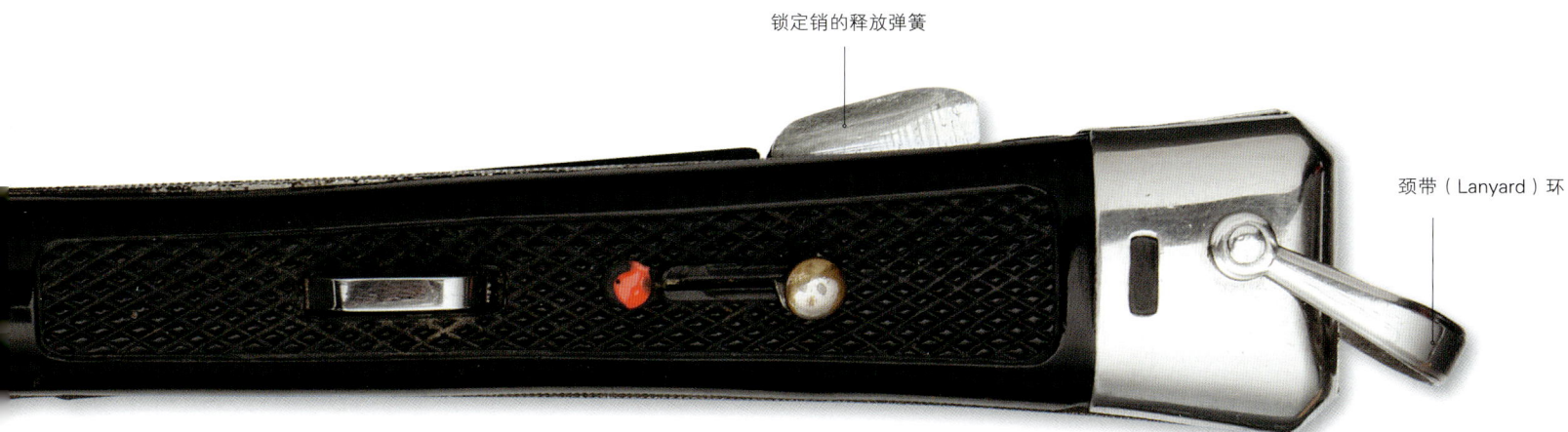

锁定销的释放弹簧

颈带（Lanyard）环

德国弹簧刀，20世纪后期

　　弹簧刀使用弹簧实现开合，把刀身折叠起来固定。这类设计出现于19世纪后期，但在英国直到1950年代早期，流氓"阿飞"（Teddy boy）横行的时期，弹簧刀才广泛流行，也因此而声名狼藉。弹簧刀刀身折叠在刀柄内部，类似普通折刀，用一个销子（clip）锁定到位，这时刀身受到弹簧压力。按下握柄表面的按钮，就能解放刀身，向外旋转到开放的位置，并且用十字护手内部的弹簧销锁定到位。再按下握柄侧面一个释放弹簧，即可让刀身折回到安全闭合位置。

深绿色塑料握柄，经过强化，主体为铝制

刀身的释放按钮

连接颈带的环

单刃刀身，长度约为刀柄的三分之二

控制开关：前推可亮出
刀身，后推可收回刀身

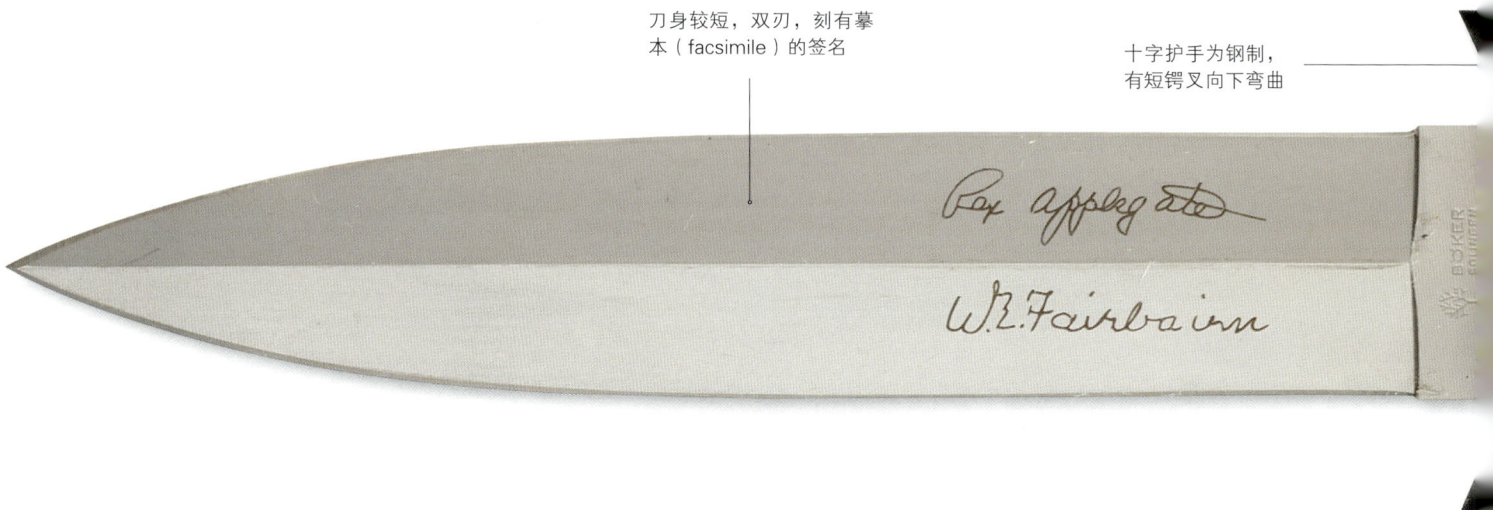

刀身较短，双刃，刻有摹
本（facsimile）的签名

十字护手为钢制，
有短锷叉向下弯曲

Rex Applegate

W.E.Fairbairn

联邦德国国防军重力弹簧刀，20世纪70年代启用

年代：	20世纪70年代启用
来源：	联邦德国
长度：	25.7厘米（10.1英寸）

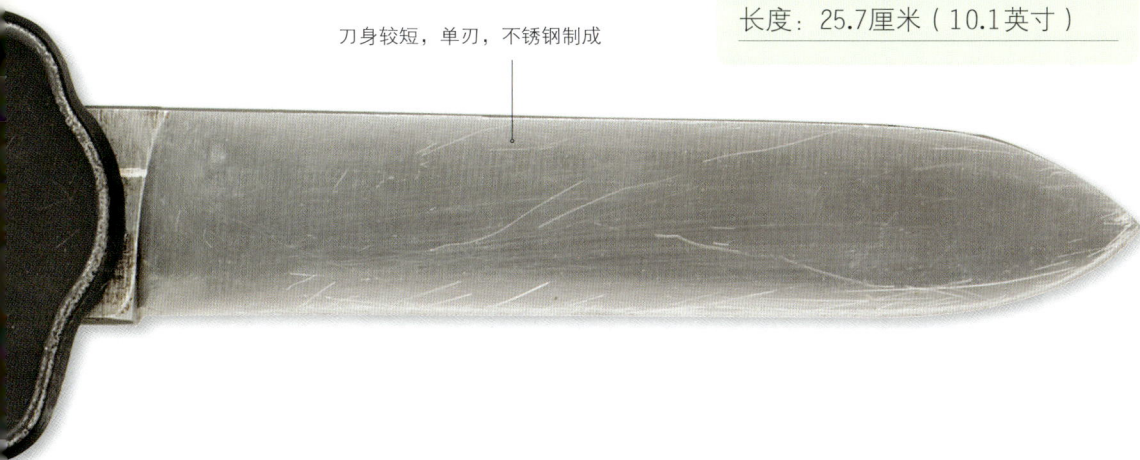

刀身较短，单刃，不锈钢制成

这件样品设计理念显然受到二战时期伞兵部队（德语：Fallschirmjäger）多功能刀的影响，设计特征有所改进，重量比原型刀也减轻了。此外，设计简约化，方便维护、维修。原先设计要复杂一些，弹簧也容易破裂。

联邦德国按钮式弹簧小折刀，20世纪70年代启用

年代：	20世纪70年代启用
来源：	联邦德国
长度：	21.4厘米（8.4英寸）

黑色塑料握柄，与金属底托旋紧

小折刀英文名为switch-blade，直译为"开关刀"，因为握柄外部有一个小开关，用来控制开合。开关向前推，让刀身向前推出，然后弹出，用弹簧销锁定。开关向后推，让弹簧销释放刀身，弹簧结构把刀身推回到握柄中。

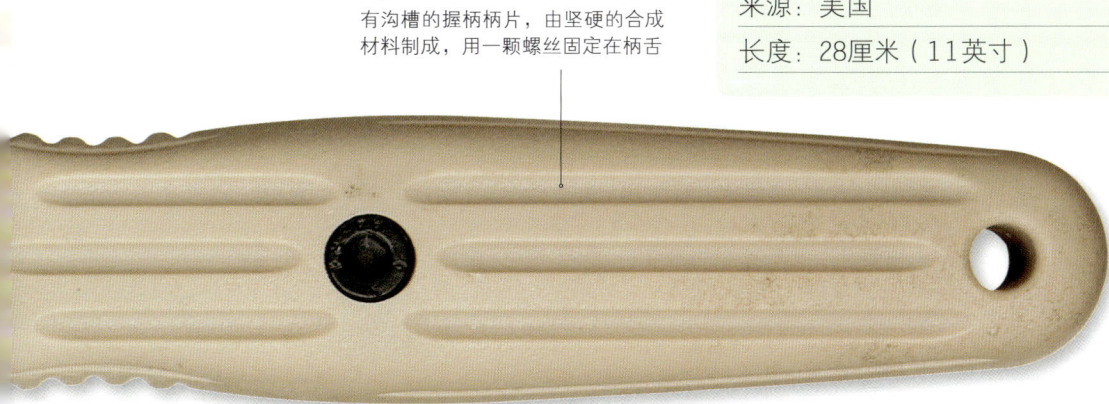

美国阿普尔盖特-费尔班短刀，20世纪80年代

年代：	20世纪80年代
来源：	美国
长度：	28厘米（11英寸）

有沟槽的握柄柄片，由坚硬的合成材料制成，用一颗螺丝固定在柄舌

这把短刀是合作产物：一方是雷克斯·阿普尔盖特（Rex Applegate），美国首屈一指的近身短刀搏斗专家；另一方是费尔班（W. Fairbairn），来自著名的费尔班与赛克斯设计团队。似乎只生产了少数纪念品，供应给对历史学界感兴趣的收藏家。

美国钥匙圈手刺与刀鞘，20世纪后期

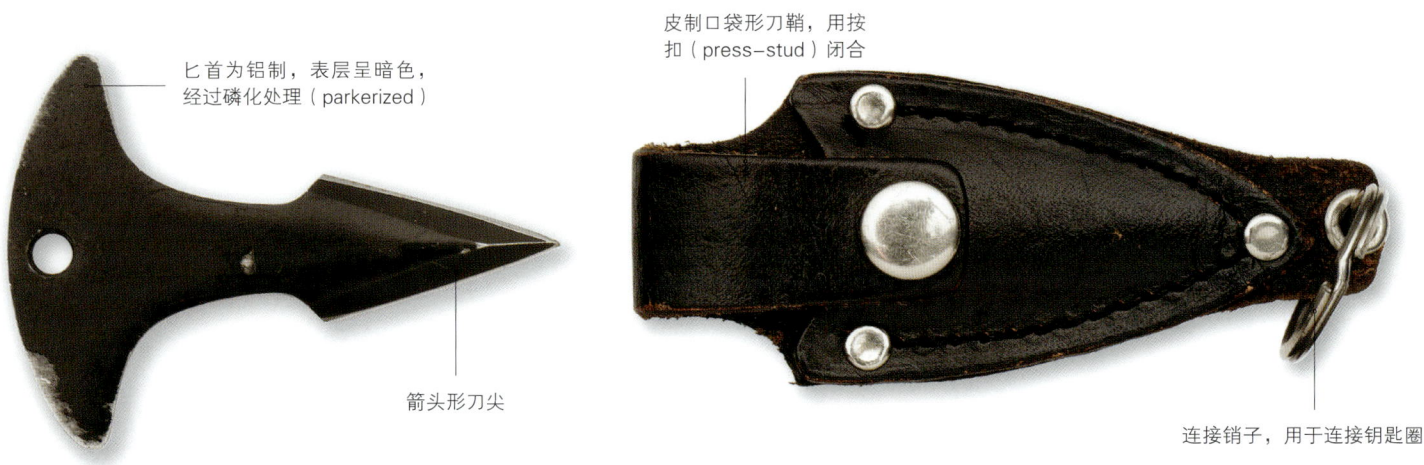

比首为铝制，表层呈暗色，
经过磷化处理（parkerized）

箭头形刀尖

皮制口袋形刀鞘，用按
扣（press-stud）闭合

连接销子，用于连接钥匙圈

这把手刺的目的是用于个人防身，属于19世纪中期美国设计的老式手刺的改进版。尽管不能造成一般短刀那样的划伤，但是握在手中威力很大，直接的一击可以造成骨折。

年代：20世纪后期

来源：美国

长度：7.2厘米（2.8英寸）

台湾蝴蝶刀，20世纪后期

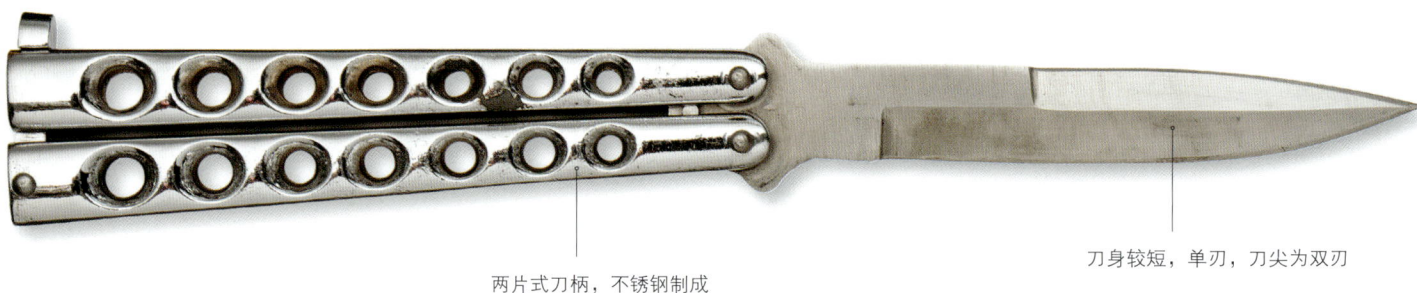

两片式刀柄，不锈钢制成

刀身较短，单刃，刀尖为双刃

这把折刀没有柄舌，刀身用铆钉固定在两片握柄上，两个铆钉都有铰链功能。在基部分开两片握柄，就让一片握柄和刀身转过来，使刀身朝下，嵌入握柄。第二片握柄也能转过来，覆盖余下刀身。此时刀身就完全收入两片握柄当中了。

年代：20世纪后期

来源：中国台湾

长度：23.4厘米（9.2英寸）

美国大马士革钢短刀，现代

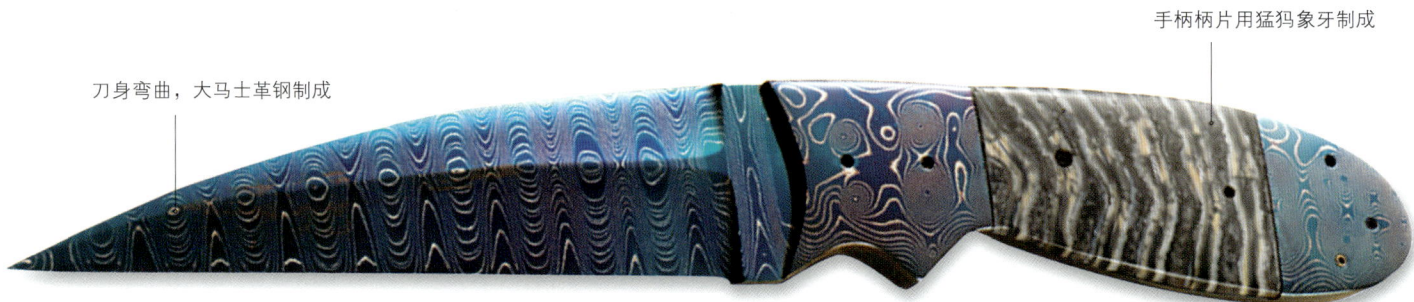

刀身弯曲，大马士革钢制成

手柄柄片用猛犸象牙制成

这把短刀色彩丰富，刀身固定，制造商是加州的艾恩斯特（P. J. Ernest），刀身是大马士革钢，有梯状带（ladder pattern）图案。刀与衬垫（bolsters）都经过热处理，使钢材呈现繁复花纹。手柄柄片用西伯利亚猛犸象牙制成。

年代：现代

来源：美国

长度：17.3厘米（6.8英寸）

美国保镖用指节铜套短刀，现代

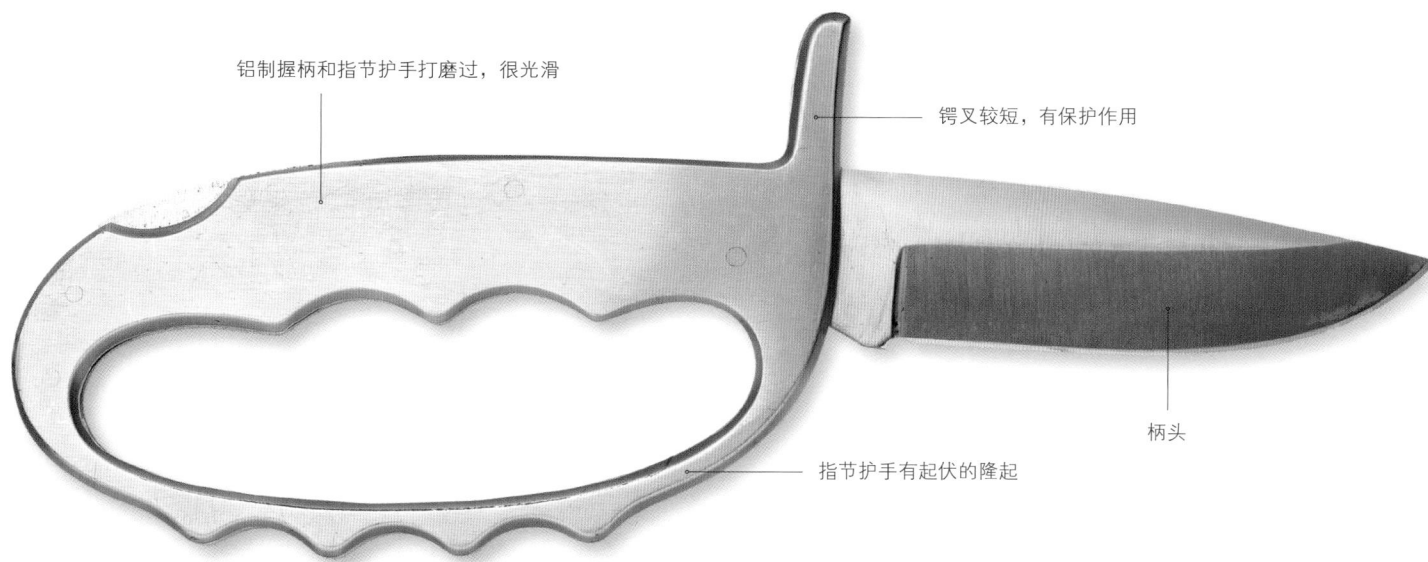

铝制握柄和指节护手打磨过，很光滑

锷叉较短，有保护作用

柄头

指节护手有起伏的隆起

在"应当允许民众携带什么种类的武器防身"这个问题上，美国和欧洲理念很不一样。上面这件样品显然是非现代的产品，而且明显是20世纪的风格。是给保镖使用的，市场却不明确。经过专门训练，持有保镖执照的人员应该允许佩带这样的防身武器。如果没有执照，别人就可能认为它是进攻武器，而不是防御武器，从而警惕携带者。

年代：现代

来源：美国

长度：23厘米（9.1英寸）

西班牙马丁内兹·阿尔柏诺斯短刀，现代

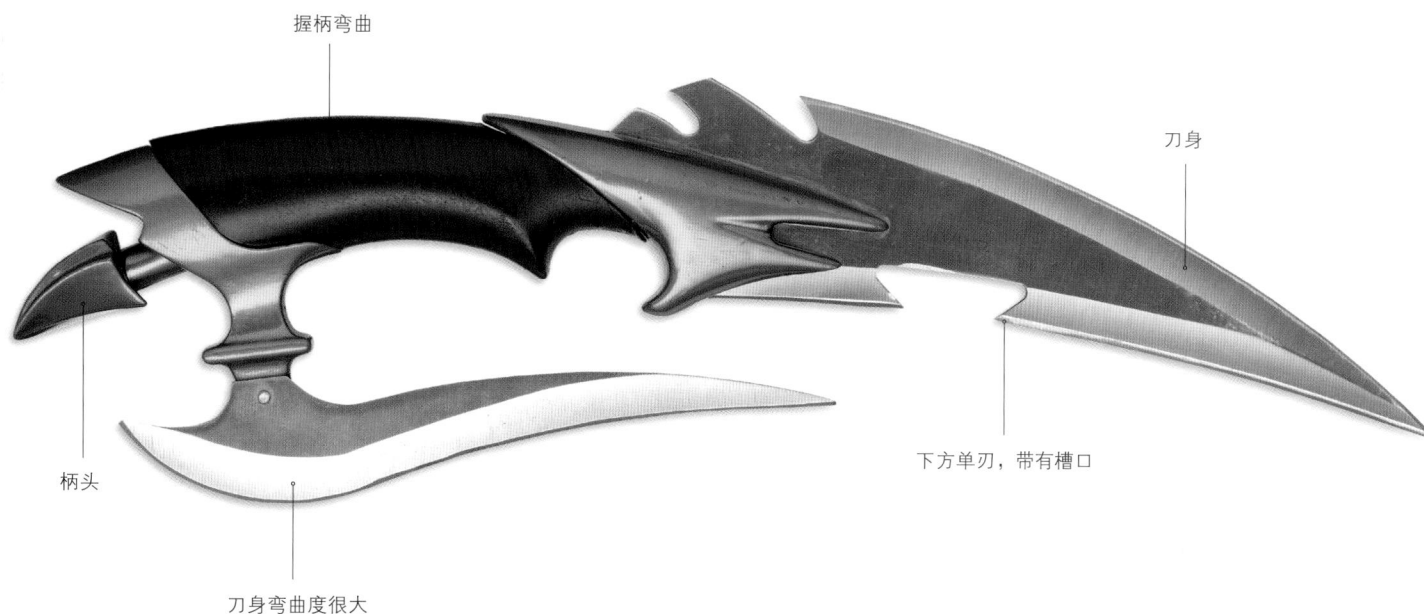

握柄弯曲

刀身

柄头

下方单刃，带有槽口

刀身弯曲度很大

有一个流派，专门用现代工艺制作短刀，提倡某些较为花哨的短刀理念。这些短刀似乎是科幻作品里的神器。上面这件样品，来自西班牙公司马丁内兹·阿尔柏诺斯（Martinez Albainox），就是典型的例子。这件样品的目的完全是供应收藏家的，刀身充满艺术感的弯曲，金属飞扬的线条，都造成一种超现实的观感，与那些实用短刀的朴实相比，非常明显，例如阿普尔盖特-费尔班匕首（the Applegate-Fairbairn knife）。样品有很多暴露的尖头和锋刃，持有的人最好在让刀出鞘之前先穿上锁子甲。

年代：现代

来源：西班牙

长度：28.5厘米（11.2英寸）

非洲短刀与匕首

　　非洲各种短刀、匕首的造型千变万化，考虑到非洲大陆幅员辽阔，人们组成各个部落，普遍受到古埃及、古罗马以及其他入侵或经商的国家影响，这种多样性也就不足为奇了。尽管制造工艺不如其他各大洲，但非洲铁匠的艺术风格却十分卓越。非洲艺术善于抽象，高度原创，形象生动，受到全世界的尊敬。

亚科马族或恩巴恩迪族短刀，19世纪中期

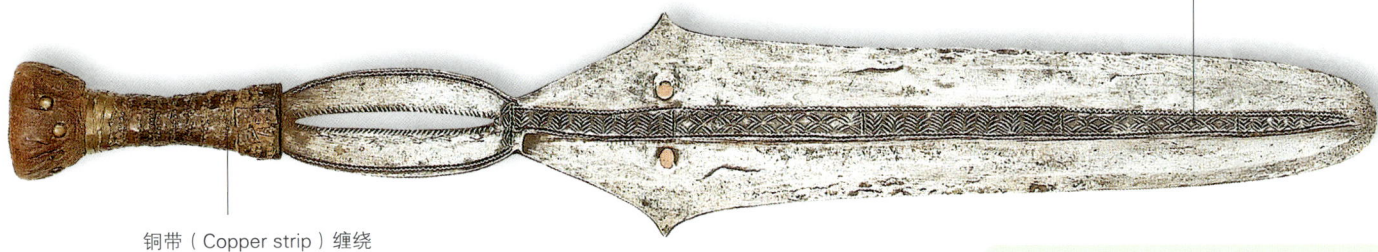

雕刻的V形徽记（chevrons）、交叉排线（cross-hatching）

铜带（Copper strip）缠绕

　　亚科马族（Yakoma）、恩巴恩迪族（Ngbandi）的部落短刀十分相似。除了正式功能之外，还能用于货币，特别是支付娶妻的聘礼。刀身有些雕刻装饰颇为华丽，刀柄缠有铜带，柄头覆盖皮革。

年代：	19世纪中期
来源：	扎伊尔
长度：	48.3厘米（19英寸）

芒贝图族短刀，19世纪中期

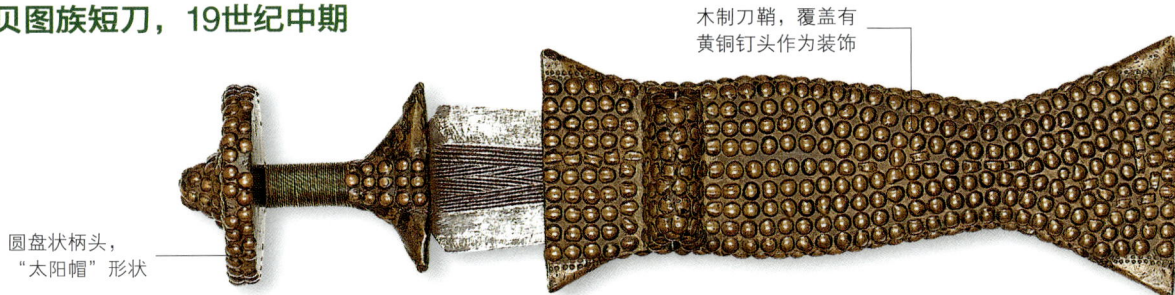

　　扎伊尔东北的芒贝图族把这种武器叫作"特鲁姆巴什"（trumbash），形状十分特殊，据说源于古埃及。埃及法老拉美西斯三世（Rameses III，公元前1184—1156年在位）[1]一幅同时期的画像显示他使用一种非常类似的"镰刀型剑"处决敌人。

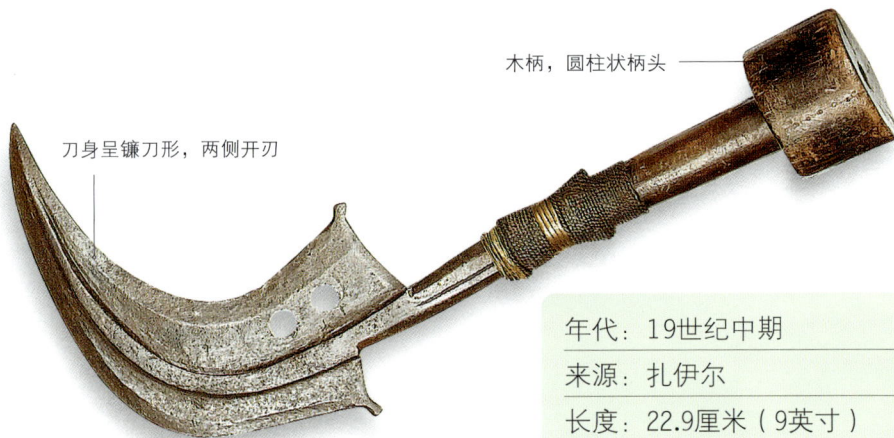

木柄，圆柱状柄头

刀身呈镰刀形，两侧开刃

年代：	19世纪中期
来源：	扎伊尔
长度：	22.9厘米（9英寸）

芒贝图族短刀，19世纪中期

木制刀鞘，覆盖有黄铜钉头作为装饰

圆盘状柄头，"太阳帽"形状

　　这把美观的短刀由豪特-扎伊尔（Haute-Zaire）的孔达（Konda）族人制造。尽管大致形状适合近身搏斗，但无疑在和平时期也能作为有用的多功能短刀。木柄和刀鞘有黄铜饰钉，排列很密。

年代：	19世纪中期
来源：	扎伊尔
长度：	31.2厘米（12.25英寸）

[1] 英文维基百科条目显示他生于公元前1217年。其在位时间的起止年份有多种说法。——译者注

恩加拉族短刀，19世纪后期

镰刀形刀身

刀柄缠有纯铜或黄铜带子

这种恩加拉族短刀，刀身呈镰刀状，很奇特，有时用于一种残忍的死刑。犯人被固定在地上，脑袋绑在一棵容易弯曲的树上，一被斩首，头颅就弹射到远处。

年代：	19世纪后期
来源：	扎伊尔
长度：	43.2厘米（17英寸）

苏丹匕首，19世纪后期

刀身接近刀尖处略膨胀

手柄为一种轻质木材，可能是黄杨木

这把苏丹匕首在19世纪最后25年的马赫迪起义中被使用，主要用于突刺，刀身接近刀尖处有膨胀，也略微加厚。双刃刀身，都很锋利。刀鞘为皮制，内衬棉花。

年代：	19世纪后期
来源：	苏丹
长度：	26.7厘米（10.5英寸）

苏丹双匕首，19世纪后期

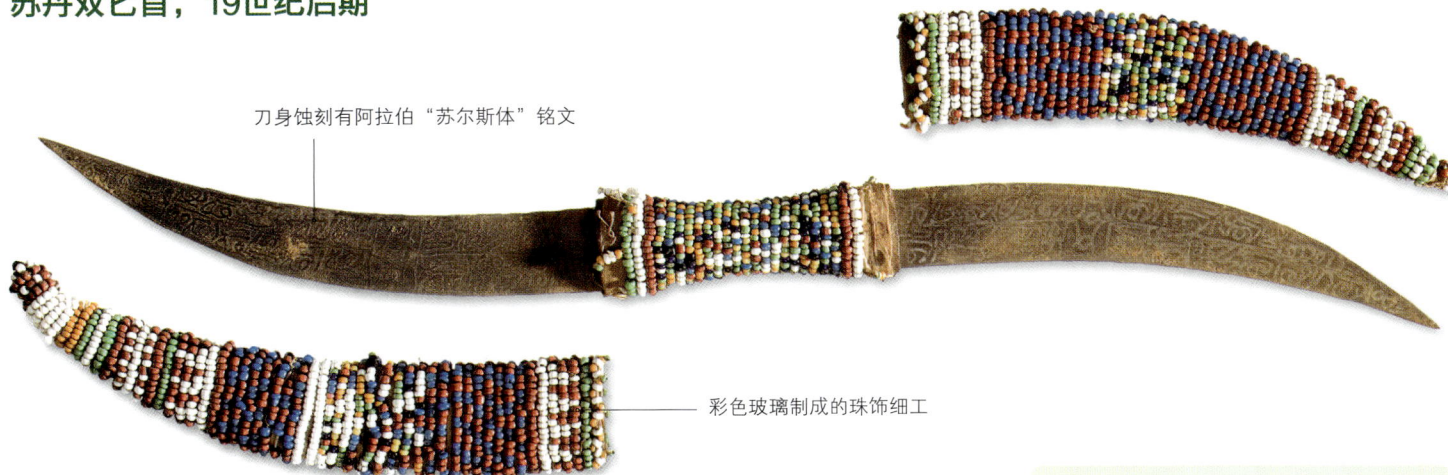

刀身蚀刻有阿拉伯"苏尔斯体"铭文

彩色玻璃制成的珠饰细工

这把双匕首来自苏丹，1880年代"马赫迪"起义时曾经使用。刀身蚀刻有阿拉伯"苏尔斯体"（Thuluth）铭文，这种字体来自马木留克士兵纪念碑铭文的字体。木柄和刀鞘都有彩色的珠饰细工（beadwork）。

年代：	19世纪后期
来源：	苏丹
长度：	56厘米（22英寸）

哈登道族匕首，19世纪后期

刻有凹槽

刀身横截面为扁平菱形

黑檀木刀柄

哈登道族（Hadendoa）是生活在尼罗河流域（Nilotic）的民族，来自苏丹、埃及、厄立特里亚。他们的匕首风格独特，有H形黑檀木刀柄，有些有银绞线缠绕和装饰部件，皮制刀鞘。19世纪末，苏丹著名的"马赫迪"（Mahdi）反英起义军大量使用这种匕首同英军作战，有时还用于砍英军马腿。

年代：	19世纪后期
来源：	非洲东北
长度：	19.5厘米（7.7英寸）

努比亚族臂带匕首，约1900年

刀身扁平，有些刻有铭文

黑檀木刀柄

努比亚是苏丹的一个地区，接近尼罗河。这些匕首配有皮制刀鞘，刀鞘有编织的皮带，可绑在士兵手臂上。柄头呈圆盘状，用车床加工成圆形，看起来很像国际跳棋（game of draughts）的棋子（counter）。柄头很多用象牙制成。

年代：	约1900年
来源：	努比亚
长度：	27.4厘米（10.8英寸）

索马里"比利亚"（Billa）短刀，约1900年

银质柄头

象牙刀柄

刀身较宽而薄

这把索马里短刀出自阿拉伯刀匠之手，他们从阿曼引进了白银加工的技术。阿拉伯人与非洲东海岸通过贸易实现交流。非洲东岸的桑给巴尔岛（Zanzibar，位于今坦桑尼亚）在18—19世纪曾受到阿拉伯人的阿曼国统治，首都是马斯喀特（Muscat）。只有最高档的匕首才有象牙和白银刀柄，其他匕首刀柄是由兽角或木材制成。

年代：	约1900年
来源：	索马里
长度：	43.4厘米（17.1英寸）

苏丹飞刀，约1900年

各个刀身向外突出

握柄覆盖棉布，包裹皮革

这种飞刀有多个刀身，用于投掷。但生产的目的似乎不是为了实战，可能是为了典礼场合，或者完全就是供应给游客的。有时候冲压几何装饰图案，握柄往往先包裹棉布，再包裹皮革。

年代：约1900年

来源：苏丹

长度：不详

摩洛哥"嘉比亚"或"库姆米"（koummya）匕首，20世纪早期

木制握柄

劈砍用锋刃内侧锋利

金属柄头

这些匕首是非洲产量最大的种类，设计非常类似，然而握柄材质各自不同，有木制、骨制、象牙的，装饰部件也可能是黄铜、白银甚至黄金。刀身一般没有装饰。

年代：20世纪早期

来源：摩洛哥

长度：31厘米（12.2英寸）

中非臂带短刀，20世纪

刀身横截面呈菱形，非常扁平

铁质柄头，与刀身风格相仿，形成整体

这些部件用旧皮革制成

这种臂带式匕首一般见于中非、北非，从尼日利亚到苏丹，从撒哈拉沙漠到喀麦隆。特色在于刀柄上包裹有编织的皮革，铁质柄头侧边加工成扁平，尖端向外突出[1]。很多部落、工匠在过去和现在都会生产这种匕首，其中，西非曼丁果族（Mandingo）的皮匠手艺最精湛。[2]

年代：20世纪

来源：中非

长度：不详

[1] 原文作the protruding flattened iron pommel，直译"突出的，加工成扁平的铁柄头"，缺乏具体说明，因而晦涩。咨询多位母语顾问后作具体化处理。如果侧边是弧线，没有加工成扁平状，整个柄头就会变成球形。——译者注

[2] 在国内风行一时的美国电视剧《根》的主角昆塔·肯代就是曼丁果族的战士。——译者注

波斯、中东、土耳其短刀

　　这一地理区域一直居住有多个民族与王朝，拥有大量财富和艺术家，这一特点也在武器上得以展现。质量最好的短刀、匕首来自宫廷作坊，专门负责彰显那些主人的威严、财富、名望。一般情况下，距离宫廷越远，质量就越差，而越重视功能和成本。

镀金层颜色明亮

握柄象牙制成，有雕刻设计，凹槽充满黑色物质

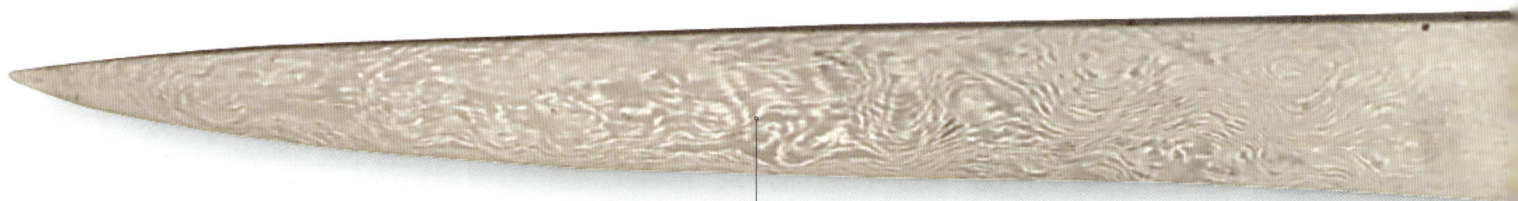

波纹钢刀身

波斯"坎嘉尔"匕首，约1800年

　　这把精美的波斯"坎嘉尔"匕首，刀柄为顶级海象牙制成，有精美的雕刻：一对裸体男女站在两棵树之间，脚下有三个裸体的孩子。在恺加王朝期间制造，年代大约是1800年。波斯艺术品中，裸体人像比较少见，但其他匕首也有类似图案。可能是给一些好色之徒定制的。刀身是高级波纹钢。

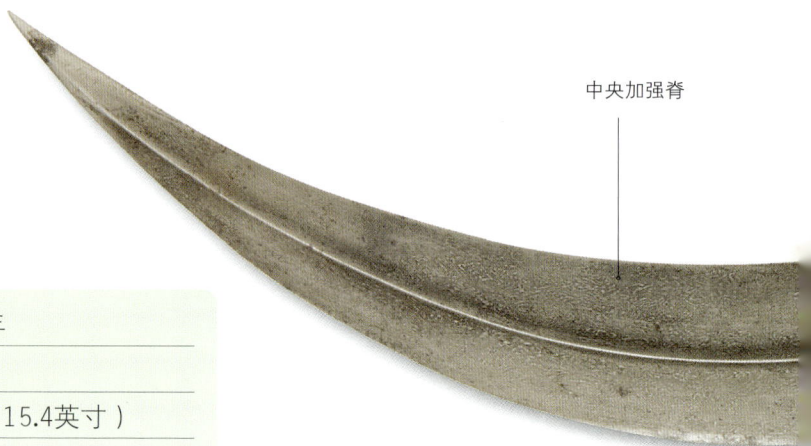

中央加强脊

年代：约1800年

来源：波斯

长度：39厘米（15.4英寸）

威尼斯或土耳其"坎嘉尔"匕首，约1520年

极不寻常的匕首，由威尼斯制造，在土耳其市场销售。这种刀身形状流行于地中海到苏格兰一带。威尼斯工匠们精通武器、铠甲制造，将产品卖给土耳其，也非常善于诠释土耳其的风格装饰。

年代：约1520年
来源：威尼斯土耳其
长度：38.6厘米（15.2英寸）

奥斯曼土耳其短刀，17世纪

这把匕首的刀身来自波斯或印度，用波纹钢制造。刀柄用玉石制造，只在顶端镶嵌黄金，其他部分没有装饰，使匕首能够完全滑入刀鞘中，只有经过装饰的柄头露在外面。刀柄由土耳其制造，年代是17世纪。

年代：17世纪
来源：奥斯曼土耳其
长度：19厘米（7.5英寸）

玉石刀柄，镶嵌有黄金

海象牙刀柄，雕刻精细

玉石握柄，镶嵌黄金

柄头有三颗石榴石（garnet）

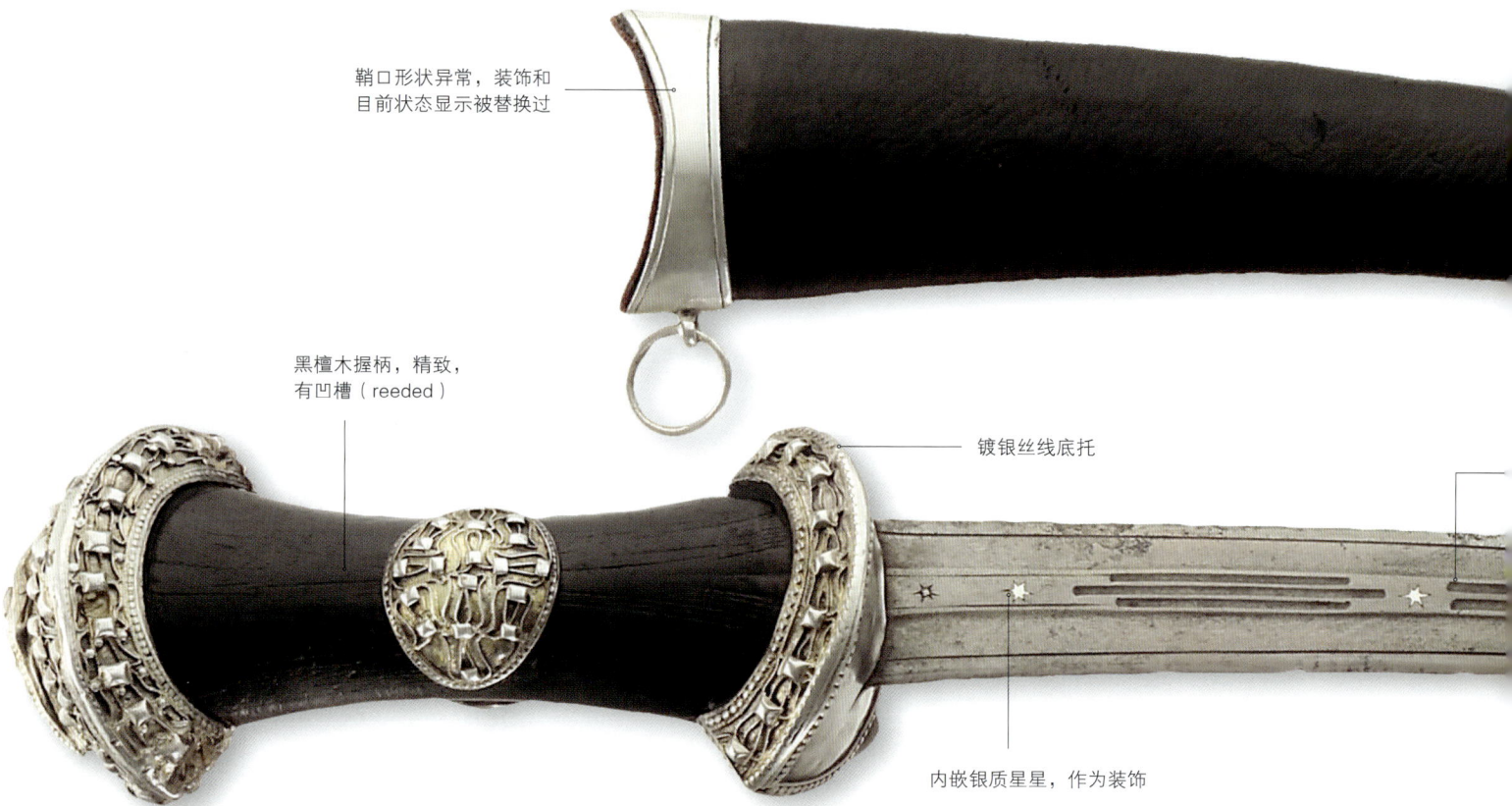

鞘口形状异常，装饰和
目前状态显示被替换过

黑檀木握柄，精致，
有凹槽（reeded）

镀银丝线底托

内嵌银质星星，作为装饰

玛瑙制刀柄

奥斯曼土耳其"坎嘉尔"匕首，有软玉握柄，18世纪早期

握柄两片，由玉石制成。玉石有两种：一种是软玉（nephrite）；一种是硬玉（jadeite），硬玉更加坚硬一些。[1]这把经典奥斯曼匕首年代为18世纪早期，但刀柄形状在17世纪更流行。

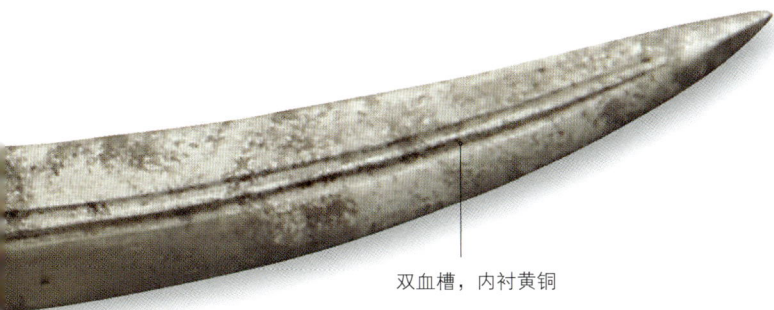

双血槽，内衬黄铜

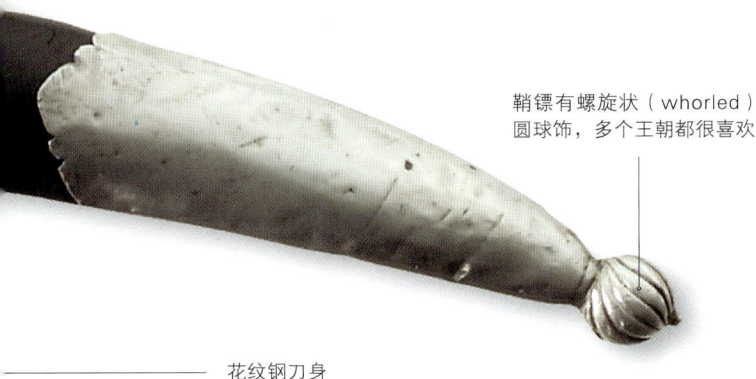

年代：	18世纪早期
来源：	奥斯曼土耳其
长度：	34厘米（13.4英寸）

奥斯曼土耳其银质底托"坎嘉尔"匕首，约1740年

17—19世纪，土耳其刀身流行镶嵌银质的星星。这件样品大约生产于1740年，黑檀木握柄有"凹槽"（reeded），还装有高档镀银丝线底托。匕首尺寸较大，主人应该身居高位。

鞘镖有螺旋状（whorled）圆球饰，多个王朝都很喜欢

花纹钢刀身

年代：	约1740年
来源：	奥斯曼土耳其
长度：	42厘米（16.5英寸）

奥斯曼土耳其"比什"短刀，玛瑙握柄，19世纪早期

"比什"短刀主要作为工具刀，但如果需要，也能作为匕首杀敌。这把奥斯曼时期样品，刀柄由玛瑙制成，柄头内镶嵌以黄金为底座（gold-set）的珠宝。刀身有假大马士革钢的铭文，保留了原始刀鞘，刀鞘有银质底托，短刀年代为19世纪早期。

年代：	19世纪早期
来源：	奥斯曼土耳其
长度：	33厘米（13英寸）

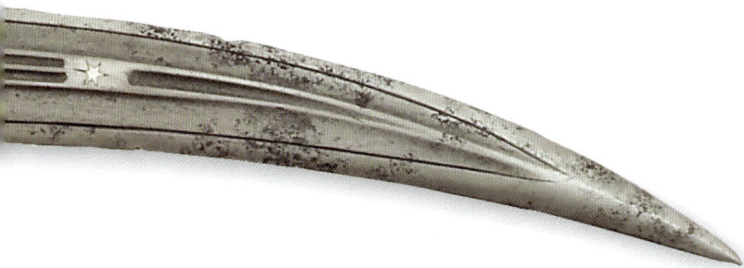

银质刀鞘底托

---

[1] 原文是"前者比后者略坚硬"，有误，按实际情况改正。——译者注

奥斯曼土耳其"坎嘉尔"匕首，19世纪早期

黄铜刀柄

凿子加工的中央脊，凸起

18—19世纪，这种匕首见于奥斯曼土耳其帝国全境，但库尔德人（the Kurds）尤其常用。握柄由黄铜制成，双刃刀身，雕刻有中脊，中脊和稍微隆起的双刃之间有两道浅浅的"血槽"。

年代：	19世纪早期
来源：	奥斯曼土耳其
长度：	40.4厘米（15.9英寸）

乌兹别克"卡德"匕首，19世纪早期

有黑金镶嵌的银质金属包头

内嵌一排绿松石

海象牙握柄

这件样品来自乌兹别克斯坦（原土耳其斯坦，英文为Turkestan）的布哈拉镇（Bukhara），是丝绸之路（the Silk Road）上的重镇。此地生产的武器多使用绿松石，进行切割或打磨加工，也可能是打磨过的薄片。银质包头镶嵌黑金（niello），这是一种有光泽的黑色合金，握柄为海象牙制成。

年代：	19世纪早期
来源：	乌兹别克
长度：	不详

奥斯曼土耳其短锥匕首，19世纪早期到中期

镀金黄铜底托

刀身尽可能纤细，但又保持强度，不会被折弯或折断

这把匕首很有特色，年代为19世纪——土耳其受到西欧很大影响的时期，特别是受到法国影响。虽然由土耳其制造，但这种类型正是西欧的短锥匕首。刀柄和刀鞘底托为镀金黄铜制成，刀身简约纤细，尖刺强度很高，用于将突刺效果最大化。

年代：	19世纪早期到中期
来源：	奥斯曼土耳其
长度：	33.3厘米（13.1英寸）

波斯"坎嘉尔"匕首，19世纪早期到中期

这把"坎嘉尔"匕首十分吸引人，造出来就是让人注意的。刀身为暗色波纹钢制成，用凿子加工，此外还用波纹镶嵌造出一个寓言场景：狮子捕猎羚羊。刀柄黄金底托有两块凸圆形（cabochon）绿松石（turquoise），黑色刀身上使用黄金装饰，此外还有浅色海象牙刀柄，营造出华丽的色彩效果。

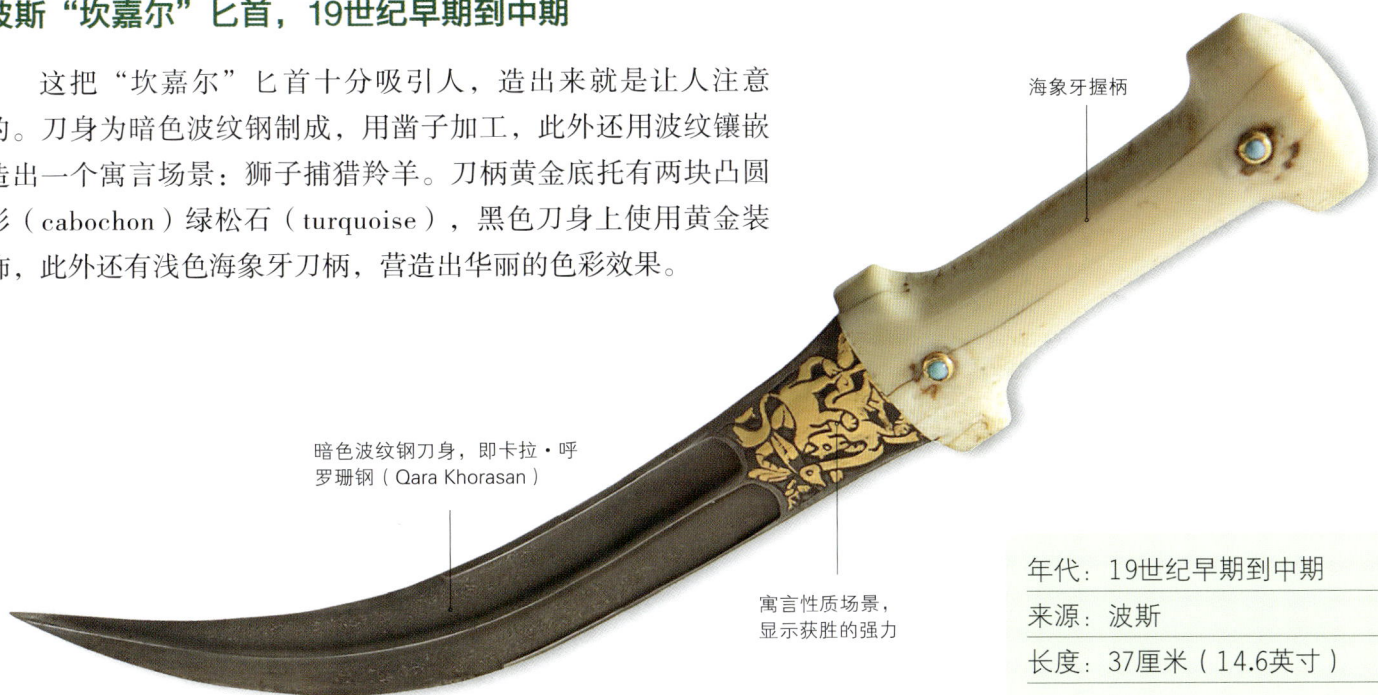

海象牙握柄

暗色波纹钢刀身，即卡拉·呼罗珊钢（Qara Khorasan）

寓言性质场景，显示获胜的强力

年代：19世纪早期到中期

来源：波斯

长度：37厘米（14.6英寸）

阿拉伯的劳伦斯

一战期间著名将领托马斯·爱德华·劳伦斯（T. E. Lawrence），外号"阿拉伯的劳伦斯"（Lawrence of Arabia），曾率领阿拉伯部落武装战胜土耳其。有很多劳伦斯的画像，例如这一幅，都显示他身着阿拉伯装束，佩带匕首。劳伦斯有一把特殊的匕首，经历较为曲折。1917年，他在沙特阿拉伯吉达市（Jidda）与阿拉伯民族主义领袖谢里夫·侯赛因（Sharif Husain）进行多次商议的时候，非法进入麦加（Mecca），订购了一把匕首，刀柄与刀鞘由黄金制造，可能是拿出自己的金器熔铸而成。劳伦斯自述："我这样做是因为我想有一把自己的黄金匕首……（制造者是）主要巴扎（市场）通道第三个向左转弯处，一位内志省（Najd，又译"纳季德省"）的老金匠。"1923年，劳伦斯以125英镑将匕首卖给了朋友莱昂内尔·柯蒂斯（Lionel Curtis）。柯蒂斯赠给牛津大学万灵学院（All Souls College, Oxford），一直保存到现在。劳伦斯的住所"云雾山"（Clouds Hill）位于英国多塞特郡（Dorset），他用这笔钱翻修了自己的住处。1935年5月19日，劳伦斯在离住所不远的地方骑摩托车发生事故，重伤不治。

▶ 劳伦斯画像，佩带银质镀金刀柄的麦加匕首。1917年由谢里夫·纳赛尔（Sharif Nasir）赠给劳伦斯[1]

---

[1] 谢里夫是阿拉伯头衔，直译"高贵的"。这是一把弯刀嘉比亚匕首。——译者注

沙特嘉比亚/坎嘉尔匕首，19世纪中期

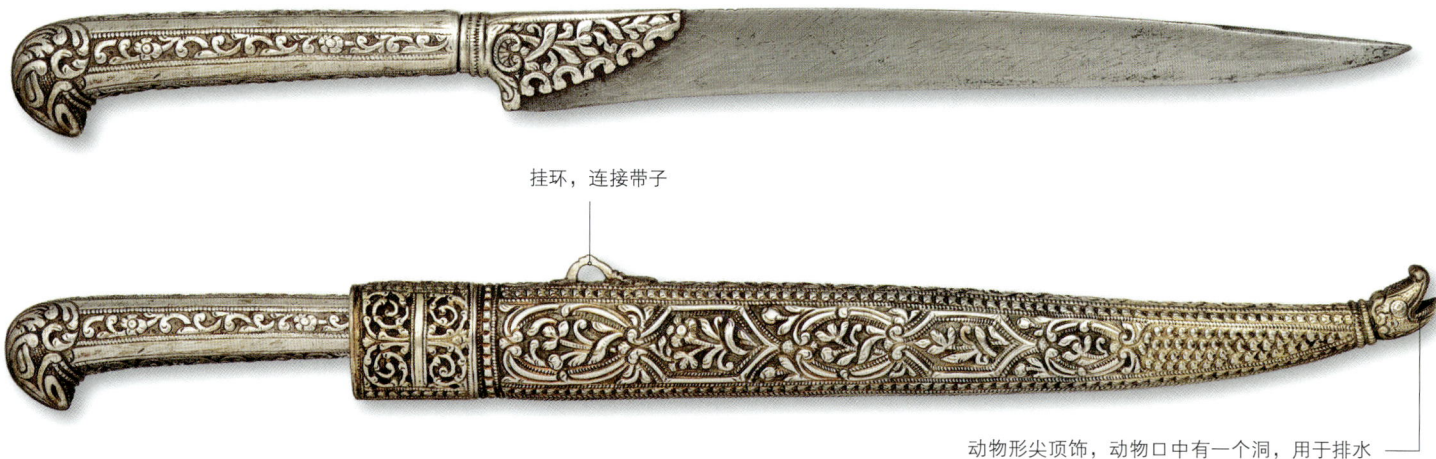

挂环，连接带子

动物形尖顶饰，动物口中有一个洞，用于排水

一把奥斯曼土耳其短刀，又名"比什"匕首，来自巴尔干半岛地区（the Balkans）。镶有银质部件。刀柄、刀鞘均有涡卷形叶饰，柄头、刀鞘尖顶饰均为风格化兽头状。刀身较薄，可能主要用于日常生活而非作战。

年代：	19世纪中期
来源：	土耳其（巴尔干）
长度：	27厘米（10.6英寸）

巴尔干半岛奥斯曼帝国"比什"匕首，19世纪中期

这把带有银饰的阿拉伯嘉比亚匕首来自沙特"汉志–阿西尔"（Hijaz-Asir）地区。双刃刀身，几乎完全平整，带有简约的凿子加工装饰。刀身、刀鞘覆盖白银，白银有雕刻装饰、颗粒装饰、金银丝线。有一种加工程序叫作胶体硬焊（Colloidal hard soldering），是把很多很小的银球（颗粒）或装饰性的银丝（filigree）用一种有机焊料（compound）焊在银质背景上面，然后覆盖银盐（silver salt），加热，直到有机焊料脱落，银盐就变成了金属，将装饰固定住了。

年代：	19世纪中期
来源：	沙特阿拉伯
长度：	56厘米（22英寸）

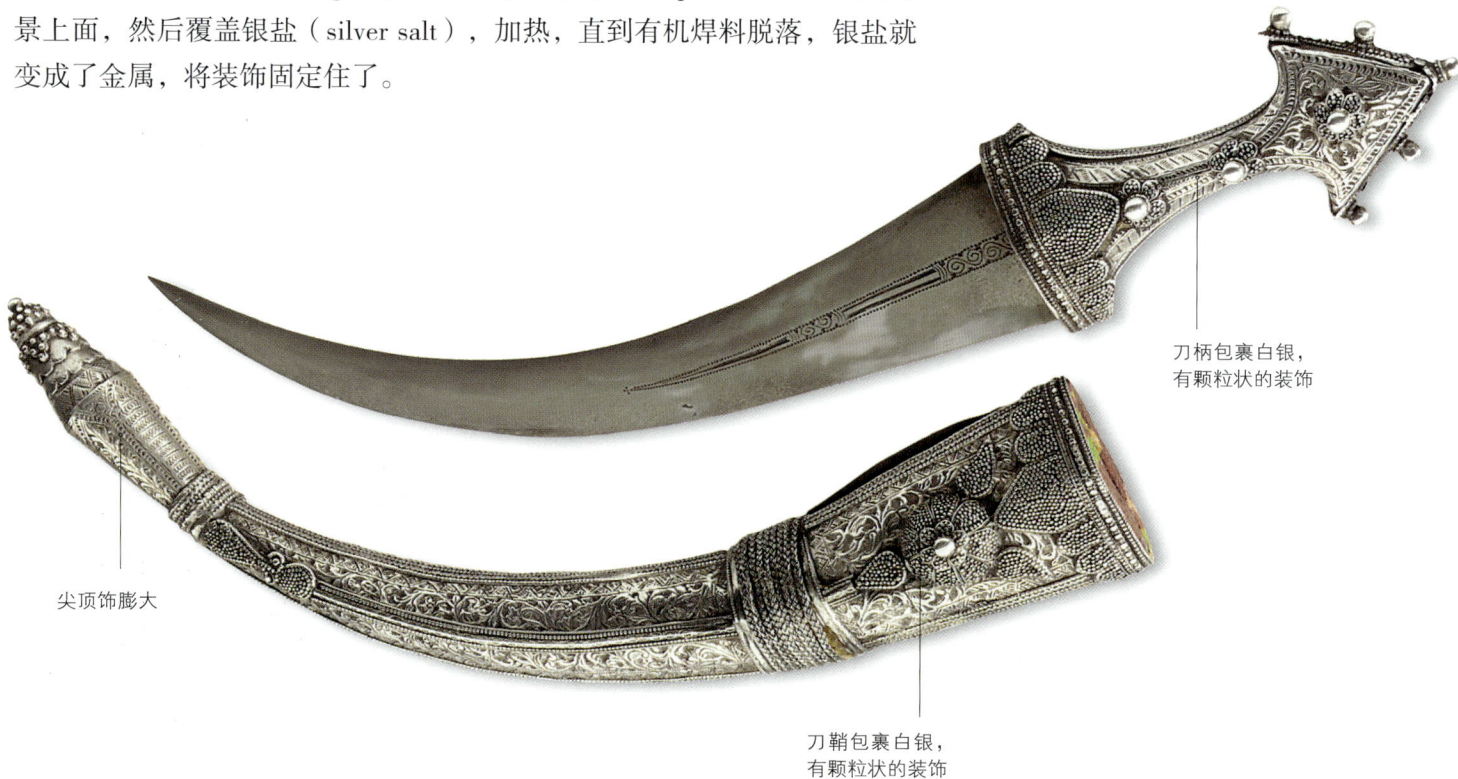

刀柄包裹白银，
有颗粒状的装饰

尖顶饰膨大

刀鞘包裹白银，
有颗粒状的装饰

阿曼"嘉比亚/坎嘉尔"匕首，19世纪中期

　　这把阿曼制造的嘉比亚匕首，刀柄由兽角制成，可能是犀牛角。有些人相信这种匕首拥有魔力，能够赋予男子生殖力。当时，犀牛角供应减少之后，握柄材料更多换成长颈鹿的角或蹄子。当今社会注重环境保护，握柄一般改成了塑料。

颗粒状与金银丝线装饰

刀柄为犀牛角制成

| 年代：19世纪中期 |
| 来源：阿曼 |
| 长度：不详 |

沙特"嘉比亚/坎嘉尔"匕首，19世纪后期

　　这些嘉比亚匕首刀身长而弯曲，逊尼派（Sunni Muslims）的保守派、瓦哈比（Wahabi）教派多有使用。握柄由兽角制成，用钢材、纯铜、黄铜进行补强，握柄正面有复杂的银饰。刀身非常薄而平整。刀鞘是后世配上的，覆有彩色皮革。

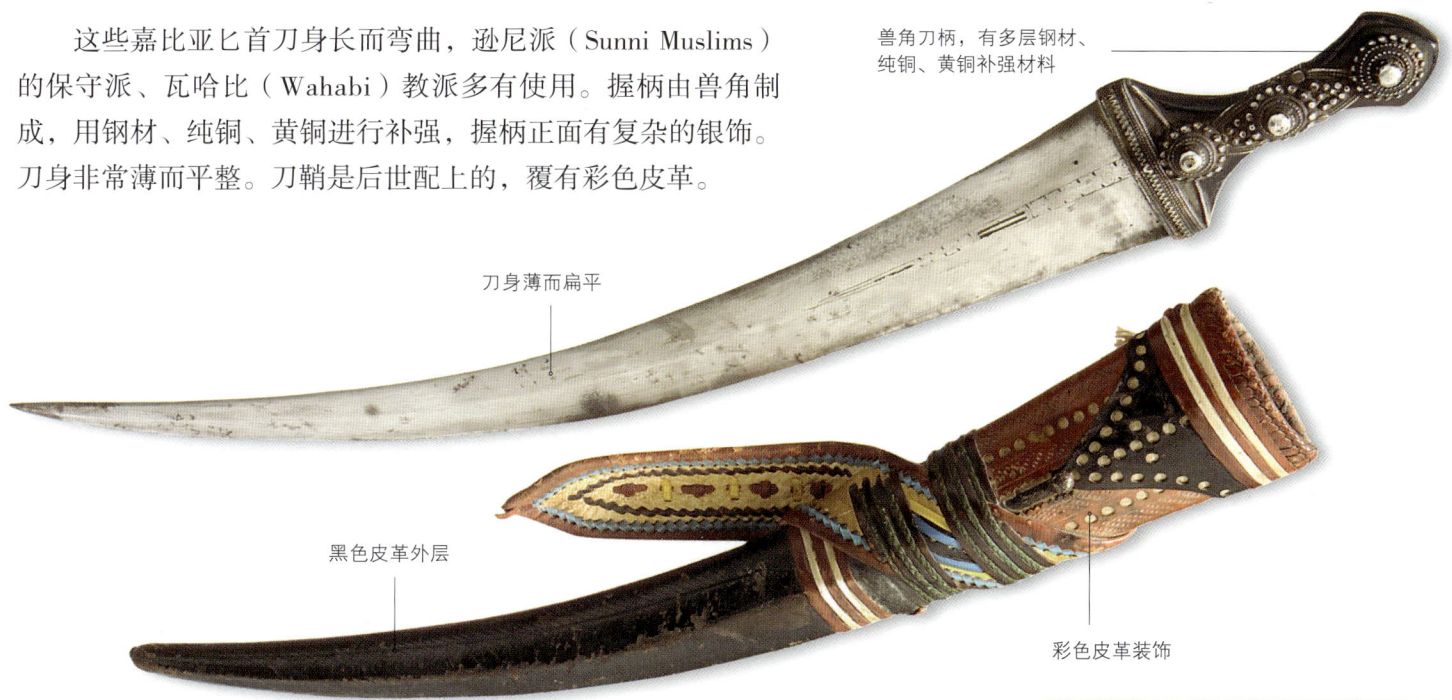

兽角刀柄，有多层钢材、纯铜、黄铜补强材料

刀身薄而扁平

黑色皮革外层

彩色皮革装饰

| 年代：19世纪后期 |
| 来源：沙特阿拉伯 |
| 长度：63厘米（24.8英寸） |

也门"坎嘉尔"匕首和刀鞘，19世纪后期

这是阿拉伯坎嘉尔匕首的经典造型，可能来自也门。兽角装饰有金箔，模仿威尼斯杜卡特金币（the Venetian ducat）图案。威尼斯共和国一度在此地进行大量贸易，后来终止。但其后很长时间，威尼斯的杜卡特金币一直受人尊崇。这些刀身有磨光处理，刀鞘由印度制造，装有银质鞘镖，带有刺孔。

年代：19世纪后期

来源：也门

长度：28厘米（11英寸）

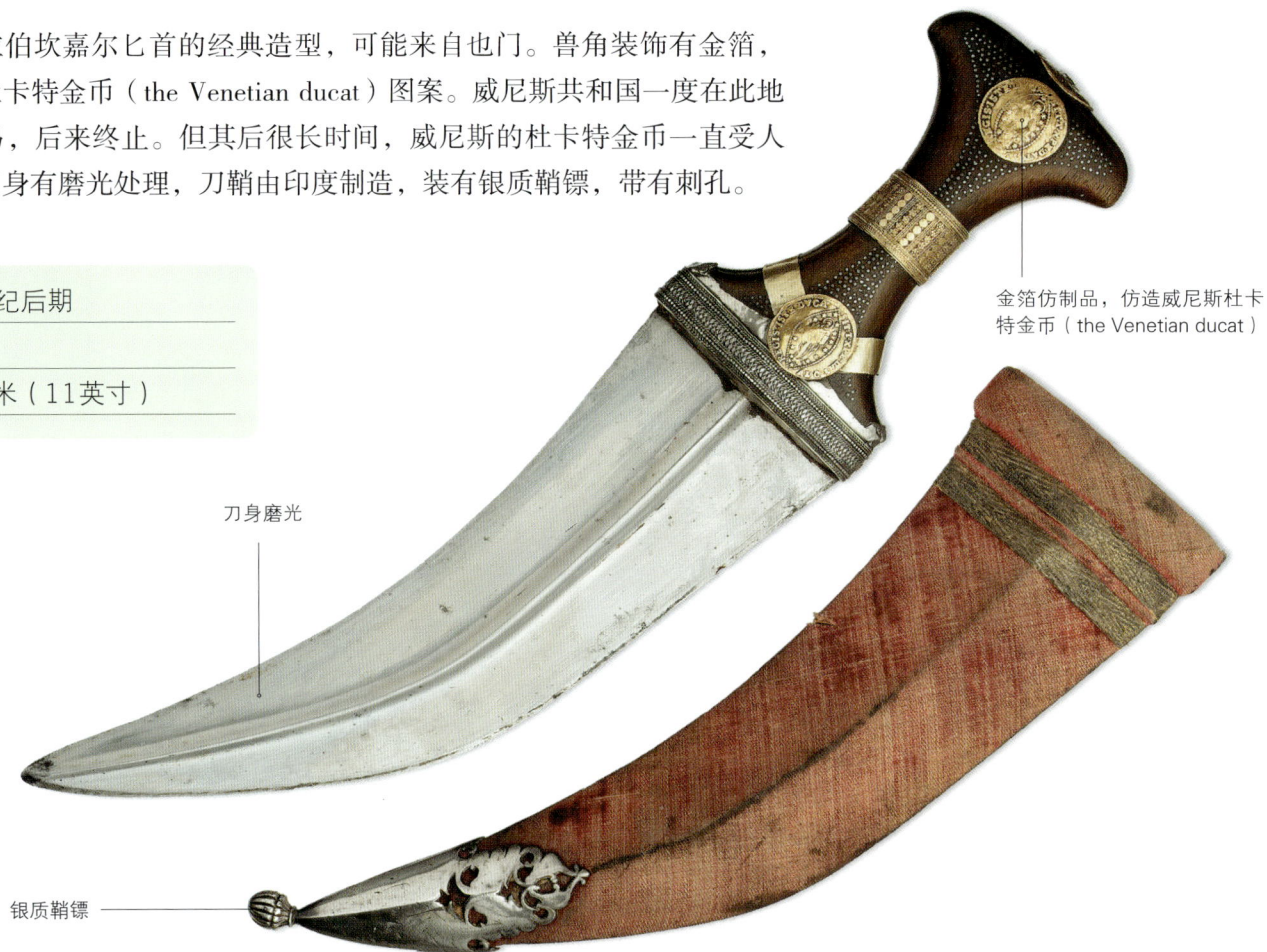

金箔仿制品，仿造威尼斯杜卡特金币（the Venetian ducat）

刀身磨光

银质鞘镖

沙特"嘉比亚/坎嘉尔"匕首，19世纪后期

这把巨型匕首来自沙特西部的汉志（Hijaz）或阿西尔（Asir）地区，显然是有史以来生产的最长的匕首之一。刀身经过打磨，有隆起的中央脊，很好地起到强化作用。估计曾经发挥了多种日常功能。

多个铆钉，较大，钉头银质，用于固定两片握柄

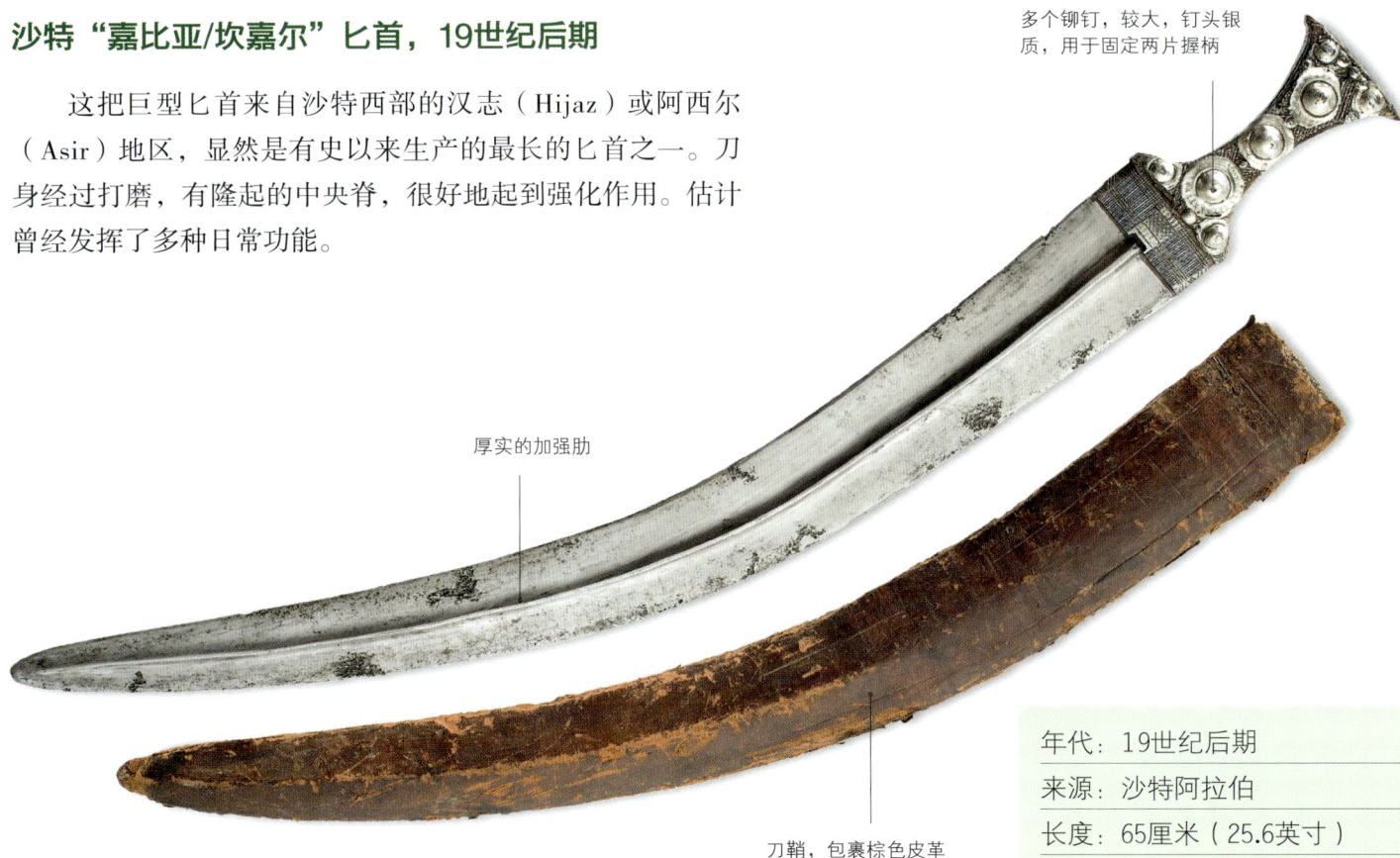

厚实的加强肋

年代：19世纪后期

来源：沙特阿拉伯

长度：65厘米（25.6英寸）

刀鞘，包裹棕色皮革

波斯"坎嘉尔"匕首，19世纪

蚀刻的阿拉伯花饰

此处有两条劈砍用锋刃[1]

海象牙刀柄，有雕刻

这把19世纪波斯坎嘉尔匕首，刀柄由一整块海象牙刻成，有浮雕，显示一对穿着入时的恋人。刀身弯曲，刀背一半长度的横截面是T形，刀身最强部位蚀刻有阿拉伯风格装饰。刀身也蚀刻有一种图案，模仿大马士革钢的波纹。

年代：	19世纪
来源：	波斯
长度：	41厘米（16.1英寸）

阿曼"嘉比亚"匕首，约1900年

阿曼银匠技艺高超，远近闻名，特别是颗粒状的装饰技艺。鞘镖后方压印有制造商字样：amal Abdullah Al-Beham，意为"阿卜杜拉·阿比哈姆制造"。刀鞘前方装有七只较厚的银环，用银绞线固定，最外侧一个圆环最大，用于把刀鞘挂在宽腰带上。

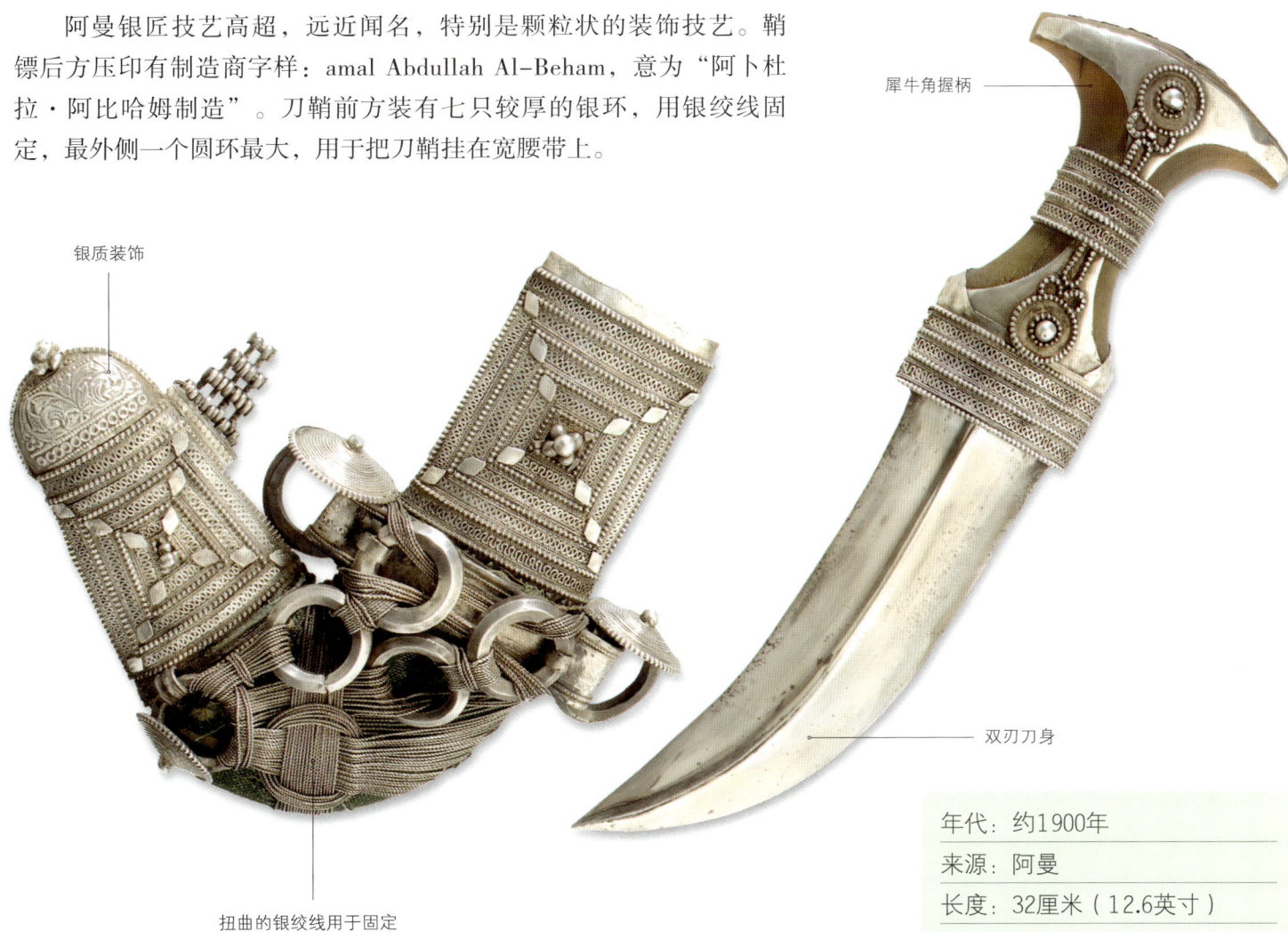

犀牛角握柄

银质装饰

双刃刀身

扭曲的银绞线用于固定

年代：	约1900年
来源：	阿曼
长度：	32厘米（12.6英寸）

[1] 原文具体所指不详，此处直译。可能是说这里的刀背也开了刃。——译者注

沙特（疑似麦加）"嘉比亚/坎嘉尔"匕首，约1900年

这把匕首，刀柄、刀鞘完全包裹银片，可能来自麦加。刀柄银饰也是为了方便握持。刀鞘边缘有雕刻，尖顶饰向上弯曲，原文"thum"，阿拉伯语意为"蒜头"。

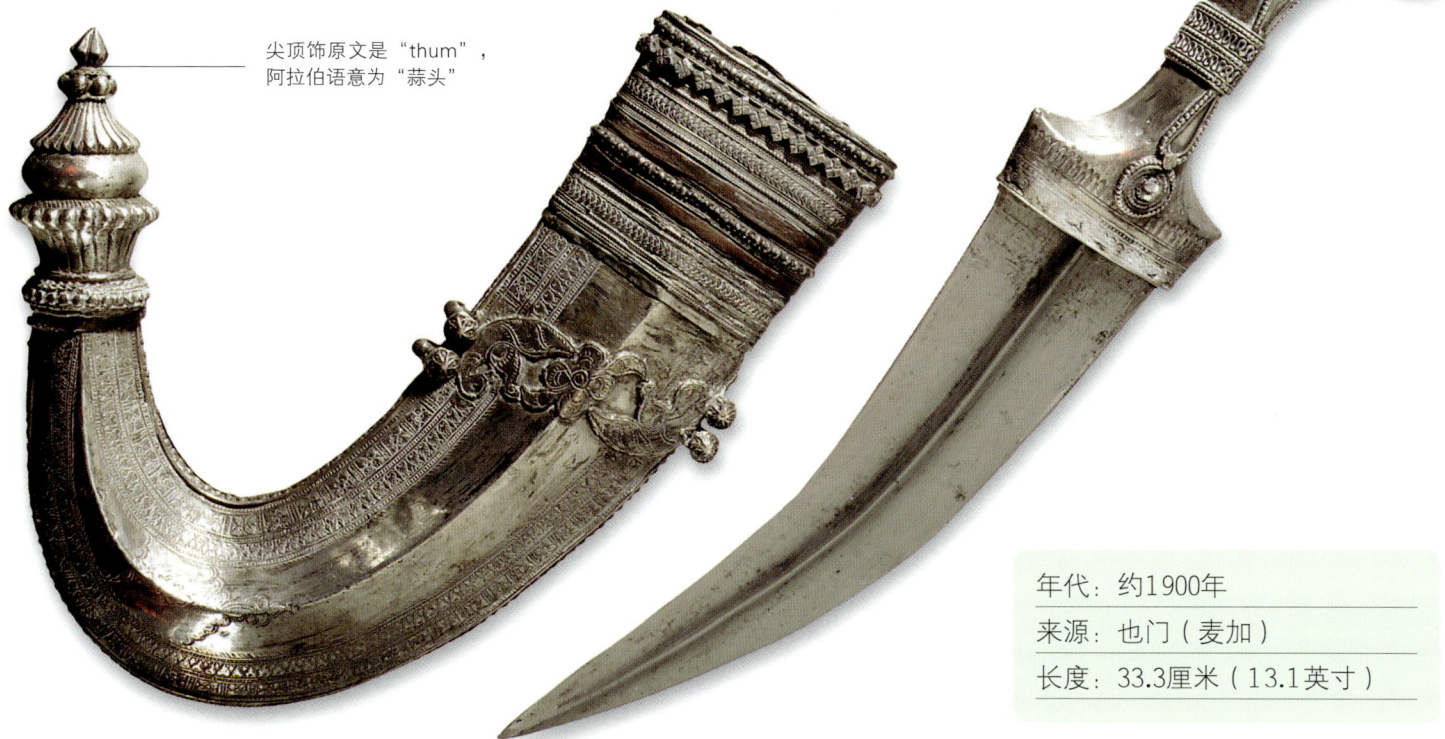

尖顶饰原文是"thum"，
阿拉伯语意为"蒜头"

年代：	约1900年
来源：	也门（麦加）
长度：	33.3厘米（13.1英寸）

沙特"嘉比亚/坎嘉尔"匕首，20世纪早期

这件样品来自沙特阿拉伯的阿西尔或蒂哈马（Tehama）地区，阿拉伯匕首中很少有这样独特的产品。刀柄和刀鞘为银质，有颗粒状表面，既是为了装饰，也是为了牢固握持。今天，阿拉伯银匠仍会为了旅游业而生产这样的精美匕首。

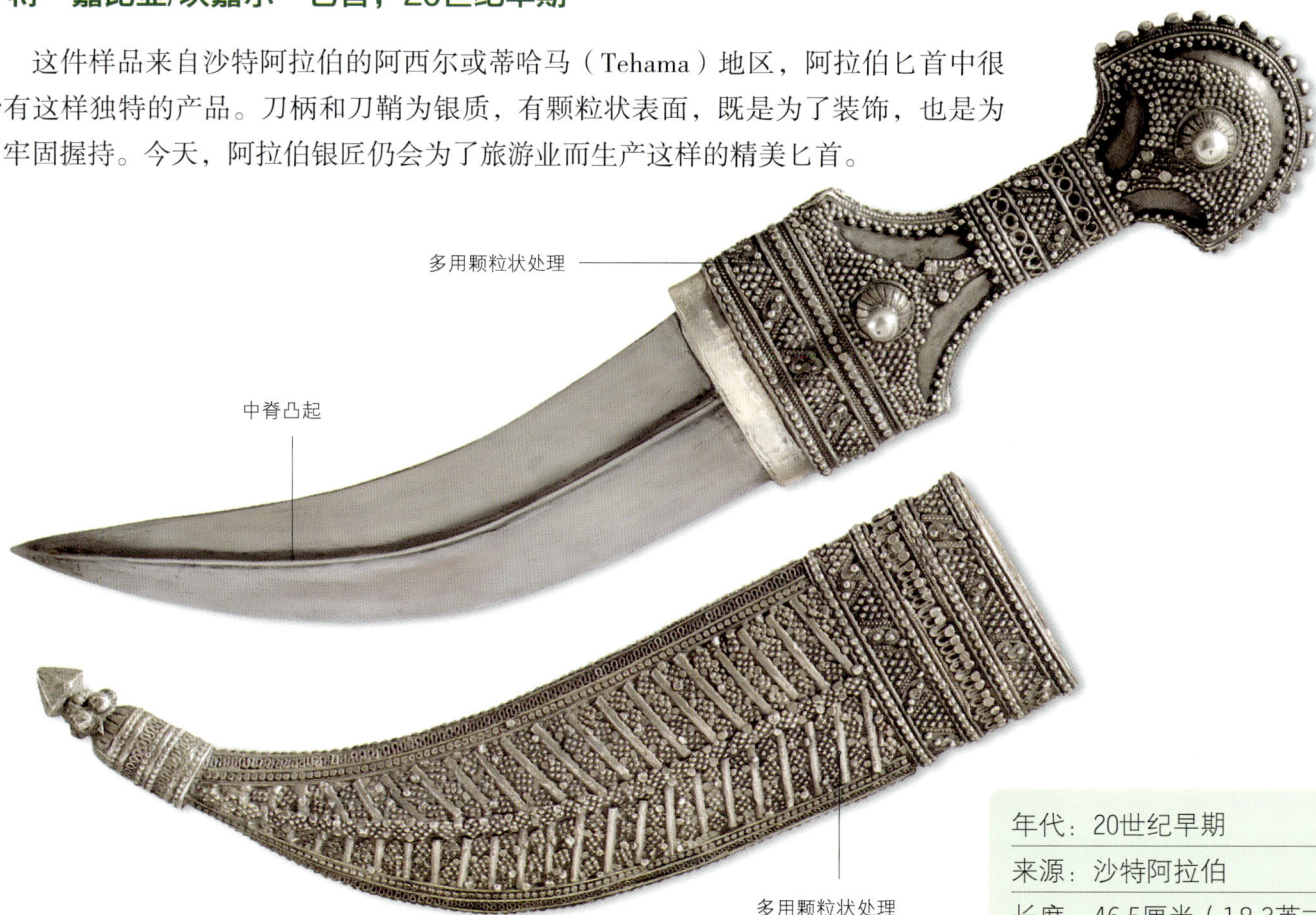

多用颗粒状处理

中脊凸起

多用颗粒状处理

年代：	20世纪早期
来源：	沙特阿拉伯
长度：	46.5厘米（18.3英寸）

阿曼"嘉比亚/坎嘉尔"匕首，20世纪中期

这可能是阿拉伯半岛上最常见的匕首，这件样品为阿曼制造。木柄包裹银片，银片没有装饰。底部银带压印有叶饰，设计目的是覆盖刀鞘顶部，防止沙尘和水渗入。

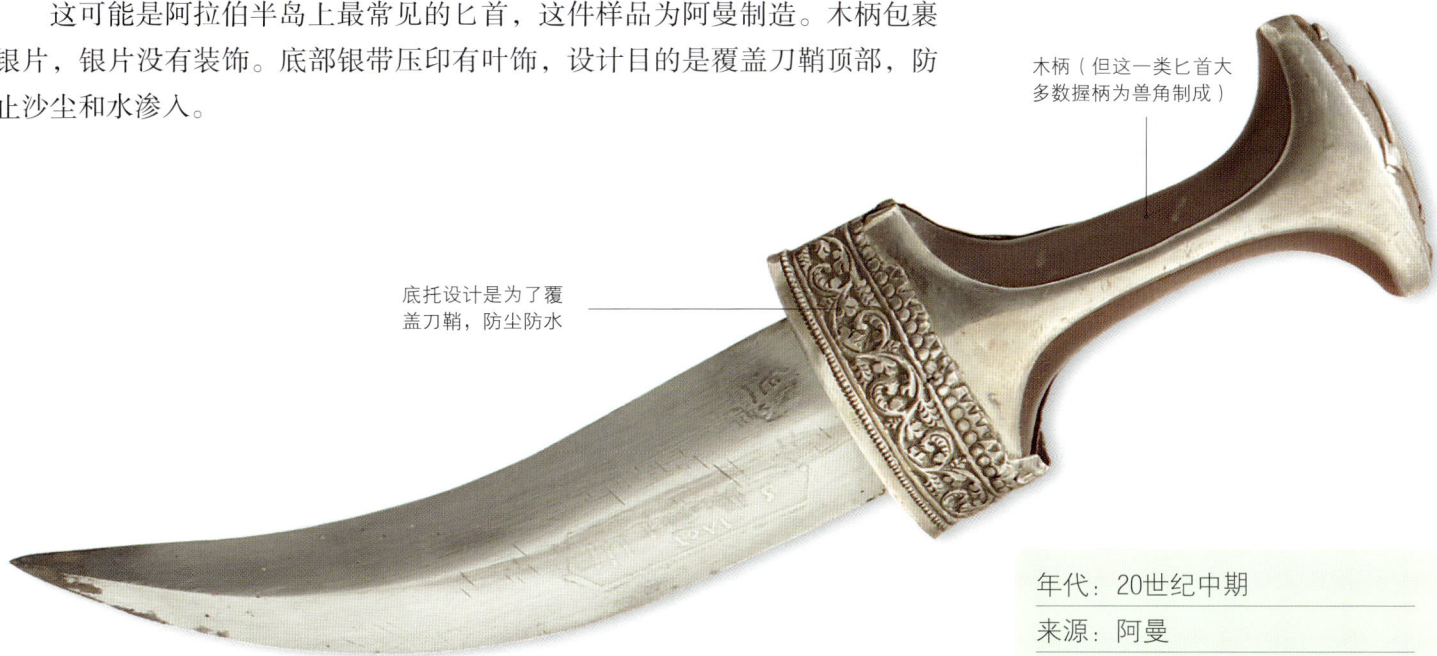

木柄（但这一类匕首大多数握柄为兽角制成）

底托设计是为了覆盖刀鞘，防尘防水

年代：20世纪中期
来源：阿曼
长度：32.5厘米（12.8英寸）

阿曼"嘉比亚/坎嘉尔"匕首，约1975年

这把20世纪后期的阿曼嘉比亚匕首质量很差。这一类匕首不止是为了供应旅游业，也为了满足阿曼国内需要，因为嘉比亚/坎嘉尔匕首是国民服饰的一部分。军队使用这种匕首的可能性很小。

年代：约1975年
来源：阿曼
长度：99厘米（39英寸）[1]

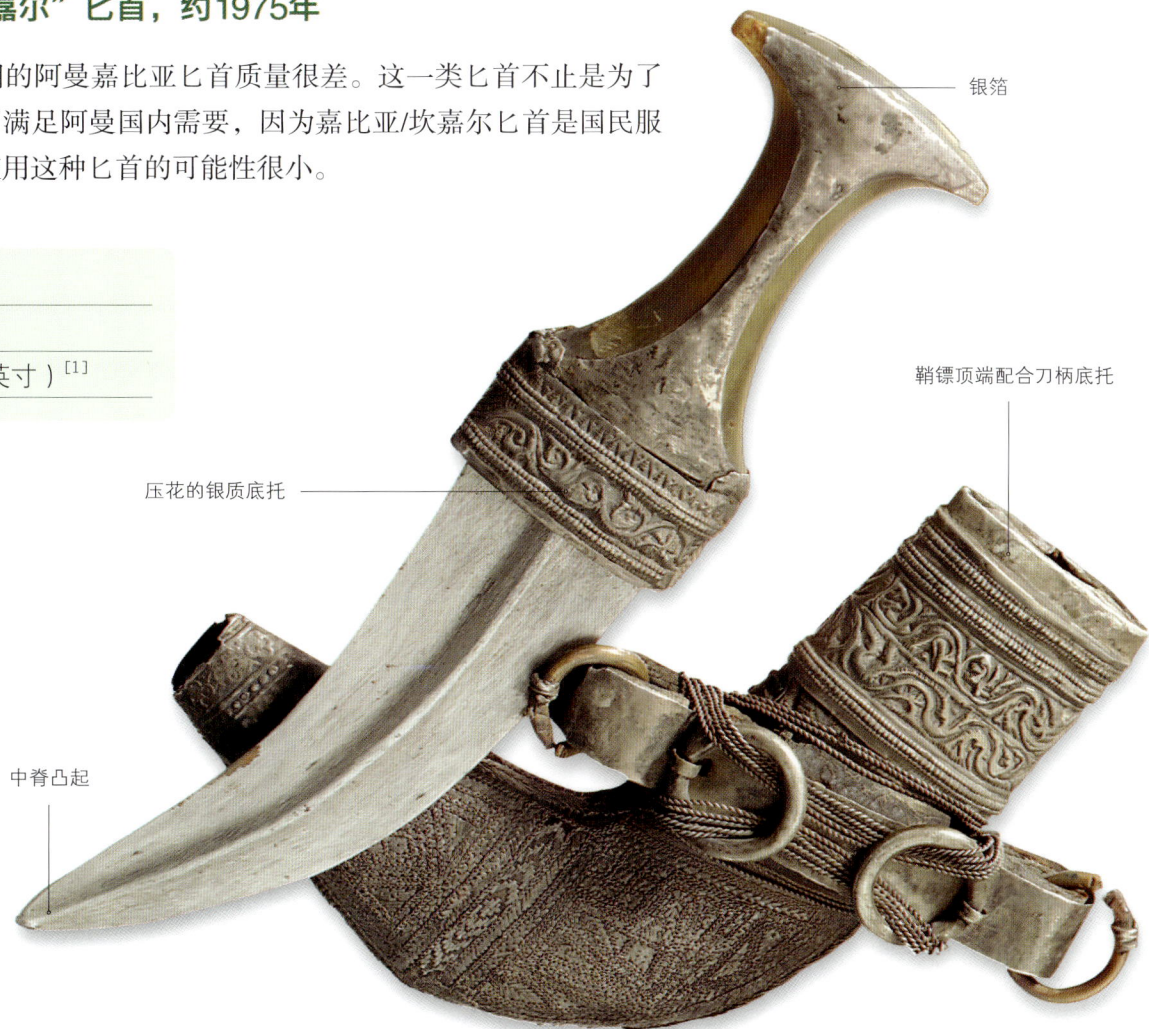

银箔

鞘镖顶端配合刀柄底托

压花的银质底托

中脊凸起

[1] 按照本书定义，60厘米的匕首已经很长，文中99厘米的说法似有误。而且图中的匕首如果真的接近一米长，握柄也不适合人手握持了。译文保持原样。——译者注

印度–波斯的"坎嘉尔"弯刀

　　"印度–波斯"地区包括广袤的印度次大陆，还包括波斯帝国在巅峰时期占领或控制的各个地区。阿拉伯语的"坎嘉尔"指的是一般匕首，但收藏界常用这个词指代一组特殊的印度匕首，刀身弯曲、双刃，大部分刀柄由玉石制成；还指代一组波斯匕首，刀柄的材料一般是海象牙或钢材。

黄金波纹镶嵌的装饰

玉石刀柄，有雕刻

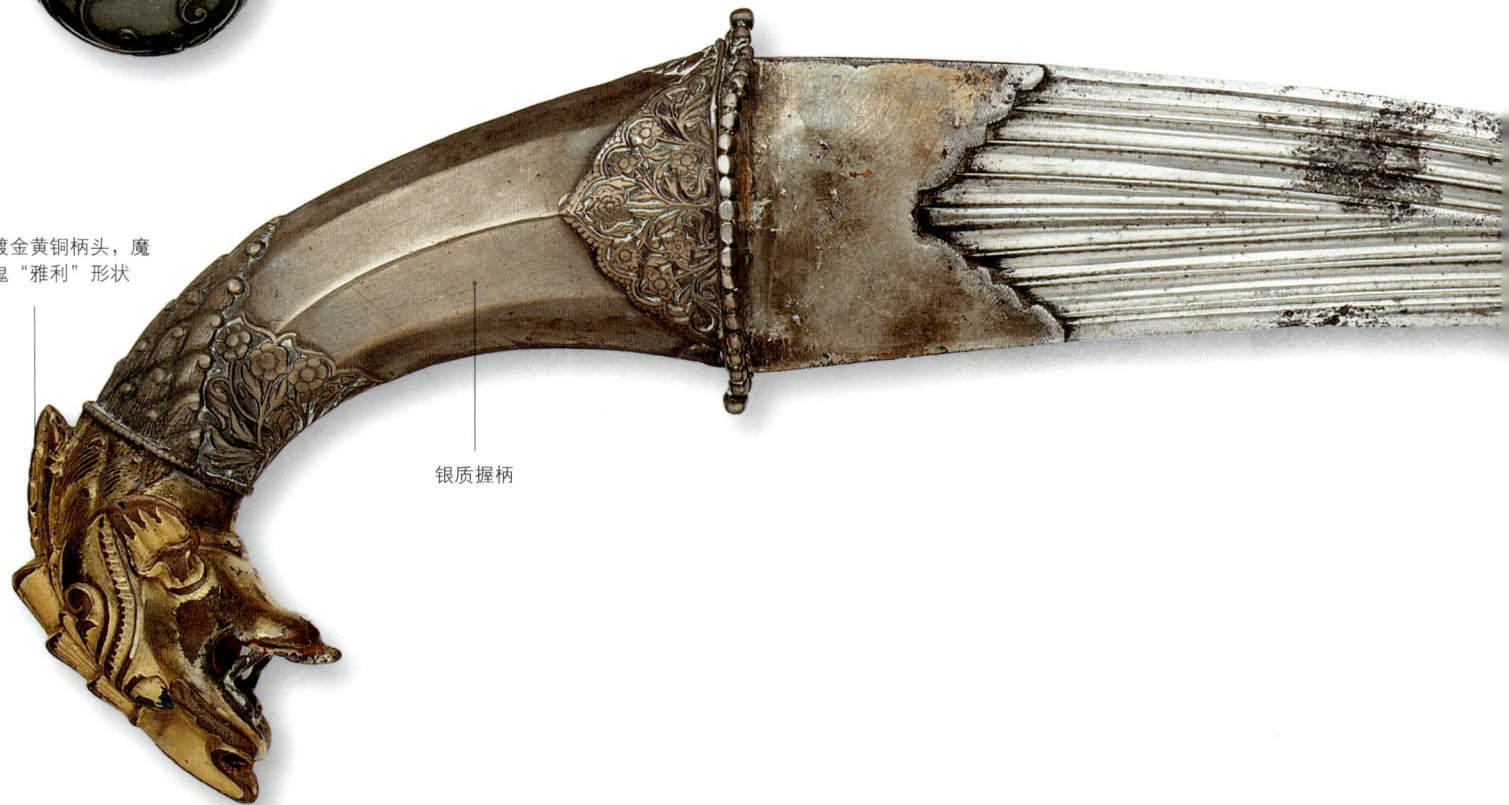

镀金黄铜柄头，魔鬼"雅利"形状

银质握柄

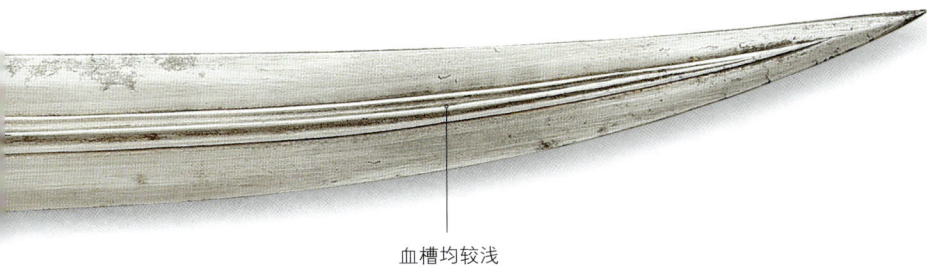

年代：17世纪后期	
来源：印度	
长度：不详	

血槽均较浅

印度"坎嘉尔"匕首，刀柄为莫卧儿制品，17世纪后期

　　刀柄由深绿色软玉制成，这种材料在17世纪末之前就应该停止供应了。经典的莫卧儿"手枪"形刀柄，雕刻有浮雕花卉和叶饰。刀身可能是后来另配的，用黄金波纹镶嵌法配上了连续的交错几何纹样。

刀身有多条血槽

年代：约1700年	
来源：印度	
长度：不详	

印度"坎嘉尔"匕首，约1700年

　　这件样品属于一类著名军刀、匕首，确切的起源地至今不明，可能是印度迈索尔邦。刀身为双刃，刻有8条狭窄血槽，与17世纪某些"卡挞"匕首类似。柄头为镀金铜制，做成"雅利"（yali）造型，这是一种能够护持人类的魔鬼。

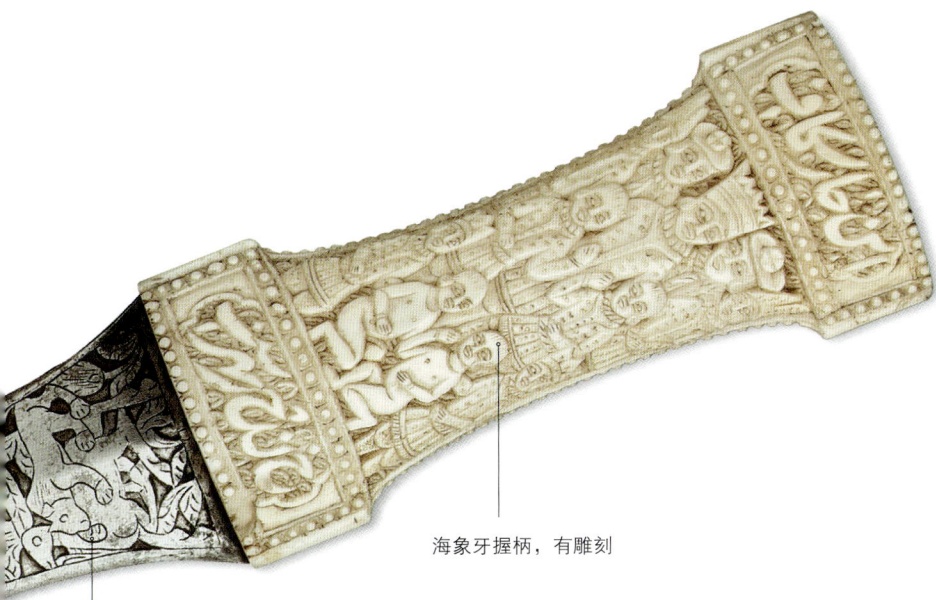

海象牙握柄，有雕刻

凿子加工的寓言场景

波斯"坎嘉尔"匕首，19世纪早期

　　这把波斯匕首质量很好，刀身是波纹钢制品，用凿子加工成有狮子攻击瞪羚的寓言场景。象牙刀柄由整块海象牙雕刻而成，有人物图案及铭文，意为"这把了不起的坎嘉尔匕首刀身闪亮，锋利得足以将一根棘刺劈为两半"。

年代：19世纪早期	
来源：印度-波斯	
长度：39.6厘米（15.6英寸）	

凿子加工的装饰，粗糙

蚀刻的椭圆装饰板

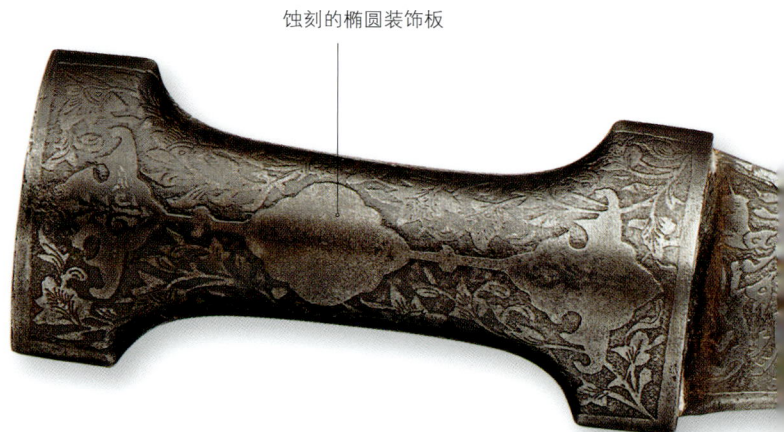

印度–波斯五刀身"坎嘉尔"匕首，19世纪中期

这些匕首为全钢制，在恺加王朝（1779—1925年）时期的波斯（今伊朗）被大量制造。最早的样品使用波纹钢，有用凿子加工的浮雕装饰，细部是由波纹镶嵌的粗金丝，以突出浮雕轮廓。

年代：	19世纪中期
来源：	印度–波斯
长度：	不详

凿子加工的装饰

印度–波斯五刀身"坎嘉尔"匕首，19世纪中期

本页这三把全钢制波斯匕首，刀身都有多个刀尖，一旦出鞘就会彼此分开。刀匠生产这些刀身，需要相当程度的铸造与回火技巧。

年代：	19世纪中期
来源：	印度–波斯
长度：	45.5厘米（17.9英寸）

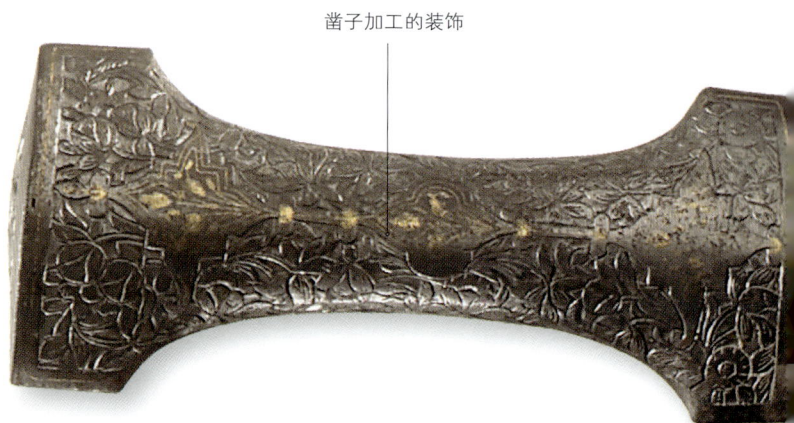

尖端被加厚

"坎嘉尔"匕首，约1900年

　　这把"坎嘉尔"匕首大概是印度最不起眼的匕首之一，用较软的低碳钢（mild steel）制成。这是赠给英属印度官员的纪念品，让他们带回英国老家，挂在时人称为"萨里郡（Surrey）的印度平房"墙上。刀柄有用凿子加工的装饰，风格是印度和伊斯兰的混合。装饰打造得很匆忙，质量也不高。

年代：	约1900年
来源：	印度
长度：	不详

五个能够弹开的刀尖

蚀刻的伊斯兰教铭文

五个能够弹开的刀尖

印度-波斯三刀身"坎嘉尔"匕首，19世纪后期

　　这把匕首有三个刀身，钢制握柄被灌入一种类似石膏的材料，吸收水分后就会膨大，使得受热的缝隙张开。刀柄有明显的椭圆形装饰板，有伊斯兰铭文。

三个弹簧刀尖

年代：	19世纪后期
来源：	印度-波斯
长度：	49厘米（19.3英寸）

印度、波斯的 "卡德" 匕首

　　"卡德"属于波斯语（Farsi），指一种笔直单刃匕首，刀柄没有护手。收藏界也用这一术语称呼印度、中东类似的匕首。有些刀柄十分精美，用进口材料制成，刀身则是由高级波纹钢制成。但高级"卡德"匕首与普通"卡德"匕首的形制是一样的。

单刃刀身

乌兹别克"卡德"匕首，青金石刀柄，约1800年

　　刀柄是阿富汗青金石，属于亮蓝色宝石中最夺目的种类之一。握柄基部的圆环饰有打磨过的绿松石，这几乎是乌兹别克斯坦（原土耳其斯坦）（Turkestan）布哈拉（Bukhara）镇生产的武器的一种经典特色。刀身的最强部位有金属包头，较小，也是巴尔干半岛锋刃武器特色之一。

年代：	约1800年
来源：	乌兹别克
长度：	34.5厘米（13.6英寸）

青金石刀柄　　　　　　　　　　绿松石圆环

尖端加厚

波斯嵌金"卡德"匕首，约1800年

　　古典风格波斯匕首，年代约为1800年。这把"卡德"匕首刀身为高级波纹钢、单刃。最强部位有浮雕嵌金叶饰，这一装饰延伸到手带[1]部位。两片握柄由海象牙制成。这把非常华丽的匕首却完全隐于刀鞘中，只有刀柄最后一英寸露在外面。

年代：	约1800年
来源：	波斯
长度：	37.4厘米（14.7英寸）

黄金嵌饰

海象牙握柄

印度"卡德"匕首，石质手柄，约1800年

　　这把高质量的印度"卡德"匕首，刀身为波纹钢，最强部位用凿子加工有叶饰，刀尖被加厚，以提高强度。刀柄用"齐沙默尔（Jaisalmer）之石"做成，这是一种橙黄色的砾岩（conglomerate），因为含有的各种成分清晰可见而非常美观。

年代：	约1800年
来源：	印度
长度：	44厘米（17.3英寸）

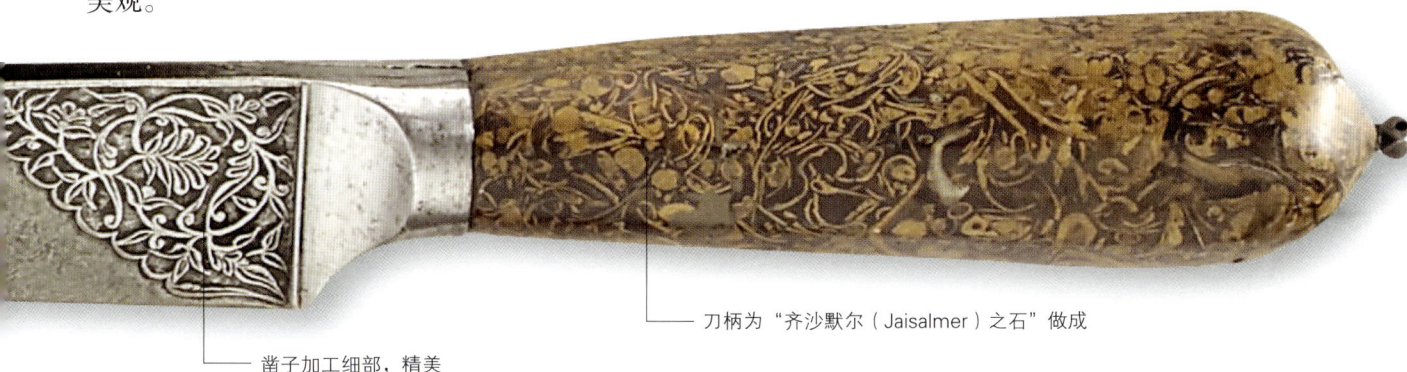

刀柄为"齐沙默尔（Jaisalmer）之石"做成

凿子加工细部，精美

---

[1] 原文grip strap，不是常用术语，推测为握柄与手心接触的部位。——译者注

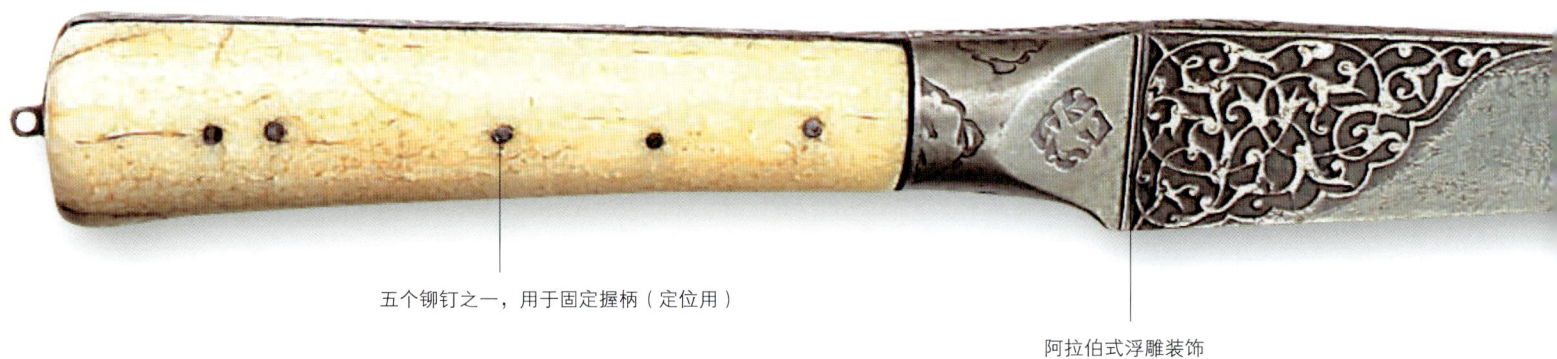

五个铆钉之一，用于固定握柄（定位用）

阿拉伯式浮雕装饰

阿富汗"开伯尔（Khyber）短刀"，19世纪早期

英军曾在阿富汗西北边境与多个当地部落发生冲突，有马苏德人（Mahsud）、帕坦人、阿夫里迪人（Afridis）、瓦齐里斯人（Waziris）。"开伯尔短刀"的名字是这些英军起的，略微有些错误，因为这些武器常见的功能相当于较长的短剑，而不是尺寸很小的短刀。主要特征除了一般形状之外，还有很强韧的T形横截面刀身。

"卡德"匕首，19世纪早期

刀身是高级大马士革钢（乌兹钢）制成。花纹的呈现首先要通过打磨，然后用数十种"秘方"里的一种加工，大多数"秘方"都会使用稀释的酸液。两片握柄由海象牙制成，质地呈现"羊脂"的形态，可以借此辨认。

海象牙，有明显的"羊脂"花纹

"卡德"匕首，18世纪

"卡德"匕首刀背略呈凸面形。这把刀身由坩埚钢制成，显示"波纹钢"花纹是这种金属的内在特征。刀身可能是印度或波斯制造，锥形的玉石握柄可能是奥斯曼帝国或印度制造。

高级波纹钢刀身

刀身缩短，可能
由反复打磨而成

波斯"卡德"匕首，用凿子加工，约1800年

这件"卡德"匕首是典型的波斯杰作，波纹钢刀身的最强部位用精细的阿拉伯风格的凿子加工，刀柄装有海象牙握柄，分成两片。刀身似乎比应该达到的长度略短，可能是在使用中被反复打磨变短了。

年代：	约1800年
来源：	波斯
长度：	38.6厘米（15.2英寸）

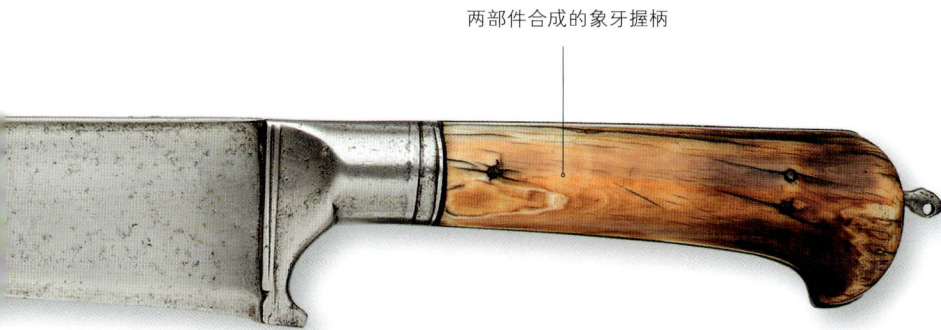

两部件合成的象牙握柄

年代：	19世纪早期
来源：	阿富汗
长度：	58.6厘米（23.1英寸）

年代：	19世纪早期
来源：	波斯/土耳其斯坦
长度：	40厘米（15.7英寸）

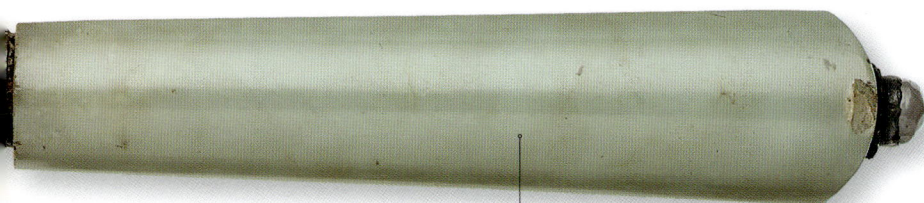

刀身有精细的波纹钢花纹

年代：	18世纪
来源：	印度-波斯
长度：	37厘米（14.6英寸）

玉石刀柄

有螺旋状花纹的玉石刀柄

镀金铜质包头

银质握柄

黄金波纹镶嵌的鞘口

狮头形柄头

印度"卡德"匕首，19世纪早期

拉合尔（Lahore）位于旁遮普（the Punjab）中部地区，是重要的武器制造中心，特别是为锡克教徒（the Sikhs）制造武器。拉合尔武器都有同一个特征：波纹镶嵌的黄金装饰，形成几何图案，或者叶饰、花饰的连续纹样，其中经常包括阿拉伯民族图案。

年代：	19世纪早期
来源：	印度
长度：	不详

波纹钢刀身，加工精细

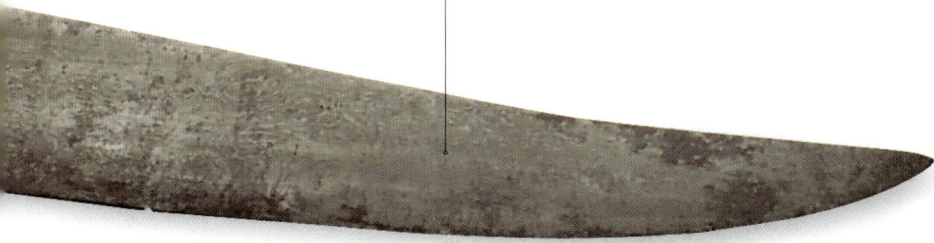

"卡德"匕首，19世纪早期到中期

这把匕首质量很高，来自拉贾斯坦邦，形状显示了制造者的高超技艺。刀身反曲，由优质的波纹乌兹钢（坩埚钢）制成，两片握柄为银质。刀鞘的鞘镖已丢失，鞘口保留下来，有波纹镶嵌的金丝。拉贾斯坦邦有很多城镇因其铸剑师和制造锋刃武器的工业而出名。

年代：	19世纪早期到中期
来源：	印度
长度：	31厘米（12.2英寸）

印度银质底托"卡德"匕首，19世纪早期到中期

这把印度"卡德"匕首可能是为英属印度政府一名要离开的官员定制的，如今看来，相当于一个隐喻，因为英国人很快就要离开印度了[1]。狮子造型看起来像漫画一样，模样脏乱，好似疲惫而孤独，离死不远了。刀身由铁匠打造，而不是由专门的刀匠打造的。银质刀柄和刀鞘的加工都十分匆忙。

年代：	19世纪早期到中期
来源：	印度
长度：	不详

刀身很粗糙

[1] 疑似指1947年印度脱离英国而独立，但如果这把匕首制造于19世纪中期，那么离印度独立还有一个世纪，谈不上"很快"。译文保持原样。——译者注

玉石握柄，被加工成多个刻面

黄金铭文，使用假金银镶花法

年代：19世纪早期到中期
来源：土耳其
长度：26厘米（10.2英寸）

兽角握柄

年代：19世纪中期
来源：阿富汗
长度：71厘米（27.9英寸）

刀身横截面呈T形，刀背平脊

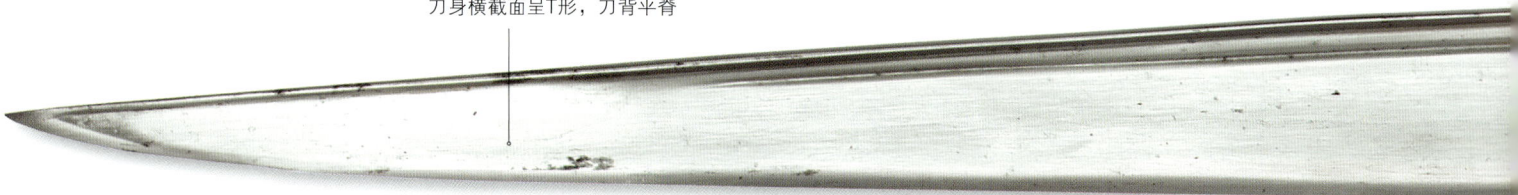

阿富汗"开伯尔"短刀，19世纪中期

　　这把"开伯尔"短刀刀身特色明显，有一把配套的较小的匕首，可能挂在同一条腰带上。两片握柄一般由兽角制成，少数也用象牙。黑色的水牛角柄头，装饰有多个精致的钉子洞，里面塞入锌箔。

年代：19世纪中期
来源：阿富汗
长度：72厘米（28.3英寸）

土耳其"卡德"匕首，约1870年

　　这把奥斯曼土耳其匕首刀柄由坚硬的岩石制成，分节经过打磨，内嵌黄金，形成花饰。这一类刀柄很多都使用了废弃水管（土耳其语：nargil）口部（土耳其语：munal）的圆筒状材料，柄头一般无装饰。

年代：约1870年
来源：土耳其
长度：35厘米（13.7英寸）

波纹加工制成的乌兹钢刀身

土耳其"卡德"匕首，19世纪早期到中期

　　土耳其"卡德"匕首传统上一般刀柄由玉石制成，刀身是东方的大马士革钢（乌兹钢）制成。刀身的最强部位在银质包头旁边，有用波纹镶嵌法（又名"假金银镶花法"）镶嵌的金丝。19世纪奥斯曼土耳其帝国大量生产"卡德"匕首、"比什"匕首，其中很多都是这么装饰的。

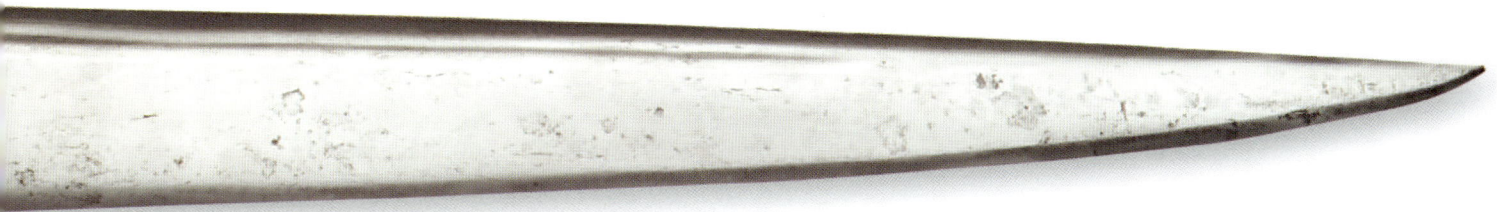

阿富汗"开伯尔"短刀，19世纪中期

　　这一类短刀，刀身全部被打磨得十分仔细，横截面呈T形，强度很高。衬垫（bolsters）与手带（grip straps）用钢材或者黄铜制造，两片握柄一般由兽角制成，少数由象牙或木材制成。

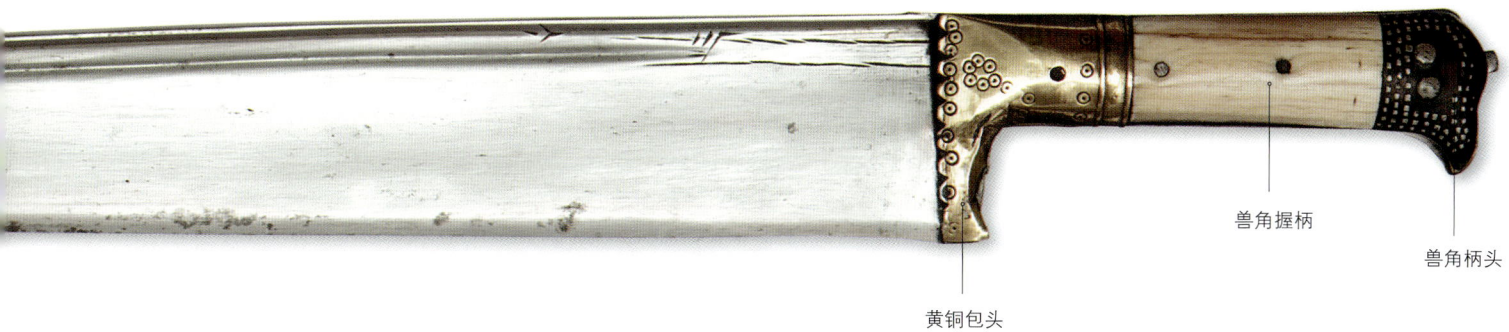

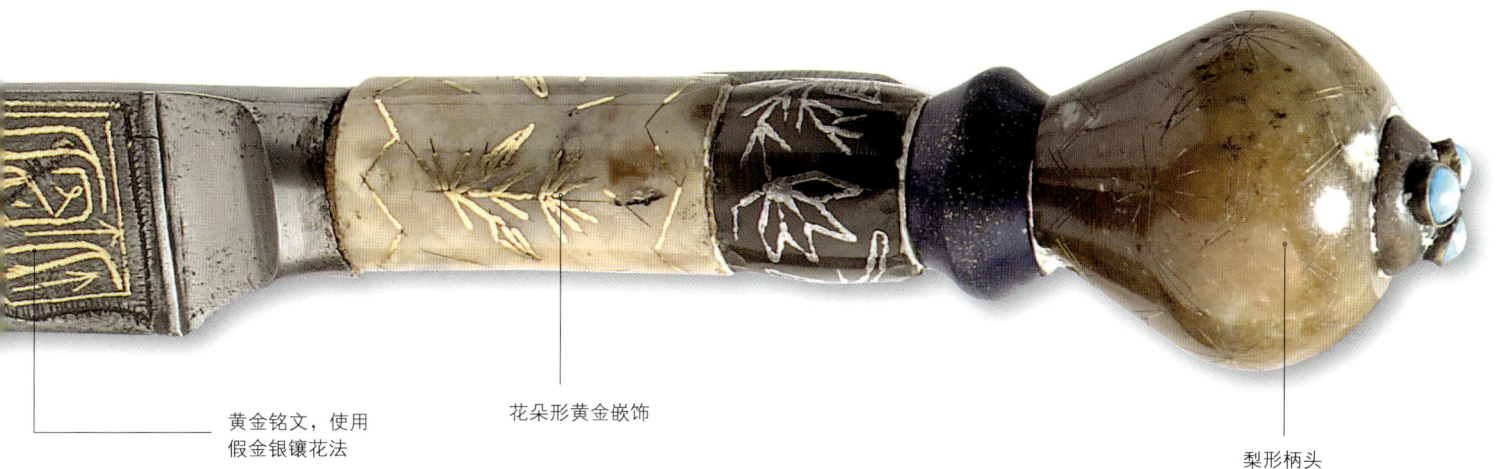

兽角握柄

兽角柄头

黄铜包头

黄金铭文，使用
假金银镶花法

花朵形黄金嵌饰

梨形柄头

印度、波斯的"比什卡伯兹"刀

这些匕首常见于波斯和印度北部，刀身为单刃，可能呈笔直、弯曲、反曲形状。一般横截面呈T形，强度很高。质量差异很大，有由宫廷作坊打造的精细产品，充满异域风情；也有由阿富汗的帕坦（Pathan）部落铁匠打造的粗糙产品[1]。

象牙握柄

波纹镶嵌法制成的黄金饰品

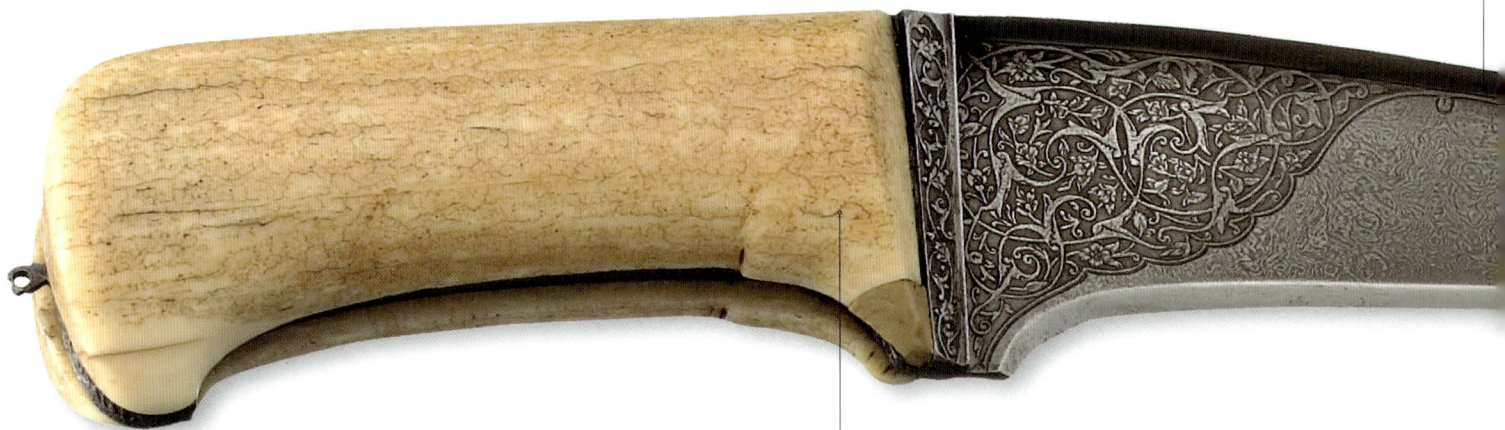

刀身两面向外突出，连接刀背

后配的两片握柄能盖到手带上面

象牙握柄进行了艺术加工、凹痕处理

金丝波纹镶嵌的装饰

[1] 印度西北边境的阿富汗民族。——译者注

印度"比什卡伯兹"匕首，18世纪中期

这把印度"比什卡伯兹"匕首，刀身由乌兹钢制成，最强部位装饰有波纹镶嵌的金丝。两片象牙握柄因为年代久远而有裂痕。锋刃用于劈砍，略微加厚以提高刀身强度，这一点很明显。

年代：	18世纪中期
来源：	印度
长度：	48厘米（18.9英寸）

强化的锋刃用于劈砍

波斯"比什卡伯兹"匕首，约1800年

刀身呈反曲形状，由高级波纹钢制成。刀身两面向外突出明显，最后在刀背处连接。刀身的最强部位有用凿子加工的阿拉伯风格装饰。两片握柄由海象牙制成，是后来配上的，能够盖到手带上面。原先的握柄应该只达到手带边缘。

年代：	约1800年
来源：	波斯
长度：	42厘米（16.5英寸）

印度"比什卡伯兹"匕首，19世纪早期

这把"比什卡伯兹"匕首杀伤力极强，在突刺匕首中首屈一指。刀身强度很高，T形横截面，一直延伸到接近刀尖处。这样的刀身非常适合刺穿锁子甲用铆钉连接的链环。两片象牙握柄做了典型的凹痕处理（pitted），使刀手握持牢固。

年代：	19世纪早期
来源：	印度
长度：	43厘米（16.9英寸）

凿子加工的浅浮雕，莲花图案

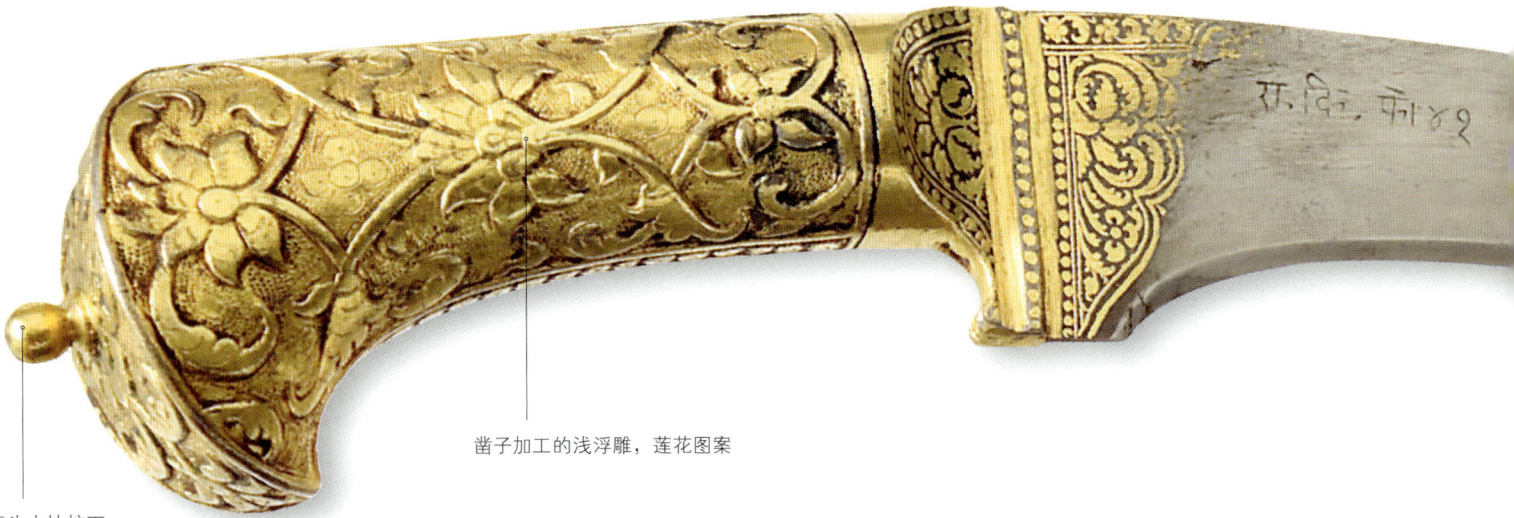

柄头小块拧下，
显出握柄空腔

银质刀柄和鞘口装
饰有野生动物图案

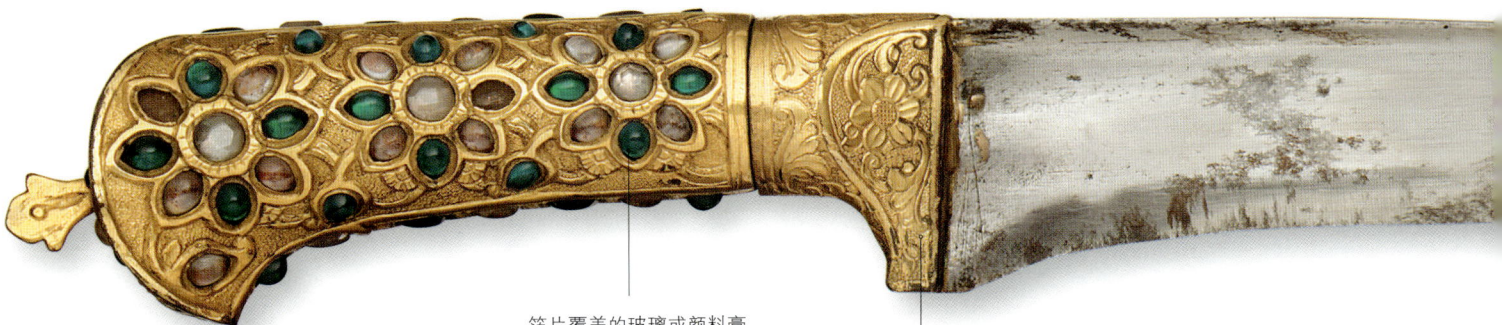

箔片覆盖的玻璃或颜料膏

镀金黄铜部件，非纯金

年代：19世纪早期

来源：印度（拉贾斯坦邦）

长度：34.3厘米（13.5英寸）

印度拉贾斯坦邦嵌金"比什卡伯兹"匕首，19世纪早期

这把匕首来自印度拉贾斯坦邦，全钢制。立在柄头顶端的小块可以拧下，柄头依靠铰链转动，显出握柄的空腔，可以存放物品。还有另一些类似的样品更为精细，里面放有各种小物件。有人传说，这个空腔可以让刺客存放毒药，达到不可告人的目的。刀柄用精细的凿子加工，刻有浮雕，是莲花图案的连续纹样。

印度"比什卡伯兹"匕首，19世纪早期

18—19世纪，勒克瑙（Lucknow）有多类手工业很有名，其中一类就是瓷釉。银质刀柄和鞘口装饰有斜向条纹，条纹上有彩色瓷釉，是各种野生动物图案。勒克瑙常用的颜色是蓝绿二色。

鞘镖缺失，用一块皮革代替

年代：19世纪早期

来源：印度

长度：31.5厘米（12.4英寸）

印度"比什卡伯兹"匕首，有镀金黄铜刀柄，约1850年

刀柄非常吸引人，材料是镀金黄铜，嵌有彩色颜料膏。总体效果很艳丽，而造价又不太高。这一类匕首，刀鞘也有类似的装饰，顾客是那些比较富有的外国人。

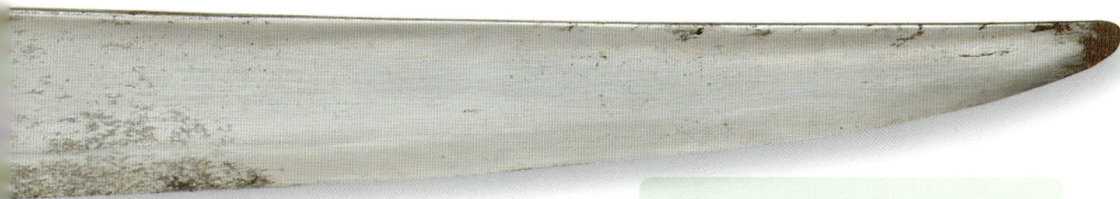

年代：约1850年

来源：印度

长度：35.8厘米（14.1英寸）

印度短刀、匕首、刺刀

印度次大陆的武器非常多样化，反映了从古至今各个民族所带来的影响，包括波斯人、希腊人、印度教徒、穆斯林，后来又有欧洲人所带来的影响。武器工艺精湛，主人认为这些武器有独立的精神或宗教意义。

套筒做成的虎头造型

象牙握柄

锷叉较短，十字形

迈索尔邦"毕什瓦"短刀，18世纪

18世纪匕首，从早期毗奢耶那伽罗王朝（14—16世纪）版本发展而来。属于迈索尔邦典型的匕首，上面"雅利"魔鬼突出的眼球与阶梯状圆锥形的孔槽都是南印度风格。刀柄由青铜或黄铜制成，环状，内部有一个狭窄的握柄。

年代：18世纪
来源：印度（迈索尔邦）
长度：32.5厘米（12.8英寸）

掌管护持的魔鬼"雅利"，有突出的眼球

反曲刀身

迈索尔套筒式刺刀（印度斯坦语"桑金"，原文sangin，直译"厚重的""结实的"），属于蒂普素丹，18世纪后期

这把罕见的套筒式刺刀，来自迈索尔统治者蒂普素丹（Tipu Sultan）的军械库。素丹的各种私人武器包括加农炮，都用老虎、虎皮条纹来装饰。套筒造型是一只虎头，刀身是虎皮花纹造型，根部还有另一个虎皮花纹造型部件支撑，是从套筒伸出的。

年代：18世纪后期
来源：印度（迈索尔邦）
长度：15.8厘米（6.2英寸）

刀身造型类似虎皮条纹
（当地语言：bubri）

年代：18世纪后期
来源：印度
长度：57厘米（22.4英寸）

波纹镶嵌的银丝装饰

印度插入式刺刀，有安瓦尔签名，18世纪后期

这种欧洲插入式刺刀设计后来被法国、西班牙用于猎刀，时间是18世纪后半期。这件样品是南印度对猎刀的诠释。刀身和十字护手有波纹镶嵌的银丝，签名为amal Anvar，意为"安瓦尔制"。

钢制环形刀柄

木柄

单刃刀身

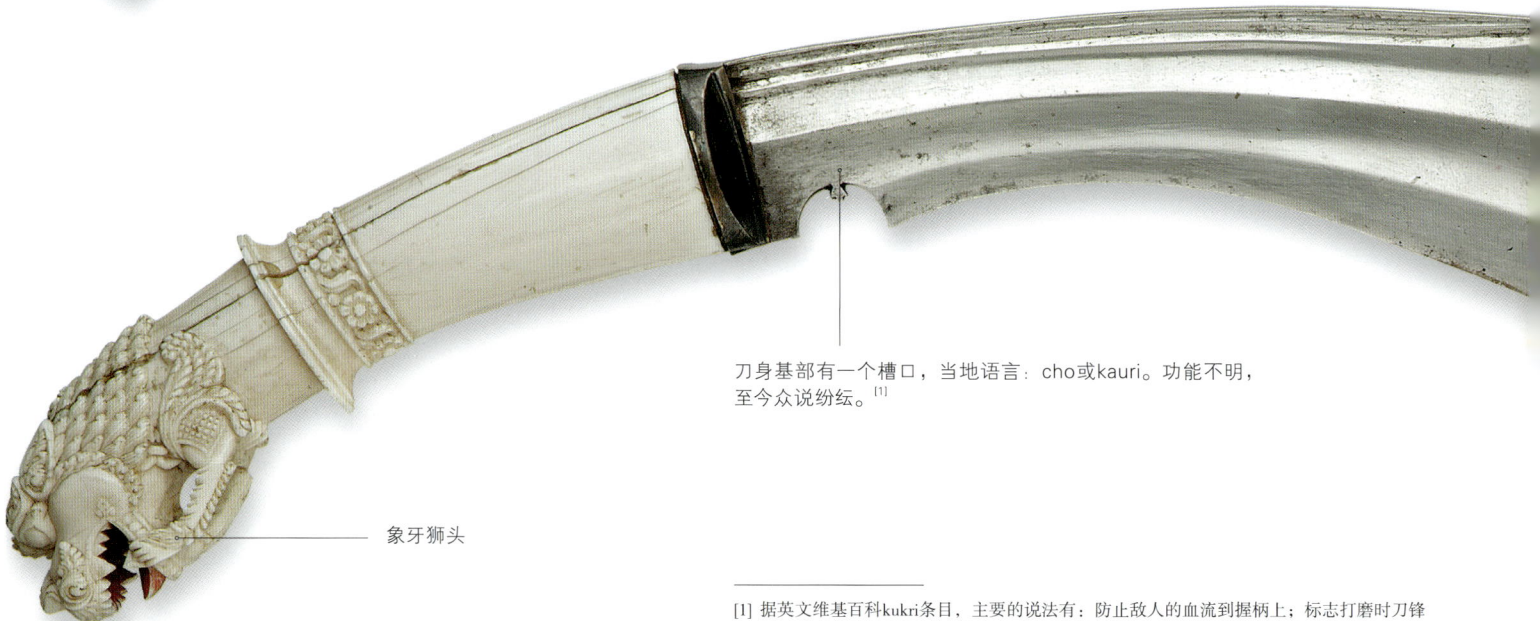

刀身基部有一个槽口，当地语言：cho或kauri。功能不明，至今众说纷纭。[1]

象牙狮头

_____

[1] 据英文维基百科kukri条目，主要的说法有：防止敌人的血流到握柄上；标志打磨时刀锋的尽头；象征印度圣牛的蹄子；用来格挡敌人的刀刃；方便悬挂，等等。——译者注

印度"毕什瓦"双刃短刀，约1800年

　　"毕什瓦"（bichwa）印地语意为"蝎子"，这些匕首很可能形状类似蝎子尾巴，或者是因为能够"蜇人"。刀柄为钢制、环形，指节护手刻有V形徽记。柄头尖顶饰为花蕾状，两个花蕾侧面突出，形成短锷叉（护手）。这件样品非常罕见，因为有两个刀身。它可能来自海得拉巴市（Hyderabad）。"毕什瓦"由于相对容易制造，20世纪作为装饰品依然在生产。

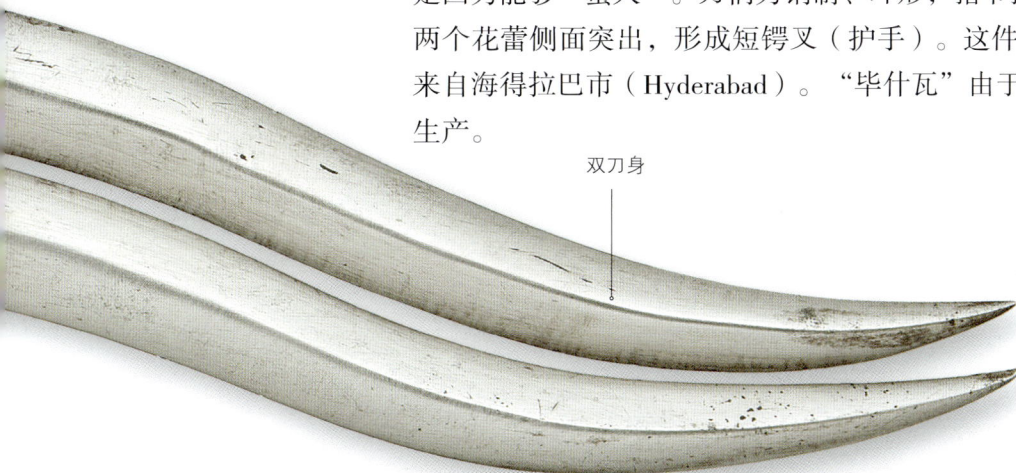

双刀身

年代：	约1800年
来源：	印度
长度：	32.8厘米（12.9英寸）

尼泊尔"廓尔喀"短刀，19世纪中期

　　这是因尼泊尔廓尔喀人（the Gurkhas）使用而著名的廓尔喀短刀（kukri）中最著名的一类，形状据说来自古希腊"科庇斯"（kopis）镰刀形剑，公元4世纪由著名的亚历山大大帝（Alexander the Great）军队带到印度。

年代：	19世纪中期
来源：	尼泊尔
长度：	不详

尼泊尔"廓尔喀"短刀，19世纪中期

　　这件"廓尔喀"短刀，握柄由象牙制成，上面雕刻有一个狮头状柄头。这个特征十分罕见，表示订购的买家必然很有身份。刀身也有些独特，上面有多个凹槽和脊，构成对称而美观的图案，需要很高的技巧和艺术品位方能制成。廓尔喀人使用这种短刀作战，勇猛无畏，声名远播。

年代：	19世纪中期
来源：	尼泊尔
长度：	40.6厘米（16英寸）

钢制刀身

黄铜握柄

钢制刀身一体成型

手指环

钢爪

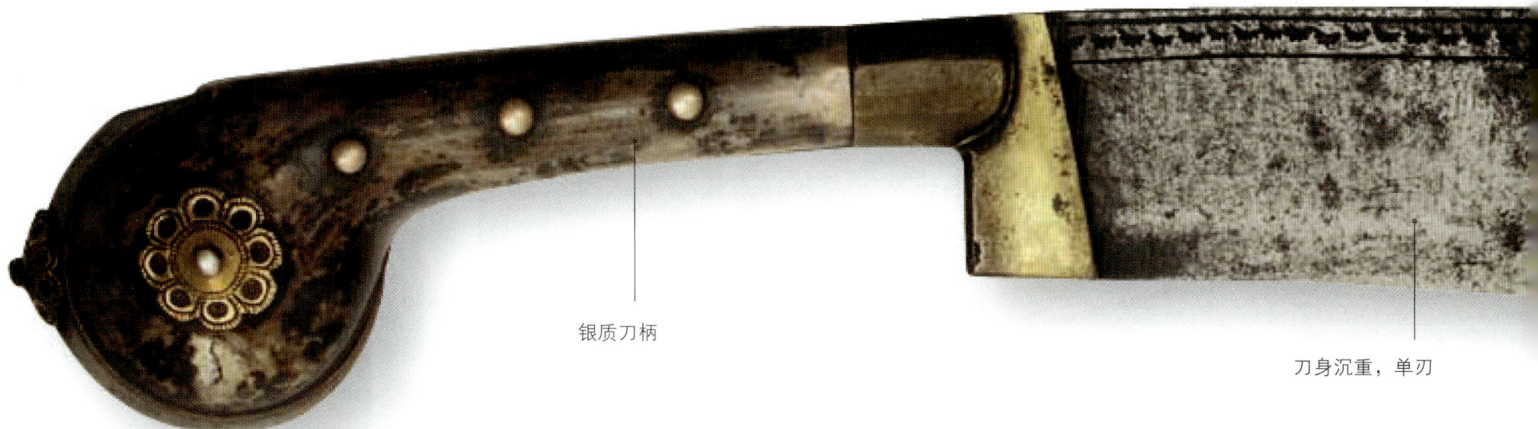

银质刀柄

刀身沉重，单刃

"雅利"魔鬼形象，露出牙齿

印度迈索尔邦"指节铜套"短刀，19世纪早期

这把印度短刀很有异国风情，来自迈索尔邦，属于"指节铜套"，有两个刀身。握柄由黄铜制成，刀身为钢制，基部做成"雅利"魔鬼形状，刀身就从雅利口中伸出，总体工艺十分精湛。印度传统节日"十胜节"（Dasara）期间有一种比赛，使用没有刀身的指节铜套搏斗，这种武器叫"雷杵铜套"（Vajra-mushti）。

年代：	19世纪早期
来源：	印度
长度：	不详

印度"虎爪"匕首，19世纪早期

印度有一种独树一帜的武器"虎爪"，印地语为bagh nakh，专门用于切削，造成划伤。1659年发生过一次著名刺杀，希瓦吉（Shivaji）用"虎爪"杀掉了阿夫扎尔汗（参见85页，此事有争议）。之前，希瓦吉一直把"虎爪"藏在手中，直到最后一刻。"虎爪"上的两个圆环是让外侧手指套用的，其他手指放在钢爪上面。

年代：	19世纪早期
来源：	印度（迈索尔邦）
长度：	32厘米（12.6英寸）

背剪形刀尖

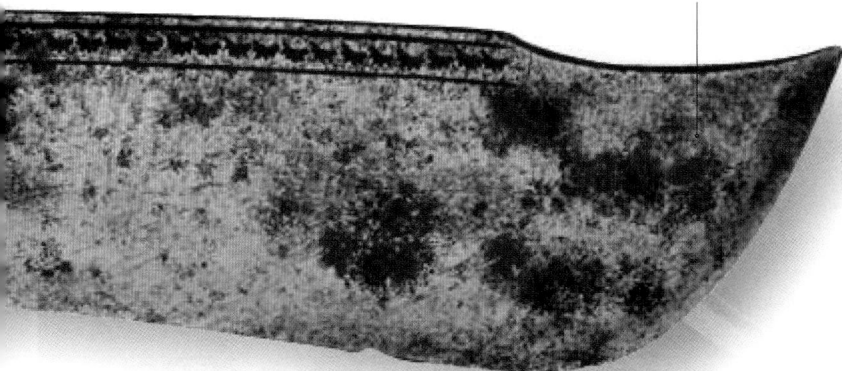

印度库格旧省泰米尔族短刀"辟展加蒂"，19世纪中期

辟展加蒂（pichangatti）意为"手持短刀"，是库格旧省泰米尔族使用的短刀。刀身较宽、沉重、单刃，刀尖处略微上翘。两片刀柄为银质，也有很多为黄铜或木制。大多在19世纪后期生产，似乎曾经作为民用刀具，用来切东西。

年代：	19世纪中期
来源：	印度（库格旧省）
长度：	不详

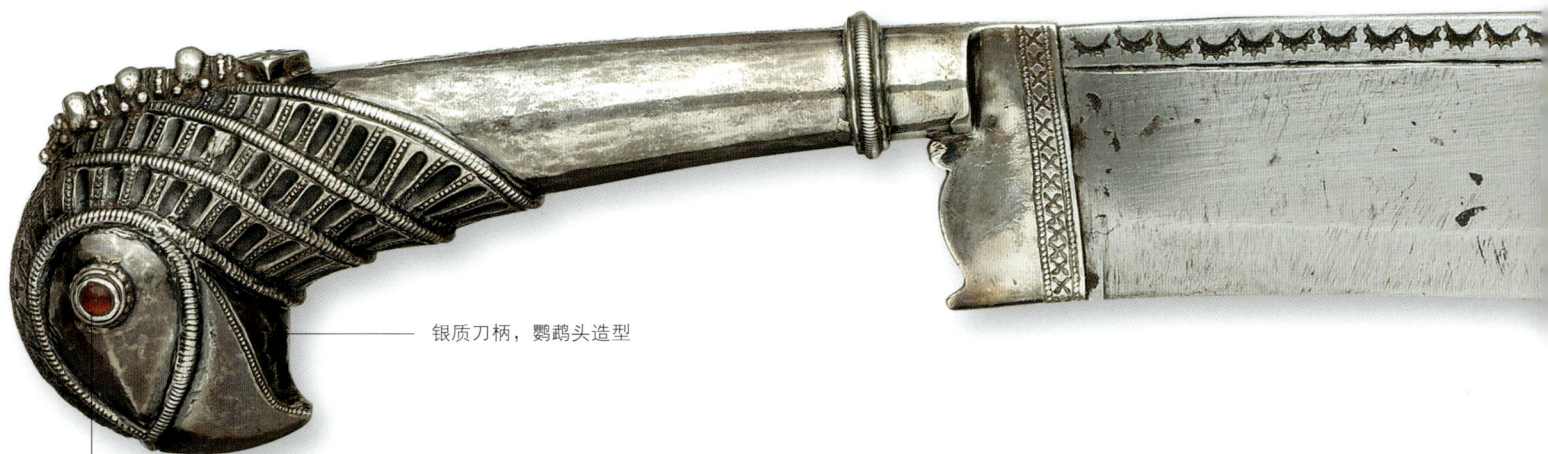

银质刀柄，鹦鹉头造型

红色石质眼睛

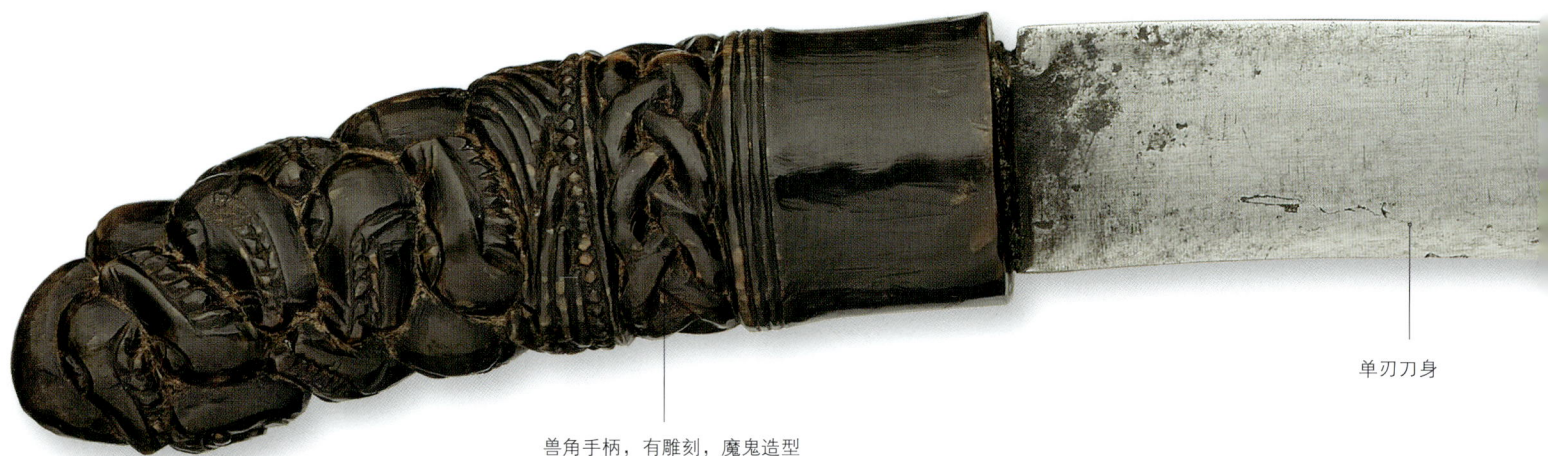

单刃刀身

兽角手柄，有雕刻，魔鬼造型

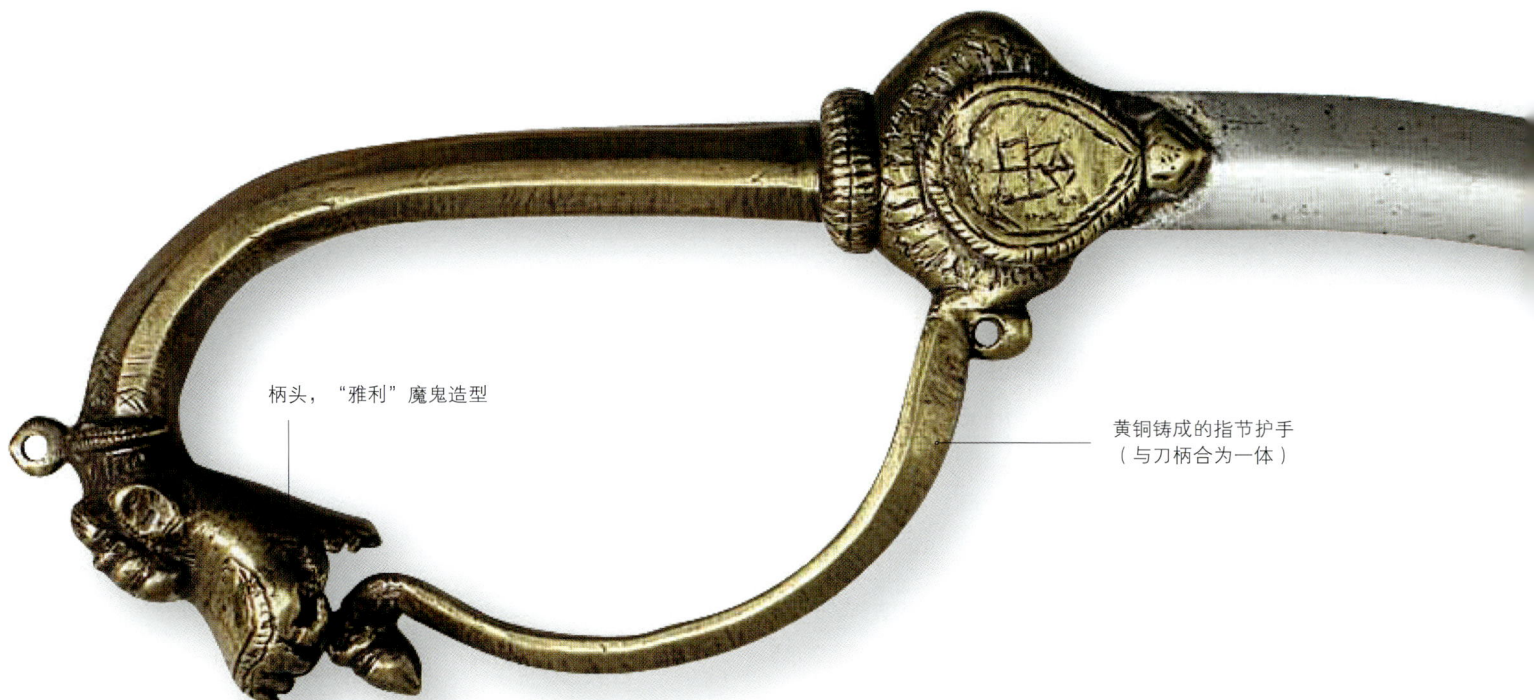

柄头，"雅利"魔鬼造型

黄铜铸成的指节护手
（与刀柄合为一体）

印度库格旧省泰米尔族短刀"辟展加蒂"，19世纪中期

这把辟展加蒂匕首，刀柄为银质，加工成鹦鹉头状，比较罕见。眼睛由红色石头制成。库格人会携带一种类似砍刀的武器，名叫"阿育达加蒂"（ayda katti）。携带它的容器为金属制，名叫"托顿加"（todunga），用带子挂在身上。辟展加蒂的正确位置是在带子前方。短刀的刀鞘包裹白银，刀鞘上用链子挂着一个小包，里面装着一些化妆工具，可以清洁指甲和耳朵。

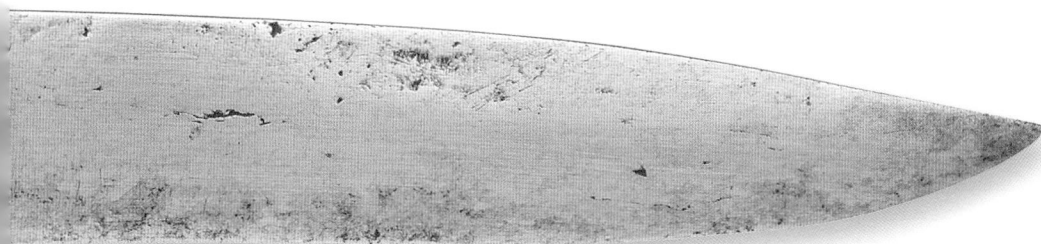

年代：	19世纪中期
来源：	印度（库格旧省）
长度：	25.5厘米（10英寸）

阿萨姆族匕首"达"（dha），带有雕刻的兽角刀柄，19世纪中期

这类匕首名叫"达"（dha），是典型的缅甸形制，常配有雕刻过的象牙刀柄。刀身略弯、单刃。这件样品刀柄较为独特，是由雕刻的水牛角制成。据说来自阿萨姆族，接近缅甸边境，但距离又远到足以形成一些不同的习惯，从而制造出这样不同于缅甸主流的刀柄。主流高级缅甸匕首的刀柄雕刻有多种魔鬼造型，其中有些姿态扭曲。

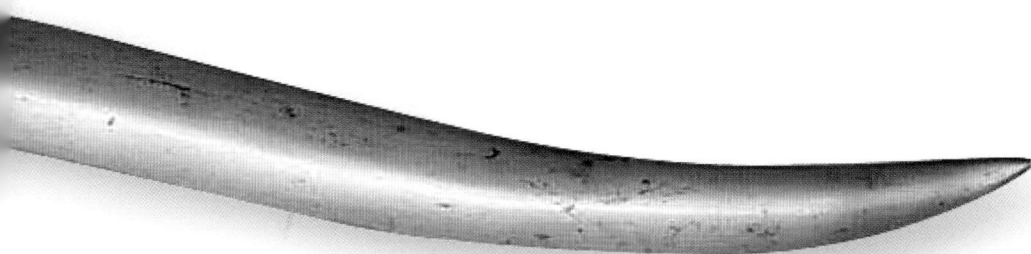

年代：	19世纪中期
来源：	印度（阿萨姆邦）
长度：	23.6厘米（9.3英寸）

迈索尔"毕什瓦"短刀，19世纪中期

这把"毕什瓦"短刀来自南印度，刀身为反曲，原型是印度原住民"达罗毗荼人"（the Dravidians，又译德拉威人）的兽角匕首。黄铜刀柄一体铸成，柄头制成"雅利"魔鬼造型。但刀柄根部设计杂乱无章，降低了它的价值，可能是很久之后配上的。

年代：	19世纪中期
来源：	印度（迈索尔邦）
长度：	不详

印度爪刃

印度"卡挞"匕首专门用于猛击，设计独特，属于古印度传统武器，后来被穆斯林借用。一般材料是全钢制，刀柄一般有一对把手（handlebars），与侧边垂直；侧边向上延伸，与刀手的胳膊平行。刀身呈三角形，通常有多道血槽。但16—17世纪的卡挞匕首多装有欧洲刀身，刀身两边平行，不再是收窄的三角形了。

印度"卡挞"匕首，17世纪

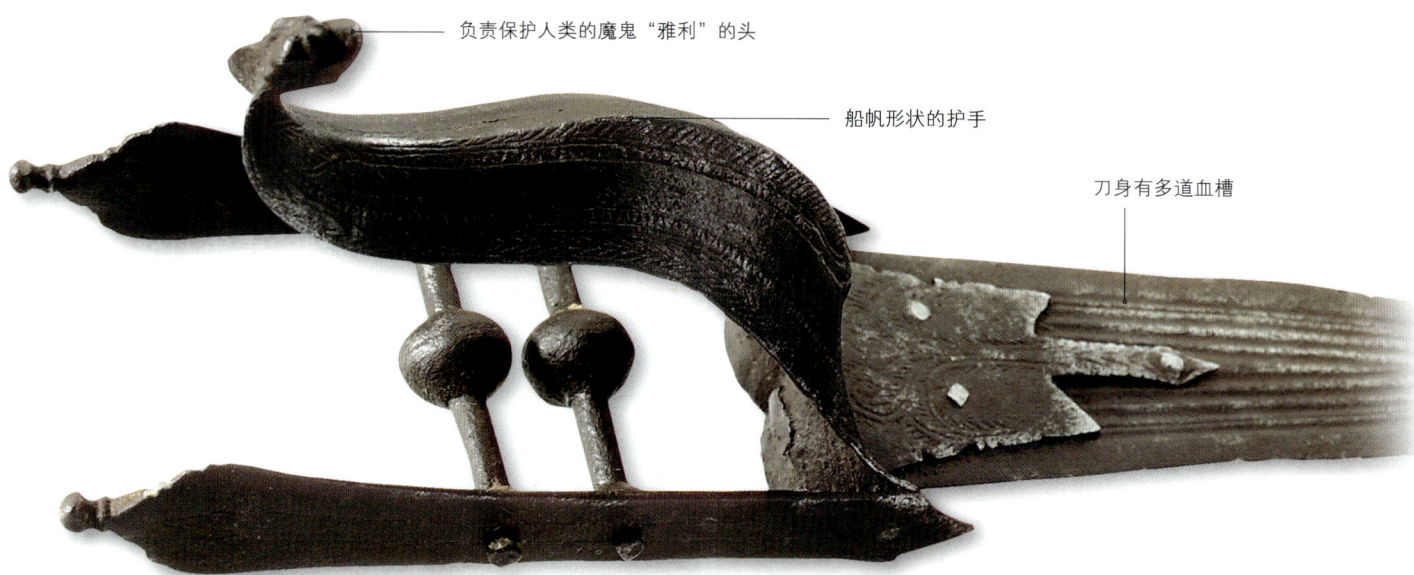

负责保护人类的魔鬼"雅利"的头

船帆形状的护手

刀身有多道血槽

这一类"卡挞"匕首，护手为船帆形状，刀身有多道血槽。来自"毗奢耶那伽罗"王朝（the Vijayanagara Empire），王朝于1565年战败衰落，1646年灭亡。把手中部的两个球形是中空的，船帆形护手保护手背，尖顶饰为魔鬼"雅利"的造型。

年代：	17世纪
来源：	印度
长度：	56.4厘米（22.2英寸）

北印度"卡挞"匕首，18世纪后期

血槽雕刻精细

一对争斗的鹦鹉

刀尖加厚，人们一般认为是为了刺穿铠甲，大概只有这样的纤细刀身才有可能完成这样的任务。一对把手之间，隔着一对在争斗的鸟儿造型。刀柄残留着波纹镶嵌的金丝装饰。刀身各条血槽雕刻精细。

年代：	18世纪后期
来源：	北印度
长度：	42.5厘米（16.7英寸）

拉贾斯坦邦"卡挞"匕首，1800年

刀尖被加厚

波纹镶嵌的金丝装饰

年代：	1800年
来源：	印度（拉贾斯坦邦）
长度：	30.5厘米（12英寸）

　　这把经典的拉贾斯坦邦"卡挞"匕首曾使用很多次。刀尖加厚，清晰可见。两边锋刀形状不太规则，腰部较窄，说明经过持续而反复的打磨。刀柄覆盖了厚重的波纹镶嵌的金丝装饰，设计风格典型。

印度"卡挞"匕首带刀鞘，19世纪早期

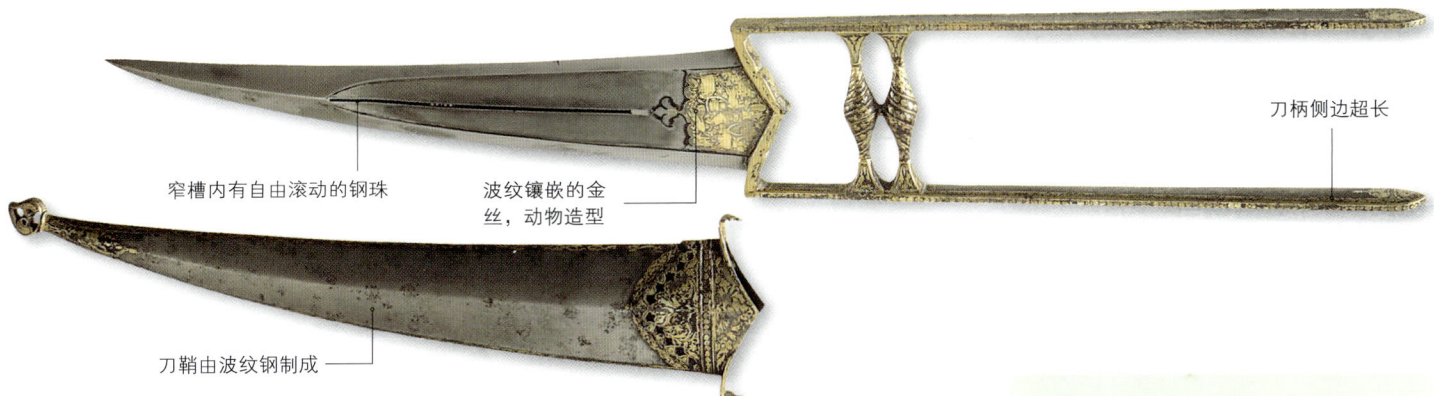

刀柄侧边超长

窄槽内有自由滚动的钢珠

波纹镶嵌的金丝，动物造型

刀鞘由波纹钢制成

年代：	19世纪早期
来源：	印度
长度：	61.5厘米（24.2英寸）

　　"卡挞"匕首很少有弯曲刀身。还有一些特色包括：刀身有窄槽，里面有能够自由滚动的钢珠，象征"安拉的眼泪"；刀柄的侧边超长；刀鞘由波纹钢制成；刀身有波纹镶嵌的金丝，做成动物造型，这种风格一般在17世纪常用。

拉贾斯坦邦"卡挞"匕首，有象头造型，1849年

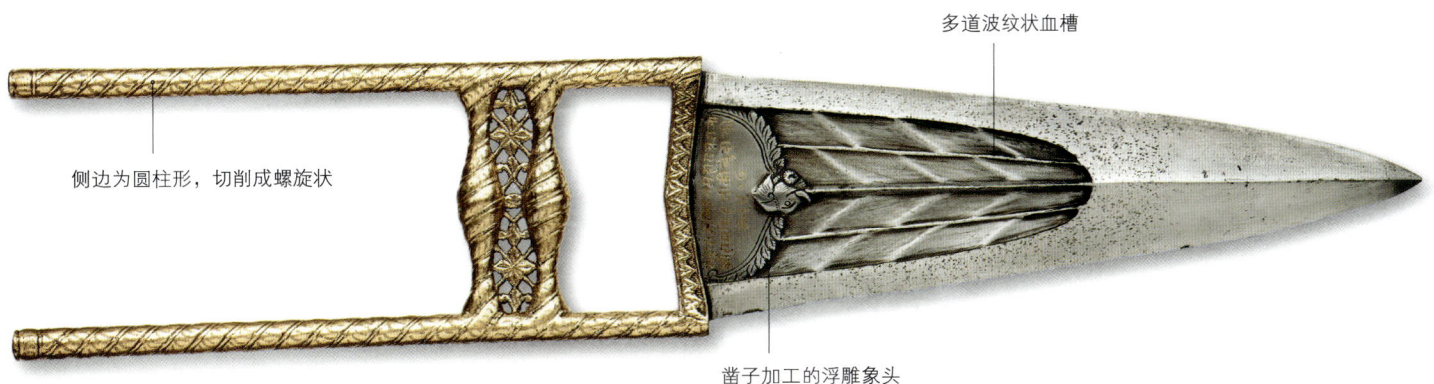

多道波纹状血槽

侧边为圆柱形，切削成螺旋状

凿子加工的浮雕象头

年代：	1849年
来源：	印度（拉贾斯坦邦）
长度：	40.4厘米（15.9英寸）

　　这把"卡挞"匕首是18—19世纪印度拉贾斯坦邦本迪市（Bundi）生产的一批特色匕首中的一把。年份是印度维克拉姆历（Vikrama era）1907年（公元1849年），是本迪大君（Maharajah，又译大王公，贵族头衔）的财产。手工铸造，打磨精细，刀柄覆盖金箔。1851年英国世博会（the Great Exhibition）期间曾在伦敦水晶宫（Crystal Palace）展出。

印度"卡挞"匕首，19世纪中期

这把匕首生产的年代火器已十分发达，这样的武器几乎已经成为累赘，然而质量依然很高。刀柄装饰有波纹镶嵌的金丝，刀鞘为钢制，有刺孔，图案是树叶之间一对鹦鹉在争斗，这一图案因有镶嵌的金丝而显得十分突出。钢制刀鞘在印度很少见，因为气候炎热潮湿，这种刀鞘容易受到严重损害。

年代：19世纪中期
来源：印度
长度：40.5厘米（15.9英寸）

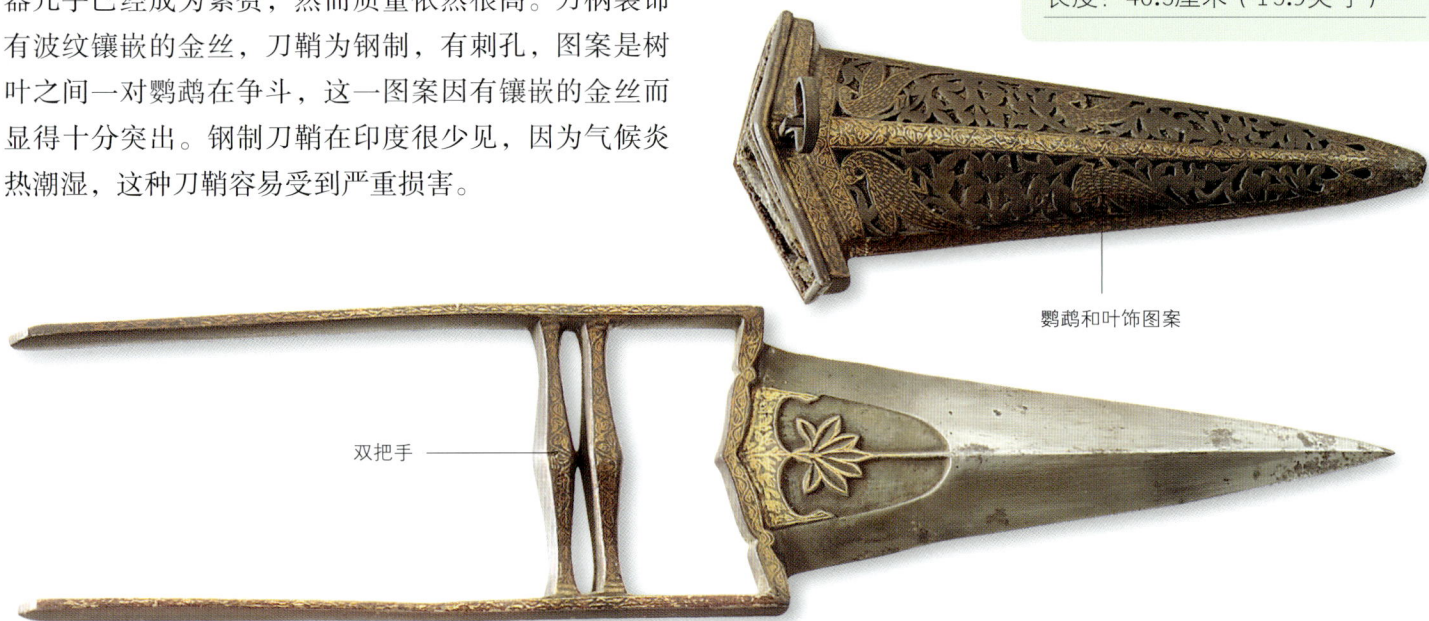

鹦鹉和叶饰图案

双把手

印度"卡挞"匕首，带有两把撞击式燧发手枪，18世纪到19世纪中期

刀鞘包裹有纺织品

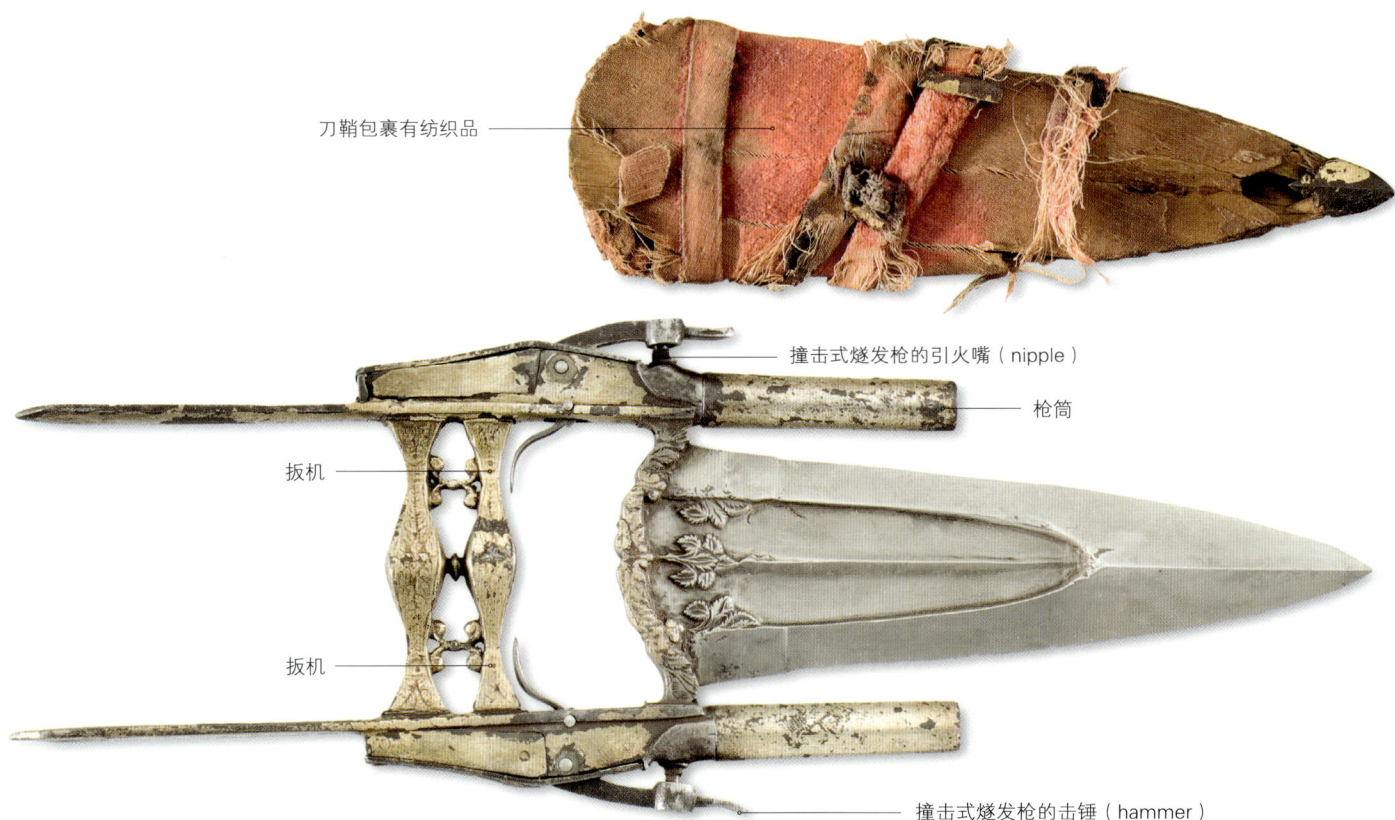

撞击式燧发枪的引火嘴（nipple）

枪筒

扳机

扳机

撞击式燧发枪的击锤（hammer）

为了跟上"现代科技"，18世纪的优质"卡挞"匕首在19世纪中期进行了改造，刀柄侧面装上了一对撞击式燧发手枪（percussion pistols），刀柄覆盖有波纹镶嵌的镀金银丝，显得十分笨重。刀身根部雕刻有精美的莫卧儿王朝鸢尾花，给这武器加上了奇怪的装饰。

年代：18世纪到19世纪中期
来源：印度
长度：40.4厘米（15.9英寸）

印度剪刀式"卡挞"匕首，19世纪后期

波纹镶嵌的银丝装饰，质量极差

　　剪刀式"卡挞"匕首带有机械结构，双把手紧握在一起，两个中空刀身就会通过铰链开启，显出内部一个较短的刀身。这是为了欧洲市场设计的。不管这种设计多么华而不实，如今，很多人看到著名间谍小说007里詹姆斯·邦德搭档"Q"的那些特殊武器时，就会有特殊的感情，这种机械匕首正是迎合了当时欧洲那些人的感情。

年代：	19世纪后期
来源：	印度
长度：	41厘米（16.1英寸）

印度剪刀式"卡挞"匕首，19世纪后期

两个中空刀身，通过铰链张开，显出内部第三个刀身

一双把手捏紧，能让刀身张开

　　剪刀式"卡挞"匕首另一件样品。1875—1876年，英国威尔士王子（the Prince of Wales）访问印度，旁遮普地区（the Punjab）的曼迪土邦的大君（the Raja of Mandi）将一把十分相似的样品赠给了威尔士王子。这种匕首一般有波纹镶嵌的银丝装饰，在西方（特别是英国）传世的似乎很多。

年代：	19世纪后期
来源：	印度
长度：	36厘米（14.2英寸）

印度剪刀式"卡挞"匕首，19世纪后期

刀身中空，开放位置

内部刀身

两个把手在握紧的位置

　　这件样品的设计有一个致命缺陷，刀身一旦刺入敌人身体就无法张开。如果在张开的情况下作战，那么外部刀身遭到的冲击只能由刀身根部的铰链承受。

年代：	19世纪后期
来源：	印度
长度：	40厘米（15.7英寸）

印度"切洛努"匕首与"坎查"曲刃刀

"切洛努"匕首（chilanum，又译"切洛弩"）为全钢制，刀身为双刃、反曲。刀身可能是由达罗毗荼人的兽角匕首发展而来；兽角匕首由兽角纵向的一部分材料制成。切洛努匕首在16世纪毗奢耶那伽罗王朝时期开始出现，马拉塔地区印度教徒和德干地区穆斯林都有使用。匕首经过几次明显的改进，形成"坎查"曲刃短剑（khanjarli），特色是柄头较大，半月形（lunette），一般用象牙制成。

毗奢耶那伽罗王朝"切洛努"匕首，约1600年

这把全钢制匕首代表"切洛努"大类的最早形态，在16世纪的细密画（miniature paintings）中可见。整把匕首由一整块钢材铸成，握柄和柄头帽用车床加工成圆柱形。历代印度宫廷的细密画，对研究印度武器是无价之宝。尽管印度的艺术传统与欧洲不同，让图画造型差异很大，但武器的细节却惊人地准确。

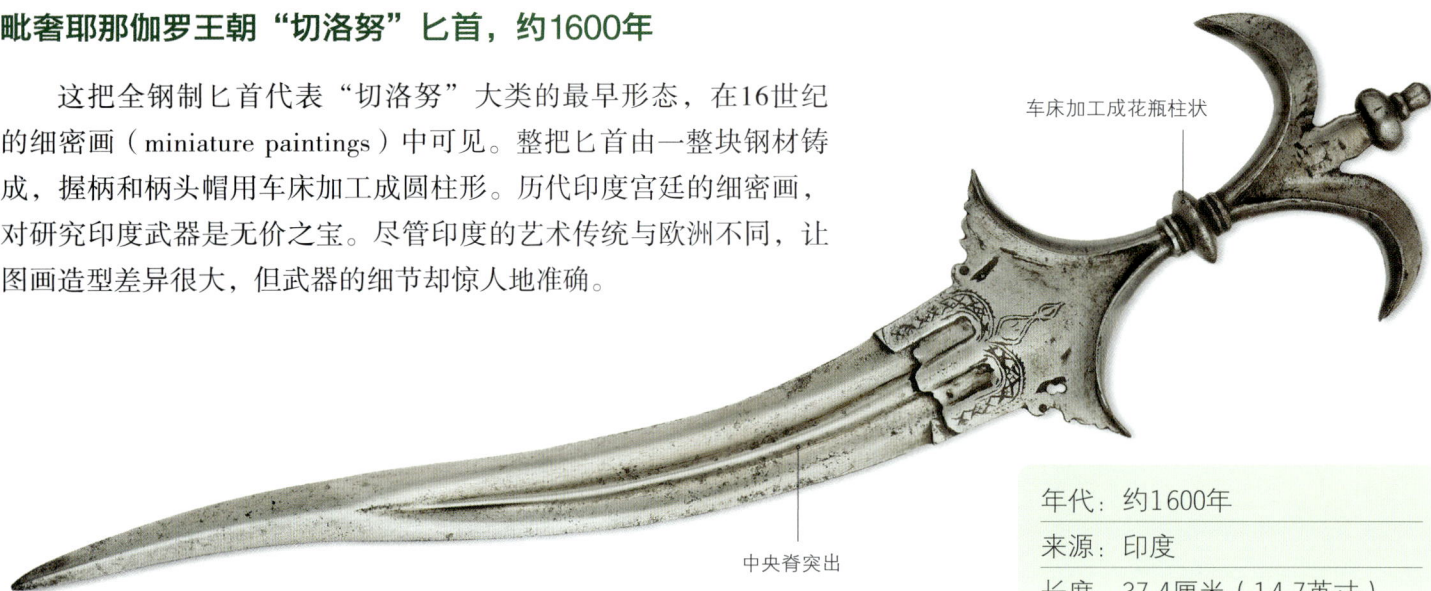

车床加工成花瓶柱状

中央脊突出

年代：	约1600年
来源：	印度
长度：	37.4厘米（14.7英寸）

德干"切洛努"匕首，有螺旋装饰，17世纪早期

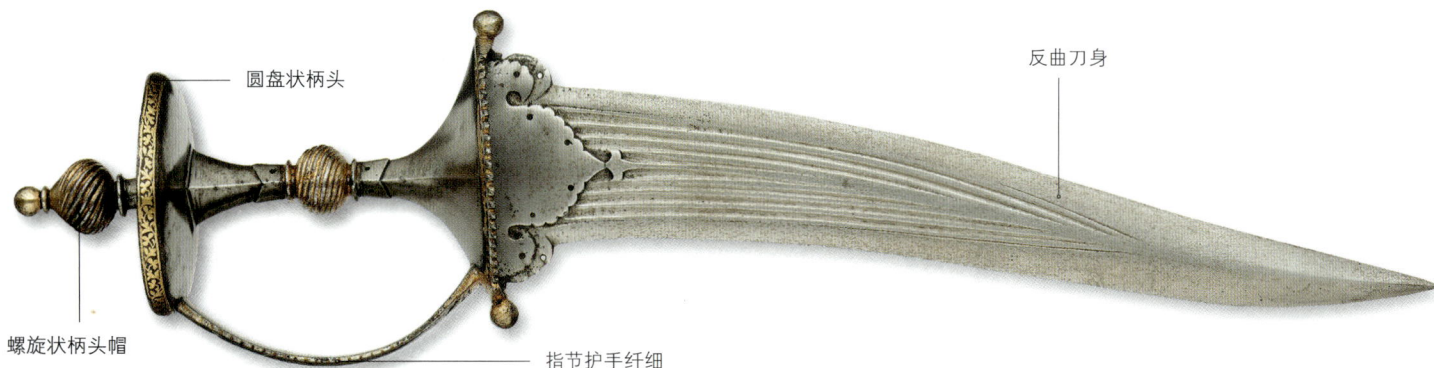

圆盘状柄头

反曲刀身

螺旋状柄头帽

指节护手纤细

有一类"切洛努"匕首，用抛光的钢材制成，现存于印度拉贾斯坦邦比卡内尔市（Bikaner）。这类匕首可能源自德干高原，典型特征是圆盘状柄头，螺旋状柄头帽，纤细的指节套护手可能是后来添加的。这件样品独特之处在于有波纹镶嵌的金丝装饰，而那些比卡内尔市的样品完全没有装饰。只是不确定金丝装饰是生产时加上的还是后来加上的。

年代：	17世纪早期
来源：	印度（德干）
长度：	42厘米（16.5英寸）

柄头造成屋
顶的形状

指节护套

印度"莫卧儿"匕首，有指节护手，约1625年

莫卧儿皇帝贾汗季（Jahangir）与儿子沙贾汗（Shah Jahan）的画像，都显示他们佩带有这种造型独特的匕首，由黄金制造，镶有宝石。本书所示这件样品是钢制，一体成型，指节护手造型优雅，线条自然流畅。柄头造成屋顶的形状，上面有一个花蕾状尖顶饰。握柄中央膨大，有两串凿子加工的珠子。

年代：	约1625年
来源：	印度
长度：	不详

刀尖加厚

德干"切洛努"匕首，17世纪中期

刀身有多道血槽

雕刻的剪影状轮
廓，代表一种保
护性的神力

这件样品代表经典的全钢制"切洛努"匕首，质量上乘。刀柄与刀身接合自然。刀身有多道血槽，类似于同时期的卡挞匕首刀身。刀柄基部有刺孔，加工成一个轮廓，在当地宗教中代表一种保护性的神力。

年代：	17世纪中期
来源：	印度（德干）
长度：	39厘米（15.4英寸）

印度"坎查"短剑，约1700年

传统上认为"坎查"短剑来自奥里萨邦（Orissa）和安德拉邦"维兹亚那格兰"县（Vizianagram）的印度民族，但起源地区可能广阔得多。主要特征是柄头较大，由象牙制成，半月形，两片握柄也是由象牙制成。刀身为反曲，透露出和"切洛努"匕首有共同祖先。这件样品有纤细的指节护手。

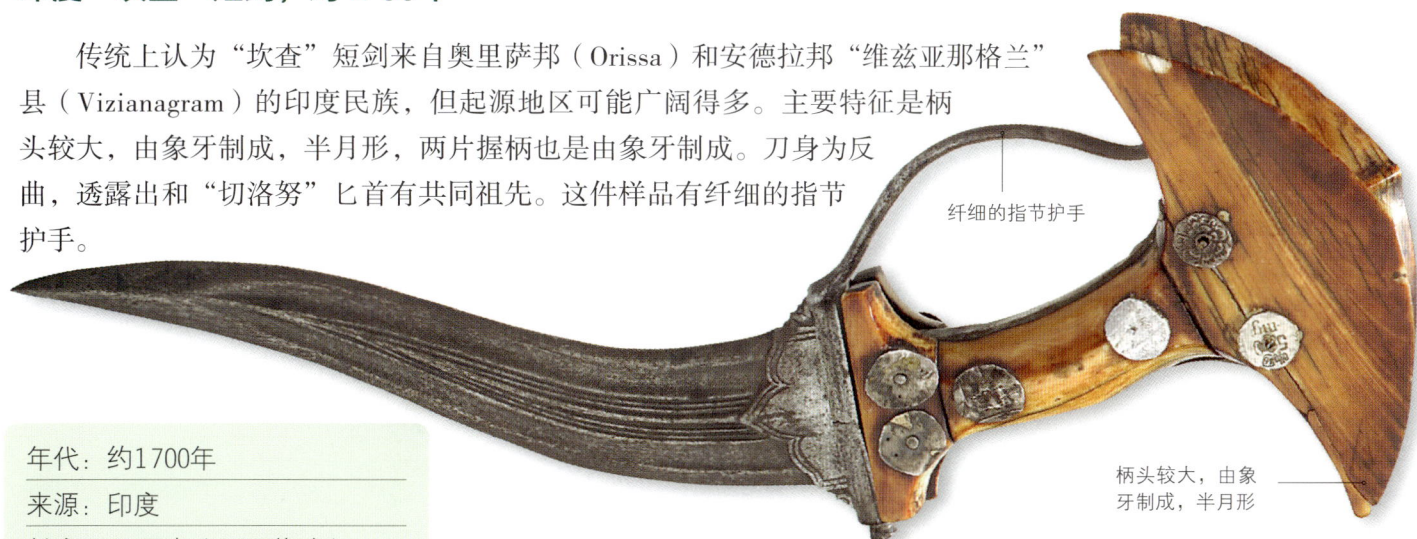

纤细的指节护手

年代：	约1700年
来源：	印度
长度：	31厘米（12.2英寸）

柄头较大，由象
牙制成，半月形

印尼"格里斯"短剑

印尼"格里斯"匕首是印度教文化的卓越产品。现存样品很多出自14世纪的马甲帕希帝国（Majepahit），而最早起源大概要追溯到东颂青铜时代（Dong-Son）[1]。铸造格里斯的铁匠使用的铁有多个来源，其中一个是传统的陨铁，陨铁中含有大量的镍。他们制造的刀身花纹华丽，刀柄雕刻精细，非常有名。

苏门答腊的"格里斯"匕首，约1800年

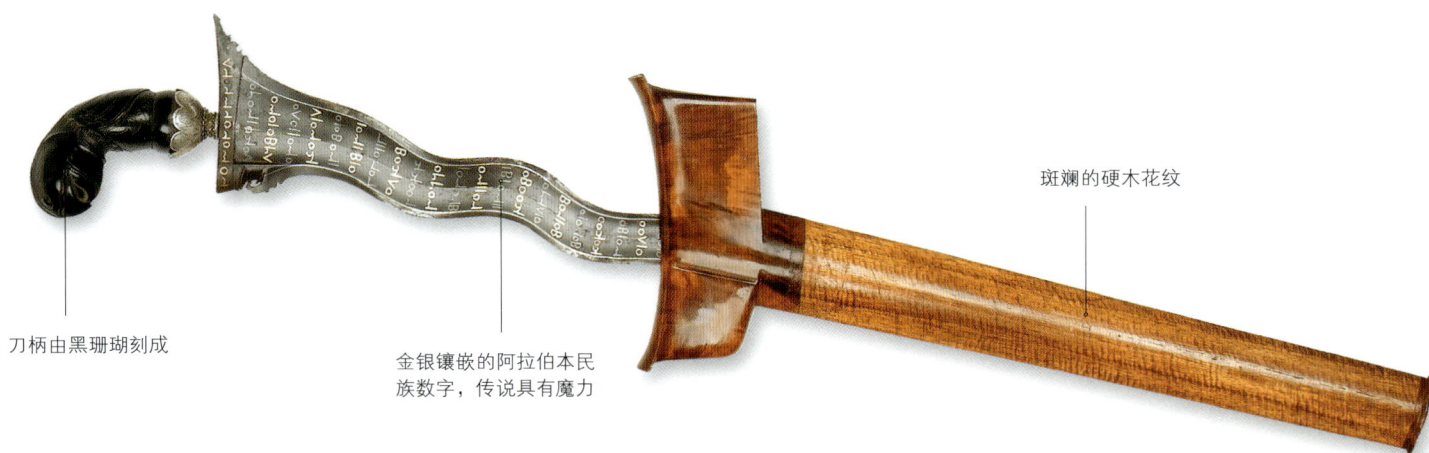

斑斓的硬木花纹

刀柄由黑珊瑚刻成

金银镶嵌的阿拉伯本民族数字，传说具有魔力

这把"格里斯"匕首质量很高，刀身烤蓝，有金银带交错制成的阿拉伯本民族数字[2]，被视为拥有魔力。刀柄用黑珊瑚雕刻而成，造型是一只风格化的鹦鹉。硬木刀鞘有色彩斑斓的纹理。"格里斯"在传说中威力很大，据说"格里斯"如果渴望鲜血，就会在主人睡梦中离开刀鞘杀人，然后自己擦拭干净，返回鞘中。

年代：约1800年

来源：苏门答腊

长度：49.5厘米（19.5英寸）

爪哇"格里斯"匕首，19世纪中期

这把"格里斯"匕首刀柄为木制，有雕刻，代表印度教里的神灵"罗刹"（Raksha，或Raksasa）一般形象是披散着长发，身体四周环绕着树叶，信徒认为它的出现能够驱除恶鬼[3]。刀鞘金属套子（pendok）为镍制，雕刻有叶饰。金属套上雕刻的家族纹章（armorial device），可能是荷兰殖民者带到印尼的。

木柄刻有神灵"罗刹"（Raksha）形象

镍制金属套子（pendok），雕刻有装饰图案

年代：19世纪中期

来源：爪哇

长度：35厘米（13.8英寸）

[1] 约公元前500年—公元500年。——译者注
[2] 阿拉伯语有自己的本民族数字，和世界通用的"阿拉伯数字"是两个体系。——译者注
[3] 罗刹代表的意义因地区和信仰而各有不同，有"恶鬼"说、"地狱鬼卒"说、"佛教护法神"说等。这里取其中一个含义。——译者注

马来亚"格里斯"匕首，19世纪中期

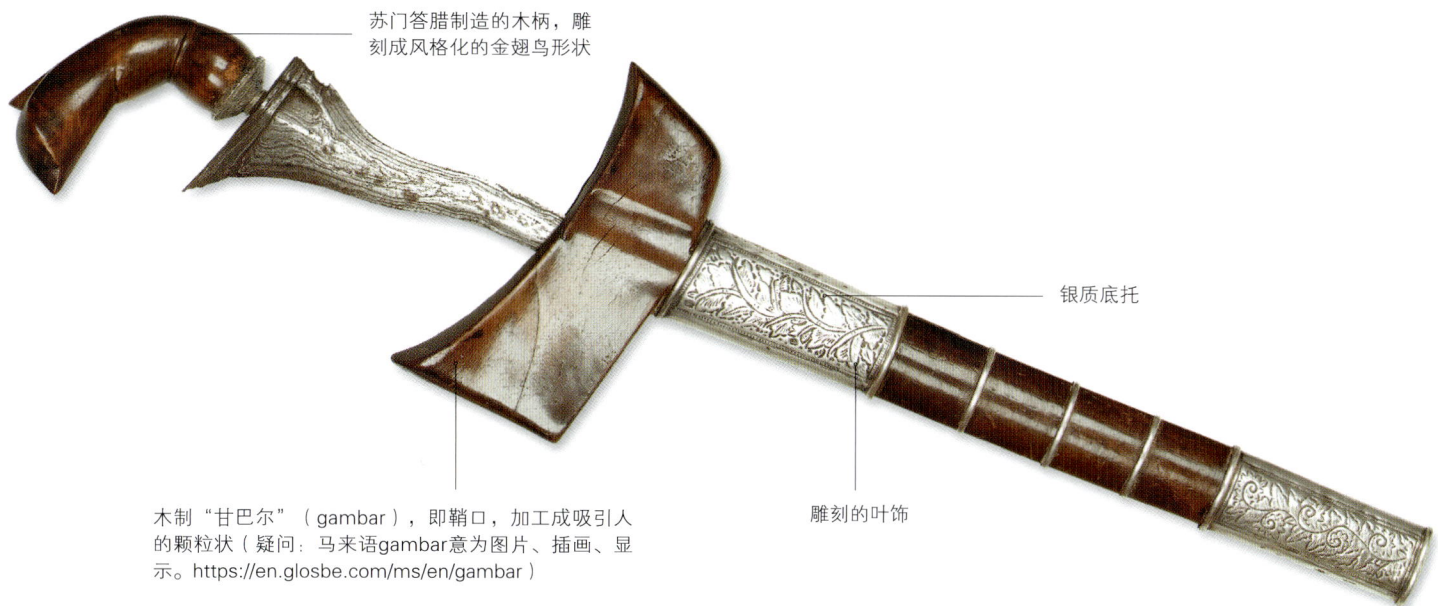

苏门答腊制造的木柄，雕刻成风格化的金翅鸟形状

银质底托

雕刻的叶饰

木制"甘巴尔"（gambar），即鞘口，加工成吸引人的颗粒状（疑问：马来语gambar意为图片、插画、显示。https://en.glosbe.com/ms/en/gambar）

典型的格里斯匕首，木柄来自苏门答腊，造型是一只风格化的金翅鸟（Garuda，音译迦楼罗、加鲁达），即印度神话中巨鸟形状的神。马来亚格里斯的银质底托很多由华裔匠人打造，这些样品刻有蔓生的叶饰。

年代：	19世纪中期
来源：	马来亚
长度：	30.4厘米（12英寸）

马来亚"格里斯"匕首，19世纪中期

这把"格里斯"匕首有象牙刀柄，是印尼马都拉（Madura）岛上典型的雕刻风格。刀身顶端有"帕默尔"（pamor）图案，即波纹图案，因铁匠铸造的铁有各种成分，因此造成这样的图案。银质的"彭多科"（pendok）即杆状鞘镖有精致的凸印图案，是一个印度教民间神灵"博纳斯帕提"（Bonaspatti）的面具形象。

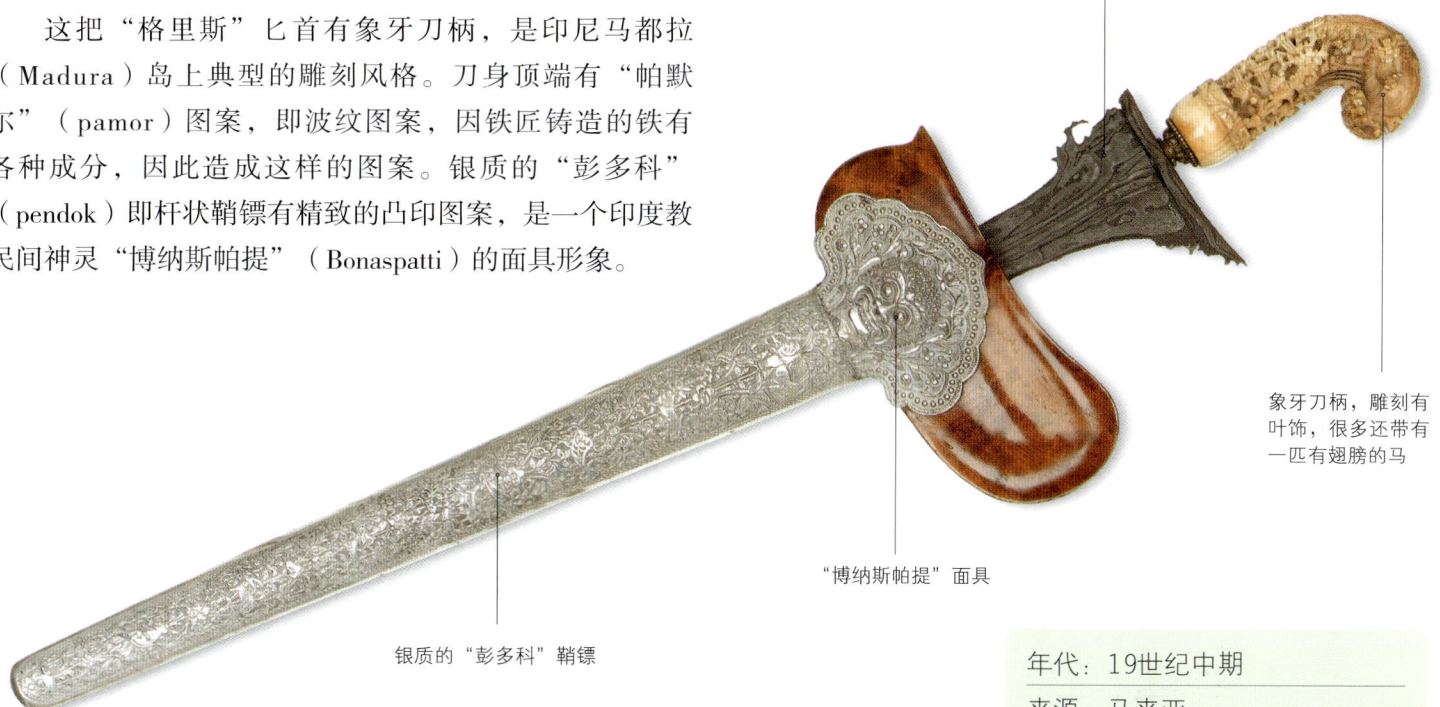

"帕默尔"波纹图案，通过蚀刻显露出来

象牙刀柄，雕刻有叶饰，很多还带有一匹有翅膀的马

"博纳斯帕提"面具

银质的"彭多科"鞘镖

年代：	19世纪中期
来源：	马来亚
长度：	41.9厘米（16.5英寸）

马来亚 "巴德巴德" 匕首，19世纪中期

刀柄用抹香鲸牙齿做成

黄金包头

刀鞘主体为硬木

年代：	19世纪中期
来源：	马来亚
长度：	22.8厘米（9英寸）

巴德巴德是马来族的传统短刀，刀身纤细、略弯，内刃磨快。刀柄用鲸鱼牙齿做成，刀鞘由硬木制成，顶端为象牙。主要作为劈砍工具，也能作战。

马来亚 "格里斯" 匕首，19世纪中期

刀身先用柠檬汁清洗，再用檀香油涂抹

色彩斑斓的细致纹理

刀柄有细致纹理

年代：	19世纪中期
来源：	马来亚
长度：	33厘米（13英寸）

马来亚盛产各种奇异的木材，工匠选了纹理十分细腻的木材制作这把匕首。这一类格里斯匕首刀身经常用柠檬汁清洗，柠檬酸成分在刀身形成蚀刻图案，然后再用檀香油（sandalwood oil）擦拭，起到保护作用。

马来亚 "格里斯" 匕首，19世纪到20世纪

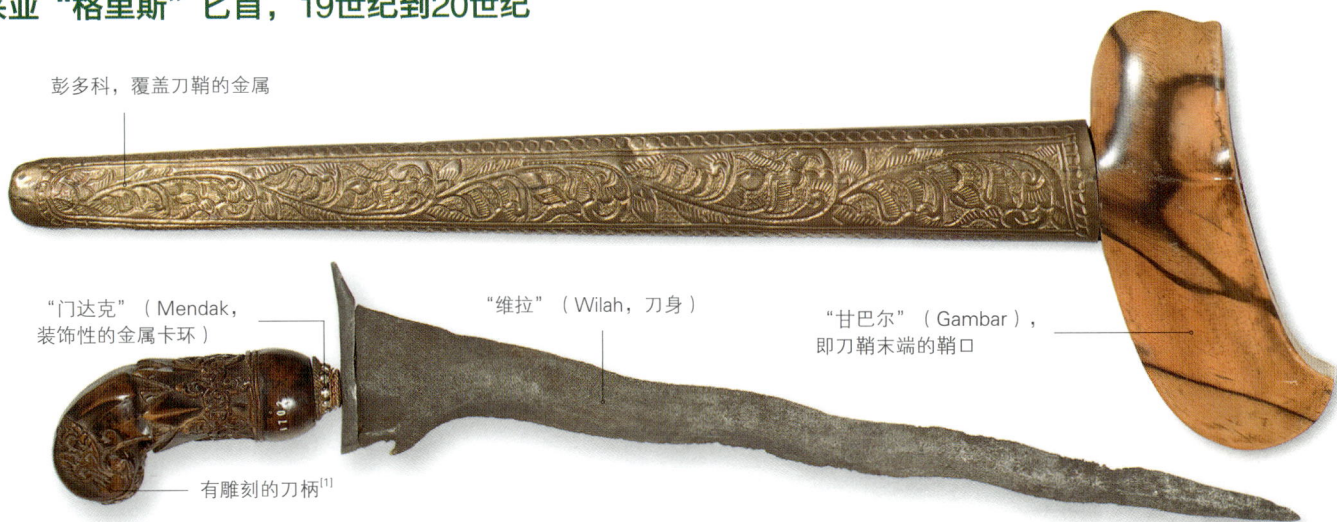

彭多科，覆盖刀鞘的金属

"门达克"（Mendak，装饰性的金属卡环）

"维拉"（Wilah，刀身）

"甘巴尔"（Gambar），即刀鞘末端的鞘口

有雕刻的刀柄[1]

年代：	19世纪到20世纪
来源：	马来亚
长度：	不详

马来人和印尼人都希望拥有一把象征健康、好运、财富的吉祥格里斯匕首，因此买家会细数刀身的 "洛克"（lok，波纹）数量。有些人觉得奇数波纹吉利，有些人觉得偶数波纹吉利。这把马来亚格里斯刀身产自19世纪，刀柄、刀鞘则是20世纪配上的。

[1] 原文说Ukiran是刀柄，但马来语Ukiran意为雕刻，不是刀柄本身。这里按照实际意思翻译。——译者注

爪哇"格里斯"匕首，约1900年

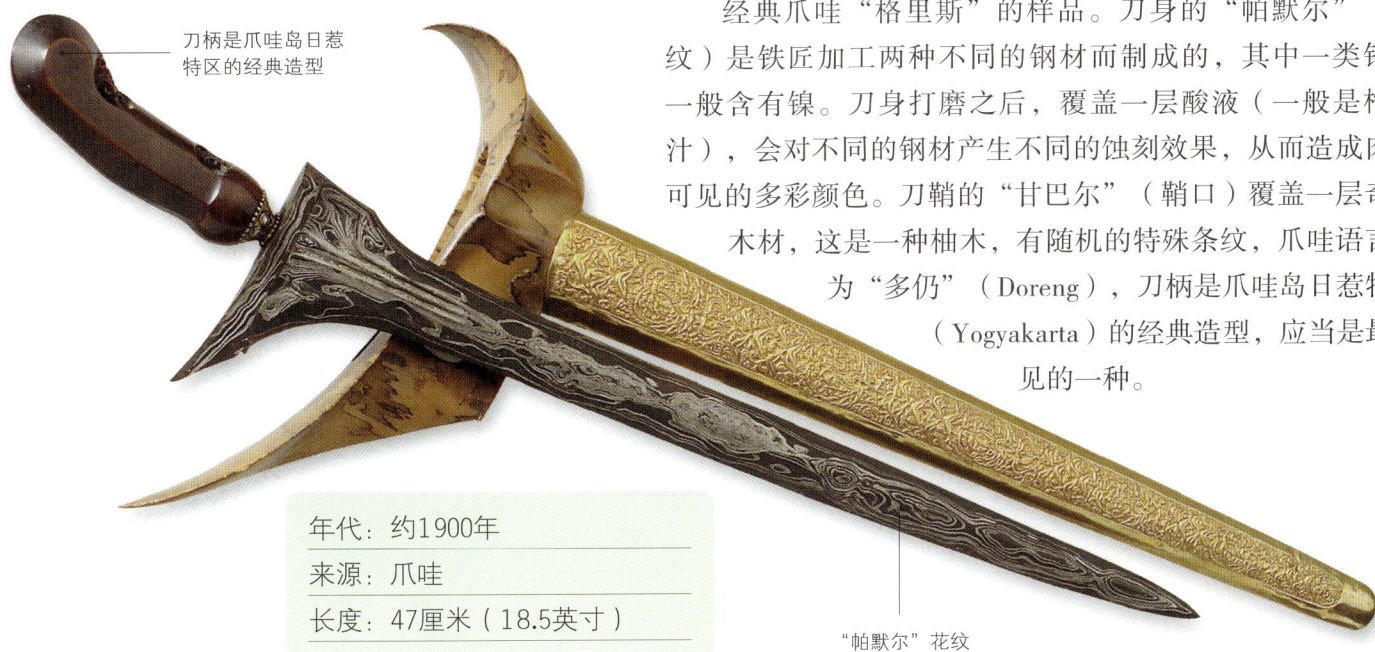

刀柄是爪哇岛日惹特区的经典造型

经典爪哇"格里斯"的样品。刀身的"帕默尔"（花纹）是铁匠加工两种不同的钢材而制成的，其中一类钢材一般含有镍。刀身打磨之后，覆盖一层酸液（一般是柠檬汁），会对不同的钢材产生不同的蚀刻效果，从而造成肉眼可见的多彩颜色。刀鞘的"甘巴尔"（鞘口）覆盖一层奇异木材，这是一种柚木，有随机的特殊条纹，爪哇语言称为"多仍"（Doreng），刀柄是爪哇岛日惹特区（Yogyakarta）的经典造型，应当是最常见的一种。

年代：约1900年
来源：爪哇
长度：47厘米（18.5英寸）

"帕默尔"花纹

"格里斯"刀架

"格里斯"匕首传统上要存放在一种木板上，木板往往有雕刻，有些还有涂漆。古代传世的这类雕塑状刀架非常少。印尼巴厘岛在1960年代成为旅游胜地，这些奇怪的物件有了购买需求，生产就兴旺起来。这些刀架用一整块木材精心刻成，大多数是印度教神灵的形象，漆成艳丽的颜色。主要的造型有：群主（Ganesh，又译甘乃什、象头神，印度教的财神），哈奴曼（Hanuman，神猴），哇扬戏人物（皮影戏的人偶）。所有造型都设计成把"格里斯"匕首拿在手里的形象。有些刀架制作十分精美。这些刀架承托的匕首，如今也在生产，有些还供不应求，最高级的产品十分昂贵。

▶ 右侧雕像拿着一把"处决用格里斯"匕首。处决时，犯人绑在一把椅子上，刽子手用细长的刀身向下刺入犯人心脏

日本匕首

　　日本的刀身和部件代表了全世界铸剑师最高的艺术成就，人们对日本匕首的尊重可以同对一副名画、画框的尊重比肩。不同流派以及匠人个人的风格，都可以在刀身上展现出来。每一派、每一人的作品都有细节差异。要做出综合评价，必须对日本刀剑、匕首有一定程度的了解。鉴赏家必须握在手里，才能有效判定一把刀的质量。

日本穿甲匕首（yoroi toshi，日文：鎧通し）[1]，约1400年

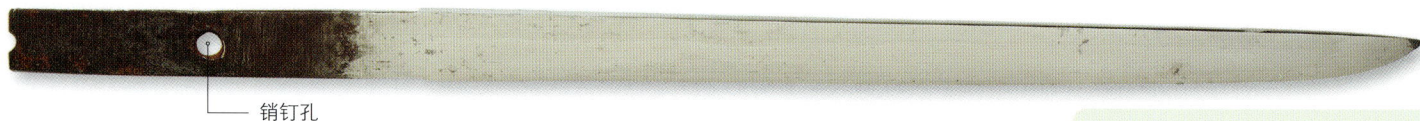

销钉孔

　　这把穿甲匕首设计的目的是为了刺穿铠甲。刀身很窄，刀背较宽，几乎笔直。柄舌（nakago，日文：茎）上穿了一个孔（mekugi-ana，日文：目钉穴），可插入一个竹制销钉，用以固定刀柄。柄舌还有一个原来使用的孔，说明刀身原先更长。

年代：	约1400年
来源：	日本
长度：	30.5厘米（12英寸）

日本合口匕首，1625年之后

家徽（Hoshimon），代表三颗星

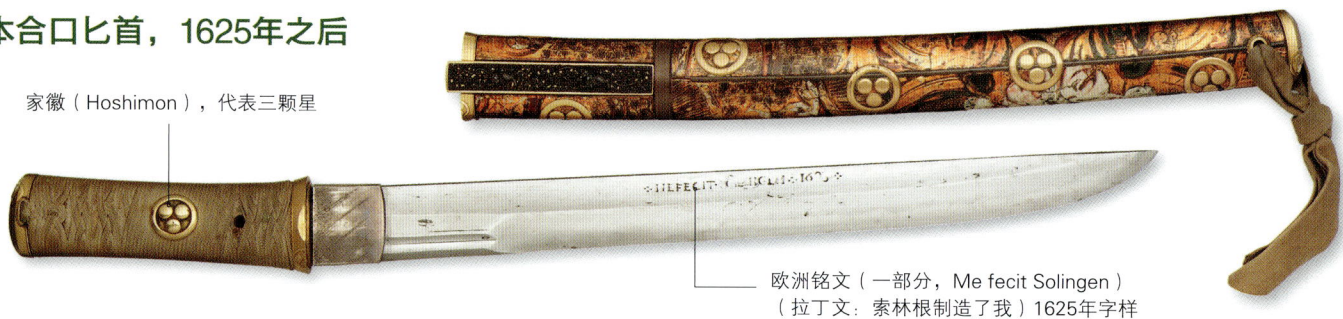

欧洲铭文（一部分，Me fecit Solingen）
（拉丁文：索林根制造了我）1625年字样

　　合口匕首是没有护手（tsuba，日文："鍔"或"鐔"）的日本匕首。这件样品几乎是独一无二的，刀身是德国索林根在1625年制造，其余部分是后来配上的。日本铁匠重新利用了刀身，加上了Sanga家族的家徽（hoshimon，日文：星纹）[2]。

年代：	1625年之后
来源：	日本
长度：	48.7厘米（19.2英寸）

日本短刀，江户时代后期，约1840年

护手（tsuba，日文：鍔）

柄头帽（kashira，日文：頭）

握柄包头（fuchi，日文：缘）

　　短刀上的纯铜（shakudo，日文：赤铜）部件，装饰有金质浮雕，是制造流派"后藤"（Goto，日文：後藤）的典型风格。浮雕是多名武士的图案，长期受到人们的欢迎。这件样品的浮雕属于高浮雕（high relief），背景是颗粒状，称为"鱼子"背景（nanako，日文：魚子）。这种颗粒用冲压造成，冲压一次就会形成一个很小的半球形。

年代：	江户时代后期，约1840年
来源：	日本
长度：	39厘米（15.3英寸）

[1] 英文罗马字拼写有误。日文假名写作"よろいとおし"（yoroi tooshi）或"よろいどおし"（yoroi dooshi）。——译者注
[2] 原文有多处错误或疑似错误。日文家徽统称"家纹"（kamon），"星纹"只是其中一个大类。图中的圆圈内部三颗星成"品"字形排列的图案名叫"丸に三つ星纹"（maru ni mitsuhoshi），日本历史上有多个家族如渡边（Watanabe）曾经使用。原文的家族名Sanga日语未详，疑似不规范或不准确。——译者注

日本双刃短剑，江户时代后期，约1850年

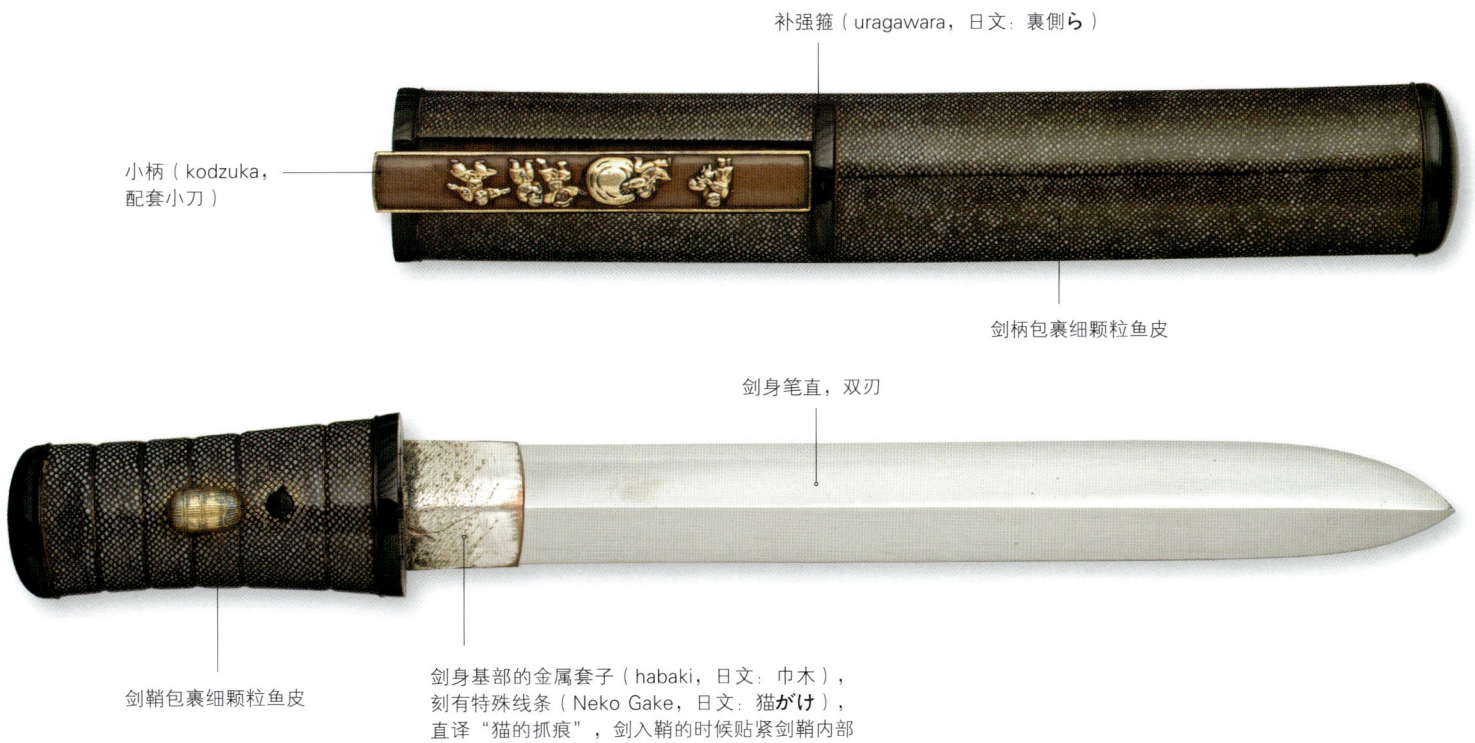

补强箍（uragawara，日文：裏側ら）

小柄（kodzuka，
配套小刀）

剑柄包裹细颗粒鱼皮

剑身笔直，双刃

剑鞘包裹细颗粒鱼皮

剑身基部的金属套子（habaki，日文：巾木），
刻有特殊线条（Neko Gake，日文：猫がけ），
直译"猫的抓痕"，剑入鞘的时候贴紧剑鞘内部

这件样品可称为短剑或匕首，剑身笔直、双刃，日文叫"剑"（ken，剑），艺术品中一些佛教神灵会携带这种武器。它的来源是中国（7—8世纪），这种短剑和佛教一同被引进日本，于是很多这一类短剑就用于在寺庙展示了。

年代：	江户时代后期，约1850年
来源：	日本
长度：	30.8厘米（12.1英寸）

日本短刀，江户时代后期，约1860年

回火波浪线（hamon，
日文：刃紋）

一对刀柄装饰品中
的一只（menuki）

整理头发用的"笄"
（kogai），也是备
用小刀

鞘镖（kojiri，日文：縁頭）

刀柄（tsuka）缠有丝带，有些也使用丝线、皮带甚至鲸须（baleen）。握柄包裹鲨鱼皮（same，日文：鮫），装有两个小饰品（Menuki，日文：目貫），装上之后缠线。刀柄饰品是为了握持更加牢靠。刀鞘尽头的鞘镖（kojiri，日文：縁頭）名义上用来保护刀鞘，不过现实中只是一个底座，用来加装其他装饰品。

年代：	江户时代后期，约1860年
来源：	日本
长度：	43.3厘米（17英寸）

日本合口匕首，江户时代后期，约1860年

丝绸带子（sageo，日文：
下緒），把刀鞘系在腰带上

黄铜制成的笄

鞘口（koi guchi，日文：鯉口）

刀柄涂漆，有黄铜底托

这件日本合口匕首包裹物（koshirae，日文：拵，即刀鞘和底托的合称）为一种特殊黄铜制成，名叫"宣德"（sentoku，日文：宣德）。[1]刀柄（tsuka，日文：柄）和刀鞘（saya，日文：鞘）涂漆，十分美观。这把匕首在19世纪下半叶由江户时期后期生产。刀鞘上有一个狭槽，里面存放小工具"笄"（kogai，日文：笄），用来整理头发。

年代：	江户时代后期，约1860年
来源：	日本
长度：	33.3厘米（13.1英寸）

日本短刀，明治时期，约1870年

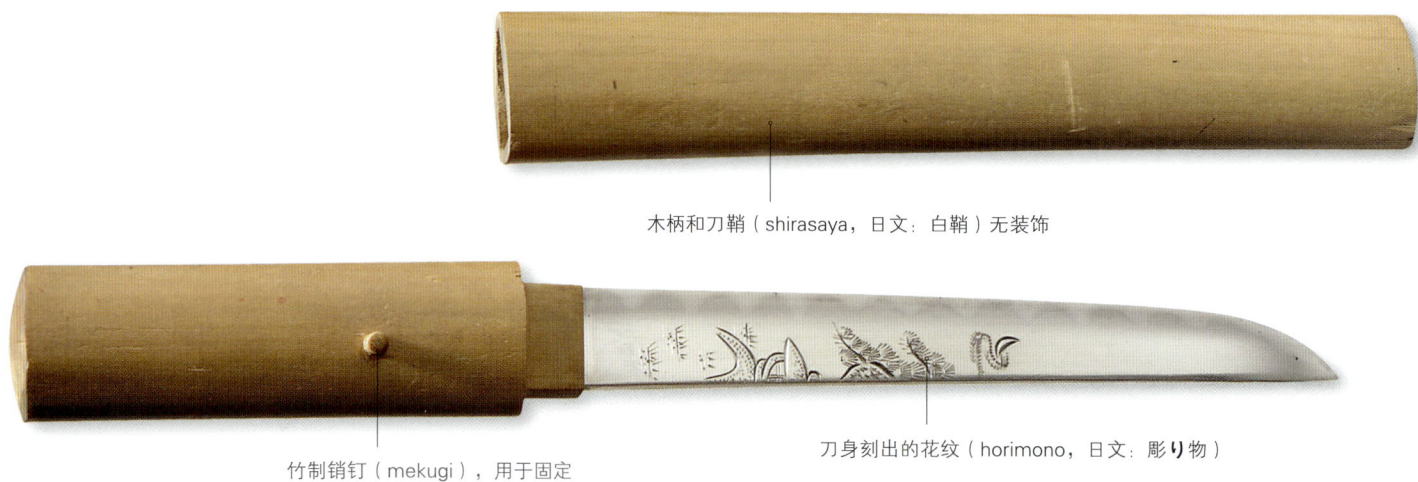

木柄和刀鞘（shirasaya，日文：白鞘）无装饰

竹制销钉（mekugi），用于固定

刀身刻出的花纹（horimono，日文：彫り物）

这把短刀刀身配有木制刀柄和刀鞘，无装饰。刀鞘一般由木兰树木（magnolia）制成，名为"白鞘"（shirasaya），无任何装饰部件。就连金属套子"巾木"也换成了木制的，而且成为刀柄的一部分。白鞘是为了保护刀身，提供适当的储存办法，这把刀并不是为了实际使用。刀身有雕刻装饰，名为horimono，日文：彫り物。

年代：	明治时期，约1870年
来源：	日本
长度：	32厘米（12.6英寸）

[1] "宣德"为中国明代年号（1426—1435年），当时中国黄铜生产十分兴盛。日本在江户时期大量进口中国黄铜器皿，以"宣德"代称。——译者注

日本短刀，明治时期，刀身标记1877年

实用小刀（kodzuka，日文：小柄）

金属套子（habaki）

刀鞘涂漆、弯曲、分节，十分美观，说明可能是铸剑师卖给外国买家的。当时日本称外国人为"南蛮人"（namban）。刀身年份是1877年，此时生产了一些高质量刀身，大多数是为了出口。19世纪，欧洲的"美学运动"（aesthetic movement）受到日本艺术的影响，欧洲和美国都显示出对日本艺术品的强烈爱好。

年代：明治时期，刀身标记1877年
来源：日本
长度：41厘米（16.1英寸）

日本匕首，19世纪早期

刀鞘涂漆，为了耐久

鲛鱼皮（same）包裹的手柄

窄血槽（hi）

刀身两边没有脊，这样的形状名叫"平造"（hira zukuri，日文：平造）。这件样品有两条短而窄的血槽名叫"樋"（hi，日文：樋）。装饰底托很有品位，质量上乘。刀鞘涂漆，涂层十分耐久，原料是由各种甲虫的鞘翅磨碎制成。

年代：19世纪早期
来源：日本
长度：43厘米（16.9英寸）

术语表
GLOSSARY

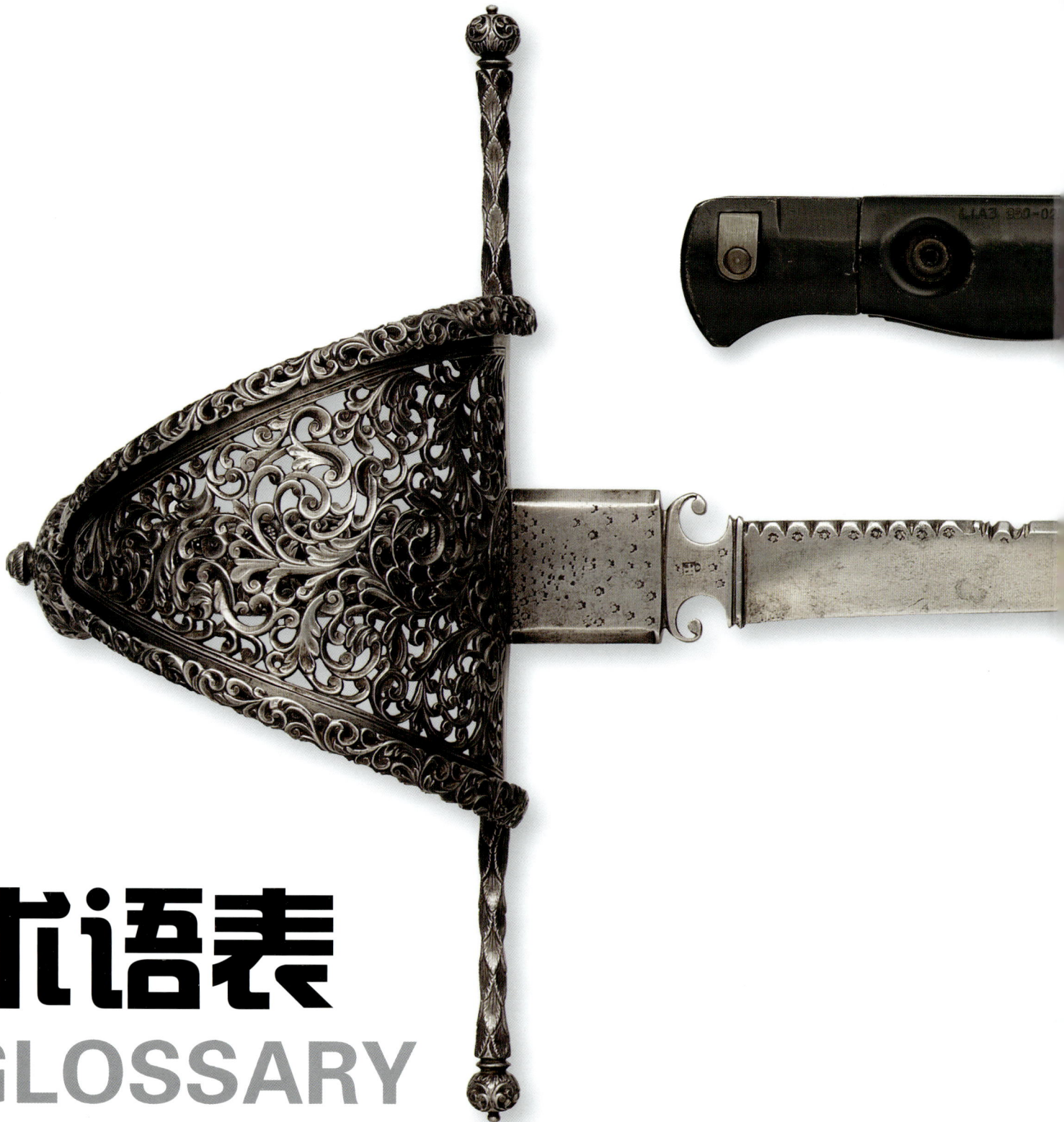

▼ 荷兰刺刀，1888年，用于配合贝尔蒙（Beaumont，又译"彪芒"）-维塔利步枪，1871/1888式

▲ 英国L1A3型刺刀，1957年，用于配合英国7.62毫米自动装填步枪（英文简称SLR）

▲ 意大利左手匕首，约1650年

合口匕首（Aikuchi，日文：合口）：一种日本匕首，有手柄但没有护手。

触角匕首（Antennae dagger）：一种匕首，柄头造型是一对弯曲的触角或手臂。

虎爪（Bagh nakh）：印度用来偷袭的武器。主体是一个横杠，有刺孔，配合手指的指节。横杠有多个刀身，弯曲，贴合手掌内侧，可藏在手中。

睾丸或肾脏匕首（Ballock（kidney）dagger）：中世纪匕首，刀柄形状类似男性生殖器。

花瓶柱状车床加工形态（Baluster-turning）：装饰用的金属工艺，17世纪常用于短锥匕首刀柄和刀根。

巴塞拉剑（Baselard）：匕首或短剑，刀柄类似英文字母"I"。

刺刀（Bayonet）：在火器尽头装上的专用匕首或战斗短刀，用于将火器变成突刺用武器，用于近战。

印度"普杰"匕首（Bhuj）：印度武器，单刃刀身，粗短，用于劈砍，装在斧柄上。

印度"毕什瓦"蝎尾剑（Bichwa）：印度短匕首，握柄窄长，圈状，刀身狭窄而呈波浪形。

爪哇棕榈叶花纹（Blarka ngirdi）：东南亚花纹焊接法的一种风格，让刀身呈现明显的"棕榈叶"状花纹。

博伊刀（Bowie knife）：大型战斗短刀，有人认为大约发明于1827年。

刀柄末端（Butt）：锋刃武器手柄的尽头，没有柄头。

备用小刀（Byknife）：小型多用刀具，配合长刀剑或匕首，存放在较大武器刀鞘/剑鞘上面的小套子里。

鞘镖（Chape）：刀鞘尖端的金属底托。

印度"切洛努"匕首（Chilanum）：一种印度匕首，刀身略弯，刀柄有一个柄头部分，带有宽或窄的手臂状条子。

指槽/刀梗（Choil）：某些短刀，刀身上切出的一个圆形凹陷区域没有磨快，把刀根与锋刃分开，或者凹陷进刀根内部。

五指剑（Cinquedea）：一种民用匕首或短剑，15世纪后期和16世纪风行于意大利。

突刺匕首（Coutiaus a pointe）：中世纪术语，指一类刀身坚硬狭窄的匕首，专用于用刀尖突刺。

劈砍匕首（Coutiaus a tailler）：中世纪术语，指一类刀身宽阔的匕首，一般为单刃。

十字护手（Cross guard）：特殊形状的金属条，位于刀身和手柄顶端之间，与刀身和手柄形成直角，保护持刀的手。

十字形刀柄（Cross-hilt）：拥有简单十字护手的刀柄，也叫"十字架刀柄"（cruciform hilt）。

盗贼匕首（Cultellus）：中世纪拉丁语"匕首"之意，含贬义，因很多盗贼、土匪使用而得名。

金银镶花法（Damascening）：将软金属嵌入硬金属的加工法，制造出繁复的花纹。

德克匕首（Dirk）：多种匕首的通称，代表类型是苏格兰高地宗族男人携带的长刃德克匕首。

黄杨木柄匕首/愤怒匕首（Dudgeon dagger）：17世纪，后期盎格鲁–苏格兰人的睾丸匕首，手柄由一整块黄杨木树根雕成。

耳型匕首（Ear dagger）：14世纪西班牙出现的匕首形制，柄头部分是两个较大的圆盘。

德国代用刺刀（Ersatz bayonet）：一种应急刺刀，十分简陋，用在并非专门设计容纳这种刺刀的来复枪里。

椭圆形装饰板/纹章（Escutcheon）：某个更大物体上的盾形小板，一般显示主人的家族纹章或代表性图案（device）。

圆月砍刀（Falchion）：一种短刀，刀身宽阔，略弯。中世纪和文艺复兴时期常见。

金属包头（Ferrule）：一种金属环或短管，用来把两个杆状部件连在一起或者覆盖一个连接处。

火法镀金（Fire-gilding）：一种装饰工艺，用黄金薄层覆盖钢铁、铜、银、青铜表面。

刀身/剑身弱部（Foible）：刀身/剑身靠近尖端的一半的部位，强度较低。

刀身/剑身最强部位（Forte）：刀身/剑身靠近手柄的一半的部位，强度较高。

蛙形带钩（Frog stud）：小型金属钮子或圆球，装在刀鞘上，用于连接腰带上的皮制挂襻（tab），英语称为frog，即青蛙。

血槽（Fuller）：刀身刻出或者打造出的凹槽，减重而不降低强度。

金属护手"甘加"（Ganja）：东南亚格里斯匕首的狭窄护手。

罗马短剑"格拉迪乌斯"（Gladius）：罗马军团所用的著名短剑，刀柄是由雕刻的木材制成，刀身粗短，双刃。

颗粒装饰（Granulation）：一种装饰工艺，让表面呈现出很多紧密排列的小珠子或圆球。

握柄（Grip）：武器的手柄，一般为木制，覆盖有织物或皮革，或缠线。

护手（Guard）：由金属条或金属板造成的刀柄结构，保护持刀的手。

刀柄（Hilt）：匕首、短刀、长剑握在手里的一部分，是柄头、手柄、护手的统称。

"霍尔拜因"匕首（Holbein dagger）：16世纪中期德国、瑞士常见的匕首。刀身双刃，宽阔，木柄，形状类似英语大写字母"I"。

嘉比亚（Jambiya）：阿拉伯语"匕首"。

卡德（Kard）：波斯语"短刀"。

武士刀（Katana，日文：刀）：一种日本长剑，比"胁差"（wakizashi）更长，但比太刀（tachi，双手长刀）短。

卡挞（Katar）：印度常见的大型手刺，又称"詹达"。

德式斗剑（Katzbalger）：16世纪德国佣兵使用的短剑。

坎嘉尔（Khanjar）：阿拉伯语"匕首"。

坎查曲刃刀（Khanjarli）：印度匕首，刀身为反曲，弯度很大。柄头较宽，呈半月形。

指节护手（Knucklebow）：某些锋刃武器刀柄上的弯曲金属条，用以保护手指。

波纹镶嵌法/假金银镶花法（Koftgari）：印度–波斯地区的镶嵌钢与黄金的技术。

滚花（Knurling）：装饰工艺，用大量小珠子、圆球、脊或者交叉线（hatch-marks）组成的图案。

"笄"（Kogai，日文：笄）：日本配套小刀。

日本腰刀（Koshi-gatana，日文：腰刀）：日本长匕首或短剑，没有护手，与太刀（双手刀）配套携带。

格里斯匕首（Kris）：东南亚一类特色鲜明的匕首，设计不对称，刀身用花纹焊接法制成，很多呈波浪形。

廓尔喀短刀（Kukri）：类似斧头的短刀，刀身宽阔，是尼泊尔廓尔喀族的代表武器。

平民佣兵匕首（Landsknecht dagger）：16世纪欧洲三种匕首的现代统称。第一种是短剑"德式斗剑"；第二种是圆盘匕首的变体，护手下垂；第三种是一种环状手柄匕首的早期形态。

鞘口（Locket）：装在刀鞘入口的金属底托，用以保护入口。

左手匕首（Main gauche）：17世纪中期西班牙和南意大利的格挡匕首。

木纹金（Mokume-gane，日文：木目金）：一种日本的花纹焊接法，表面呈现类似木材的纹路。

纳瓦亚折刀（Navaja）：源自18世纪伊比利亚半岛（the Iberian peninsula）的一种折刀，用于实战。

格挡（Parry）：一种防御动作，是格挡匕首的主要功能。

比什卡伯兹（Peshkabz）：一种印度–波斯匕首，刀身笔直或反曲，横截面为英文字母T形。

管状刀背（Pipe-back blade）：18–19世纪军用刺刀和军刀的刀身类型，刀背不开刃，横截面做成磨圆的形状或管状。

插入式刺刀（Plug bayonet）：刺刀最早的形态，是一把匕首。一般双刃，装在一个手柄上，手柄收窄成锥形，末端非常狭窄。

柄头（Pommel）：金属配重块，一般是球形、卵圆形或车轮形，装在军刀或匕首末端，用以平衡刀身重量。

罗马普吉欧匕首（Pugio）：古罗马匕首，刀身宽而短，呈树叶形。

手刺（Push dagger）：一种特殊匕首，握柄与刀身成直角，因此握在手里能让刀身与手臂成一条直线。

锷叉（Quillon）：中世纪之后的术语，指一种长剑或匕首的十字护手伸出的两臂。

西洋剑/迅捷剑（Rapier）：16–17世纪欧洲日常生活佩带的长剑，主要用于突刺。

刀根/剑根（Ricasso）：刀柄上面紧挨的刀身部位，不开刃。

圆盘（Rondel）：中世纪术语，指用来保护身体部位的圆盘状物件。

▲ 英军刺刀，用于雅各布（Jacob）双筒来复枪，约1859年

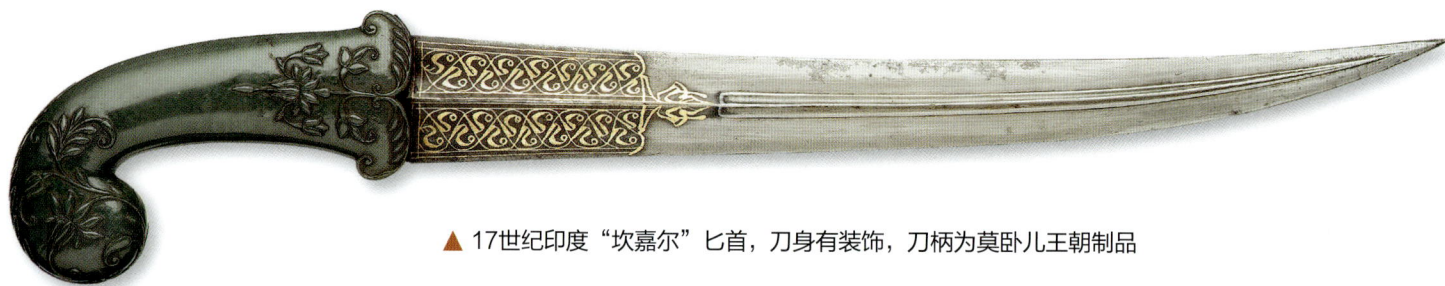

▲ 17世纪印度"坎嘉尔"匕首，刀身有装饰，刀柄为莫卧儿王朝制品

锯齿状刀身（Saw-back blade）：刀背呈锯子状的刀身，但并不开刃。

刀鞘/剑鞘（Scabbard）：存放锋刃武器刀身的鞘，一般由金属、皮革、木材制成。

撒克逊匕首（Scramasax/seax/ sax）：中世纪早期欧洲西北部使用的主要锋刃武器之一，大小差异很大。极长的有"加长版塞克斯剑"（langseax），很短的有"双刃萨克斯短剑"（handseax）。

苏格兰隐藏刀（Sgian dubh/skean dhu）：高地苏格兰人礼服配的小刀，19世纪开始流行。

壳手（Shell guard）：金属圆盘，尺寸较小，是某些军刀和匕首护手的一部分，给手部提供附加保护。

侧环（Side-ring）：较小的金属圆环，装在大多数16世纪、17世纪早期格挡匕首十字护手的外面。

套筒式刺刀（Socket bayonet）：一种大多没有刀柄的刺刀，只有一个较窄的管子（金属套筒），上面通过一个弯曲的短臂，装有狭窄的刀身。刀身横截面一般呈三角形。

短锥匕首（Stiletto/stylet）：小型突刺匕首，16世纪末开始出现。

长剑式刺刀（Sword bayonet）：一种刀身很长的刺刀，有长剑的剑柄。刀身较宽，用于劈砍。

柄舌（Tang）：刀身尽头没有磨快的部分，上面装有刀柄。

柄舌帽（Tang button）：柄舌末端经过锤子敲击加工的一部分，用以改善稳定性和强度。有些柄舌帽是独立部件，用螺纹旋入柄头内部，与柄舌连接。

日本短刀（Tanto，日文：短刀）：日本匕首，刀身横截面呈菱形。

"十字柄"匕首（Telek）：非洲西北部的臂带匕首，又名"格斯马"（gosma）。

特鲁姆巴什（Trumbash）：非洲刚果芒贝图人使用的镰刀状短刀。

刀锷（Tsuba，日文：锷/鐔）：大多数日本匕首、军刀所用的护手，一般是圆形或卵圆形，装饰华丽。

涡形（Volute）：一种螺旋状或圈状的图案，16世纪的武器常见此图案。

雕刻手柄"尤基兰"（Ukiran）：印尼格里斯匕首的手柄，有雕刻图案。

亚塔汉/耶塔冈（Yataghan）：土耳其或东欧地区短刀，刀身为反曲。

穿甲匕首（Yoroi doshi，日文："铠通し"）[1]：日本匕首（短刀）的一种，刀身经过特别强化，用于刺穿铠甲。

---

[1] 英文罗马字拼写有误。日文假名写作"よろいとおし"（yoroi tooshi）或"よろいどおし"（yoroi dooshi）。——译者注

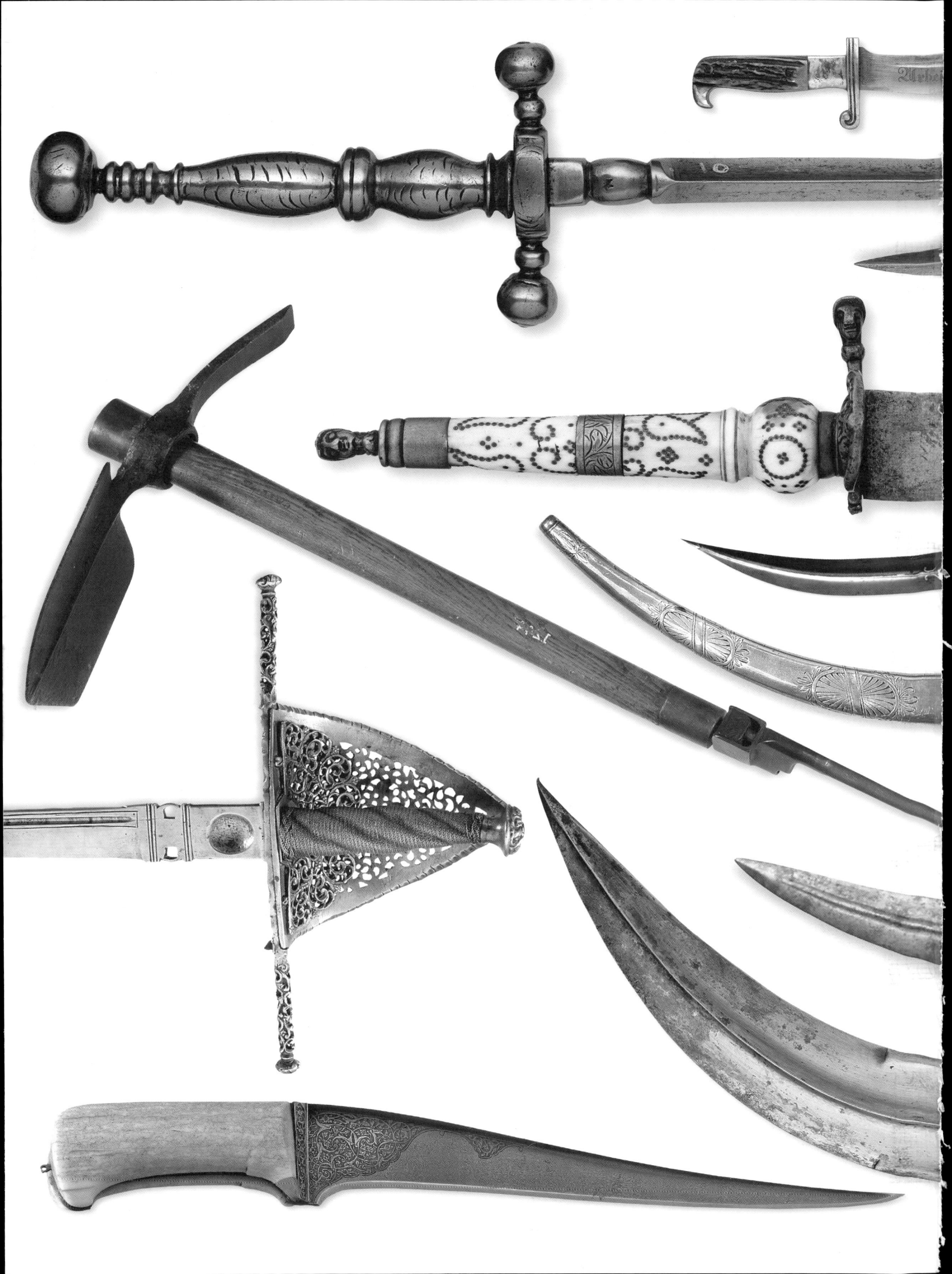